Denk ich an Deutschland …

Hans-Rudolf Bork

Denk ich an Deutschland …

1000 Daten zur Wetter-, Klima-, Natur- und Umweltgeschichte

Vorwort von Udo E. Simonis

 Springer

Hans-Rudolf Bork
Universität Kiel
Kiel, Deutschland

ISBN 978-3-662-71612-0   ISBN 978-3-662-71613-7 (eBook)
https://doi.org/10.1007/978-3-662-71613-7

Die Deutsche Nationalbibliothek verzeichnet diese Publikation in der Deutschen Nationalbibliografie; detaillierte
bibliografische Daten sind im Internet über http://dnb.d-nb.de abrufbar.

Einbandabbildung: © Hans-Rudolf Bork

Planung/Lektorat: Simon Shah-Rohlfs
Springer ist ein Imprint der eingetragenen Gesellschaft Springer-Verlag GmbH, DE und ist ein Teil von Springer
Nature.
Die Anschrift der Gesellschaft ist: Heidelberger Platz 3, 14197 Berlin, Germany

Wenn Sie dieses Produkt entsorgen, geben Sie das Papier bitte zum Recycling.

*Für Helga, Sebastian und Katharina, Tabea und Mario,
Béla, Mara, Elea, Emilian und alle anderen Menschen*

Geleitwort

Als Erster ein Buch lesen zu können, noch bevor es gedruckt ist – was kann schöner sein? Dieses Buch ist das des vielfach talentierten Professors Hans-Rudolf Bork, der große Bücher schreibt. So gab es im Jahr 2014 zusammen mit Verena Winiwarter ein sehr schönes Buch über zunächst 60, in dritter Auflage 2019 dann 66 Reisen durch die Zeit. Dem folgte im Jahr 2020 ein voluminöses Buch über die Umweltgeschichte Deutschlands – und nun als weitere Steigerung ein Buch über das Thema 1000 Daten zur Wetter-, Klima-, Natur- und Umweltgeschichte Deutschlands. Kann das jemand allein schaffen? Ja, sehr wohl, er kann das – und auf höchst charmante Art und Weise.

Der Autor bedankt sich zunächst bei nahestehenden Freundinnen und Freunden, bei Familienangehörigen, Kolleginnen und Kollegen sowie zahlreichen Archiven und Museen, dokumentiert ein Literaturverzeichnis mit 195 themennahen Publikationen, empfiehlt dann 18 auserwählte Autoren zur weiteren Vertiefung des Themas und schließt mit dem Hinweis auf 60 deutsche Forschungs- und Informationszentren zu Wetter, Klima, Naturschutz, Nachhaltigkeit, Landnutzung und Kultur, empfiehlt die Nutzung von deren Homepages und – eine weitere Überraschung – die Dauer- und Sonderausstellungen deutscher Museen zu den Themenbereichen des Buches. Habe ich als Viel-Leser so etwas jemals angeboten bekommen? Zum Aufbau des Buches ist aber noch ein weiteres wichtiges Merkmal zu nennen: Es enthält zur Auflockerung und Illustration der Textseiten mehr als 150 Abbildungen und zum Schluss auch noch ein umfangreiches Stichwortverzeichnis.

In der Einführung des Buches zitiert der Autor zuerst die bekannte Strophe von Heinrich Heine: „Denk ich an Deutschland in der Nacht, dann bin ich um den Schlaf gebracht" – denkt dabei aber nicht an seine Mutter, sondern an die gewaltigen Umweltveränderungen, die unsere Vorfahren und wir in Deutschland und in anderen Teilen der Welt ausgelöst haben. Das Buch stellt dann vom zweiten bis zum elften Kapitel insgesamt 1000 Wetter-, Klima-, Natur- und Umweltereignisse vor, die großenteils verstörend sind, aber auch Daten und Geschichten, die positive Bezüge haben.

Das erste beschriebene Ereignis ist die **536 n. Chr.** unvermittelt einsetzende Spätantike Kleine Eiszeit. Das letzte im Buch behandelte Ereignis liegt in der weiteren Zukunft: Nach der aktuellen Planung soll der deutsche Standort für das Endlager hochradioaktiver Stoffe im Zeitraum von **2046** bis **2068** feststehen.

Dazwischen liegen – man mag es eigentlich nicht glauben – 998 weitere Ereignisse, über die der Autor umfassend Bescheid weiß. Das Entscheiden über die zehn großen zeitlichen Betrachtungsräume und deren inhaltliche Ausfüllung mit diesen vielen Ereignissen müssen den Autor viele Monate (wenn nicht Jahre?) beschäftigt haben. Wie werden die Leserinnen und Leser mit dem fertigen Buch zurechtkommen?

Sie werden hoffentlich sorgfältig entscheiden, welche der zeitlichen Betrachtungsräume und welche der einzelnen 1000 Ereignisse sie unbedingt bearbeiten oder doch lieber negieren bzw. zeitlich verschieben wollen. Der Autor und die (vielen) Leserinnen und Leser könnten (sollten) sich im zwölften Kapitel „Eineinhalb Jahrtausende Klima-, Natur- und Umweltwandel – Wie geht es weiter?" aber auf jeden Fall zu einem harmonischen fiktiven Disput wieder begegnen.

Der Autor macht dazu verschiedene Vorschläge, beendet das Kapitel aber mit einer deutlichen Warnung an die deutschen Leser und Leserinnen: „Die Umsetzung fundierter Ergebnisse der Klima-, Umwelt- und Naturschutzforschung seit den 1960er-Jahren durch die jeweiligen Bundesregierungen, Landesregierungen und die nachgeordneten Behörden ist – wider besseres Wissen – bis heute ungenügend". Doch er gibt nicht auf, wie sein letzter Satz zeigt: „Bündel von Maßnahmen, die die Menschheit und die Ökosysteme der Erde flächendeckend schützen, könnten die zentralen Probleme binnen einiger Jahrzehnte lösen. Ein beharrliches, erfolgreiches Voranschreiten der Bundesrepublik Deutschland kann weltweit positive Wirkungen nach sich ziehen." Die Leserinnen und Leser werden nach Studium dieses Buches auf jeden Fall dazu beitragen können.

Udo E. Simonis

Vorbemerkung

Dieses Buch stellt 1000 ausgewählte Wetter-, Klima-, Natur- und Umweltereignisse einschließlich ihrer Folgen für die Menschen und ihre Umwelt vom zweiten bis zum elften Kapitel **chronologisch geordnet** vor. Das erste Ereignis ist die Spätantike Kleine Eiszeit. Sie setzt **536 n. Chr.** unvermittelt ein und ist über naturwissenschaftliche Daten und Schriftquellen zeitlich und inhaltlich gut zu fassen. Das letzte Ereignis liegt weit in der Zukunft: Nach aktuellen Planungen soll der Standort für das Endlager hochradioaktiver Stoffe in Deutschland im Zeitraum von **2046** bis **2068** feststehen.

Die **Betrachtungsräume** umfassen

- bis 1945
    - das östliche Fränkische Reich (bis zum neunten Jahrhundert),
    - das Heilige Römische Reich Deutscher Nation mit seinen Territorien nördlich der Alpen (962 bis 1806),
    - den Rheinbund, Preußen, das Kurfürstentum Hannover, die Herzogtümer Holstein und Schleswig (1806 bis 1814),
    - den Deutschen Bund (1815 bis 1866),
    - den Norddeutschen Bund sowie Hessen-Darmstadt, Baden, Württemberg und Bayern (1866 bis 1871),
    - das Deutsche Reich (1871 bis 1945),
- von 1945 bis 1949 die amerikanische, britische, französische und sowjetische Besatzungszone,
- von 1949 bis 1990 die BRD mit West-Berlin und die DDR sowie
- seit 1990 die Bundesrepublik Deutschland.

Allgemeine Informationen, die über das jeweils beschriebene lokale oder regionale Ereignis hinausgehen, sind durch kleine Dreiecke am Absatzanfang gekennzeichnet. Fettgedruckte **Zeitangaben** sind in die Zählung der vorgestellten eintausend Ereignisse eingegangen. Fettgedruckte **Schlüsselwörter** sollen die Orientierung im Buch erleichtern. Die Fußnoten geben ausgewählte Quellen wieder und verweisen nach Möglichkeit auf in Buchhandel oder Internet zugängliche, verlässliche Informationen zu den vorgestellten Umwelt-, Natur-, Wetter- und Klimaereignissen.

Viele der hier vorgestellten Ereignisse sind in dem von Hans-Rudolf Bork verfassten und 2020 bei Springer erschienenen Buch „Umweltgeschichte Deutschlands" detailliert erläutert. Die hervorragenden Publikationen „Klimageschichte Mitteleuropas" von Rüdiger Glaser sowie „Klima und Gesellschaft in Europa – die letzten tausend Jahre" von Christian Pfister und Heinz Wanner werten sämtliche verlässlichen Quellen zur Witterungsgeschichte seit dem Jahr 1000 n. Chr. aus und beschreiben – soweit möglich – für jede Jahreszeit oder jedes Jahr das Wetter. Dagegen erläutert das vorliegende Buch nur außergewöhnliche Wetterereignisse, darunter die kältesten, wärmsten und trockensten Jahreszeiten oder Jahre, mehrjährige Phasen mit ausnehmend kühl-feuchter Witterung, die zu Ernteausfällen und Hungersnöten führten, sowie Orkane, Tornados, Starkniederschläge, extreme Hagelschläge und Spätfröste, im Winter reifende Erdbeeren oder Schnee im Hochsommer in Köln. Ebenso finden seltene erdbürtige oder extraterrestrische Naturereignisse Erwähnung, wie nahe Erdbeben und ferne Vulkanausbrüche, Meteoriten- und Asteroideneinschläge. Bedeutende Ereignisse des Naturschutzes betreffen u. a. Gesetze und die Ausweisung von Schutzgebieten. Hinzu kommen ungewöhnliche biologische Umweltereignisse wie die Ausrottung von Tierarten wie Auerochse, Wolf, Braunbär und Europäische Auster oder die Einführung invasiver Pflanzen- und Tierarten wie Robinie, Rosskastanien-Miniermotte, Spanische Wegschnecke, Nutria, Schiffsbohrmuschel und Pazifische Auster. Manche der angeführten chemischen Umweltereignisse besitzen eine globale Relevanz, wie die Entdeckung der Mineraldüngung und der Stickstoffsynthese durch Deutsche.

Den Schluss bilden das Literaturverzeichnis, Literaturempfehlungen sowie eine Liste bedeutender deutscher Institutionen, die in den Bereichen Klima, Wetter, Natur und Umwelt tätig sind.

Dieses Buch ist eine vorwiegend naturwissenschaftliche Geschichte Deutschlands, die modernes klimatologisches, geowissenschaftliches, ökologisches und auch medizinisches Wissen mit Daten aus zeitgenössischen Quellen verknüpft. Es macht auf wichtige Themen aufmerksam und möchte zu ihrer Vertiefung anregen.

Danksagung

Der Verfasser dankt herzlich

- Herrn Prof. Dr. Udo Simonis für das Geleitwort,
- Frau Helga Bork, Herrn Dr. Claus Dalchow, Herrn Prof. Dr. Bernd Diekkrüger, Herrn Prof. Dr. Karl-Heinz Erdmann, Herrn Dr. Berno Faust, Herrn Dr. Bernd Hartmann, Frau Dr. Jutta Kristensson, Herrn Dr. Andreas Mieth, Herrn Dr. Eckart Niemöller, Frau Dr. Helga Röske, Herrn Jürgen Rother, Frau Monika Rother, Herrn Prof. Dr. Udo E. Simonis, Herrn Prof. Dr. Ingmar Unkel und Frau Prof. Dr. Verena Winiwarter für kompetente Anregungen zur Aufnahme von Ereignissen und für die Bereitstellung von Quellen,
- Frau Helga Bork, Herrn Dr. Claus Dalchow, Herrn Prof. Dr. Bernd Diekkrüger, Herrn Dr. Berno Faust, Frau Dr. Jutta Kristensson, Frau Dr. Helga Röske, Herrn Jürgen Rother, Frau Monika Rother und Herrn Claas Wienstroh für gemeinsame Reisen zu klima-, wetter-, natur- und umweltrelevanten Orten in Deutschland,
- Frau Helga Bork (mehrfache Korrektur bis zum finalen Manuskript), Herrn Hartwig Bünning (einmalige Korrektur des finalen Manuskripts), Herrn Dr. Berno Faust (fünffache Korrektur bis zum finalen Manuskript) und Herrn Dr. Bernd Hartmann (einmalige Korrektur des vorfinalen Manuskripts) für die sorgfältige, konstruktiv-kritische Durchsicht des gesamten Manuskripts und die vorzüglichen Verbesserungsvorschläge,
- Herrn Dr. Claus Dalchow und Herrn Claas Wienstroh für die sorgfältige und konstruktiv-kritische Durchsicht von Teilen des Manuskripts, insbesondere des ersten und des zwölften Kapitels,
- Herrn Simon Shah-Rohlfs (Springer, Heidelberg) für die Aufnahme des Buchs in das Verlagsprogramm von Springer, für vorzügliche Anregungen u. a. zur Struktur des Buches, das gemeinsam entworfene Cover und die konstruktiven Gespräche und Hinweise,
- Frau Verena Nörthen (Springer, Heidelberg) für die ausgezeichnete redaktionelle Betreuung,
- Frau Nadja Kroke und Frau Julia Koschitzki für das erfolgreiche Projektmanagement bei der le-tex publishing services GmbH in Leipzig und dem dortigen Produktionsteam für die sehr sorgfältige und korrekte Herstellung des Buches, dem Germanischen Nationalmuseum Nürnberg für die Abdruckgenehmigung von 31 Abbildungen,

- dem Archiv für Autobahn- und Straßengeschichte, Bad Homburg v. d. Höhe und Naumburg (Saale), für die Abdruckgenehmigung des Deckels eines geografischen Spiels mit Reichsautobahnen,
- dem LVR-Industriemuseum St. Antony-Hütte in Oberhausen für die Genehmigung der Verwendung eines Fotos zum archäologisch untersuchten Industriearchäologischen Park,
- dem Musée de la Régence in Ensisheim, Frankreich, für die Genehmigung der Verwendung eines Fotos vom Meteoriten von Ensisheim,
- Herrn Béla Bork für eine Drohnenaufnahme, Frau Helga Bork, Herrn Sebastian Bork und Herrn Dr. Claus Dalchow für die Bereitstellung von Fotos.

Inhaltsverzeichnis

Einführung

1

„Denk ich an Deutschland in der Nacht,
Dann bin ich um den Schlaf gebracht,
Ich kann nicht mehr die Augen schließen,
Und meine heißen Tränen fließen."
Erste Strophe der Nachtgedanken von Heinrich Heine (1844)

Denk ich an Deutschland, so denke ich an die „Nachtgedanken", die Heinrich Heine im Pariser Exil verfasst hat. Sie sind eine Liebeserklärung an seine in Hamburg lebende Mutter.[1]

Wie Heinrich Heine bin ich um den Schlaf gebracht, wenn ich an Deutschland in der Nacht denke, jedoch aus einem ganz anderen Grund: Wegen der gewaltigen Umweltveränderungen, die unsere Vorfahren und wir in Deutschland und in anderen Teilen der Welt ausgelöst haben. Betroffen machen mich die enormen Wirkungen, die unser Handeln zusammen mit extremem Wetter oder Klima auf uns Menschen und unsere Umwelt haben.

Verstörende und Mut machende Geschichten

Nicht wenige der in diesem Buch vorgestellten 1000 Wetter-, Klima-, Natur- und Umweltereignisse sind aufgrund ihrer fatalen Wirkungen auf Menschen, Natur und Umwelt verstörend, wie

- extremes Wetter,
- Seuchen,
- die Schlachten des Ersten Weltkrieges,
- die Willkürherrschaft der Nationalsozialisten,
- der Uranerzbergbau in Sachsen und Thüringen oder
- die Verbrennung von Steinkohle, Braunkohle, Erdöl und Erdgas.

Wiederholt wird die folgende Kausalkette sichtbar: vom initialen extremen Wetter- oder Klimaereignis über Ernteausfälle, Teuerungen, Hungersnöte, begleitende Seuchen, Unkenntnisse der Menschen über die tatsächlichen Zusammenhänge bis hin zu Hass und

---

[1] Vgl. https://www.deutschlandfunk.de/heinrich-heine-vor-175-jahren-nachtgedanken-erscheint-100.html (letzter Zugriff: 05.07.2025).

© Der/die Autor(en), exklusiv lizenziert an Springer-Verlag GmbH, DE, ein Teil von
Springer Nature 2025
H.-R. Bork, *Denk ich an Deutschland …*, https://doi.org/10.1007/978-3-662-71613-7_1

falschen Anschuldigungen – irritierenderweise auch heute wieder im Kontext des menschengemachten Klimawandels und der COVID-19-Pandemie.

Zahlreiche Daten und Geschichten haben positive Bezüge, wie das engagierte Wirken von Menschen, die

- seit Jahrhunderten den Zustand von Wetter, Klima, Natur und Umwelt dokumentieren,
- sich für den Erhalt von Arten und Lebensräumen und für eine hohe Umweltqualität einsetzen,
- großartige Landschaftsparke komponieren, wie Fürst Leopold III. Friedrich Franz die Wörlitzer Anlagen bei Dessau ($\rightarrow$ 1765–1813) oder Fürst Herrmann von Pückler-Muskau den Muskauer und den Branitzer Park in der Lausitz ($\rightarrow$ ab 1815),
- neue Erkenntnisse zur Funktion von Wetter, Klima, Natur und Umwelt gewinnen,
- hauptsächlich seit den 1970er-Jahren wirkmächtige Gesetze für den Klima-, Natur- und Umweltschutz erarbeiten, verabschieden und umsetzen oder
- wirksame Maßnahmen für eine nachhaltige Zukunft identifizieren.[2]

Ein scheinbar marginales Beispiel für eine positive Umweltgeschichte: Eine in der Gesellschaft oftmals in ihrer ökologischen Bedeutung verkannte Baumaßnahme illustriert die Wirkungen guter politischer und behördlicher Praxis: Wildbrücken über Autobahnen oder Bahnlinien ermöglichen einigen Tierarten endlich wieder, seit der Landschaftszerschneidung weitgehend isolierte Teilpopulationen zu verbinden und deren genetische Verarmung zu beenden ($\rightarrow$ November 1998).

Anmerkungen zu den Grundbegriffen Wetter, Klima, Natur und Umwelt

Um die in diesem Buch vorgestellten Daten zum menschengemachten Klimawandel, zu extremen Wetterereignissen, zur Veränderung und zum Verlust von Lebensräumen, zum Artenschwund und zu unterschiedlichsten Umweltbelastungen verstehen und einordnen zu können, sind Definitionen der Grundbegriffe hilfreich.

Das **Wetter** beschreibt den Zustand und das Geschehen in der Atmosphäre an einem Ort oder in einer Region zu einem bestimmten Zeitpunkt oder während eines kurzen Zeitraums. Mit Merkmalen wie Lufttemperatur, Niederschlag (Menge, flüssig oder fest als Schnee oder Hagel), Luftfeuchte, Wolkentyp, Wolkenbedeckungsgrad, Sichtweite, Windrichtung und Windgeschwindigkeit lässt sich das Wetter kennzeichnen. Es umfasst auch gesellschafts-, natur- und umweltprägende extreme Ereignisse, wie

- Hagel, der Vögel erschlägt, Feldfrüchte zerschmettert, Dachziegel durchschlägt sowie jüngst auch Kraftfahrzeuge und Flugzeuge verbeult,
- Starkniederschläge, die Oberflächenabfluss, Bodenerosion und Hochwasser verursachen,
- starker Schneefall, der ganze Landschaften verhüllt und Straßen manchmal über viele Tage unpassierbar macht,
- anhaltender Frost, während dem die Flüsse und Seen, ja sogar die Ostsee gefrieren,

---

[2] Vgl. Mauch (2014): Mensch und Umwelt.

- Warmlufteinbrüche mit viel Regen, die Schnee schmelzen, Eisdecken aufbrechen und Hochwasser entstehen lassen,
- Spätfröste, die Rebstöcke und die Obstbaumblüte schädigen,
- außergewöhnliche Kälte oder Hitze, der Menschen und Tiere zum Opfer fallen,
- längere Trockenphasen, während der
  - Feldfrüchte, Gras und in seltenen Situationen sogar Gehölze vertrocknen,
  - Bäche trockenfallen,
  - Flüsse Niedrigwasser führen, Wassermühlen nicht mahlen und Frachtschiffe nicht fahren können.

Das **Klima** charakterisiert den mittleren Zustand der Atmosphäre an einem Ort, in einer Region oder weltweit über einen längeren Zeitraum. Die Weltorganisation für Meteorologie der Vereinten Nationen empfiehlt die Mittelung kontinuierlicher Messdaten über mindestens 30 Jahre, um belastbare Aussagen über das Klima an einem Ort vornehmen zu können. Kontinuierliche und exakte Messungen von Wettermerkmalen beginnen zwischen Alpen, Nord- und Ostsee zuerst am Bergobservatorium Hohenpeißenberg im bayerischen Alpenvorland schon im Jahr → 1781. Es folgen Berlin-Dahlem und Karlsruhe 1876, Hamburg 1881, Cottbus 1887, Bremen und Schwerin 1890, Aachen 1891 und Potsdam 1893.[3] Vor dem Beginn kontinuierlicher Messungen beruhen Klimaangaben auf subjektiven Beobachtungsreihen oder kürzeren Messreihen von Wetterbeobachtern wie David Fabricius (→ 1585 bis 1613).

Extreme Klimaphasen weichen stark vom mittleren Klima ab. Häufungen ungewöhnlich kalter oder warmer, nasser oder trockener Jahre kennzeichnen sie. Die Spätantike Kleine Eiszeit (→ 536 bis 640er-Jahre) und die Spätmittelalterlich-frühneuzeitliche Kleine Eiszeit (→ 1430er-Jahre, 1568 bis 73, 1585 bis 98, 1645 bis 1715) sind Perioden mit zahlreichen ungewöhnlich kühlen und zugleich feuchten Jahren. Die gegenwärtige Heißphase ist der jüngste Abschnitt des anthropogenen Klimawandels, der mit der Industrialisierung eingesetzt hat. Phasen ohne extremes Klima und Wetter ermöglichen grundsätzlich ein gutes Auskommen für viele Menschen.[4]

Wie entstehen Klima- und Wetterextreme? Eine bedeutende Ursache sind starke Vulkanausbrüche mit einem exorbitanten Ausstoß von Vulkanaschen und Aerosolen bis in große Höhen. Sie lösen Monate bis mehrere Jahre anhaltende extreme Kälte aus, oft verbunden mit hohen Niederschlägen und Überschwemmungen. Treten Kälte und Nässe in den Wachstumsphasen von Kulturpflanzen auf, folgen häufig Ernteausfälle, Teuerungen und nicht selten Hungerkatastrophen mit vielen Todesopfern. Klima- und Wetterextreme beeinflussen damit das kulturelle, soziale und ökonomische Geschehen.

Die exakte Messung und Beobachtung von Wetterparametern und das Zusammenführen zahlloser Daten zu eindeutigen klimatischen Aussagen ist heute die Aufgabe nationaler und supranationaler Institutionen wie dem Deutschen Wetterdienst oder der Weltorganisation für Meteorologie. Neue Forschungsergebnisse zum Klimawandel und zu Extremereignissen

---

[3] https://www.dwd.de/DE/leistungen/klimadatendeutschland/stationsuebersicht.html;jsessionid=976CE0AA8F2FB3749646F278E38421EA.live21063?nn=16102&lsbId=526270 (letzter Zugriff: 05.07.2025).

[4] Vgl. Mauelshagen (2023): Geschichte des Klimas.

generieren z. B. das Max-Planck-Institut für Meteorologie in Hamburg und das Potsdam Institut für Klimafolgenforschung PIK, das gerne etwas forscher Neues der Öffentlichkeit vermittelt, damit – vor dem Hintergrund des folgenschweren Klimawandels – die Themen auch breit wahrgenommen und diskutiert sowie rasch wirkmächtige Maßnahmen gegen die Erderwärmung ergriffen werden.

Natur ist ein sehr verschiedenartig definierter und angewendeter Begriff. Sind etwa artenarme Monokulturen in der Ackerflur oder im Wald Teil der Natur? Oder doch nur naturbelassene, von Menschen kaum beeinflusste Landschaftselemente wie Knicks ($\rightarrow$ 1681), Naturschutzgebiete ($\rightarrow$ 03.12.1830) oder Totalreservate in Nationalparks, in denen sich Natur weitgehend ungestört entwickeln kann ($\rightarrow$ 24.12.1971, 13.11.2007)? Doch selbst dort gibt es keine vollkommen natürliche Entwicklung. Denn von Industrie, Verkehr und Landwirtschaft emittierte Stickoxide gehen überall nieder und verändern den Stoffhaushalt vor allem ursprünglich nährstoffarmer Böden und die auf ihnen wachsende Vegetation mit selten gewordenen Arten. In diesem Buch werden von Menschen kaum oder nicht veränderte, in jüngerer Zeit auch aufgrund ihrer Schönheit, Biotop- und Artenvielfalt geschützte Gebiete als Natur verstanden.[5]

Das Bundesamt für Naturschutz (BfN) erhebt verlässliche Daten zu geschützten Lebensräumen. Es stellt wissenschaftlich fundierte Bewertungen zur biologischen Vielfalt, zu Biotopverlusten und zum Artenschwund zur Verfügung.

Die **Umwelt** eines Menschen umfasst die gesamte Erde: alle Lebewesen, Gestein und Boden, Erdoberfläche, Atmosphäre und Stratosphäre, Energie-, Wasser- und Stoffhaushalte sowie die natürliche Geodynamik wie Vulkanausbrüche und Erdbeben. Zur Umwelt eines Menschen gehören damit auch alle anderen Menschen. Sie sind ein essenzieller Teil der Umwelt. Damit sind auch Kriege, Seuchen und die resultierenden veränderten Landnutzungen und Landschaftsentwicklungen relevante Umweltereignisse. Denn sie sind kurz- wie langfristig umweltrelevant und umweltwirksam – oftmals in überraschender Weise.[6]

Die Geschichte der Natur und der Umwelt ist nicht erst seit dem Sesshaftwerden der Menschen im Neolithikum zugleich eine Geschichte der Kulturen der Menschen und ihrer Gesellschaften. Kultur-, Sozial- und Wirtschaftsgeschichte sind wiederum nicht hinreichend ohne Kenntnisse zur Natur- und Umweltgeschichte zu verstehen.[7]

Das renommierte Umweltbundesamt (UBA) ist eine dem Bundesumweltministerium nachgeordnete und damit nicht vollkommen unabhängige Institution. Das UBA liefert durchweg verlässliche Daten und Bewertungen etwa zum chemischen Umweltzustand und zur Umweltentwicklung.

Behörden auf EU-, Staats-, Landes-, Kreis- oder kommunaler Ebene sowie die staatlich geförderten Forschungseinrichtungen sind vertrauenswürdig und veröffentlichen valide Umweltinformationen. Nicht wenige Daten zu den nachstehend vorgestellten Ereignissen stammen von diesen Institutionen. Andere sind wissenschaftlichen Publikationen und zeit-

---

[5] Vgl. Feeser et al. (Hrsg.; 2024): Vegetationsgeschichte der Landschaften in Deutschland.

[6] Vgl. Simonis (Hrsg.; 2003): Öko-Lexikon. Simonis et al. (Hrsg.; 2019): Wissen für die Umwelt.

[7] Vgl. Winiwarter, Knoll (2007): Umweltgeschichte. Sowie: Hermann (2013): Umweltgeschichte.

genössischen Quellen entnommen, die ebenfalls sorgfältig überprüft wurden. Einige fußen auf eigenen naturwissenschaftlichen Forschungsarbeiten.

Zur Auswahl der Orte

Werden in den ersten Zeitkapiteln Siedlungen, Flüsse oder Regionen vorgestellt, gibt es oft nur für diese verlässliche zeitgenössische Quellen, oder die beschriebenen Begebenheiten waren dort besonders auffällig.

Nur ausgewählte Sturmfluten, Sturmhochwasser, Sommer- und Winterhochwasser, Sturzfluten, Explosionen, Stadt- und Waldbrände sind in die Liste der tausend Ereignisse aufgenommen – insbesondere solche, die außergewöhnliche Schäden hervorgerufen oder die neue erfolgversprechende Regularien zur Vermeidung erneuter Katastrophen bewirkt haben. Betrafen Geschehnisse wie Hochwasser viele Flüsse und Städte, finden nur die wichtigsten oder die von großen Schäden betroffenen Erwähnung.

Gelistet sind der wohl kälteste Winter des ersten nachchristlichen Jahrtausends sowie vier der kältesten Winter des zweiten Jahrtausends. Die beiden einzigen Tornados der maximalen Stärke F5 sind genannt, schwächere nur beispielhaft.

Witterungsextreme wirken ausnehmend stark in Städten. Dort ereignen sich besonders viele Umweltveränderungen, von bedeutenden umweltwirksamen Erfindungen bis hin zu Belastungen von Böden, Gewässern und Atmosphäre. Stark betroffene Städte sind daher häufig angeführt.

Gliederung und Themen der zehn Zeitkapitel

Im Anschluss an dieses einleitende Kapitel präsentieren die Kapitel 2 bis 11 chronologisch tausend Wetter-, Klima-, Natur- und Umweltereignisse. Mittelalterliche und frühneuzeitliche Schriftquellen enthalten oftmals nur knappe und allgemeine Informationen zu wetter- und umweltbezogenen Geschehnissen. Daher sind viele frühe Daten kurz gehalten.

Bedeutende neue Entwicklungen stehen am Beginn der zehn Zeitkapitel: Die einschneidende Spätantike Kleine Eiszeit leitet das zweite Kapitel ein. Die älteste bekannte Verordnung zur Beseitigung von Unrat in Stuttgart steht zusammen mit Behaims Erdapfel aus dem Jahr 1492 am Anfang des dritten Kapitels, in dem die Mitwirkung von Deutschen an der frühen Kolonisierung der Welt ein wichtiges Thema ist. Zunächst noch lokal genutztes Erdöl aus Wietze und der Beginn der Förderung bedeutender angewandter Wissenschaft mit der Gründung der Leopoldina in Schweinfurt im Jahr 1652 führen in das vierte Kapitel. Die Konstituierung der ersten chemischen Fabrik 1788 eröffnet das fünfte Kapitel und gibt den Anstoß für die bis heute anhaltende Chemisierung der Welt. Mit der Reichsgründung 1871 beginnt das sechste, mit dem Ersten Weltkrieg 1914 das siebte und 1945 mit den Folgen des Zweiten Weltkrieges das achte Kapitel. Die Umweltgesetzgebung prägt das 1970 einsetzende neunte Kapitel, die Auswirkungen der Herstellung der deutschen Einheit im Jahr 1990 das zehnte Kapitel. Der 2015 bekannt gewordene Dieselskandal steht am Beginn, der menschengemachte Klimawandel im Zentrum des elften Kapitels.

Kapitel 2 (536 bis 1488): Im Jahr 536 n. Chr. beginnt die mehr als einhundert Jahre
während Spätantike Kleine Eiszeit mit desaströsen Lebensbedingungen für die in Mitteleuropa lebenden Menschen. Die wenigen Verbliebenen nutzen vorrangig Landschaften mit
fruchtbaren Böden und einem Lokalklima, das Feldfrüchte noch reifen lässt. In den übrigen
Regionen dehnen sich letztmals naturnahe Wälder aus. Im Frühmittelalter folgt unter häufig
besseren klimatischen Bedingungen ein zunächst langsames Bevölkerungswachstum, das
einen allmählichen Landesausbau mit ausgedehnten Rodungen erforderlich macht. Im Hochmittelalter entsteht schließlich ein hoher Nutzungsdruck. Im 14. Jahrhundert sind die Menschen gezeichnet von äußerst belastenden Witterungsextremen und zur Jahrhundertmitte
der Pestpandemie, die massenhaft Menschen tötet. Nunmehr menschenarme Landschaften
bewalden sich im Spätmittelalter. Bäuerliche Familien nutzen die neuen Wälder intensiv.

Kapitel 3 (1492 bis 1651): Der älteste heute noch erhaltene Erdglobus, Behaims Erdapfel, verzeichnet noch nicht Amerika und Australien. Bald eröffnen die Kartierung, Eroberung und koloniale Nutzung der Welt durch europäische Mächte, oberdeutsche Handelshäuser, Regenten deutscher Territorien und Hamburger Reeder attraktive neue ökonomische
Entwicklungsmöglichkeiten. So sichern sich die Augsburger Fugger zeitweilig die Rechte
an Quecksilberminen in Spanien. Den Augsburger Welsern gelingt jedoch nicht die Etablierung der Kolonie Klein-Venedig (Venezuela). Auch das Brandenburger Engagement in
Großfriedrichsburg an der westafrikanischen Goldküste und in der Karibik scheitert, trotz
des gewinnbringenden Sklavenhandels. Hamburger Reeder lassen erfolgreich Grönlandwale vor Spitzbergen erlegen, um mit dem Tran Hamburg zu beleuchten. Das phasenweise
extreme Wetter der Spätmittelalterlich-frühneuzeitlichen Kleinen Eiszeit bewirkt Teuerungen und Hungerkrisen, begleitet von Seuchenzügen. Die bäuerliche Waldnutzung wird
häufig derart intensiv, dass Obrigkeiten Wald, Wild und Jagd mit Verordnungen schützen.

Kapitel 4 (1652 bis 1787): Um Wietze bei Celle quillt Teer aus dem Boden. Die Akademie der Naturforscher Leopoldina und die Kurfürstlich Brandenburgische Sozietät der
Wissenschaften fördern – bis heute – bedeutende praxisnahe Forschung und Wissensver-
mittlung. Der Rat der Stadt Hamburg schützt die Schwäne auf der Alster. Die devastierten
Wälder des Erzgebirges bekümmern Hannß Carl von Carlowitz; er fordert deren nachhaltige Nutzung. In den Marschen breitet sich wiederholt das Marschenfieber aus – die
Malaria. In Leipzig sind Feldlerchen im Speckmantel begehrt; alljährlich fallen Hunderttausende der großen Nachfrage zum Opfer. Der preußische König verbietet die Verwendung
des Begriffes „Große Wildnis". In der Elbaue bei Dessau entsteht mit den Wörlitzer Anlagen eine großartige Parklandschaft. Zeitgenössische Quellen beschreiben einen Tornado
der höchsten Stärke F5 und die Flucht der Familie van Beethoven vor einer bedrohlichen
Eisflut. Der Abfluss zahlreicher Starkniederschläge reißt Ackerböden fort, treibt Familien
in die Armut und zur Auswanderung. Große Moore werden zunehmend entwässert und in
Kultur genommen.

Kapitel 5 (1788 bis 1870): Die wohl erste chemische Fabrik verarbeitet in Oberfranken
Quecksilber, belastet Gewässer und Böden. Die Besteigung des Chimborazo macht Alex-
ander von Humboldt berühmt in Amerika und Europa. Ein Vulkanausbruch verändert über
Jahre das Wetter. „Achtzehnhundertunderfroren" nennt man das außergewöhnlich kalte

und nasse Jahr 1816. Bald gibt es keine Wölfe und Braunbären mehr nördlich der Alpen. Vom Europäischen Biber verbleibt nur eine kleine Restpopulation an der mittleren Elbe. Der Oberrhein wird gebändigt und um 81 Kilometer verkürzt, artenreiche Feuchtgebiete verschwinden zugunsten von Äckern; Malariaepidemien treten nun seltener auf. Der Ludwig-Donau-Main-Kanal verbindet Main und Donau. Neue wissenschaftliche Erkenntnisse verändern die Landwirtschaft stark. Albrecht Daniel Thaer löst eine Ökonomisierung der Landwirtschaft aus, Philipp Carl Sprengel und Justus von Liebig ermöglichen eine Chemisierung des Landbaus. Teer aus Wietze dient zur Befestigung Hamburger Gehwege, die beim großen Stadtbrand in Flammen aufgehen.

Kapitel 6 (1871 bis 1914): Das Reichsstrafgesetzbuch schützt Tiere. Pocken-, Cholera- und Typhusepidemien suchen die Menschen heim. Wachsende Mengen an Berliner Abwasser versickern auf Rieselfeldern im Umland der Stadt. Handwerk und Industrie belasten zunehmend die Umwelt. Mit Milliarden Brandenburger Ziegel wächst Berlin. Die Mechanisierung erbebt das Deutsche Reich – der Lärm ist mancherorts ohrenbetäubend und damit gesundheitsgefährdend. Witzenhausen erhält eine Kolonialschule, Treptow die Erste Deutsche Kolonial-Ausstellung, das Deutsche Reich Kautschuk durch die Ausbeutung Einheimischer u. a. in der deutschen Kolonie Kamerun. Der zunehmende Abbau von Braunkohle verändert ganze Landschaften im Rheinland, um Leipzig und in der Lausitz. Rebläuse befallen Weinstöcke, Nutrias flüchten und breiten sich im Land aus. Carl Benz, Gottlieb Daimler und Wilhelm Maybach erfinden Motoren, Automobile und Motorräder. Pumpen, die über den Emscherkanal das Ruhrgebiet entwässern, verhindern eine Überflutung vieler Städte an der Ruhr. Die preußische Staatliche Stelle für Naturdenkmalpflege in Danzig ist das weltweit erste staatliche Naturschutzamt. Das Museum für Naturkunde Berlin errichtet ein vom annektierten Hügel Tendaguru in Deutsch-Ostafrika stammendes riesiges Dinosaurierskelett.

Kapitel 7 (1914 bis 1945): Fritz Habers Erfindung der Stickstoffsynthese und Carl Boschs großindustrielle Ammoniakproduktion bei der BASF lassen während des Ersten Weltkriegs Sprengstoff explodieren. An der West- wie an der Ostfront entstehen albtraumhafte Kriegslandschaften mit zerfetzten Menschen, Tieren, Pflanzen und belasteten Böden. Der Botanische Garten Berlin-Dahlem empfiehlt den Verzehr wildwachsenden Kriegsgemüses. Aus Kansas in den USA kommend, erobert die Spanische Grippe die Welt; sie rafft weltweit mehr Menschen dahin als der gesamte Erste Weltkrieg. Im Deutschen Reich fordert sie mehr als 300.000 Menschenleben. Industriebetriebe verwenden radioaktive Stoffe, in Oranienburg für die Zahnpasta „Doramad". Am Edersee ausgesetzte Waschbären vermehren sich bald massenhaft, in der Schorfheide angesiedelte Elbebiber zunächst zaghaft. Das NS-Regime verfügt die Zerschneidung des Landes durch Autobahnen und erstmals gesetzlich den Schutz der Natur. Tatsächlich erfolgt die Zerstörung eben dieser Natur in einem unfassbaren Ausmaß: Die Aufrüstung und der Zweite Weltkrieg führen zu einer unvorstellbaren Ausbeutung und Vernichtung von Menschen und Natur. Deutsche Flugzeuge bombardieren Städte im Ausland, alliierte Flugzeuge Städte im Deutschen Reich, Menschen und Tiere tötend, Gebäude zertrümmernd, Böden, Gewässer und Atmosphäre mit Schadstoffen belastend. Gefährliche Kampfstoffe kontaminieren bis heute Nord- und Ostsee.

Kapitel 8 (1945 bis 1969): Der extrem kalte Winter 1946/47 löst Hunger und zusammen mit Epidemien ein Massensterben aus. In Sachsen und Thüringen beginnt 1946 der Abbau von Uranerz durch die Sowjetunion für den Bau von Atombomben – ohne Rücksicht auf die Menschen und ihre Umwelt. Beide deutsche Staaten investieren stark in die Kernforschung und den Bau von Reaktoren. Die Nutzung von Stein- und Braunkohle und der Wiederaufbau der Industrie seit den 1950er-Jahren bedingen eine erhebliche Luftverschmutzung und Atemwegserkrankungen in den Bergbau-, Industrie- und Ballungsgebieten. Der Chemiker Hans-Günther Däßler weist in den 1960er-Jahren DDR-Behörden auf starke Rauchgasschäden in den Wäldern im Erzgebirge hin und der Schriftsteller Erik Neutsch beschreibt 1964 in dem Roman „Spur der Steine" die starke Luftverschmutzung im Chemiedreieck um Halle (Saale) und Leipzig. Proteste gegen die Kernenergienutzung, den Ausbau des Flughafens Frankfurt/Main und den Bau von Kanälen beginnen in Westdeutschland. Die wachsende Nachfrage, Marktöffnungen und die internationale Konkurrenz für Agrarprodukte befördern noch nie da gewesene Landschaftsveränderungen: Die Flurbereinigung in der BRD wie die Kollektivierung in der DDR schaffen die Voraussetzungen für eine moderne industrielle Landwirtschaft. Diese Landentwicklungsmaßnahmen zerstören ökologisch wertvolle Kleinstrukturen mitsamt seltenen Pflanzen und Tiere. Mit Großgeräten bearbeitbare Felder entstehen, die besonders in der DDR riesige Ausmaße haben.

Kapitel 9 (1970 bis 1990): Das Primat der Wirtschaftsförderung fordert immer stärker seinen Tribut. Göttinger Wissenschaftler machen auf die unerwartet schnelle Versauerung von Waldböden in westdeutschen Mittelgebirgen aufmerksam; sie halten gar ein Waldsterben für möglich. Dieses bleibt zwar bis 2018 aus, jedoch leiden die Bäume in vielen Wäldern der DDR und der BRD unter den starken Emissionen von Industrie, Handwerk, Verkehr und Hausbrand, den neuartigen Waldschäden. Gesetze gegen Luft- und Wasserverschmutzung schaffen langsam Verbesserungen in der Bundesrepublik. Der schwere Reaktorunfall in Tschernobyl verunsichert die Bevölkerung in beiden deutschen Staaten, zumal staatliche Institutionen nicht ausreichend auf einen derartigen Unfall vorbereitet sind. Die Widerstände gegen den Bau von Kernkraftwerken, Wiederaufarbeitungsanlagen und Endlagern wachsen in Westdeutschland stark. In den 1980er-Jahren beobachten und untersuchen Umweltschützerinnen und Umweltschützer die unerträgliche Verschmutzung von Böden und Gewässern im Chemiedreieck der DDR. Umweltgruppen bilden in der DDR einen Kern der friedlichen Revolution, die schließlich zur Herstellung der deutschen Einheit führt. Kurz vor dieser beschließt der Ministerrat der DDR auf seiner letzten Sitzung die Unterschutzstellung von vierzehn überaus wertvollen Großschutzgebieten.

Kapitel 10 (1990 bis 2014): Wissenschaftler der Technischen Universität Berlin finden Clofibrinsäure, einen Metaboliten von Cholesterinspiegelsenkern, im Berliner Grundwasser. Anfang der 1990er-Jahre entstehen mehrere, schon nach kurzer Zeit international renommierte Klima-, Geo- und Umweltforschungszentren in Ostdeutschland, darunter das Potsdam-Institut für Klimafolgenforschung (PIK), das Helmholtz-Zentrum für Geoforschung (GFZ) und das Umweltforschungszentrum Leipzig-Halle (UFZ). Klaus Hasselmann, seit 2021 Nobelpreisträger für Physik, gelingt 1995 der Nachweis des menschengemachten Klimawandels. Extreme Witterungsereignisse verursachen verheerende Schäden.

Hauptsächlich aus dem Mittelmeerraum nach Mitteleuropa strömende feuchte Luftmassen bringen außerordentlich hohe Niederschläge, schadensreiche Sturzfluten und Hochwässer im Sommer – so 1997 an der Oder, 2002 an der Elbe sowie 2013 an Elbe und Donau. Allein die Flut im Sommer 2002 verursacht Schäden in Höhe von mehr als elf Milliarden Euro. Die Orkane Lothar und Kyrill werfen 1999 und 2007 Millionen Bäume in West- und Süddeutschland um, vorwiegend in Fichtenmonokulturen. Die Gesamtschadenssumme beider Orkane beläuft sich auf rund 3,5 Mrd. Euro.

Kapitel 11 (2015 bis 2046/2068): Seit 2018 verzeichnet der Deutsche Wetterdienst außergewöhnlich hohe mittlere Jahrestemperaturen in Deutschland sowie extreme Trockenphasen. Letzteren fallen immer mehr Fichten und Kiefern zum Opfer; das Waldsterben hat begonnen. Der Artenaustausch dauert an; viele durchsetzungsfähige fremde Arten breiten sich stark aus, einige einheimische Arten verschwinden. Trotz verbesserter und wirksamer Umweltschutzgesetze entdecken Forschende Belastungen von Menschen, Oberflächengewässern, Böden oder Grundwasser mit Kunststoffpartikeln und Chemikalien. Mit Diesel betriebene Kraftfahrzeuge stoßen illegal erheblich mehr Schadstoffe aus als zugelassen: Der Dieselskandal erschüttert die Automobilindustrie. Die Jugendbewegung Fridays for Future kämpft mit regelmäßigen Demonstrationen vehement für den Schutz des Erdklimas. Mitglieder der Bewegung Letzte Generation versuchen, mit Straßenblockaden eine rasche Klimawende zu erreichen. Das Jahr 2024 ist nach Mitteilung des Deutschen Wetterdienstes mit im Mittel 10,9 Grad Celsius das wärmste in Deutschland seit Beginn der regelmäßigen Aufzeichnungen. Ein Energieunternehmen kündigt an, im Jahr 2035 das kommunale Gasnetz von Mannheim stillzulegen und damit die Belieferung der Haushalte mit Erdgas einzustellen. Im Zeitraum von 2046 bis 2068 soll die Entscheidung über den Standort für das Endlager hochradioaktiver Stoffe fallen.

Kapitel 12: Während die Kapitel 2 bis 11 Fakten präsentieren, stehen Schlussfolgerungen aus der deutschen Wetter-, Klima-, Natur- und Umweltgeschichte der vergangenen eineinhalbtausend Jahre in Hinblick auf mögliche Entwicklungen in der Zukunft im Fokus des letzten Textkapitels.

Ordnung der Wetter-, Klima-, Natur- und Umweltereignisse nach Sachthemen

Anhand der nachstehenden Listen können Sie, liebe Leserinnen und Leser, Ihre Interessensgebiete identifizieren und die zugehörigen Ereignisse über die Jahreszahlen nachschlagen.

Extreme Klima-, Wetter- sowie erdbürtige Marksteine umfassen

- **extreme Trockenjahre**: 1231, 1232, 1303, 1304, 1360, 1472, 1473, 1482, 1483, 1514, 1540, 1666, 1718, 1719, 1800, 1846, 1911, 2018 bis 2020, 2022;
- **ausnehmend kalte Winter und Frühjahre**: 536/37, 1305/06, 1430er-Jahre, 1568 bis 1573, 1585 bis 1598, 1708/09, 1783/84, 1928/29, 1939/40, 1940/41, 1941/42, 1946/47, 1962/63, 1978/79;
- **ungewöhnlich warme Jahre und Jahreszeiten**: 1231, 1232, 1351, 1472, 1473, 1666, 1718, 1719, 1826, 1952, 1976;

- **außergewöhnlich heiße Jahre, Jahreszeiten und Hitzetage**: 1983, 2000, 2003, 2007, 2014 bis 2017, 2018 bis 2024;
- **schwere Sturmfluten an der Nordseeküste**: 1164, 1287, 1334, 1362, 1509, 1634, 1717, 1721, 1824, 1962, 1976, 1990;
- **außergewöhnliche Ostseehochwasser**: 1872 und 2023;
- **bemerkenswerte Sturzfluten**: 2016 und 2021;
- **große Sommerhochwasser**: 1342, 1501, 1613, 1755, 1785, 1910, 1911, 1997, 2002, 2013, 2021,
- **große Winterhochwasser**, z. T. mit Eisgang: 1431/32, 1434/35, 1465, 1470, 1565, 1709, 1784, 1947, 2023/24;
- **Tornados der höchsten Stärke F5**: 1764 und 1800;
- **schwächere Tornados und Tornadoausbrüche**: 1912, 1931, 1968, 2001 bis 2020, 2015, 2022;
- **signifikante Erdbebenschäden**: 998, 1348, 1356, 1728, 1755, 1756, 1911, 1978, 1992;
- **Vulkaneruptionen, die das Wetter in Mitteleuropa über Jahre beeinflussten**: 536, 539/540, 547, 822/23, 1258, 1783/84, 1815 bis 1817.

Hinzu treten von Menschen verursachte oder in ihrer Verbreitung begünstigte

- **starke Explosionen**: 1739, 1810, 1857, 1901, 1906, 1916, 1921, 1945, 1946, 1968, 1979;
- **ausgewählte Stadt- und Waldbrände**: 1276, 1327, 1656, 1739, 1800, 1842, 1901, 1975, 1940 bis 1945, 1986, 2018;
- **bedeutende Seuchen**: 543, 1313, 1348 bis 1351, ab 1356, 1537 bis 1541, 1564/65, 1570 bis 1575, 1632/33, 1634 bis 1638, 1666/67, 1680 bis 1682, 1709, 1712/13, 1718/19, 1772, 1813/14, 1826, 1831, 1892, 1901, 1918 bis 1919, 1947, 2020 bis 2022.

Umweltveränderungen, Gefährdungen, Entlastungen und Schutzmaßnahmen für Mensch und Natur durch

- **Rodungen, Trockenlegungen, Besiedlung, Gartenbau und Landwirtschaft**: 857, ca. 1140 bis 15. Jahrhundert, 1201, 1630 bis 1674, 1718 bis 1724, 1751 bis 1790, 1764, ab 1778, 1798 bis 1804, 1817 bis 1879, 1840er/50er-Jahre, 1893, 1898, 1904 bis 1911, 1929;
- die **Aufgabe von Land und Siedlungen**: ab 536, nach 1342, nach 1351, 1616 bis 1648/50;
- **Waldnutzung und Forstwirtschaft**: um 800, 1368, 1480 bis 1502, 1532, frühes 17. Jahrhundert bis 1950er-Jahre, 1713, 1714, 1748, ca. 1770 bis 1800, 1888, 1924, 1953 bis 1978, 1954, 1964, 1966, 1971, 1988, 1999, 2007, 2018 bis 2022, 2020 bis 2023;
- **Landschaftsgestaltung mit Parkanlagen sowie botanischen und zoologischen Gärten**: 1580, 1592 bis 1597, 1689 bis 1717, 1765 bis 1813, 1795, ab 1815, 1818, 1834, ab 2003;
- **Naturschutz**: 1830, 1851 bis 1941, 1871, 1906, 1919, 1933, 1935, 1941, 1953, 1954, 1976, 1986, 1987, 1990, 1993, 1997, 1999, 2019, 2020, 2023, 2024;

- **Bergbau**: 1113, 1296, 1525, seit ca. 1536, 1616 bis 1648/50, ca. 1770 bis 1800, 1770er-Jahre, 1783, 1800, 1815, 1885, 1892, 1906, 1911, 1915, 1924, 1946 bis 1991, 1965, 1966, 1989, 1992 bis 2020, 2024;
- **Handwerk, Industrie und Verkehr**: 1304, 1398, 1770er-Jahre, 1784, 1800, 1887, 1888, 1916, 1939, 1964, 1966, 1969, 1971, 1978/79, 1979, 1983, 2020 bis 2023, 2025;
- **juristische und politische Entscheidungen**: 1802/03, 1871, 1874, 1875, 1904, 1906, 1953, 1954, 1966, 1971, 1974, 1976, 1986, 1997, 2018, 2020, 2025;
- **Forschung und wissenschaftliche Erkenntnisse**: 1150 bis 1160, 1492, 1556, 1652, 1700, 1708, 1713, 1731 bis 1754, 1764, 1784, 1798 bis 1804, 1801, 1802, 1815, 1828, 1898, 1907, 1908, 1911, 1941, 1977, 1989, 1992, 1995, 1997.

Und nicht zuletzt das

- **Aufgreifen von Wetter-, Natur- und Umweltthemen in der Nationalliteratur** z. B. durch Johann **Wolfgang von Goethe**: 1770/71, 1774, 1790, 1809, 1821, **Alexander von Humboldt**: 1802, 1803/04, 1826, 1827/28, 1845 bis 1858, **Heinrich Heine**: 1824, **Wilhelm Raabe**: 1884, **Theodor Storm**: 1888, **Thomas Mann**: 1901, **Christa Wolf**: 1961, 1987, **Monika Maron**: 1981 und **Michael Beleites**: 1988.

Auch hinterlassen Auslandsreisen von Deutschen bedeutende Spuren mit Bezug zu Umwelt und Natur in der Literatur, in Landschaften oder Museen, so

- **Maria Sibylla Merian** (1699), **Georg Forster** (1754 bis 1794), **Carsten Niebuhr** (1761 bis 1767), **Leopold III. Friedrich Franz** (1765 bis 1813), **Alexander von Humboldt** (u. a. 23. Juni 1802), **Johann Gildemeister** (1840er/50er-Jahre) sowie **Amalie Dietrich** (1864 bis 1873).

Einige Ereignisse betreffen Orte und Räume außerhalb von Mitteleuropa, wie

- das Lehen **Klein-Venedig** (spanisch Venezuela) der Augsburger Welser in Südamerika (1528 bis 1556);
- das spanische **Almadén** (1525), wo die Augsburger Fugger Quecksilbergruben pachten;
- das Meer um **Spitzbergen**, in dem Hamburger Reeder Grönlandwale erlegen lassen (ab 1643);
- **Großfriedrichsburg**, ein brandenburgischer kolonialer Handelsposten in Westafrika (1683);
- die **Kolonisierung** durch das Deutsche Reich (1884/85, 1898, 1899 bis 1900, ab 1900, 1908);
- die **Okkupation Osteuropas** durch das Naziregime (1941, 15.07.1941, 1941 bis 1945, 1943).

536 bis 1488: Spätantike Kleine Eiszeit, Hildegard von Bingens Physica, Berggeschrey in Sachsen, Hungerkrisen, Seuchen, wüste Dörfer und Felder, Wiederbewaldung

Vor etwa 13.000 Jahren bricht im Osten der Eifel der **Laacher-See-Vulkan** aus (Abb. 2.1). Aus dem Schlot schießen über mehrere Tage Lavabomben, Bimsbrocken und Vulkanaschen in die Höhe. Dann rasen pyroklastische Ströme – Suspensionen aus Gasen, glühenden Vulkanaschen und Lavabrocken – den Vulkanhang hinunter. An der Andernacher Pforte im na-

Abb. 2.1 Vor etwa 13.000 Jahren explodierte der Laacher-See-Vulkan in der Osteifel; er hinterließ einen fast kreisrunden Krater, in dem heute der Laacher See liegt. (Foto: H.-R. Bork, 21.07.2019)

H.-R. Bork, *Denk ich an Deutschland …*, https://doi.org/10.1007/978-3-662-71613-7_2

Abb. 2.2 Der Krater des Ulmener Maars entstand vor etwa 10.900 Jahren durch den bis heute letzten Vulkanausbruch in der Eifel und in Deutschland. (Foto: H.-R. Bork, 21.07.2019)

hen Rheintal lagert sich vulkanisches Material viele Meter hoch ab. Es blockiert den Rhein, bis die Wassermassen, die sich im Neuwieder Becken aufstauen, die Barriere durchbrechen und das Rheintal unterhalb verheeren. Vulkanaschen legen sich auf die Landschaften von der Eifel nordostwärts bis nach Südschweden und Nordpolen sowie südwärts bis über Baden hinaus. Die Eruptionen des Laacher-See-Vulkans verändern Wetter und Klima stark.[1]

Unter der Eifel aufsteigendes Magma kommt letztmals vor rund 10.900 Jahren in Kontakt mit viel Wasser in durchlässigen Gesteinsschichten. Das Wasser verdampft explosionsartig. Der entstehende hohe Druck schießt das über dem Explosionsort liegende Gestein in die Atmosphäre. Es verbleibt ein ovaler Krater, ein Maar mit einem hohen Rand, in dem herausgeschleudertes Material liegt. Der später mit Grundwasser vollgelaufene Krater ist das heutige **Ulmener Maar**, das jüngste der rund 78 Eifelmaare (Abb. 2.2). Mit der Bildung des Ulmener Maars endet der Vulkanismus zwischen Alpen und Nordsee.

Danach beeinflussen weit entfernte aschereiche Eruptionen u. a. auf Island, in Südeuropa, Nord- und Mittelamerika sowie Südost- und Ostasien Wetter und Klima in Mitteleuropa – so auch im sechsten nachchristlichen Jahrhundert. Mehrere Vulkaneruptionen in den 530er- und 540er-Jahren lösen die **Spätantike Kleine Eiszeit** aus: die außergewöhn-

---

[1]   Vgl. Mauelshagen (2023): Geschichte des Klimas. Schmincke (2024): Vulkanismus. Behre (2008): Landschaftsgeschichte Norddeutschlands.

lichste kalt-feuchte Klimaperiode der vergangenen zwei Jahrtausende. Rückkopplungsme-
chanismen zwischen Atmosphäre, Meeresströmungen und der wachsenden Eisdecke in der
Arktis sowie ein Minimum der Sonnenaktivität im siebten Jahrhundert lassen das zunächst
nur eruptionsbedingt außergewöhnliche Klima bis in die Mitte des siebten Jahrhunderts
andauern. Nach der extremen Kälte in den ersten Jahren bis Jahrzehnten der Spätantiken
Kleinen Eiszeit bleibt es bis etwa in die 650er-Jahre zumeist kühl.

536/37 Sehr starke **Vulkanausbrüche** ereignen sich in der ersten Hälfte des Jahres 536,
wahrscheinlich in Nordamerika oder auf Island. Gewaltige Mengen an Vulkanaschen und
Aerosolen verteilen sich über die nördliche Hemisphäre. Die riesige Asche-Aerosol-Wolke
verdunkelt ungefähr 18 Monate lang die Sonne und reflektiert an ihrer Außenfläche einen
Teil der Sonneneinstrahlung. Dadurch kühlt sich die Atmosphäre stark ab. Im Jahr 536
resultiert ein extrem kalter Sommer und in den letzten Monaten des Jahres 536 sowie den
ersten des Jahres 537 ein extrem kalter Winter, vermutlich der kälteste der vergangenen
zwei Jahrtausende.

539/40 Ein weiterer großer **Vulkanausbruch**, diesmal wohl in Äquatornähe, verlängert
die starke Abkühlung.

543 Die extreme Witterung, Handel und Migration begünstigen die Ausbreitung von Seuchen. So infiziert und tötet der Erreger der **Justinianischen Pest** zahllose Menschen, vornehmlich im frühbyzantinischen Reich. Auch für Trier und Niederbayern gelingen jüngst
Nachweise der Seuche im Jahr 543. Es bleibt nicht bei einem Ausbruch. Bis in die Mitte des
achten Jahrhunderts tritt die Beulenpest hauptsächlich im Mediterranraum periodisch auf.

547 Die nächste und vermutlich letzte große **Vulkaneruption** in der Mitte des sechsten
Jahrhunderts verlängert die extreme Witterung weiter.

▶   Beweise für den Kälteeinbruch, seine Ursachen und Wirkungen enthalten
     Schichten in Eisbohrkernen von Antarktika, Grönland und aus den Alpen,
     Wachstumsanomalien von Bäumen aus verschiedenen Regionen der Erde so-
     wie irische und chinesische Annalen aus jener Zeit. In Mitteleuropa folgen
     Ernteausfälle, Hungersnöte, die Aufgabe von Siedlungen und Landwirtschaft
     sowie eine weitreichende Wiederbewaldung. Etwa ab der Mitte des siebten
     Jahrhunderts werden außergewöhnliche Wetterextreme seltener, und es wird
     allmählich etwas wärmer. Die Bevölkerung wächst langsam.

Ab 696 An der Geländeoberfläche austretende Sole schöpft man in **Reichenhall** im Berchtesgadener Land ab und versottet sie in mit Brennholz erhitzten eisernen Sudpfannen. Das
getrocknete **Salz** wird zerkleinert und weithin gehandelt. Der Brennholzbedarf ist immens:
mehr als zehn Kubikmeter Holz für eine Tonne Salz.

Um 697 Dem Archäologen Wolfgang Czysz vom Bayerischen Landesamt für Denkmalpflege gelingt 1993 in einer Baustelle unweit des Bahnhofs von Dasing (heute Landkreis

Aichach-Friedberg, Bayerisch-Schwaben) der einzigartige Nachweis eines aus vier Wassermühlen bestehenden Komplexes an einem ehemaligen Mäander der Paar:

- einer römischen Wassermühle (Mühle I) aus der Zeit um 120/30 n. Chr. mit Basaltmühlsteinen aus Mayen in der Eifel (zur Datierung s. u.),
- einer kleinen merowingischen Wassermühle (Mühle II), in der Eichen verbaut sind, die im Winter 696/697 geschlagen und kurz darauf zum Mühlenbau eingesetzt wurden, mit einem Stauwehr und einem Mühlteich zur Regulierung der Wasserzufuhr durch den Mühlgraben zur Mühle,
- einer weiteren, um das Jahr 743 nach der Zerstörung von Mühle II errichteten und kurz nach 789 durch Hochwasser zerstörten Wassermühle (Mühle III) sowie
- einer vierten, nach 843 gebauten und bald danach durch ein Hochwasser zerstörten karolingischen Wassermühle (Mühle IV) mit einer Holzbrücke.

Die genannten Zeitangaben beruhen auf den dendrochronologischen Datierungen an gut erhaltenen Hölzern der vier Mühlen. Die Mühlen II und III sind die bislang **ältesten bekannten germanischen Wassermühlen.**[2]

▶ Zwischen Alpen, Nord- und Ostsee errichtet man in den kommenden zwölf Jahrhunderten Zehntausende Wassermühlen an Bächen und Flüssen, mehrenteils mit ganzjährig hinreichender Wasserführung (Abb. 2.3). Sie mahlen zunächst vornehmlich Getreide. Später kommen andere Nutzungen hinzu. So bearbeiten Walkmühlen Tuche und Lohmühlen Leder. Pochmühlen zerkleinern Erze. Sägemühlen verarbeiten Rundholz zu Brettern und Balken. Ölmühlen pressen Pflanzenöle und Fette aus Ölpflanzen. Pulvermühlen zerstoßen u. a. Holzkohle und Salpeter. Papiermühlen schlagen Lumpen zu Brei. Begleitend werden Wasserzuleitungsgräben und Stauwehre mit Teichen angelegt, die für die Fischhaltung nutzbar sind. Damit verändern Wassermühlen grundlegend die Topografie, die Böden, die Fließgewässer, den Wasserhaushalt, die Vegetation und ihre Nutzung in Talauen. Von Starkniederschlägen verursachte episodisch starke Überschwemmungen reißen häufig Mühlen fort. Selten überschütten mächtige Hochwasserablagerungen partiell zerstörte Mühlen, sodass sie wie in Dasing im Verborgenen erhalten bleiben.

737 bis 740 Das **Danewerk** ist ein rund 30 Kilometer langes gestaffeltes System von Wällen, Gräben und Mauern auf einer Landenge zwischen dem Ostseearm Schlei und dem Fluss Treene im Westen (Abb. 2.4). Die Anlage riegelt den dänischen Teil der jütischen Halbinsel an seiner schmalsten Stelle von den südlich anschließenden Gebieten der Sachsen und Obotriten ab. Erste Wälle wurden bereits in der zweiten Hälfte des fünften Jahrhunderts vorwiegend mit abgestochenen Grassoden erschaffen. Durch den Abbau, Transport und die Nutzung von Hunderttausenden Tonnen Boden und Steinen für die massive Vergrößerung

---

[2]   Czysz (1998): Die ältesten Wassermühlen. S. 16 ff.; Czysz (2016): Römische und frühmittelalterliche Wassermühlen im Paartal bei Dasing. S. 398 ff.

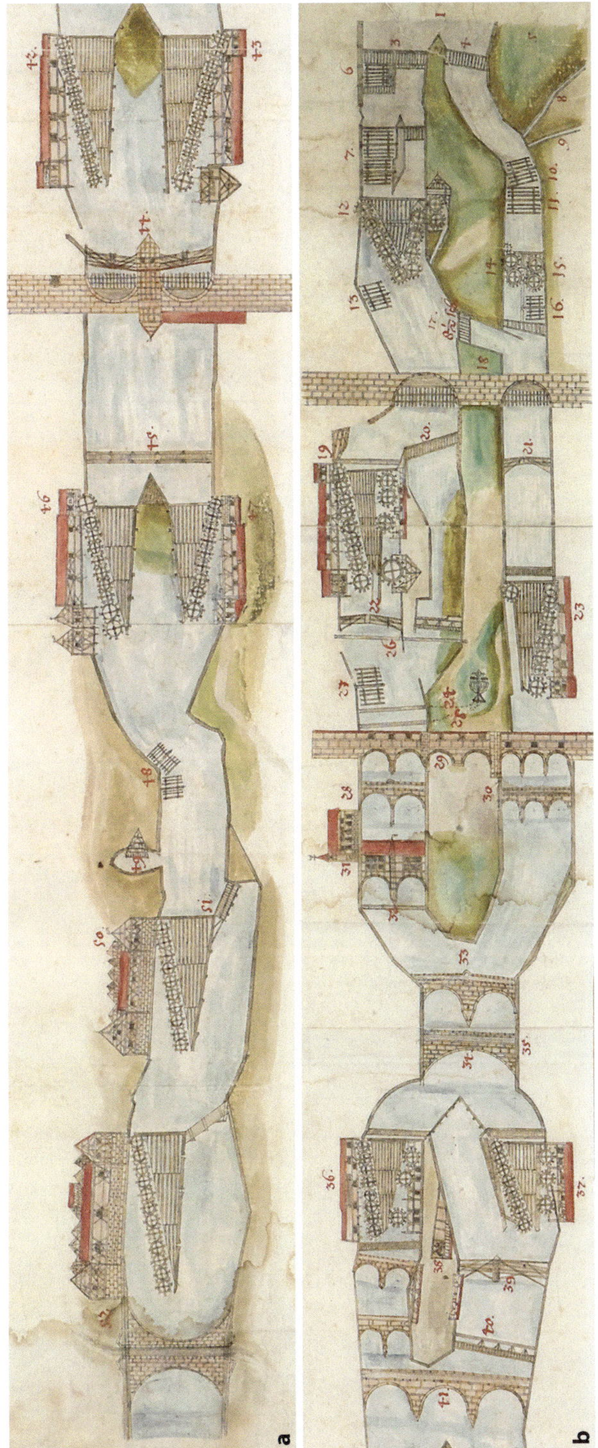

Abb. 2.3 „Grundriß der Mühlen und Wehre an der Pegnitz" in Nürnberg von 1590. Wassermühlen verändern Gewässernetze, Wegesysteme, Böden, Topografien, Vegetation und Landnutzungen; Wassermühlen mahlen, hämmern, stampfen, walken, sägen, schleifen, polieren, pulverisieren, bohren, pumpen. (HB3089, Bild 1, © Germanisches Nationalmuseum, Nürnberg, Leihgabe der Bayerischen Staatsgemäldesammlungen – Alte Pinakothek)

des Hauptwalls von 737 bis 740 und die Aufstellung einer acht Kilometer langen Palisade aus dem Holz von überschlägig 30.000 Eichen verändert sich die regionale Umwelt gravierend. In der Wikingerzeit (spätes 8. bis 11. Jahrhundert) setzen die Dänen eine ca. drei Kilometer lange und drei Meter hohe Mauer aus rund zehn Millionen Feldsteinen vor den Hauptwall.[3] (→ um 1170)

8. bis 13. Jahrhundert Mit Ausnahme kühlerer Phasen im elften und frühen zwölften Jahrhundert sind die Sommer von der Mitte des achten Jahrhunderts bis zum Ende des Hochmittelalters vorwiegend moderat bis warm; die Winter sind vielfach eher kühl. Witterungsextreme treten im Vergleich zum beginnenden Frühmittelalter öfter auf (→ 792, 822/23, 1195 bis 1197). In der zweiten Hälfte des zwölften und im 13. Jahrhundert werden wohl häufiger die mittleren Sommertemperaturen wärmerer Jahre des 20. Jahrhunderts erreicht, jedoch nicht diejenigen der heißen Sommer des 21. Jahrhunderts. Die Ernten sind meist ausreichend bis gut und im 13. Jahrhundert oftmals sehr gut, weshalb die Bevölkerung deutlich wächst. Um immer mehr Menschen ernähren zu können, rodet man über Jahrhunderte sukzessive auch die in der Spätantiken Kleinen Eiszeit entstandenen Wälder – zuerst an den Gunststandorten mit ertragreichen Böden. Dadurch wird in großem Umfang CO_2 freigesetzt. Ausgedehnte Agrarlandschaften mit Siedlungen entstehen. Anbau und Ernte von Kulturpflanzen laugen aufgrund unzureichender Düngung besonders die tonärmeren und sandreicheren Böden zunehmend aus; für die Anlage von Wassermühlen und Fischteichen sowie für die Flößerei von Stammholz aus den Mittelgebirgen in die Städte verändert man den Lauf und die Wasserführung vieler Bäche und Flüsse stark. Ursprüngliche Natur verschwindet bis zum 13. Jahrhundert weitgehend.[4]

792 Eine witterungsbedingte überregionale Missernte im Jahr 792, die lediglich in Räumen mit fruchtbaren Böden weitgehend ausbleibt, verursacht eine schwere, bis 793 anhaltende **Hungersnot**. König Karl der Große verordnet Höchstpreise für Getreide und Brot sowie Abgaben für Unfreie. Jeder Bischof, jede Äbtissin und jeder Abt sollen nach Möglichkeit je vier Hungernde bis zur kommenden Ernte ernähren.[5]

793 Die Annales regnis Francorum berichten über den Bau der **Fossa Carolina** (des Karlsgrabens) zwischen Weißenburg und Treuchtlingen in Mittelfranken im Bereich der Europäischen Hauptwasserscheide. Ziel ist die Schaffung einer durchgängigen schiffbaren

Abb. 2.4 Ausschnitt eines ab dem achten Jahrhundert angelegten Tors im Danewerk, durch das der Ochsenweg führte; geöffnet wurde das Profil während einer von Dr. Astrid Tummuscheid geleiteten Grabung des Archäologischen Landesamtes Schleswig-Holstein. (Foto: H.-R. Bork, 09.07.2013)

---

3   Bethge und Hardt (2022): Danewerk.

4   Vgl. Reichholf (2008): Eine kurze Naturgeschichte des letzten Jahrtausends. Glaser (2008): Klimageschichte Mitteleuropas. Pfister und Wanner (2021): Klima und Gesellschaft in Europa.

5   Verhulst (1965): Karolingische Agrarpolitik.

Abb. 2.5 Nordfassade des Aachener Doms mit dem karolingischen Oktogon, der um 803 vollendeten Pfalz-kapelle der Aachener Königs-pfalz, der Hauptresidenz von Karl dem Großen. (Foto: H.-R. Bork, 07.02.2025)

Wasserstraße von der Donau über die Altmühl, den Karlsgraben, die Schwäbische Rezat und den Main zum Rhein – möglicherweise für den Transport von Nahrungsmitteln. Karl der Große besucht im Sommer 793 die Baustelle. Die Fertigstellung des technisch meister-haft geplanten Scheitelkanals gelingt nicht. Die baubedingten Landschaftsveränderungen besitzen ein nur geringes Ausmaß.[6]

Um 800 König **Karl der Große** erlässt die 70 Kapitel umfassende Anweisung für die Be-wirtschaftung der Königsgüter *Capitulare de villis vel curtis imperii*. Sie untersagt eine über-mäßige Ausholzung sowie Schädigung der Wälder. Und sie fordert eine organisierte Tötung von Wölfen: Das Aachener Kapitular bestimmt, dass jeder Unterbezirk im Karolingischen Reich zwei **Luparii** – Wolfsjäger – zu ernennen hat (Abb. 2.5). Sie haben die Aufgabe, Wölfe zu töten und ihre Felle vorzulegen: „Sie sollen uns mitteilen, wie viele Wölfe jeder von ihnen gefangen hat, und die Felle vorlegen. Sie sollen im Mai nach den Wolfsjungen suchen und sie sowohl mit Gift als auch mit Fanggruben und Jagdhunden töten" (*Capitulare de villis, LXIX.*). Der Erfolg der Luparii bleibt wohl überschaubar. Ein wesentlicher Grund der staatlich verordneten Jagd ist die vorausgegangene Verkleinerung des Lebensraums der Wölfe infolge ausgedehnter Waldrodungen. Dadurch fallen das begehrte Wild in den verbliebenen Wäldern und Weidetiere in Waldnähe den Wölfen zunehmend zum Opfer.[7]

---

[6] Kirchner et al. (2018): A multidisciplinary approach in wetland geoarchaeology: Survey of the mis-sing southern canal connection of the Fossa Carolina (SW Germany).

[7] https://geschichtsquellen.de/werk/5514 (letzter Zugriff: 05.07.2025) sowie Thürigen und Suchy (2024): I. Beherrschung. S. 26.

Ca. 800 bis 1066 In der Wikingermetropole **Haithabu** an der Schlei im heutigen Schleswig-Holstein werden u. a. Quecksilber aus Spanien, Pelze aus Nord- und Osteuropa, Haarkämme aus dem Norden Skandinaviens, Fisch aus dem Nordatlantik, Walrosszähne aus Island und Grönland, Schmuck aus Gotland, Gewürze aus dem Orient, Seide aus China und dem Byzantinischen Reich, Walnüsse aus Süddeutschland, Blei aus England, dem Harz und dem Fränkischen Reich und Mühlsteine aus der Eifel gehandelt.[8] Die Produkte gelangen über Ostsee und Schlei sowie über Nordsee, Eider und Treene nach Haithabu. Die Umweltwirkungen des Handels der Wikinger sind unbedeutend, da der Warentransport vorwiegend auf vorhandenen natürlichen Wasserwegen erfolgt und die kumulierten Warenmengen noch gering sind.

805/06 Eine **Hungersnot** sucht Mitteleuropa heim. **Karl der Große** verordnet drei jeweils dreitägige Fastenzeiten und, wie schon 792/93, Höchstpreise für Getreide – weniger, um Nahrungsmittel zu sparen, vielmehr, um Gott mit Buße und Gebet zu besänftigen.

822/23 Starke Eruptionen des Vulkans Katla auf Island verursachen eine bis 824 anhaltende Phase kalt-feuchter Witterung mit schlechten Ernten und **Hungersnöten**.

857 Die *Annales qui dicuntur Xantenses* berichten von einer verheerenden Plage, dem **Heiligen Feuer** (Ergotismus oder Mutterkornvergiftung). Der Purpurbraune **Mutterkornpilz** *Claviceps purpurea* wächst auf den Ähren u. a. von Roggen und ähnelt der Form eines Getreidekorns. Zusammen mit dem Roggen kam der Parasit von Mesopotamien nach Europa. Als Verunreinigung gelangt der Mutterkornpilz über die Getreideernte in das Mehl. Wird dieses verzehrt, können Durchblutungsstörungen, Lähmungen, ein Absterben von Gliedmaßen und ein qualvoller Tod eintreten. In Mittelalter und Neuzeit treten zahlreiche Ergotismus-Epidemien auf.

873 (Frühsommer) Große **Heuschreckenschwärme** verängstigen Menschen und vertilgen Feldfrüchte entlang der Zugbahnen von Franken bis in das Mainzer Becken.

998 (Juli) Ein **Erdbeben**, dessen Epizentrum in Böhmen liegt, verursacht Schäden in Sachsen und im Vogtland.

1076/77 Im November 1076 fällt viel Schnee. Damit beginnt einer der **kältesten Winter** des zweiten Jahrtausends.[9]

12. Jahrhundert In den Marschen an der Nordseeküste legt man erste, noch flache **Sommerdeiche** an. Sie schützen das Kulturland vor normalen Fluten. Wintersturmfluten können sie jedoch nicht Einhalt gebieten.[10]

1113 Der Abbau von **Steinkohle** im Aachener Revier wird erstmals urkundlich erwähnt.

---

[8] Vgl. Schietzel (2023): Spurensuche Haithabu. Sowie das Wikinger Museum Haithabu in Busdorf bei Schleswig.

[9] Pfister und Wanner (2021): Klima und Gesellschaft in Europa. S. 171; Glaser (2008): Klimageschichte Mitteleuropas. S. 72.

[10] Vgl. Meier (2005): Land unter! Die Geschichte der Flutkatastrophen.

1135 Das ungewöhnliche **Niedrigwasser** der Donau nutzt man für den Bau der Fundamente der Steinernen Brücke in Regensburg.

Ca. 1140 bis 15. Jahrhundert Niederländische Kolonisten vermessen die fast 30 Kilometer langen, fruchtbaren Elbmarschen zwischen Stade und Harburg, deichen sie unter sehr schwierigen Arbeits- und Lebensbedingungen in drei Etappen ein und nennen sie **Altes Land**. Durch Entwässerung und Eindeichung bleiben regelmäßige Überflutungen und damit die Ablagerung fruchtbaren Schlicks aus, fallen Wasserarme trocken, sacken Schlick und Torf ein. Heute ist das Alte Land ein bedeutendes Obstanbaugebiet.

1150 bis 1160 Die Universalgelehrte und Äbtissin **Hildegard von Bingen** verfasst das großartige naturkundlich-medizinische Werk *Physica* über die Eigenart der Dinge. Die neun Bücher *De Plantis, De Elementis, De Arboribus, De Lapidibus, De Piscibus, De Avibus, De Animalibus, De Reptilibus* und *De Metallis* aggregieren das Wissen zu (medizinisch verwendbaren oder nicht geeigneten) Pflanzen, Tieren und Mineralen.[11]

1164 (17.02.) Die **Julianenflut** ist die erste historisch belegte Sturmflut an der Nordseeküste. Sie bricht viele der noch niedrigen Deiche und verheert die Marschen von Westfriesland über Ostfriesland und die Unterweser bis zur Unterelbe. Der Jadebusen entsteht. Tausende Menschen ertrinken, viele Ortschaften werden ausgelöscht.[12]

1168 Die Entdeckung von Silbererz bei Freiberg in Sachsen löst **Berggeschrey** aus – die sich rasch ausbreitende Kunde vom Erzfund und den nachfolgenden Ansturm von Bergleuten und Händlern.

Um 1170 Der dänische König Waldemar I. lässt am Danewerk (→ 737–40) zwischen Schlei und Treene im heutigen Schleswig-Holstein eine etwa vier Kilometer lange und fünf bis sieben Meter hohe, **gigantische Mauer** aus ungefähr 6,7 Mio. Ziegeln am Hauptwall errichten (Abb. 2.6). Sieben Jahrhunderte währt die Konstruktion der größten Festungsanlage Nordeuropas. Der Ressourcen- und Energieverbrauch ist beachtlich. Seit 1950 ist der archäologische Grenzkomplex Haithabu und Danewerk u. a. aufgrund der artenreichen Sandmagerrasen Naturschutzgebiet und seit 2018 UNESCO-Weltkulturerbe – als außergewöhnlicher Beleg für „den Austausch zwischen Gemeinschaften unterschiedlicher kultureller Traditionen in Europa".[13]

1195 bis 1197 Anhaltend hohe Niederschläge in drei aufeinander folgenden Sommern bewirken niedrige Ernteerträge und eine **Hungersnot**.[14]

Um 1200 Starke Stürme wehen nach der Rodung der gehölzreichen Heidevegetation bei Joldelund in der Schleswiger Geest den Kuhharder Berg auf, eine 6,5 Meter hohe **Düne**.

---

[11] Weitergehende Informationen: Fassler in: Stiftung Deutsches Historisches Museum (2024): Historische Urteilskraft.

[12] Vgl. Meier (2005): Land unter! Die Geschichte der Flutkatastrophen.

[13] Zur politischen Bedeutung des Danewerks im 19. und 20. Jahrhundert vgl.: Bethge (2023): Das Danewerk als politisches Symbol.

[14] Vgl. Glaser (2008): Klimageschichte Mitteleuropas. S. 62.

Abb. 2.6 Das Danewerk mit einem Abschnitt der Ziegelmauer, die der dänische König Waldemar I. um 1170 errichten ließ. (Foto: H.-R. Bork, 15.11.2021)

Stürme transportieren während Hochmittelalter und frühem Spätmittelalter flächenhaft sehr viel Sand in den nun gerodeten und ackerbaulich genutzten, sandreichen Gebieten nördlich der Mittelgebirge. Vereinzelt entstehen wie bei Joldelund Dünen. Zeitweise ist die Winderosion sogar stärker als zum Ende der letzten Kaltzeit. Die Folgen der Verwehung der humosen Oberböden sind verheerend. Die abnehmende Bodenfruchtbarkeit reduziert an vielen Sandstandorten die Ernteerträge derart stark, dass der Ackerbau langfristig aufgegeben werden muss. Bis diese Standorte wieder mit Vegetation besiedelt sind und die Sandverwehung endet, vergehen oft Jahrzehnte.[15] ($\rightarrow$ 20.01.1768)

1201 Der Bremer Erzbischof Hartwicus setzt niederländische Kolonisten in der **Brinkumer Marsch** bei Bremen zur Urbarmachung des Feuchtgebietes ein.

1219 (16.01.) Auf ein schweres Hagelunwetter folgt am Abend des 16. Januar 1219 die in einer zeitgenössischen Chronik präzise dokumentierte Sturmflut an der Nordseeküste. Der Chronist Emo von Wittewierum beschreibt die **erste Marcellusflut**, die die niedrigen Deiche zerstört und in die besiedelten, fruchtbaren Marschen eindringt. In breiten Tälern, in denen

---

[15] Lungershausen et al. (2017): Anthropogenic influence on rates of aeolian dune activity within the northern European Sand Belt and socio-economic feedbacks over the last ~2500 years.

viel Torf abgebaut und dadurch die Geländeoberfläche abgesenkt worden war, strömen die Wassermassen besonders weit in das Binnenland. Menschen flüchten auf Dachböden und Dächer ihrer Häuser. Von West- über Ost- bis Nordfriesland ertrinken vielleicht mehrere Zehntausend Menschen und sehr viel Vieh. Tausende Quadratkilometer Weide- und Ackerland gehen verloren.

1221 Während Mittelalter und der Neuzeit werden die Wasserspiegel vieler Seen für die Fischbewirtschaftung oder die Installation von Wassermühlen am Auslass erhöht. Am **Großen Plöner Sees** in Holstein hebt der Einbau eines Mühlenstaus im Jahr 1221 den Wasserspiegel um etwa 150 Zentimeter. An dem nun höher liegenden Ufer erodiert bei kräftigen Winden der Wellenschlag das Lockergestein. Mit dem erodierten Material gelangen vermehrt Nährstoffe in den See. Eine weitere Erhöhung des Seespiegels im Jahr 1570 um 120 bis 150 Zentimeter ruft Kritik hervor. Flächen um den See stehen zum Leidwesen der Landbesitzenden nun häufiger unter Wasser. 1751 gibt es Pläne, den Wasserspiegel wieder abzusenken. Ein Jahrhundert später wird die Wasserhöhe um rund 50 Zentimeter verringert. Nach einer weiteren Tieferlegung um 114 Zentimeter im Jahr 1882 fallen rund 200 Hektar ehemaliger Seegrund trocken. Dort breiten sich Schilfröhrichte aus.[16]

1222 und 1223 Starkniederschläge verursachen Bodenerosion und Hochwasser in Süddeutschland.[17]

1224 Bauern aus Neuenheim (seit 1891 ein Stadtteil von Heidelberg) zerstören wegen des hohen Holzverbrauchs die um 1210 errichtete **Ziegelei** des Zisterzienserklosters Schönau.

1230er-Jahre Die Koventualin Charlotte von Lassberg entdeckt im Jahr 1830 in einer Abstellkammer des evangelischen Frauenklosters Ebstorf nordwestlich von Uelzen einen Schatz: eine riesige, zusammengerollte, prächtige Weltkarte. Gezeichnet wurde sie offenbar von Mönchen in den 1230er-Jahren oder einige Jahrzehnte später. Die detailreiche, kreisrunde farbige **Ebstorfer Weltkarte** ist mit einem Durchmesser von 3,57 Meter die damals größte Darstellung der in Europa bekannten Erdräume. In der geosteten Karte liegt gemäß der mittelalterlichen christlichen Weltsicht Jerusalem im Zentrum, Asien oben, Afrika rechts unten und Europa links unten. Das Weltmeer umrahmt die drei Kontinente. Das 1943 verbrannte Original wird 1950 bis 1955 nach Kopien in der ursprünglichen Größe rekonstruiert und seitdem u. a. in Ebstorf ausgestellt.

1231 und 1232 Hitze und **Trockenheit** führen in Süddeutschland zu niedrigen Getreideernten.[18]

Ab 1231 Das im Jahr 1231 angelegte Jordebok (Erdbuch) des dänischen Königs Waldemar II. ist ein Steuererfassungsbuch. Es erwähnt das **Europäische Wildkaninchen** (*Oryctolagus*

---

[16] Schoenberg et al. (2008): Renaturierung degradierter Uferabschnitte an Seen der Holsteinischen Schweiz.

[17] Düwel-Hösselbarth (2015): Ernteglück und Hungersnot. S. 67 f.

[18] Glaser (2008): Klimageschichte Mitteleuropas. S. 63.

cuniculus) für die damals königlich dänische Insel Amrum. Die ursprünglich aus dem Mediterranraum stammende Kaninchenart wird für die Jagd ausgesetzt. Auf der festlandfernsten nordfriesischen Insel leben bis heute keine Füchse und nur wenige Beutegreifer. Mangels natürlicher Feinde vermehren sich die Wildkaninchen stark. Der ab dem Jahr 1866 auf Amrum als Kojenmann tätige Cornelius Peters (→ 1866 bis 1935) fängt von 1867 bis 1876 und von 1887 bis 1891 mit Schlingen insgesamt 694 Wildkaninchen – die wohlschmeckenden Kaninchenbraten sind beliebt.[19] Seit 1963 dezimiert die von Menschen eingebrachte Myxomatose wiederholt die Kaninchenpopulation auf Amrum; zwischenzeitlich erholt sich der Bestand. Eine ausreichende Bejagung ist nicht möglich. Die Kaninchen richten große Fraßschäden an Getreide und Baumsetzlingen an, die nach den im Zweiten Weltkrieg und nach den im Oktober und November 2013 viele Bäume werfenden Orkanen Christian und Xaver gepflanzt werden. Die meisten Kaninchen, die heute auf Amrum eines unnatürlichen Todes sterben, werden von Kraftfahrzeugen überfahren. Es sollen einige Hundert im Jahr sein.[20]

1248 Das Stadtrecht von Zwickau verbietet Schmieden die Verwendung von Steinkohle wegen der Belastung durch **Luftschadstoffe**.

Ab 1248 Für den Bau des Kölner Doms wird Trachyt am **Drachenfels** im Siebengebirge gebrochen, was die Form des Berges erheblich verändert (Abb. 2.7).

Ab 1248 Kaum genutzte, waldreiche feuchte Niederungen durchziehen die sorbische **Oberlausitz** nordöstlich von Dresden. Urkunden belegen, dass dort angelegte Teiche im Jahr 1248 den sächsischen Hof mit Karpfen versorgen. In der zweiten Hälfte des 15. und in der ersten Hälfte des 16. Jahrhunderts kommen mehr als eintausend Fischteiche hinzu; bis in das frühe 17. Jahrhundert erhöht sich ihre Zahl auf mehr als zweitausend. Leibeigene Bauern haben die Teiche zu pflegen und im Herbst abzufischen.[21] (→ ab 1996)

1254 Zisterzienser bauen in Rüdersdorf, ca. 30 Kilometer östlich vom Zentrum Berlins, Kalkstein ab und verwenden diesen beim Bau des Dominikanerklosters in Strausberg. Das Landbuch von Kaiser Karl IV. nennt 1376 erstmals den **Rüdersdorfer Kalksteinbruch**. In der zweiten Hälfte des 18. Jahrhunderts wächst der Baustoffbedarf in Potsdam und Berlin außerordentlich, woraufhin die Förderleistung im Rüdersdorfer Kalksteinbruch beachtlich zunimmt. Mit der Vollendung eines in den Steinbruch führenden schiffbaren Kanals verbessern sich 1804 die Transportmöglichkeiten entscheidend. 1869 übernimmt die Eisenbahn die Beförderung der Kalksteine und des Branntkalks. Seit den 1960er-Jahren erfasst der Tagebau die gesamte rund 4,2 Kilometer lange und 0,6 Kilometer breite Kalksteinlagerstätte. Diese lokal drastische Landschaftsveränderung hat sich über nahezu

---

[19] Ebd. S. 172 ff.

[20] Vgl. den Beitrag „Amrum – die Insel der Karnickel" des Heimat- und Naturforschers Georg Quedens in den Amrum News: https://www.amrum-news.de/2016/06/23/amrum-die-insel-der-karnickel/ (letzter Zugriff: 05.07.2025).

[21] Vgl. Informationen im Haus der Tausend Teiche des Biosphärenreservates Oberlausitzer Heide- und Teichlandschaft.

Abb. 2.7 Ehemaliger Trachyt-Steinbruch am Drachenfels im Siebengebirge bei Bonn. (Foto: H.-R. Bork, 04.09.2018)

acht Jahrhunderte entwickelt. Rüdersdorfer Kalkstein findet Verwendung z. B. beim Bau der Weinterrassen von Schloss Sanssouci, des Fundamentes des Brandenburger Tors, des Jagdschlosses Grunewald und des Olympiastadions in Berlin.

Ca. 1256/57 Der Dominikaner, Naturforscher und Philosoph Albertus Magnus erwähnt in seinem Buch De vegetabilibus libri VII **Feigen** (*Ficus carica*). Sie wachsen in und um Köln reichlich und tragen in überdurchschnittlich warmen Jahren bis zu dreimal Früchte.[22]

1258 Nach dem Ausbruch des **Vulkans Samalas** auf der Insel Lombok im heutigen Indonesien im Jahr 1257 sind das Frühjahr und der Sommer 1258 in Teilen Mitteleuropas kühl und feucht.[23]

1258 (19.06.) Eine Urkunde belegt die frühe **Flößerei** von Holz auf der Saale.

---

[22] Pfister und Wanner (2021): Klima und Gesellschaft in Europa. S. 183.
[23] Ebd., S. 181.

1263/64 sowie 1270 bis 1274 Starkniederschläge führen in Süd- und Mitteldeutschland wiederholt zu Hochwasser. Während eines Hochwassers am 30. Juni 1263 ertrinken in Apolda, Jena und in Dörfern der Umgebung 35 Menschen und viel Vieh. 1271 treten eine **Hungersnot** und Seuchen auf.[24]

1276 Auf den dritten großen **Stadtbrand in Lübeck**, nach den Bränden von 1157 und 1251, reagiert der Rat der Stadt: Noch im 13. Jahrhundert ergeht eine Verordnung, die für Neubauten Holzhäuser verbietet und allein Gebäude mit Brandmauern und feuerfesten Hartdächern erlaubt. (→ 1461)

1277/78 In dem **strengen Winter** gefriert der Bodensee. Im Mai 1278 und im Mai 1283 erfrieren viele Weinstöcke in Württemberg.

1287 (13./14.12.) Die **Luciaflut** überschwemmt Marschen in Ostfriesland. Tausende Menschen sterben; die Landverluste sind groß.

1288 (10.07.) Ein **Hagelunwetter** richtet in Württemberg schwere Schäden an.

1289/90 Der Winter ist in Südwestdeutschland sehr mild. Im Februar 1290 reifen **Erdbeeren**, im April blüht der Wein, im Mai schädigt hingegen Frost Weinstöcke und die Obstbaumblüte.[25]

1296 Erstmals erwähnt eine Urkunde einen Bergmann – den Kohlenkuler Konrad aus Schüren – und den Abbau von **Steinkohle** im Ruhrgebiet. Bei Haus Schüren (heute ein Stadtteil von Dortmund) gewonnene Kohle dient dem Betrieb von Salzsiedereien in Unna. Der Steinkohlebergbau im Ruhrgebiet verändert in den folgenden sieben Jahrhunderten die gesamte Region. Besonders in der Phase intensiven Steinkohleabbaus im späten 19. und im 20. Jahrhundert stürzen zahllose Altstollen und -schächte ein. Die resultierenden großflächigen, massiven Bergsenkungen um viele Meter erfordern dauerhaft das Abpumpen riesiger Wassermassen, um eine Flutung erheblicher Teile des dicht besiedelten Ruhrgebiets zu verhindern – eine sehr teure Ewigkeitsaufgabe.

Um 1300 Mehrfach zerstört oder schädigt **massiver Raubbau** die Wälder zwischen Alpen und Nordsee: erstmals im Neolithikum, dann in der Bronze- und in der Eisenzeit sowie erneut im frühen und hohen Mittelalter. Vom siebten Jahrhundert bis um 1300 verschwinden 80 bis 90 Prozent der Wälder im westlichen Mitteleuropa für Rodungen, die Raum für neue Siedlungen und Äcker schaffen, und aufgrund des großen Holzbedarfes von Kochherden, Hausbau, Bergbau, Salzsiedereien, Pechsiedereien, Teerschwelereien, Köhlereien, Glasereien, Kalkbrennereien und Töpfereien.[26] Mit den Wäldern gehen die Waldweiden für das Vieh verloren. Fleisch wird rar. Die allmähliche Konvertierung der Waldlandschaften der Spätantiken Kleinen Eiszeit in die waldarmen Agrarlandschaften des 13. Jahrhunderts

---

[24] Glaser (2008): Klimageschichte Mitteleuropas. S. 63.
[25] Düwel-Hösselbarth (2015): Ernteglück und Hungersnot. S. 70.
[26] Vgl. Dörfler (2024): Ziegeleien, Kalkbrennereien, Glashütten und Salinen.

hat die Wasser- und Stoffhaushalte erheblich verändert. Bäume wurden durch einjährige Kulturpflanzen ersetzt. Diese Abnahme der Biomasse mindert die mittlere Verdunstung und erhöht die durchschnittliche Versickerung von Niederschlagswasser in die Böden sowie die Neubildung von Grundwasser. Starkniederschläge führen zur Bildung von Oberflächen-abfluss auf ackerbaulich genutzten Hängen. Der Oberflächenabfluss trägt humushaltige Bodenpartikel ab, mindert so die Bodenfruchtbarkeit der Äcker und lagert das abgetragene Material in den Talauen ab, die dadurch allmählich aufwachsen. Zusammenströmender Oberflächenabfluss wird in Flüssen zu Hochwasser.

1302 (August) Ein großes **Hochwasser** des Rheins verheert am Oberrhein viele Orte. Anfang September erfrieren Rebstöcke im Elsass.[27]

1302/03 Ein **strenger Winter** folgt.

1303 und 1304 Großwetterlagen mit stabilen Hochdruckgebieten führen zu **extremer Trockenheit** jeweils im Frühjahr und Sommer. Niedrige Wasserstände verhindern zeitweise den Schiffsverkehr auf Rhein und Donau. Die Getreideerträge sind u. a. in Süddeutschland gering. Viele Wassermühlen stehen dort still – es mangelt an Getreide und Wasser.[28]

1305/06 **Extreme Kälte** lässt die Ostsee und zahlreiche Flüsse gefrieren. Anhaltend nied-rige Temperaturen in der Vegetationsperiode verursachen 1305 schlechte Getreideernten. Im Jahr 1306 überflutet ein Hochwasser zahlreiche Städte, Dörfer und Felder. Zahlreiche Menschen und viel Vieh sollen umgekommen sein.

1310 bis 1321 Die 12-jährige Phase bezeichnet der am Leibniz-Institut für Geschichte und Kultur des östlichen Europas in Leipzig tätige Umwelthistoriker Dr. Martin Bauch prägnant als **Dante-Anomalie**. Extreme Witterung verursacht Ernteausfälle, Unterernährung und die schwerste Hungerperiode des zweiten Jahrtausends in Mitteleuropa.[29] Der italieni-sche Dichter Dante Alighieri, nach dem die katastrophale Witterungsanomalie benannt ist, durchlebt sie in Norditalien und verarbeitet seine Erkenntnisse in der Göttlichen Komödie. Es ist der Beginn der Spätmittelalterlich-frühneuzeitlichen Kleinen Eiszeit, die bis in das 18. Jahrhundert andauert, mehrere ungewöhnlich kühle Phasen umfasst und wiederholt zu Destabilisierungen der Gesellschaft beiträgt (→ 1310 bis 1321, 1430er-Jahre, 1568 bis 1573, 1585 bis 1598, 1645 bis 1715).[30]

---

[27] Glaser (2008): Klimageschichte Mitteleuropas. S. 64.

[28] Ebd.

[29] Vgl. die Forschungsarbeiten von Martin Bauch unter https://leibniz-gwzo.de/de/forschung/mensch-und-umwelt/freigeist-nachwuchsforschungsgruppe (letzter Zugriff: 05.07.2025) sowie Bauch (2018): The Dantean Anomaly (1309–1321).

[30] Vgl. Reichholf (2008): Eine kurze Naturgeschichte des letzten Jahrtausends. Mauelshagen (2023): Geschichte des Klimas.

Der Sommer ist 1310 kühl-nass und das Jahr 1311 kühl-feucht. Ein Hochwasser der Elbe erodiert im Jahr 1311 Äcker.[31] Mehrere **Hochwasser** verursachen 1312 in Sachsen und Thüringen große Schäden. Kühl-nasse Sommer haben in den Jahren 1312 bis 1314 Missernten zur Folge. Die **Pest** soll im Sommer 1313 von Trier und Worms bis Köln Tausende Menschen getötet haben. In der Vegetationsperiode des Jahres 1314 fallen kaum Niederschläge; Feldfrüchte verdorren in einigen Regionen; es mangelt an Nahrungsmitteln. Anhaltende Niederschläge bewirken vom Mai bis in den Herbst des Jahres 1315 Missernten, eine dramatische **Hungersnot** und ein Massensterben. Im Juli 1315 führt die Elbe Hochwasser. Starke Niederschläge lassen im Mai und Juni 1316 Donau, Elbe und weitere Flüsse über die Ufer treten. Die Wasserfluten zerstören viele Wassermühlen. Im sächsischen Eilenburg reißt das Hochwasser der Mulde einen Teil der Stadtmauer und mehrere Gebäude fort. Etwa 30 Menschen verlieren dort ihr Leben. Große Kälte und eine mächtige Schneedecke schädigen im Winter 1316/17 in vielen Regionen Süddeutschlands die Wintersaat. Der Winter 1317/18 ist lang, kalt und schneereich. **Eisgang** beschädigt die Elbbrücke in Dresden. In Köln fällt am 30. Juni 1318 Schnee. Anhaltende Nässe bewirkt 1321 Ernteausfälle.

1322/23 Im stärksten **Eiswinter** des 14. Jahrhunderts **gefrieren Bodensee und Ostsee.** Zur Verkürzung von Reiserouten gehen und reiten Menschen über das Eis der Ostsee, auf dem Bewirtungsstände und Herbergen stehen.[32]

1323/24 In Norddeutschland ist der **Winter kalt** und schneereich.

1324 Das Urkundenbuch des Hochstifts Hildesheim und seiner Bischöfe erwähnt *mushere* (Mausheere) – eine gravierende Schädigung der Ernte durch **Mäusefraß**.

1325 Der **Bodensee gefriert** im Spätwinter 1324/25.

1327 (13.02.) Im **Münchner Angerkloster** bricht beim ersten Hahnenschrei ein Brand aus. Am 15. Februar 1327 liegt überschlägig ein Drittel von München in Schutt und Asche. 30 Menschen soll das Feuer getötet haben. (→ Mai 1342)

1334 (23.11.) Die **Clemensflut** bricht Deiche und verheert Marschen an der Unterweser.

1337 bis 1339 Heuschreckenschwärme ziehen wiederholt über einige Kilometer breite Bahnen von Bayern bis an den Rhein, auf denen sie alle Feldfrüchte vertilgen. In Straubing werden Menschen jüdischen Glaubens für einen Heuschreckeneinfall verantwortlich gemacht und verbrannt. Auch außerhalb der betroffenen Gebiete sind viele Menschen verängstigt – sie denken an die biblische Plage in Ägypten.

---

[31] Zu den Wetterdaten von 1310/11 bis 1323/24 sowie 1325, 1343, 1345–47 und 1351 vgl. Glaser (2008): Klimageschichte Mitteleuropas. S. 64 ff.

[32] https://www.bsh.de/DE/DATEN/Vorhersagen/Eisberichte-und-Eiskarten/_Anlagen/Downloads/ weitere-publikationen/Eiswinterindex-westl-Ostsee-1300-1500.pdf?__blob=publicationFile&v=2 (letzter Zugriff: 05.07.2025).

1338/39 In dem **kalten Winter** vereist die Ostsee fast drei Monate lang. Zwischen Lübeck und dänischen Inseln reisen Menschen über das Eis.[33]

1342 (Februar) Eine große **Eisflut** zerstört zahlreiche Brücken an Elbe und Donau.

1342 (Frühjahr und Frühsommer) In der Trockenphase nach der Eisflut im Februar und vor dem Starkniederschlag vom → 19. bis 25.07.1342 ereignen sich mehrere Stadtbrände, u. a. am 6. Mai 1342 in Landshut. Die **Trockenheit** behindert offenbar das Wachstum der Kulturpflanzen und mindert die Ernteerträge. Wahrscheinlich fördert der schüttere Bewuchs die starke Abflussbildung und Bodenerosion im Juli.

1342 (Mai) Kaiser Ludwig der Bayer erlässt im trockenen Frühjahr des Jahres 1342 für München ein **Verbot von Schindel- und Strohdächern** für Neubauten, das mehrenteils missachtet wird. Mitte des 19. Jahrhunderts sind immer noch viele Gebäude im Zentrum von München mit Holzschindeln gedeckt.

1342 (19. bis 25.07.) Wahrscheinlich aus dem Mittelmeergebiet einströmende feucht-warme Luftmassen verursachen von der Donau bis zur Eider anhaltende, sehr starke Niederschläge und in vielen Flussgebieten Mitteleuropas das wohl stärkste Hochwasser der vergangenen beiden Jahrtausende, die **Magdalenenflut**.[34] Auf vielen Äckern schwemmt der starke Abfluss des Starkniederschlags den fruchtbaren Oberboden ab; in vielen Tälchen reißen die Wassermassen tiefe Schluchten ein. Die dauerhaften Verluste an landwirtschaftlicher Nutzfläche sind in manchen hügeligen Gegenden mit ertragreichen Böden dramatisch.[35]

1342 (August) bis 1343 (Frühjahr) Der Umwelthistoriker Dr. Martin Bauch belegt eindrucksvoll, dass nach der Hochwasser- und Erosionskatastrophe vom Juli 1342 der **Nahrungsmittelmangel** zwischen Oder und Niederrhein bedrohlich wird.[36]

1343 Der Sommer ist um Lindau und Konstanz überaus niederschlagsreich, woraufhin der **Wasserstand des Bodensees** deutlich ansteigt.

1345 bis 1347 Der Winter 1345/46 ist **ungewöhnlich kalt**; von April bis Juni 1346 ist es in Lindau am Bodensee ausgesprochen kühl und nass. Die Reben blühen in Lindau noch am 2. August 1346. Auch das Jahr 1347 ist in Lindau auffallend nass; die Reben sind Anfang September 1347 noch nicht verblüht. Schon Anfang Oktober 1347 liegt Schnee.

1348 (25.01.) Ein folgenschweres **Erdbeben** mit Epizentrum in Friaul ist bis in den Süden Bayerns zu spüren. In Passau beschädigt es ein Kloster und Kirchen schwer; die Kirche

---

[33] Ebd.

[34] Vgl. die vorzügliche Quellenanalyse von Bauch (2019): Die Magdalenenflut 1342 am Schnittpunkt von Umwelt- und Infrastrukturgeschichte.

[35] Bork et al. (1996): Landschaftsentwicklung in Mitteleuropa. Herget (2012): Am Anfang war die Sintflut.

[36] Bauch (2019): Die Magdalenenflut 1342 am Schnittpunkt von Umwelt- und Infrastrukturgeschichte. S. 291.

St. Nikola ist einsturzgefährdet und muss neu errichtet werden. In München fallen Ziegel von den Dächern.

1348 bis 1351 Der **Schwarze Tod** – die verheerendste Pestpandemie des zweiten Jahrtausends – erreicht 1348 zuerst den äußersten Südwesten und zuletzt 1350 den Norden Deutschlands. Annähernd ein Viertel bis ein Drittel der zwischen Alpen und Flensburger Förde lebenden Menschen stirbt an der vom Bakterium *Yersinia pestis* übertragenen Infektionskrankheit. In Lübeck fallen elf von 25 Ratsherren der Seuche zum Opfer.[37]

▶ **Pandemiefolgen**

Menschen jüdischen Glaubens werden der Hostienschändung, des Ritualmordes oder der Brunnenvergiftung verdächtigt, Geständnisse unter Folter erpresst; tatsächlich stehen oft politische und wirtschaftliche Interessen hinter den nun folgenden fürchterlichen Pogromen: In Straßburg treibt man am 14. Februar 1349 – Monate bevor die Beulen- und Lungenpest die Stadt erreicht – gezielt die religiös verhassten Jüdinnen und Juden zusammen, um sie zu verbrennen. Am 24. Juli 1349 trifft es die jüdische Gemeinde in Frankfurt am Main; es ist der zweite Pogrom nach 1241.[38] Hunderte jüdische Gemeinden werden ausgelöscht.

Nach der Pestpandemie fehlen Menschen zur Bestellung der Felder. Zahlreiche Dörfer fallen schließlich mitsamt ihrer Feldflur teilweise oder vollständig wüst. Neue Wälder breiten sich danach auf den aufgegebenen Äckern aus. In den kommenden Jahrzehnten treibt man immer mehr Vieh in die Wälder. Schweine, Rinder, Schafe, Ziegen, Esel und Pferde verzehren immer größere Mengen an Gräsern, Kräutern, Blättern und Früchten, wie Eicheln und Bucheckern, und schädigen die Waldvegetation zunehmend. Der Fleischkonsum nimmt stark zu (→ 1748).

Weitere Pestpandemien treten in Mitteleuropa in der zweiten Hälfte des 14. Jahrhunderts (→ ab 1356), → 1564 bis 1565, in den 1630er- und 1660er-Jahren (→ 1632/33, 1634, 1666 bis 1667) sowie im frühen 18. Jahrhundert auf (→ 1708 bis 1711, 1712/13). Dann verschwindet die unheilvolle Seuche nördlich der Alpen.

1350 Der Nürnberger Reichswald ist Mitte des 14. Jahrhunderts ein riesiger Bienengarten, den rund 50 Zeidelgüter bewirtschaften. Zeidler (Imker) betreiben dort **Bienenweiden**, halten gewerbsmäßig Wildbienen und gewinnen den als Süßungsmittel hoch begehrten Honig, der auch bei der Lebkuchenproduktion in Nürnberg Verwendung findet. Im Jahr 1350 bestätigt der römisch-deutsche König Karl IV. die althergebrachte Ordnung und die Gerechtigkeit der Zeidler des Reichswaldes.[39]

---

[37] Vgl. Fouquet und Zeilinger (2011): Katastrophen im Spätmittelalter. S. 103 ff.

[38] Vgl. https://www.juedischesmuseum.de/blog/1349-zweite-judenschlacht/ (letzter Zugriff: 05.07.2025).

[39] https://www.archivportal-d.de/item/X5HFSHGZXC62HBOPJNG3WGYECNW3QQLL (letzter Zugriff: 05.07.2025).

1351 Der Sommer ist heiß; der Rhein führt **Niedrigwasser**.

Ab 1356 Weitere **Pestwellen** laufen durch Mitteleuropa. Sie erhöhen die Sterblichkeit deutlich, so 1356 u. a. in Frankfurt am Main und Würzburg, 1358 u. a. in Hamburg und Lübeck sowie 1367/68, 1375/76 und 1387/88 u. a. in Schleswig-Holstein.[40]

1356 (02.02.) Im Rathaus von Lübeck findet der erste **Hansetag** statt. Insbesondere der Handel von Pelzen, Fellen, Tran, gepökelten Fischen und Holz durch Hansestädte verändert Ökosysteme in Ost- und Nordeuropa vom 14. bis zum 17. Jahrhundert.

1356 (18.10., 22 Uhr) Ein starkes **Erdbeben** mit einer Magnitude von ca. 6,6 verursacht schwere Schäden in Basel und Umgebung. Herabstürzende Fackeln und Kerzen lösen Brände aus. Die Feuer lodern acht Tage. Das Basler Erdbeben ist wahrscheinlich das stärkste in Mitteleuropa im zweiten Jahrtausend. Noch heute sind Spuren der Erdstöße im Basler Münster sichtbar.

1360 Auf der Schwäbischen Alb ist der Sommer so **trocken**, dass Stroh von den Dächern abgedeckt wird, um das Vieh zu füttern. Trotzdem verhungert viel Vieh.[41]

1362 (15. bis 17.01.) Die Nordseeküste liegt in dieser Zeit etwas westlich der heutigen Inseln Sylt, Amrum und Pellworm. Östlich erstrecken sich bis zum Rand der sandigen Geest die nordfriesischen Uthlande. Sie bestehen aus breiten vermoorten Niederungen, kleinen, deutlich erhöhten, sandigen Geestbereichen und leicht erhöhten Marschen mit lehmigen, fruchtbaren Kleien an der Landoberfläche. Letztere werden landwirtschaftlich genutzt. Die zweite Marcellusflut, auch **Erste Grote Mandränke** genannt, zerstört Mitte Januar 1362 nach witterungs- und seuchenbedingten Katastrophen schlecht gewartete Deiche und zerreißt die Uthlande, ausgehend von den breiten Niederungen (Abb. 2.8). Die Sturmflut schneidet tiefe Priele in die Niederungen ein. Zahlreiche Orte gehen verloren, darunter Rungholt. Die Sturmflut kostet vermutlich etwa zehntausend Menschenleben. Neue Inseln entstehen aus den verbliebenen geringfügig höheren Marschen und Geestbereichen, darunter die Insel Strand ($\rightarrow$ 11./12.10.1634).[42]

1363/64 In einem der **kältesten Winter** des zweiten Jahrtausends fällt viel Schnee.[43]

1368 Metall verarbeitende Betriebe haben einen großen Energiebedarf. Da sie in Nürnberg einen gravierenden Mangel an (Brenn-)Holz verursacht haben, müssen sie den devastierten Nürnberger Reichswald verlassen. Dem Patrizier **Peter Stromer** gelingt es 1368 als Erstem, Tannen und Kiefern im Nürnberger Reichswald erfolgreich zu sähen – es ist die erste dokumentierte, gezielte Aufforstungsmaßnahme (Abb. 2.9a, b und Abb. 2.10). Die Zunft der **Tan-**

---

[40] Vgl. Fouquet (2022): Die Pest in Lübeck und Schleswig-Holstein während des 14. und 15. Jahrhunderts.

[41] Düwel-Hösselbarth (2015): Ernteglück und Hungersnot. S. 74.

[42] Vgl. Fouquet und Zeilinger (2011): Katastrophen im Spätmittelalter. S. 35 ff. Meier (2005): Land unter! Die Geschichte der Flutkatastrophen. Meier (2019): Schleswig-Holstein. S. 153 ff.

[43] Pfister und Wanner (2021): Klima und Gesellschaft in Europa. S. 187.

Abb. 2.8 Erinnerungskultur neben Erinnerungsbeseitigung am Südstrand von Föhr: Gedenken an die großen Mandränken 1362 und 1634; dahinter die maschinelle Entfernung von Plastik und anderen unerwünschten Stoffen im März 2025. (Foto: H. Bork, 27.03.2025)

nensäer gründet sich bald darauf in Nürnberg. Sie trägt zur Aufforstung neuer Nadelforste bei und beendet damit schließlich den Holzmangel im Reichswald. Ökologisch nachhaltig sind die artenarmen neuen Forste nicht – Laubbaumarten, die im natürlichen Waldökosystem auf den vorwiegend sandigen Böden des Reichswaldes gedeihen würden, pflanzt man nicht.

1374 (Januar und Februar) Ausgelöst von Schneeschmelze und **anhaltenden hohen Niederschlägen**, treten viele mitteleuropäische Flüsse oftmals wochenlang über die Ufer. Teile etwa von Erfurt und Köln stehen unter Wasser. In breiten Talauen verlagern sich Flussbetten.[44]

1386 (01.10.) Die **Universität Heidelberg** wird gegründet; *Forschung und Lehre an Universitäten verändern über Innovationen und deren Verbreitung Wirtschaft, Gesellschaft, Landnutzung und Landschaften.*

---

[44] Zu den Wetterdaten von 1374, 1406 bis 1408, 1413 sowie 1430er-Jahre vgl. Glaser (2008): Klimageschichte Mitteleuropas. S. 68 ff., S. 77 ff.

Abb. 2.9 a Aufforstungsmaßnahmen im Nürnberger Reichswald, linke Seite des Bildes: Stecklinge werden gesetzt, berittene Forstbeamte überwachen die Arbeiten, wohl nach 1761 und vor 1800. ▶

Abb. 2.9 b (Fortsetzung) rechte Seite des Bildes: Der Boden wird mit dem Räderpflug gelockert und danach die Saat ausgebracht, wohl nach 1761 und vor 1800. (Gm2528, Bild 3, © Germanisches Nationalmuseum, Nürnberg, Foto: G. Janßen)

Abb. 2.10 Waldplan von Nürnberg aus dem Jahr 1516; im Zentrum: Nürnberg von Norden gesehen, umgeben vom Sebalder Reichswald im Norden (vorne) und dem Lorenzer Reichswald im Süden (hinten); die geordnet parzellierten und in Förstereien aufgeteilten gepflanzten Wälder liefern reguliert Bau- und Brennholz; sie sind die Basis für den Wohlstand Nürnbergs. (SP10419, Bild 1, © Germanisches Nationalmuseum, Nürnberg)

1390 (24.06.) Der Nürnberger Patrizier und Politiker Ulman Stromer erwirbt als Untereigentümer die Gleißmühle vor dem Nürnberger Wöhrder Tor am südlichen Arm der Pegnitz. Stromer kennt die Technik der Papierproduktion aus Italien. Er lässt die Gleißmühle u. a. mithilfe italienischer Papiermacher in eine **Papiermühle** umbauen – wohl der ersten nördlich der Alpen schriftlich erwähnten. Eine Urkunde aus dem Jahr 1392 belegt die Papierproduktion in der Gleißmühle. Zwei Mühlräder treiben 18 Stampfwerke, die in hölzernen Bütten (Wannen) liegende angefaulte Hadern (Lumpen) zu Brei zerquetschen. Produziert werden etwa Papiere für Nadelbriefe, also kleine Papierumschläge für Nähnadeln.[45] Vielleicht nutzt Ulman Stromer bereits Stangenholz aus den jungen Tannen- und Kiefernpflanzungen seines Halbbruders Peter Stromer für die Papierherstellung (→ 1368).

---

[45]   Vgl. Sporhan-Krempel (1954; online 2019): Die Gleißmühle zu Nürnberg.

Abb. 2.11 Die Palmschleuse in Lauenburg ist Teil des Schleusensystems des 1398 vollendeten Stecknitz-Delvenau-Kanals. (Foto: H. Bork, 08.02.2022)

▶ Die Papierherstellung hat vielfältige negative Wirkungen für Menschen und ihre Umwelt. Die Stampfwerke erzeugen enormen Lärm, der nicht selten zur Schwerhörigkeit führt. Lumpenstaub kann Atemwegsprobleme, das häufige Arbeiten mit feuchtem Lumpenbrei rheumatische Erkrankungen hervorrufen. Die ungeklärten Abwässer der Papiermühlen sind stark mit Schadstoffen belastet; eine Fischhaltung ist unmittelbar flussabwärts nicht möglich. Später kommen Bleichmittel hinzu, die die Gewässerbelastung weiter verstärken.

1398 (22.07.) Salz ist ein bedeutendes Handelsgut der Hanse und Lüneburg eine der wichtigsten Salzstädte des Kaufmannsverbundes. Am 22. Juli 1398 wird erstmals Salz auf flachen Kähnen von Lüneburg über Ilmenau, Elbe, Delvenau, den neu gegrabenen **Stecknitzkanal**, Stecknitz und Trave nach Lübeck transportiert (Abb. 2.11). Die Anlage des schmalen, weniger als einen Meter tiefen Kanals verändert die Umwelt kaum.

1398/99 In dem **kalten Winter** ist die Ostsee über vier Monate vereist. Menschen fahren auf dem Eis von Lübeck nach Stralsund.[46]

1406 Frühjahr und Sommer sind im Rheinland **ungewöhnlich nass**. In Köln bitten Menschen in Prozessionen um eine Wetterbesserung.

1407/08 Im **sehr kalten und schneereichen Winter** gefrieren Bodensee, Rhein und Ostsee. Zwischen Lübeck und Dänemark entwickelt sich auf der zugefrorenen Ostsee ein Reit- und Fahrverkehr.[47]

---

[46] https://www.bsh.de/DE/DATEN/Vorhersagen/Eisberichte-und-Eiskarten/_Anlagen/Downloads/ weitere-publikationen/Eiswinterindex-westl-Ostsee-1300-1500.pdf?__blob=publicationFile&v=2 (letzter Zugriff: 05.07.2025).

[47] Ebd.

Ab 1412 In Augsburg wird eine **effektive Wasserversorgung** errichtet. Aus dem Lech gelangt Wasser über ein wohldurchdachtes Kanalnetz in die Unterstadt Augsburgs, wo es Bevölkerung und Handwerksbetriebe mit Brauchwasser und Energie versorgt. Trinkwasser strömt aus dem Brunnenbach unten in einen Wasserturm, in dem es gehoben und durch Holzröhren weiter in die Oberstadt geleitet wird.

1413 (August) Hochwasser u. a. von Elbe, Pegnitz und Main verursachen schwere Schäden.

1414 bis 1418 In der vorösterlichen Fastenzeit ist der Verzehr von Fleisch strikt verboten, der Verzehr von Fisch hingegen erlaubt. Aus diesem Grund halten Klöster in großem Umfang Fische in Teichen. Das von 1414 bis 1418 in Konstanz tagende Konzil erlaubt, Tiere in Oberflächengewässern den Fischen zuzurechnen. **Europäische Biber** (*Castor fiber*) leben vorwiegend am und im Wasser, besitzen einen geschuppten Schwanz und sind seit dem **Konstanzer Konzil** als Fastenspeise erlaubt. Diese zoologisch fehlerhafte Zuordnung kommt für die Säugetierart fast einem Todesurteil gleich. (→ 1877 bis 1935)

1416 (01.12.) „Inn dem Jar an dem MCCCCXVI nechsten tage sant andree ist der erbar contz kobel vergangen in wassernot" berichtet noch heute die Inschrift auf dem **Flößerkreuz** an der Itterbrücke in Eberbach am Neckar (Abb. 2.12). Vor der Mündung der Itter in den Neckar stauen sich wie so oft Stämme. Contz Kobel zieht offenbar mit seinem Flößerhaken Stämme aus einem sich lösenden Stau. Hierbei fällt er wohl zwischen die im Odenwald geschlagenen und über die Itter geflößten Hölzer und ertrinkt im kalten Wasser. Die Flößerei ist eine gefährliche, die Fließgewässer stark verändernde Tätigkeit. *Flößer ermöglichen über Jahrhunderte mit ihrer gefährlichen Tätigkeit den Transport der schweren Stämme aus den Wäldern von Schwarzwald, Odenwald, Spessart und Fichtelgebirge in die Städte am Rhein. Dort und in den Niederlanden benötigt man sie nach der Rodung der meisten Wälder in der Rheinebene dringend für den Hausbau.*

1417 Der Tetschener oder Děčíner **Hungerstein** im Flussbett der Elbe in der tschechischen Stadt Děčín (früher Tetschen) nahe der deutsch-tschechischen Grenze ist eines der ältesten hydrologischen Denkmale Mitteleuropas. Auf dem großen Stein sind Niedrigwasserstände der Jahre 1417 und 1473 (beide nicht mehr lesbar), 1616, 1746, 1790, 1800, 1842 und 1868 eingraviert (Abb. 2.13). Eine Inschrift aus dem 19. Jahrhundert dokumentiert das Leiden der Menschen durch Wassermangel, Dürren, Ernteausfälle und Hunger: „Wenn du mich siehst, dann weine". Der Sektionsleiter Prof. Dr. Jan-Michael Lange vom Museum für Mineralogie und Geologie in Dresden untersucht mit seiner Arbeitsgruppe Lage, Inschriften und Bedeutung von Hungersteinen.[48]

1421 (30.09.) Im Spätmittelalter und in der Frühen Neuzeit leben zahllose Schweine frei in Städten und Dörfern. Menschen sammeln deren feste Ausscheidungen, nutzen sie als

---

[48] Lange und Kaden (2018): Hungersteine und Untiefen.

Abb. 2.12 Flößerkreuz von 1416 in Eberbach. (Foto: H.-R. Bork, 11.09.2024)

Dünger oder entsorgen die Fäkalien in Gewässern. Der Rat der Reichsstadt Frankfurt am Main schränkt die Haltung von Hausschweinen ein – sie sollen Straßenpflasterung und Menschen geschädigt haben. Schweine dürfen ab dem 11. November 1421 Haus und Hof nur verlassen, wenn Halter oder Hirten sie geradewegs zur Tränke oder zum Feld treiben. Obgleich eine Geldbuße bei Zuwiderhandlung zu entrichten ist, ignorieren viele Halter die Verordnung. So ergeht am 19. August 1481 ein generelles **Schweinehaltungsverbot** für

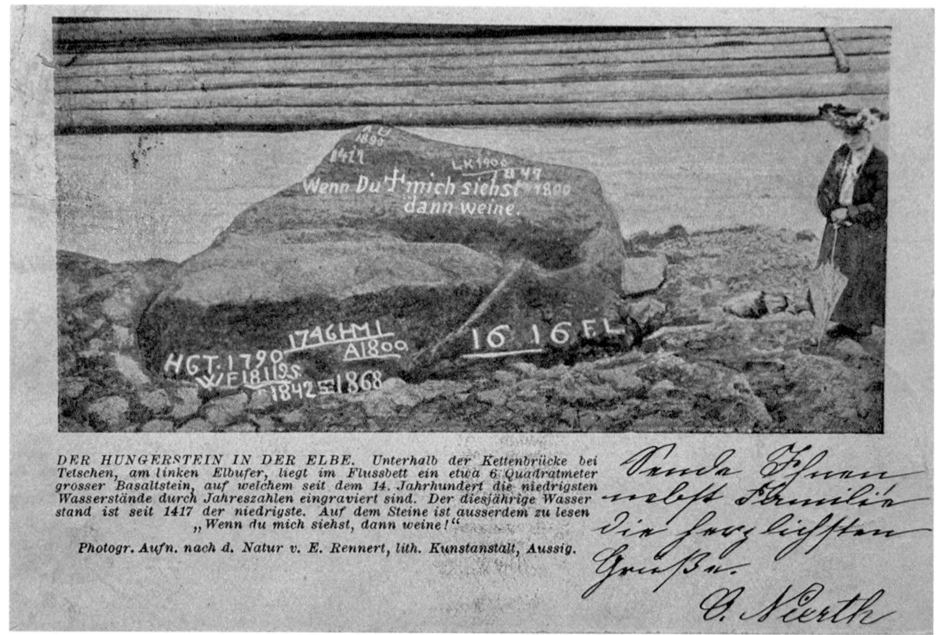

Abb. 2.13 Hungerstein von Tetschen (heute Děčín, Tschechische Republik) in der Elbe mit Markierungen der Niedrigwasserstände von 1417 und 1473 (beide nicht mehr lesbar), 1616, 1746, 1790, 1800, 1842 und 1868. (Historische Postkarte, gelaufen am 17.09.1904)

die Altstadt. Anlass ist die zunehmende Verschmutzung der Frankfurter Gassen mit übelriechendem Schweinekot, den man auch als Quelle von Krankheiten wahrnimmt.

1422/23 Im stärksten **Eiswinter** des 15. Jahrhunderts ist die westliche Ostsee über zehn Wochen vereist. Reiter und Lastschlitten reisen über das Eis zwischen den deutschen und dänischen Ostseestädten.[49]

1430er-Jahre In diesem **außergewöhnlich kalten Jahrzehnt** der Spätmittelalterlichfrühneuzeitlichen Kleinen Eiszeit (→ 1310 bis 1321, 1568 bis 1573, 1585 bis 1598, 1645 bis 1715) verzeichnen Chroniken zahlreiche Witterungsextreme. Die Sterblichkeit wächst. Christen beschuldigen Roma und Juden, für die extreme Witterung und die hohen Preise verantwortlich zu sein.

1431/32 Im **sehr kalten, schneereichen Winter** gefrieren die größeren Flüsse, Teile des Bodensees und der Ostsee. Eisgang richtet erhebliche Schäden an Rhein und Donau an. In Schwaben erfrieren Rebstöcke, um Augsburg Bäume. Ein Warmlufteinbruch bringt Hochwasser.

1432 (August) Starkniederschläge verursachen **Überschwemmungen** u. a. an der Saale.

---

[49] https://www.bsh.de/DE/DATEN/Vorhersagen/Eisberichte-und-Eiskarten/_Anlagen/Downloads/
weitere-publikationen/Eiswinterindex-westl-Ostsee-1300-1500.pdf?__blob=publicationFile&v=2
(letzter Zugriff: 05.07.2025).

1433 (Sommer) Anhaltende Nässe führt zu **Hochwasser** von Main und Saale. Ernteausfälle bewirken eine **Teuerung**.

1434 Das Frühjahr ist zunächst stürmisch, dann schädigen Spätfröste die Reben und schließlich fällt viel Regen. Spekulation und **Ernteausfälle** lassen die Getreidepreise in die Höhe schnellen.

1434/35 In dem strengen Winter gefrieren auch größere Flüsse bis auf den Grund durch. Der Bodensee hat **Seegfrörne**, die Oberfläche ist also vollständig gefroren. Eisgang zerstört viele Wassermühlen. Die Ernteerträge sind 1435 in einigen Regionen gering.

1436 (Frühjahr) Anhaltender Regen lässt die Isar stark anschwellen. In Franken erfrieren Reben.

1436/37 Im strengen Winter gefrieren Flüsse und Seen; Vieh, Rebstöcke und **Obstbäume erfrieren** in Süddeutschland.

1437 In das nördlich von Bruchsal in der Oberrheinischen Tiefebene gelegene Waldgebiet **Lußhardt** treiben Bauern aus den umliegenden Dörfern rund **43.000 Schweine** zur Mast. Schweine zerwühlen auf der Suche nach Eicheln und anderer Nahrung die oberen Zentimeter des Waldbodens und zerstören dabei die Gras- und Krautschicht. Eingewühlte und nicht aufgefressene Eicheln treiben aus. Über viele Jahrzehnte kann der Eichenanteil im Wald zunehmen.

1437 bis 1439 Der wiederholte Mangel an Nahrungsmitteln führt in Westdeutschland zu Getreideteuerungen und **Hungersnöten**.[50]

1438/39 In dem **kalten Winter** gefrieren Donau, Neckar und Rhein.

Um 1450 Der Unternehmer Johannes Gensfleisch, genannt Gutenberg, erfindet in Mainz den Prozess des Buchdrucks mit beweglichen, wiederverwendbaren Metalllettern, dazu ein Instrument für den Guss der Lettern, einen Setzkasten, die Drucktinte, den Druckballen zum Auftragen der Druckerfarbe und die Druckpresse.[51] **Johannes Gutenberg** ermöglicht damit hohe Auflagen und preiswertere Bücher. Seine Erfindung löst eine Medienrevolution aus, die die Entwicklung der Kommunikation, der Alphabetisierung, des Verlagswesens, der Wissenschaften, des Humanismus und der Reformation beeinflusst. Voraussetzung für diesen Erfolg sind neue Formen der Informationsgewinnung, der grafischen Informationsdarstellung und der Informationsverbreitung. Der Buchdruck demokratisiert zuvor in Handschriften verborgenes Wissen. Flugschriften zu aktuellen Themen wie dem Meteoriteneinschlag bei Ensisheim im Elsass (→ 07.11.1492) verbreiten sich in hoher Zahl ohne Kontrolle durch die Obrigkeiten.[52] Die massenhafte Herstellung und Entsorgung von Papier

---

[50] Fouquet und Zeilinger (2011): Katastrophen im Spätmittelalter. S. 74 ff.

[51] Zeisberger (2018): Der Erfinder des Buchdrucks: Johannes Gutenberg.

[52] https://www.spektrum.de/magazin/gutenberg-die-neuen-medien-und-die-zukunft-der-informationsgesellschaft/824979 (letzter Zugriff: 05.07.2025).

Abb. 2.14 Das 1478 vollendete Holstentor der Hansestadt Lübeck. (Foto: H. Bork,
04.11.2023)

wird in den kommenden Jahrhunderten vielfältige Gesundheits- und Umweltbelastungen
verursachen (→ 1390).

1451 Der **Ellenberger Heringszaun** aus Holzpfahlreihen mit in diesen verflochtenen Äs-
ten und Stämmchen wird in der Schlei bei Kappeln errichtet und bis heute gepflegt, erneuert
und genutzt. Zahlreiche der alljährlich im Frühjahr von der Ostsee in den Meeresarm der
Schlei ziehende Heringe verfangen sich im Heringszaun.

   An Fastentagen dürfen Christen kein Fleisch, jedoch Fisch, z. B. Heringe, verzehren.
Der überregionale Handel mit Heringen trägt zum Aufblühen der Hanse bei. Dafür werden
die Heringe mit Salz haltbar gemacht.

1460 Auf der bis Mitte April stark **vereisten westlichen Ostsee** entwickelt sich ein reger
Reiseverkehr.

1461 Der Rat der Stadt Lübeck verabschiedet die **erste Feuerlöschordnung** Norddeutschlands. Bis zur Bombardierung 1942 bleibt Lübeck von extremen Bränden verschont (Abb. 2.14). Stadtbrände führen – neben menschlichem Leid und wirtschaftlichen
Schäden – zu starken Luft-, Boden- und Gewässerbelastungen.

Um 1470 Der letzte westlich der Oder zwischen Alpen und Nordsee lebende **Auerochse**
wird im niederbayerischen Neuburger Wald erlegt.

1470 (02.03.) **Eisgang** zerstört in Heidelberg die fünfte Neckarbrücke und die drei Wassermühlen.

Abb. 2.15 Das Flugblatt zeigt sechs Wölfe, die an dem ungewöhnlich kalten 28.11.1556 in einem Vorort von Klagenfurt drei Kinder überfallen und fressen. (HB763, Bild 2, © Germanisches Nationalmuseum, Nürnberg)

1473 In einem der **trockensten und heißesten Jahre** des zweiten Jahrtausends werden Niedrigwasser, Mangel an Getreide und Viehfutter, Schädlingsbefall und Brände verzeichnet.[53]

1474 Desaströse **Stadtbrände** in Halle (Saale) in den Jahren 1132 und 1312 belegen, dass die Versorgung mit Löschwasser unzureichend ist. Brunnen und Quellen liefern zu wenig Wasser. Eine von wohlhabenden Bürgern gegründete und vom Rat der Stadt unterstützte Wassergewerkschaft finanziert 1474 die Anlage einer Wasserkunst. Diese führt Saalewasser durch hölzerne Rohrleitungen zu Wasserkästen in der Stadt, seit 1480 auch auf den Alten Markt. Das ungefilterte, durch die Einleitung von Abwässern der Stadt und der Salzsiede-

---

53 Pfister und Wanner (2021): Klima und Gesellschaft in Europa. S. 202 f.

Abb. 2.16 Über die Murg wurden zahllose Stämme zum Rhein geflößt. (Foto: H.-R. Bork, 22.07.2020)

hütten saaleaufwärts kontaminierte Saalewasser wird als Trinkwasser verwendet und verursacht häufig Erkrankungen und mehrfach Epidemien.[54]

1480 Hamburg erlässt eine **Gassenkummerordnung**. Die Verschmutzung von Straßen soll bestraft werden – ohne großen Erfolg.

1480 bis 1502 In den Wäldern des Odenwalds leben zahlreiche Wölfe, die das dort weidende Vieh und auch Menschen bedrohen. Die Stadt Eberbach am Neckar setzt Fangprämien aus. **Wolfsfänger** liefern daraufhin 40 bis 45 Wölfe gegen Belohnung ab, vorwiegend leicht aushebbare Jungtiere (Abb. 2.15).

1482 und 1483 In der Kurpfalz, in Baden, Württemberg und Thüringen sind die Winter mild und die Sommer ungewöhnlich warm. Sommertrockenheit führt zu hoher Waldbrandgefahr. Im Schwarzwald wüten **Waldbrände**.

1485 Der Marschall der Kurfürsten von der Pfalz Ritter Hans von Trotha entzieht in der **Wasserfehde** der Stadt und dem Kloster Weißenburg (Wissembourg) im Elsass durch die Aufstauung der Lauter das Wasser. Dann lässt er den Damm einreißen und Weißenburg fluten. Erhebliche Sachschäden sind das Resultat des menschengemachten Hochwassers.

1488 Familien, die Wälder an der Murg im Nordschwarzwald nutzen und Sägemühlen oder Holzhandlungen betreiben, regeln in der „Ordnung des gemeynen Holtzgewerbs im Murgentall" den Einkauf und Handel von Holz, die Sägerei und **Flößerei**. Die Bewirtschaftungen der Wälder und Fließgewässer verändern die Umwelt an der Murg erheblich – durch die massive Holzentnahme, den Transport der Stämme auf Holzrutschen im Wald sowie den Bau und Betrieb von Wasserstauen an Bächen und Flüssen (Abb. 2.16).

---

[54] Fricke (2025): Die Nutzung natürlicher Ressourcen im Feuerlöschwesen von Halle (Saale). S. 30 ff.

1492 bis 1651: Verordnung gegen Unrat in Stuttgart, Martin Behaims Erdapfel, Quecksilberabbau der Fugger in Spanien, Waldschutzverordnungen, Hungerkrisen, Grönlandwalfang

1492 Der Württemberger Graf Eberhard im Bart erlässt eine Verordnung zur **Beseitigung von Unrat** in **Stuttgart**: „Damit die Stadt rein erhalten wird, soll jeder seinen Mist alle Woche hinausführen, jeder seinen Winkel alle vierzehn Tage, doch nur bei Nacht, sauber ausräumen und an der Straße nie einen anlegen. Wer kein eigenes Sprechhaus [Toilette] hat, muss den Unrath jede Nacht an den Bach tragen."[1] Der gewünschte Erfolg stellt sich nicht ein.

1492 Im Auftrag des Rates der Reichsstadt Nürnberg fertigen Handwerker und Künstler wie der Maler Georg Glockendon d. Ä. unter Federführung des Abenteurers, Kartografen, Astronomen, Seefahrers und Tuchhändlers Martin Behaim einen Erdglobus mit einem Durchmesser von 51 Zentimetern (Abb. 3.1). Der **Behaim-Globus** visualisiert das eurozentrische Weltwissen des späten 15. Jahrhunderts: portugiesische Entdeckerfahrten und die Kolonisierung der Küsten Afrikas, bedeutende Orte und Flüsse Eurasiens, Wappen, Herrscherbilder, exotische Tiere, Fabelwesen und vieles mehr. Amerika und Australien fehlen noch. 2023 nimmt die UNESCO den Behaim-Globus in das Verzeichnis des Weltdokumentenerbes auf; er vermittle „ein enzyklopädisches Bild des geografischen und historischen Wissens am Ausgang des Mittelalters"[2]. Zu besichtigen ist der älteste erhaltene Erdglobus heute im Germanischen Nationalmuseum in Nürnberg.

▶ Martin Behaims Erdapfel steht an einem der wirkmächtigsten Wendepunkte der Menschheitsgeschichte: am Übergang vom Mittelalter zur Neuzeit. Eine neue, Jahrhunderte währende Wirtschaftsphase beginnt gerade. Sie wird von der Kolonisierung der Welt durch europäische Mächte, von dem Massensterben indigener Menschen durch mitreisende Seuchen sowie von der Auslöschung

---

[1] Brenneisen (2014): Mit Kehrwisch und Kutterschaufel, S. 37.

[2] https://www.unesco.de/staette/behaim-globus/ (letzter Zugriff: 05.07.2025).

H.-R. Bork, *Denk ich an Deutschland …*, https://doi.org/10.1007/978-3-662-71613-7_3

Abb. 3.1 Der Behaim-Globus von 1492 ist die älteste erhaltene Erddarstellung in Kugelform und im Germanischen Nationalmuseum in Nürnberg ausgestellt, Entwurf: Martin Behaim, Bemalung: Georg Glockendon d. Ä. (WI1826, Bild 2, © Germanisches Nationalmuseum, Nürnberg)

indigener Kulturen geprägt sein. Der Erfolg der Kolonisierung wird auf massiven, oft gewaltsamen Landnahmen und nachfolgender Plantagenwirtschaft sowie auf der Plünderung des „Warenhauses der Natur"[3] und damit auch auf der umweltbelastenden Aneignung, Verarbeitung und Nutzung mineralischer Rohstoffe beruhen. Erst die Versklavung von vielen Millionen Menschen aus Afrika und deren menschenverachtende, brutale Ausbeutung ermöglichen die ökonomisch rentable Ausbeutung der Kolonien – zulasten der Umwelt.

---

[3]   Thürigen und Suchy (2024): I. Beherrschung. S. 29.

Abb. 3.2 Etwa 55 Kilogramm schweres Fragment des am 07.11.1492 bei Ensisheim niedergegangenen Meteorits, das heute im Musée de la Régence in Ensisheim ausgestellt ist. (Foto: H.-R. Bork, 19.04.2025)

1492 (07.11., gegen 11:30 Uhr) Bei **Ensisheim** im damals vorderösterreichischen Elsass schlägt mit einem gewaltigen Donnerschlag ein etwa 140 Kilogramm schwerer, rund 4,6 Mrd. Jahre alter **Meteorit** in ein Weizenfeld ein.[4] Das größte Fragment liegt im Musée de la Régence im heute französischen Ensisheim (Abb. 3.2), kleinere Abschläge befinden sich u. a. in Paris, London, New York, Wien und Berlin. Der Humanist und Professor für Rechtswissenschaft an der Universität Basel Sebastian Brant beschreibt Ende 1492 den Donnerstein von Ensisheim in einem weit verbreiteten Flugblatt und dokumentiert damit als Erster einen Meteoritenfall in Europa (Abb. 3.3). Der römisch-deutsche König und spätere Kaiser Maximilian I. gebietet, den Stein nach seinem Besuch am 26. November 1492 in Ensisheim zur Vermeidung von Unheil in Ketten zu legen und in der Kirche aufzuhängen.[5] Der Dichter und Naturforscher Johann Wolfgang von Goethe besichtigt 1770/71 den Meteoriten in Ensisheim, erwähnt ihn in Band 11 von „Dichtung und Wahrheit" und erhält 1803 Abschläge des Donnersteins.

1493 In Nürnberg erscheint die reich illustrierte, großformatige **Schedelsche Weltchronik**. Der Nürnberger Humanist und Stadtarzt Hartmann Schedel hat die universalhistorische Darstellung der Weltgeschichte mit geografischen Erläuterungen zu Regionen und Städten kompiliert (Abb. 3.4).

---

[4]   https://www.uni-wuerzburg.de/fileadmin/04140600/Museum/PDF_Dateien/Poster_Meteorite_3. pdf (letzter Zugriff: 05.07.2025).

[5]   https://www.nhm-wien.ac.at/jart/prj3/nhm-resp/data/uploads//Pressemappe_Der%20Meteorit%20 von%20Ensisheim_final.pdf (letzter Zugriff: 05.07.2025).

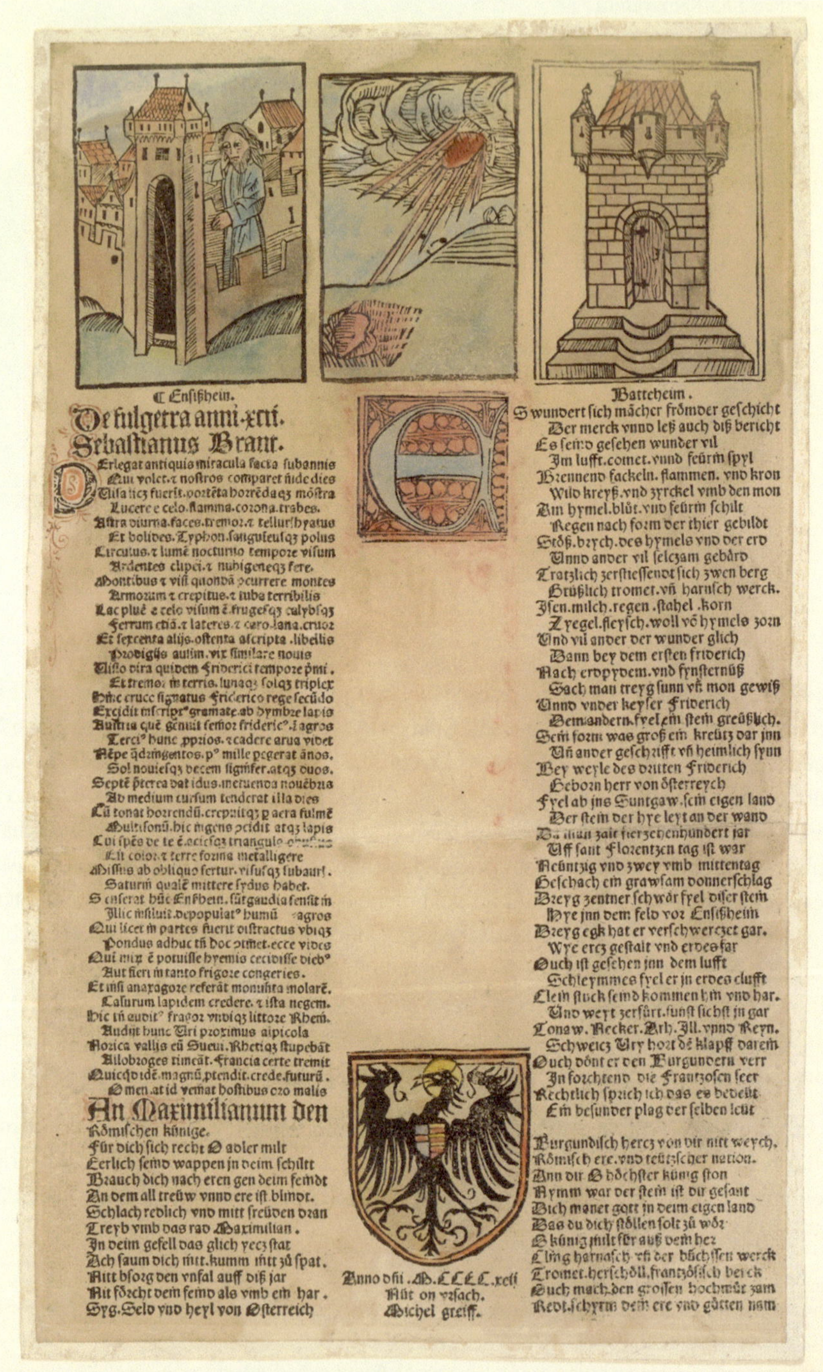

Abb. 3.3 De fulgerra anni xcii. Sebastianus Brant (Titelincipit), Beschreibung des Meteoriten von Ensisheim in einem Flugblatt von 1492. (HB14584, Bild 1, © Germanisches Nationalmuseum, Nürnberg)

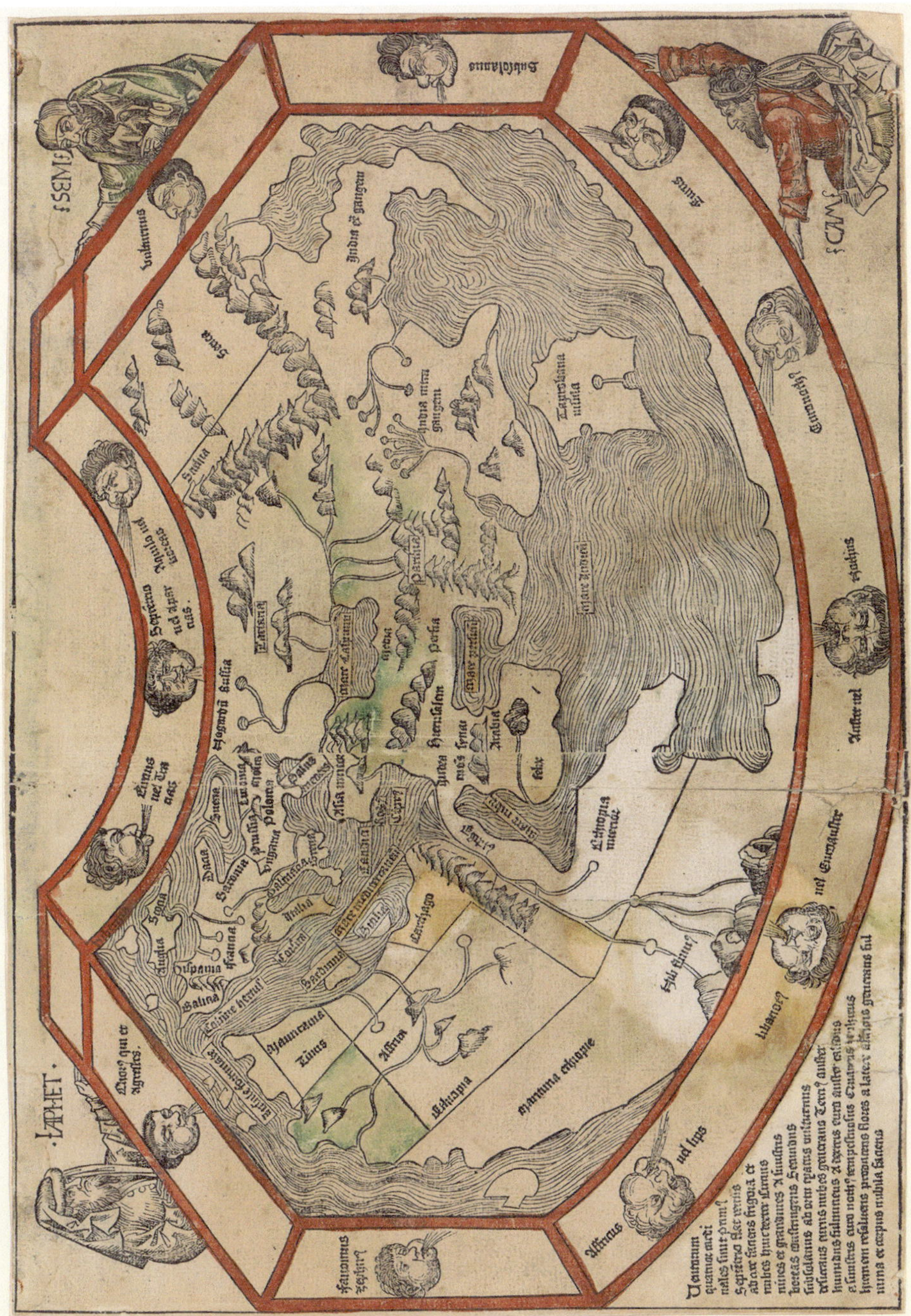

Abb. 3.4 Weltkarte aus der Schedelschen Weltchronik von 1493, fol. 12v–13r, Zeichner: Michael Wolgemut und Wilhelm Pleydenwurff. (La3559, Bild 1, © Germanisches Nationalmuseum, Nürnberg, Foto: S. Tolle)

1496 (Juli) Ein **Hochwasser des Rheins** zerstört Teile der Stadt Neuenburg am südlichen Oberrhein.

1499 (30.04.) Der herrliche Gesang von Stubenvögeln veranlasst Menschen, diese in ihrem Wohnzimmer in Käfigen zu halten. Für andere sind Singvögel wie Amseln, Drosseln, Finken, Lerchen, Stare begehrte Delikatessen. Bis in das 20. Jahrhundert jagt man Vögel u. a. mithilfe von Falken, Lockvögeln, Hühnerhunden, Früchten, Erdkästen, Schlingen, Leimruten, Blasrohren, Netzen, Schusswaffen. Überraschend früh verbietet der Rat der Stadt Hildesheim am 30. April 1499, **Nachtigallen** zu fangen (Abb. 3.5).

16. Jahrhundert Eva Johanna Teisinger von Tüllenburg hat in ihrer Dissertation die **Trinkgewohnheiten** in Nürnberg und Oberdeutschland im 16. Jahrhundert untersucht. Danach konsumiert ein erwachsener Mensch im 16. Jahrhundert in einer oberdeutschen Stadt im Mittel etwa einen Liter Wein pro Tag. Abgesehen von Phasen mit extremem Klima, Seuchen

Abb. 3.5 Der Rat der Stadt Hildesheim verbietet 1499 den Fang von Nachtigallen. (Sammelbild Kaiser's Brust-Caramellen, Serie Unsere Vögel, Nr. 1, ca. 1932)

oder Kriegen ist der Konsum von Wein und Bier sehr hoch, auch da das in Städten häufig kontaminierte Oberflächenwasser ohne größere Gesundheitsrisiken nicht trinkbar ist.[6] (→ 1591)

16. bis 18. Jahrhundert Übermäßige Waldweide, Teeröfen, Kohlemeiler und Glashütten, die im Wald verortet und auf viel Holz angewiesen sind, sowie der exorbitante, häufig unkontrollierte Holzeinschlag für Hausbau, Kochen und Heizen devastieren vom 16. bis zum 18. Jahrhundert die meisten Wälder zwischen Alpen, Nord- und Ostsee. Durch das Verbrennen von Holz wird viel CO_2 freigesetzt. Die übermäßige Holzentnahme und die Intensivweide wandeln besonders in Nordwestdeutschland immer mehr Wald- in **Heidelandschaften**. In Letzteren hauen oder stechen Bauern mit besonderen Hacken oder Spaten den humosen Oberboden – die Plaggen – großflächig ab, um sie in der Eschflur (ortsnahe Äcker) aufzutragen, um deren Bodenqualität zu erhalten. Der Bodenkundler Prof. Dr. Klaus Mueller belegt eindrucksvoll die große Bedeutung der **Plaggenwirtschaft** besonders im westlichen Niedersachsen seit dem Hohen Mittelalter.[7] (→ 1798)

1501 (Juli/August) Ausgedehnte anhaltend hohe Niederschläge lösen an Donau und Elbe sowie mehreren Nebenflüssen **extreme Sommerhochwasser** aus. Passau wird von einer der stärksten Überschwemmungen des zweiten Jahrtausends heimgesucht (Abb. 3.6).

1507 Der Humanist, Kartograf und Professor für Kosmologie Martin Waldseemüller ist Mitglied des Gelehrtenkreises Gymnasium Vosagense in Sankt Didel (Saint-Dié) in den Vogesen. Martin Waldseemüller zeichnet dort die erste Weltkarte, auf der ein neuer Kontinent westlich von Europa und Afrika eingetragen und zu Ehren von Amerigo Vespucci mit America benannt ist. Der Professor für Latein in Sankt Didel Matthias Ringmann verfasst die Erläuterungen zur Karte. 2005 nimmt die UNESCO die **Waldseemüller-Karte** Universalis cosmographica secundum Ptholomaeie traditionem et Americi Vespucii aliorumque Lustrationes in das Weltdokumentenerbe auf.

1508 (31.07.) Ein Starkniederschlag verursacht ein starkes **Sommerhochwasser** des Nesenbachs in Stuttgart. Ein Turm, zahlreiche Häuser und ein Teil der Stadtmauer stürzen ein. Über den Marktplatz fließt das Wasser mannshoch. 17 Menschen sterben.

1509 (25./26.09.) Die Zweite **Cosmas- und Damianflut** bricht Deiche, dringt tief in das ostfriesische Rheiderland ein und zerstört hier viele Orte. Die Meeresbucht Dollart erreicht ihre größte Ausdehnung. Die Ems fließt nun in einem neuen Lauf; der Hafen von Emden setzt sich danach mit Schlick zu.

1513/14 Auf einen **sehr kalten Winter** mit zugefrorenen Flüssen folgen 1514 Überschwemmungen und ein trockener Sommer.

1520 bis 1867 Die **Reichenhaller Saline** verbraucht jährlich durchschnittlich rund 100.000 Kubikmeter Brennholz, d. h. ca. 500 Hektar Wald pro Jahr. In der gut dokumen-

---

[6] Teisinger von Tüllenburg (2024): Lob und Laster der Trunkenheit. S. 50 ff.

[7] Mueller (2024): Bauern, Plaggen, Neue Böden.

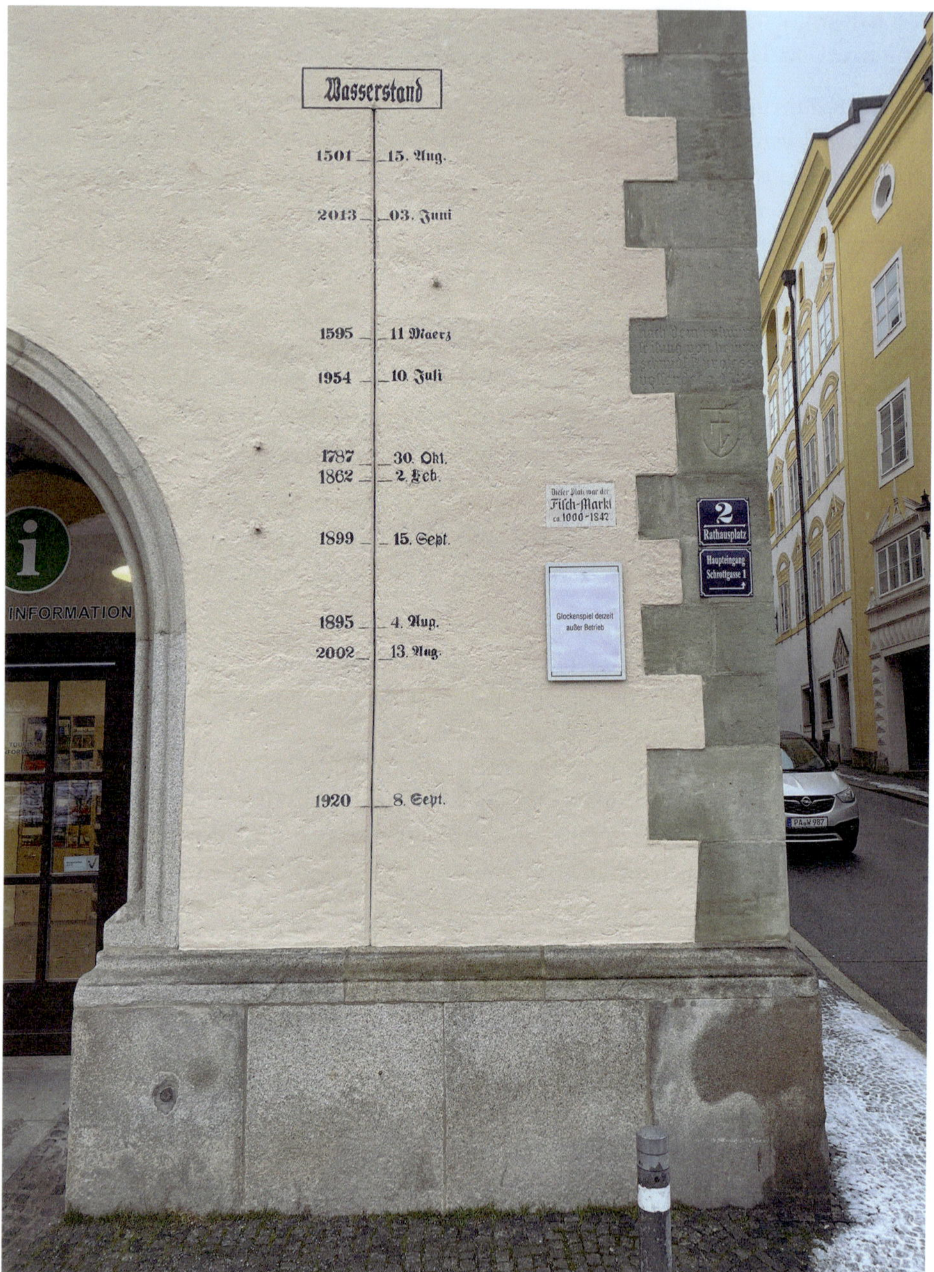

Abb. 3.6 Hochwassermarken am Rathaus in Passau, die älteste und höchste stammt von 1501. (Foto: H.-R. Bork, 16.12.2022)

tierten 348-jährigen Betrachtungszeit sind es zusammen 174.000 Hektar Wald – mehr als das doppelte der heutigen Fläche des Landkreises Berchtesgaden.[8] Die Salzsiederei ist ein exorbitantes Waldzerstörungsgewerbe.

1521/27 Heinrich der Jüngere, Herzog von Braunschweig-Wolfenbüttel, erlässt Bergfreiheiten, die Bergleuten im Harz Steuerfreiheit und Freiheit von Herrendiensten gestatten, Jagd erlaubt sowie den freien Bezug von Bau- und Brennholz garantiert. Der **Erzbergbau** wird so gefördert und die damit verbundene drastische Landschaftsveränderung über- und untertage verstärkt.

1524 bis 1526 Frühjahr und Sommer des Jahres 1524 sind kühl. Um Stuttgart erfrieren am 10. April 1524 Reben. In Württemberg fällt die Ernte schlecht aus. Der Winter 1525/26 ist kalt und schneereich. Schneeschmelze und Hochwasser u. a. an Elbe und Saale im Januar 1525 unterbrechen den **kalten Winter** kurz. Spätfröste und ein kühl-feuchter Sommer 1526 bewirken geringe Ernteerträge in Württemberg.[9]

1525 (01.01.) Der Habsburger Karl I., König von Spanien, verpachtet den Fuggern – einer wohlhabenden und einflussreichen Augsburger Kaufmannsfamilie – für drei Jahre Zinnober- und **Quecksilbergruben im spanischen Almadén**. Das dort gewonnene Quecksilber wird im Silberbergbau in Lateinamerika eingesetzt. In Almadén und an den Silberbergwerken Lateinamerikas löst das flüssige Metall Umweltbelastungen und verheerende Gesundheitsschäden bei den Arbeitern aus. Die Umgebung der Bergwerke von Almadén zählt bis heute zu den am stärksten kontaminierten Gebieten auf der gesamten Erde.[10]

1525 (06.03.) Insbesondere sinkende Preise für Agrarprodukte und steigende Preise für handwerkliche Leistungen lösen im Jahr 1524 zuerst im südlichen Schwarzwald Aufstände der ländlichen Bevölkerung aus. Diese weiten sich schnell zu einem Krieg in einem großen Raum aus, der sich vom Elsass über Württemberg und Franken bis nach Thüringen erstreckt. Am 6. März 1525 versammeln sich Bauern und andere Untertanen im oberschwäbischen Memmingen. Sie verfassen die „**Zwölf Artikel der Bauernschaft**", die umgehend als Flugschrift in einer hohen Auflage gedruckt, im deutschsprachigen Raum verteilt und wahrgenommen werden. Die zwölf Artikel enthalten politische, ökonomische, soziale, rechtliche und religiöse Forderungen. Die Aufständischen verlangen die Aufhebung von Leibeigenschaft und Frondiensten sowie die Minderung von Abgaben. Zudem fordern sie, abgeschaffte alte Rechte wieder einzuführen, darunter die freie Nutzung von Flüssen und Seen für die Fischerei sowie von Wäldern für den Holzeinschlag und die Jagd. Fehlgeschlagene Verhandlungen führen zur Bewaffnung der Aufständischen und zu verbreiteten Plünderungen von Burgen und Klöstern. Die militärischen und juristischen Gegenschläge

---

[8]   Bork (2020): Umweltgeschichte Deutschlands, S. 22 f.

[9]   Düwel-Hösselbarth (2015): Ernteglück und Hungersnot. S. 88 f.

[10]   Vgl. Higueras et al. (2006): The Almadén district (Spain): Anatomy of one of the world's largest Hg-contaminated sites.

der Obrigkeiten sind fürchterlich. Sie lassen Zehntausende Aufständische töten und den **Bauernkrieg** niedergeschlagen.[11]

1525/27 Viele Menschen erwarten während des Bauernkrieges und in der Zeit danach den baldigen **Weltuntergang**. Populäre Flugschriften sagen ihn voraus. Der Reformator Martin Luther interpretiert Vorhersagen des Propheten im Buch Daniel als bevorstehendes Ende der Zeit. Der Maler und Grafiker Albrecht Dürer erlebt an Pfingsten 1525 im Schlaf, wie große Wassermassen vom Himmel fallen und „ertrenckett das gantz lant"[12]. Der Buchhändler und Täuferapostel Hans Hut verkündet für Pfingsten 1528 die Vernichtung der ungetauften Gottlosen und den Anbruch des Reiches Gottes. Hans Hut stirbt vor dem ausbleibenden Ereignis.

1527 Das Bevölkerungswachstum der vergangenen eineinhalb Jahrhunderte hat die Intensität der Landnutzung in vielen Landschaften deutlich erhöht. Der verstärkte Nutzungsdruck macht sich auch in den Wäldern zunehmend bemerkbar. Für den Kempter Wald im Fürststift Kempten im Allgäu wird eine erste **Waldordnung** erlassen. Sie verbietet Rodungen, das Kohlenbrennen und begrenzt das Flößen von Holz aus dem Wald.

1528 bis 1556 Karl I., König von Spanien und bald zugleich Karl V. Kaiser des Heiligen Römischen Reiches, überlässt den Welsern – einer namhaften und überaus wohlhabenden Augsburg-Nürnberger Patrizierfamilie – gegen den Erlass von Schulden in Höhe von 140.000 Gulden für ca. 30 Jahre **Klein-Venedig (spanisch Venezuela)** als Lehen. Anders als von den Spaniern erwartet, kolonisieren die Welser nicht systematisch das im Süden des Vizekönigreichs Neuspanien gelegene Klein-Venedig. Die von den Welsern gegründete Siedlung Neu-Augsburg prosperiert nicht; Neu-Nürnberg wird bald wieder aufgegeben. Die Geschäftsführer der Welser-Gesellschaft sind vielmehr auf schnelle Gewinne aus und lassen nach dem sagenhaften Goldland El Dorado suchen. Doch die Expeditionen, bei denen Deutsche wie auch viele Indigene in Gefechten und durch Krankheiten ihr Leben verlieren, scheitern wie das gesamte Kolonialvorhaben der Welser in Venezuela. Die kolonisationsbedingten Umweltveränderungen durch die Welser sind marginal.

1529/30 In dem ungewöhnlich **warmen Winter** bleibt das Vieh in Württemberg auf den Weiden.[13]

1532 In den Wäldern weidet immer mehr Vieh. Landgraf Philipp I. von Hessen verbietet in einer Forst- und Jagdordnung die **bäuerliche Ziegenweide** im Reinhardswald. Ziegen beeinträchtigen die Naturverjüngung massiv und tragen damit zur Devastierung der Wälder bei (Abb. 3.7).

---

[11]   Vgl. Kaufmann (2024): Der Bauernkrieg: Ein Medienereignis. Blickle (2018): Der Bauernkrieg: Die Revolution des Gemeinen Mannes.

[12]   Bibliotheca Augustana, Albrecht Dürer, 1525, https://www.hs-augsburg.de/homes/harsch/germanica/Chronologie/16Jh/Duerer/due_trau.html (letzter Zugriff: 05.07.2025).

[13]   Düwel-Hösselbarth (2015): Ernteglück und Hungersnot. S. 89.

Abb. 3.7 Bauern bei Holzarbeiten und ein Ziegenhirte, Buchillustration von 1502 (Georgica II, V.444–457). (HB26181,3, Bild 1, © Germanisches Nationalmuseum, Nürnberg)

1532 (06.03.) Heinrich II. (der Jüngere), Herzog zu Braunschweig-Lüneburg und Fürst zu Braunschweig-Wolfenbüttel, erlässt die Verordnung **Wider das Brennen im Solling** – ein nicht sonderlich erfolgreicher Versuch, in dem bewaldeten südniedersächsischen Mittelgebirge „die ungeregelte wilde Köhlerei" zu begrenzen.

▶   Die **Köhlerei** ist im Spätmittelalter und in der Frühen Neuzeit ein bedeutendes forstliches Gewerbe. In den Holzkohlemeilern verbrennt Holz unvollständig zu Holzkohle – einem essenziellen vorindustriellen Brennstoff. Für die Verhüttung von rund 100 Tonnen Roheisen benötigt man beispielsweise die Holzkohle eines etwa 80 Hektar großen, dreißig Jahre alten Stangenwaldes. Nicht nur der Holzverbrauch ist immens, auch die Schadstoffemissionen der Holzkohlemeiler sind beachtlich (Abb. 3.8). Verwüstete Wälder verbleiben. Daher regulieren zahlreiche Landesherren im 16. Jahrhundert die Köhlerei durch Holzkohleordnungen. 1569 wird die Homburgische Holzordnung erlassen, 1572 die Bergische Kolordnung. Sie verfügen Ausfuhrverbote für Holzkohle und Maßnahmen zur Waldpflege, um genügend Holzkohle für den Eigenbedarf

Abb. 3.8 Köhler an seinem Meiler bei Guttenstein; der Holzbedarf der Köhlerei führt zu erheblichen Waldverlusten; die Schadstoffemissionen der Köhlerei bedingen lokal starke Luftbelastungen; 1820 bis 1830. (HB25653, Bild 1, © Germanisches Nationalmuseum, Nürnberg)

erzeugen zu können. 2014 nimmt die UNESCO das Köhlerhandwerk in die Liste des Immateriellen Kulturerbes auf.[14]

1532 (30.08.) Der Reformator Martin Luther erläutert in einer Tischrede die große **Bedeutung von Holz** für die Menschen.

1533 Das portugiesische Handelsschiff Bom Jesus sinkt vor der Küste des heutigen Namibia. Es hat u. a. kupferne Halbkugeln des Handelshauses der **Augsburger Fugger** transportiert – ein Beleg für die bedeutenden internationalen Aktivitäten oberdeutscher Handelshäuser im Kontext der frühen europäischen Kolonisierung sowie der resultierenden Umweltveränderungen.

---

[14] Nelle (2024): Holzkohle und Metallgewinnung; KuLaDig, Kultur.Landschaft.Digital.: Relikte der Köhlerei im Rheinisch-Bergischen Kreis und Oberbergischen Kreis. https://www.kuladig.de/Objektansicht/SWB-302365 (letzter Zugriff: 05.07.2025).

Seit ca. 1536 Der weiter an Bedeutung gewinnende Bergbau im Oberharz verlangt ein ausgeklügeltes System der Wasserzufuhr und der Wasserabfuhr. Dazu wird das **Oberharzer Wasserbewirtschaftungssystem** eingerichtet: Wasser fließt aus zahlreichen Stauteichen durch Kanäle zu Wasserrädern in den Bergwerken, die Wasser aus den Stollen fördern und den Abbau von Erzen in größerer Tiefe ermöglichen. Die UNESCO nimmt 2010 die Anlagen der Oberharzer Wasserwirtschaft „als eines der weltweit größten vorindustriellen Energieversorgungssysteme" in die Welterbeliste auf.

1537 bis 1541 Eine Teuerungs- und **Hungerkrise** sucht viele Menschen in Süd- und Mitteldeutschland heim. Der Gemeine Kasten – die Armen- und Kirchenkasse – der Stadt Wittenberg beschafft von 1537 bis 1539 u. a. in Brandenburg viel Getreide, um es dann an Angehörige der bürgerlichen Mittel- und Oberschicht deutlich unter dem hohen aktuellen Marktpreis zu veräußern. Die Ärmsten erhalten Getreide oder Brot kostenlos. Im April 1539 geht in Wittenberg das Brot aus. Aus diesem Grund bittet der Reformator Martin Luther am 9. April 1539 den Landesherrn Johann Friedrich I. von Sachsen in einem Schreiben um Hilfe für die Armen, da „eine plötzliche Teuerung und unvorhergesehener Hunger eingefallen" seien. Im Oktober desselben Jahres bricht in der Stadt zu allem Übel auch noch die Pest aus. In Nürnberg kauft der Rat der Stadt von Dezember 1540 bis August 1541 eine erkleckliche Menge Getreide auf, lässt ein- bis zweimal pro Woche jeweils mehr als 12.000 Brote backen und verteilt diese an hungernde Menschen in der Stadt.[15]

▶   Nach der Entdeckung Amerikas im Jahr 1492 durch Christoph Kolumbus gelangen ab dem 16. Jahrhundert zahlreiche **Pflanzen- und Tierarten von Amerika nach Deutschland,** darunter sind bedeutende Kulturpflanzen wie Mais (→ 1539), Tabak (→ 1573, 1649), Kartoffeln (→ 1589, um 1647, 1757, 1845 bis 1847) und Ananas (→ 1711, ab 1786 bis 1788) sowie die Baumart Robinie (→ 1670).

1539 Der Botaniker und Theologe Hieronymus Bock beschreibt erstmals **Mais** – eine der bedeutendsten Kulturpflanzen Amerikas – und seinen Anbau im New Kreütterbuch.

1540 (Februar bis November) In einem der **trockensten Jahre** des zweiten Jahrtausends lodern Brände vom Schwarzwald bis zum Thüringer Wald. Flüsse wie der Rhein und die Elbe führen Niedrigwasser; der Wasserstand des Bodensees ist außergewöhnlich tief. Wassermühlen stehen still. Regional herrscht gravierender Wassermangel, verdursten Haustiere, sterben Fische, treten Darmerkrankungen auf. Chroniken vermerken Gewaltexzesse.[16]

1545/46 In dem **kalten Winter** gefriert die Ostsee. Die Schnee- und Eisschmelze im Februar 1546 verursacht Winterhochwasser. Eisschollen beschädigen Brücken.

---

[15]   Jakubowski-Tiessen (2007): „Pestilenz macht fromm, Hungersnot macht Buben…", S. 51 ff.

[16]   Wetter und Pfister (2013): An underestimated record breaking event – why summer 1540 was likely warmer than 2003.

H. B. 805

Ein grausames Erschröcklichs war vnd Glaubhafftigs

wunderzeychen / Mit einem erbermlich Wetterleichen / Donner vnnd plitzen vnd vngestümbt hat sehen lassen /
im nechsten verschinen Sontag den 29. December abent vmb 10. vnd 11. vhr im 1 5 5 5. Jar.

NAchuolgend ist auch meniglichen wol wissent / wie sich vnser lieber Herre Gott im nechst verschinen Sontag den 29. December / abents vmb 10. vnd 11. vhr / mit einem erschröcklichen vnnatürlichem / vnnd diser zeit vngewonlichem wetterleuchten / donnern vnd plitzen / vnd vngestüm hat sehen lassen / Also das dazumal nicht an wenig orten / als zu Aldenburg / Schleitz im Voitland vnd anderswo / das Wetter eingeschlagen vnd angezündet / zu Zedlitz bey porn die Kirchen verprennet hat / damit vns ja vnser lieber Herre Gott / vrsach vnd zeit zu besseren nicht vergeben / vnd er vnsers verderbnus keine schuld haben noch tragen wölle. Gott gebe das vns dise vnd dergleichen wunderliche geschichte zur Busse vrmanen.

Es solten je billich alle Christglaubige menschē / solche grausame wunderzeichen zu hertzen nemen / vnd dieselbige hertzlich bedencken vnd erwegen / mit inprünstiger / hertzlicher vnd hochster teglicher bit / Dann Gott der almechtig / solche hefftige vnd sichtige wunder zeichen allen Christen menschen zu einer warnung sehen lest.

Gedruckt zu Nürnberg durch Wolffgang Strauch Formschneider auff der Schmeltzhütten.

Abb. 3.9 Das Flugblatt von Wolfgang Strauch zeigt Blitze, die am 29.12.1555 in Altenburg einen Stadtbrand verursachen. (HB805, Bild 1, © Germanisches Nationalmuseum, Nürnberg)

Um 1550/1600 Der **Fleischbedarf** steigt weiter. Um ihn zu stillen, treiben Hirten jedes Jahr etwa 250.000 bis 300.000 Ochsen aus Dänemark, Polen und Ungarn auf die Viehmärkte in deutschen Städten.

Seit 1550 Die **Allgäuer Vereinödungen** umfassen eine von Bauern ausgehende Zusammenlegung von Streubesitz (der in einer Feldflur verteilten Grundstücke einer bäuerlichen Familie) und dann die Auflösung des Flurzwangs (der einheitlichen Vorgabe einer bestimmten Fruchtart in einer Flur). Sie verändern die Landschaftsstruktur signifikant.

1555 (29.12.) Blitzeinschläge während schwerer Unwetter lösen Stadtbrände in Altenburg, Schleiz und Zedlitz aus (Abb. 3.9).

1556 Der Universalgelehrte, Arzt und Geowissenschaftler **Georgius Agricola** berichtet in seinem Werk De re metallica von Bitumenquellen am Tegernsee und bei Braunschweig. Mit Bitumen (Erdpech) werden Wagenachsen geschmiert, Lampen gespeist und Pfosten getränkt. Agricola befasst sich auch mit der Entstehung von schwefliger Säure bei der Erzverhüttung und ihren negativen Folgen.

1556 Vierzehn Jahre nachdem Johann Friedrich I., Kurfürst von Sachsen, eine Rohrwasserleitung von einer Quelle im Teucheler Wald zum Wittenberger Schloss anlegen ließ, bilden sieben wohlhabende Wittenberger 1556 eine **Röhrwassergewerkschaft**. Sie lassen in der Stadt eine vom Kurfürsten unabhängige Wasserversorgung errichten, die man später Altes Jungfernröhrwasser nennt. Frischwasser fließt seitdem von einer Quelle über eine Distanz von etwa 2,7 Kilometern, dem natürlichen Gefälle folgend, durch hölzerne Wasserröhren zu den Brunnen in den Höfen der sieben Mitglieder. Der Reformator Philipp Melanchthon erhält für seine Verdienste um Stadt, Schule und Kirche den achten Anschluss in seinem Hof. Der Maler Lucas Cranach d. J., der Buchdrucker Hans Lufft und weitere Mitglieder lassen 1559 ein weiteres Wasserleitungssystem nach Wittenberg erbauen, das Neue Jungfernröhrwasser.

1558 Im Sommer hat der Neckar einen **extrem niedrigen Wasserstand**.

1559/60 Die Oberfläche des Bodensees gefriert in dem kalten Winter vollständig (**Seegfrörne**). Viele Reben erfrieren in Württemberg.

1560/61 In einigen Regionen lässt die **extreme Winterkälte** Baumrinden meterlang aufplatzen.

1561 In der Flur Gerissener Berg bei Klings unweit des Klosters Zella in der Grafschaft Henneberg (Rhön) ereignet sich am Osterdienstag ein „**wunderlicher Erdfall**" – ein beachtenswerter Bergrutsch. Ein von Georg Kreydlein 1561 in Nürnberg gedrucktes Flugblatt mit einer farbigen bildlichen Darstellung erläutert präzise die Schäden am Klingsberg, vornehmlich mitgerissene Bäume und von Boden- und Gesteinsmassen am Hangfuß überschüttete Äcker. Der anonyme Autor interpretiert das Ereignis als Ausdruck göttlichen

Zorns und Ankündigung eines göttlichen Strafgerichts. Das Blatt ist der älteste bekannte Beleg für einen Bergrutsch in Deutschland.[17]

1562 (03.08., gegen 11 Uhr) Ein **starker Hagelschlag** tötet in der Region Stuttgart zwei Pferde und ein Rind, vernichtet Getreide und Rebstöcke, zerstört Dächer und Fensterscheiben. Wie so oft nach Extremereignissen, treffen auch hier Unwissen, Unsicherheit, Aberglaube, Missgunst, gezielte Denunziation und Hass aufeinander: Neun ältere Frauen werden als Hagelkocherinnen für das Unheil verantwortlich gemacht und getötet.[18]

1564/65 Eine **Pestpandemie** fordert ab August 1564 etwa in Köln Tausende Menschenleben.

1565 (02.02.) **Eisgang** erfasst viele Orte am Neckar, darunter Hirschhorn und Heidelberg, wo die 6. Brücke (Münsterbrücke) über den Neckar dem Eisstau nicht standhält.

1567 Der Rat der Stadt Hamburg versucht ohne Erfolg, die **Schweinehaltung** zu verbieten.

1568 bis 1573 In dieser sechsjährigen Phase der Spätmittelalterlich-frühneuzeitlichen Kleinen Eiszeit dominiert **extreme Witterung** in Mitteleuropa. (→ 1585 bis 1598, 1645 bis 1715)

1568 Der Sommer ist in Süddeutschland **sehr nass**.

1568/69 Der Winter ist sehr **kalt und niederschlagsreich**.

1569 (Frühjahr) Schnee- und Eisschmelze bedingen **Hochwasser**; starke Stürme und Spätfröste treten auf.

1569 Sommer und Herbst sind **kalt und regenreich**.

1570 Mutmaßlich nach Plänen und unter der Leitung des Berggeschworenen Valentin Wiedenhöfer stellen Bergleute den 8390 Meter langen **Lautenthaler Kunstgraben** im Westharz mit einem Gefälle von nur 0,17 Prozent fertig – ein Meisterwerk. Der Graben liefert beständig rund elf Kubikmeter Wasser pro Minute für die Wasserräder der Berg- und Pochwerke, Erzwäschen, Mühlen und Hütten in Lautenthal. Unterbrechungen gibt es allein während und kurz nach dem Dreißigjährigen Krieg und danach in einer niederschlagsärmeren Phase von 1666 bis 1678. Dieses Brachliegen macht den Kunstgraben „öde" und eine neue Fassung 1681 notwendig. Die Nutzung endet 1967. Seit 2010 ist der Lautenthaler Kunstgraben Teil des UNESCO-Weltkulturerbes Oberharzer Wasserwirtschaft (Abb. 3.10).

Die mit dem Oberharzer Bergbau zusammenhängenden Maßnahmen des Wassermanagements verändern den Wasserhaushalt einer ganzen Region und lokal Oberflächenformen und Böden erheblich.

---

[17] Zentralbibliothek Zürich, https://uzb.swisscovery.slsp.ch/discovery/delivery/41SLSP_UZB:UZB/12462232470005508 (letzter Zugriff: 05.07.2025).

[18] Düwel-Hösselbarth (2015): Ernteglück und Hungersnot. S. 96.

Abb. 3.10 Rekonstruierte Wasserkunst (Wasserrad) mit Feldgestänge bei Lautenthal im Oberharz; Wasserräder förderten Grubenwasser aus Bergwerken. (Foto: H.-R. Bork, 20.09.2024)

1570 Im Februar und März fällt viel Regen, der zusammen mit der Schneeschmelze zu starkem **Hochwasser** der Elbe und ihrer Nebenflüsse führt. Der anschließende Kälteeinbruch mit reichlich Niederschlag bewirkt ein weiteres Hochwasser. Schlechte Getreideernten und Wucher treiben die Preise in vielen Regionen in die Höhe. In Stuttgart stehen viele Menschen vergeblich vor Bäckereien an. Auch im Spätsommer und Herbst 1570 hat anhaltender Regen wiederholt Hochwasser zur Folge. Inmitten dieser extremen Witterung zerstört die Allerheiligenflut am 1./2. November 1570 zahlreiche Deiche an der Nordsee. Sie verheert große Teile der Niederlande; in Ostfriesland und auf den vorgelagerten Inseln verschwinden ganze Dörfer. An der Unterelbe brechen Deiche vom Alten Land bis in die Vierlande. Tausende sterben auch hier.

1570/71 (Winter) Kälte und Schneereichtum schädigen das Wintergetreide. Der Bodensee gefriert. Warmluft lässt im Februar Schnee und Eis schmelzen und Flüsse über die Ufer treten.

1571 (Sommer) Der gewitterreiche Sommer ist **feucht, kühl und stürmisch**. Die Ernteerträge sind gering.

1572 Die Herzöge von Mecklenburg verfügen den **Einbau von Stuben** in Hallenhäusern, um Brennholz zu sparen, sowie die Pflanzung von Mast-, Obst- und anderen nützlichen Bäumen.

1572 Der Sommer ist **kühl-feucht**.

1572/73 In dem **extrem kalten Winter** gefriert die Oberfläche des Bodensees vollständig und ungewöhnlich lang (Seegfrörne).

1570 bis 1575 Das Extremwetter der Jahre 1568 bis 1573 führt zeitversetzt von 1570 bis 1575 wiederholt zu Ernteausfällen, schimmelnden Vorräten und Teuerungskrisen. Es fördert Viehseuchen, die Viehbestände schrumpfen lassen. Schädlinge breiten sich aus; Pocken-, Typhus- und Ruhrepidemien grassieren. Der verheerende Mangel an Getreide, Milch, Käse,

Fleisch und Wurst bewirkt **Hungerkatastrophen** mit vielen Todesopfern. Juden werden ermordet, Frauen als Hexen angeklagt und verbrannt.

1573 Pfarrer Anselm Amselmann pflanzt **Tabak** im Pfarrgarten von Hatzenbühl nordwestlich Karlsruhe. Es ist wohl die erste Anpflanzung von Tabak in deutschen Landen. Mit ihr setzt eine Entwicklung des Tabakanbaus und -rauchens ein, die über Jahrhunderte zu zahllosen Lungenerkrankungen und Todesfällen führt. Obrigkeiten versuchen ab der Mitte des 17. Jahrhunderts, den wachsenden Tabakanbau einzudämmen. Sie scheitern schließlich und erheben dann Steuern auf Tabak.

1579 Die Hohenloher Jagdordnung verlangt von den Forstmeistern die **Tötung der Geier, Raben und Krähen** mit allen zur Verfügung stehenden Mitteln.[19]

1579 (01.01.) bis 1588 Die **Augsburger Schreibkalender** schildern das tägliche Wetter mit Begriffen wie grimm kalt für strengen Frost oder geschwülb für schwüle Hitze.[20]

1580 An der Universität Leipzig entsteht der **erste deutsche botanische Garten**. Weitere Gründungen folgen 1586 in Jena und 1593 in Heidelberg. Angebunden an Universitäten, dienen sie primär der Forschung. Sie zeigen systematisch geordnet zuerst vorrangig Heilpflanzen, bald zahlreiche weitere einheimische wie eingeführte Pflanzenarten. Botanische Gärten leisten wichtige Beiträge zur Rettung gefährdeter Pflanzenarten.

1582 (17.12.) Kursachsen und die Stadt Halle (Saale) schließen einen Vertrag zur Lieferung von jährlich 8000 Klaftern und damit mehr als 46.000 Kubikmetern Scheitholz an die Pfännerschaft – die Genossenschaft der **Salzsieder von Halle**. Erstmals werden Holzscheite in großer Zahl in die obere Saale geworfen, in Halle aufgefangen, gestapelt und zu den Salzsiedereien gebracht. Vorteilhaft ist, dass die Scheitholzflößerei auch bei Niedrigwasser betrieben werden kann. Bis dahin hatte man nur Langholz für den Hausbau stammweise auf der Saale geflößt. Der zweite, am 17. Dezember 1588 abgeschlossene Vertrag mit einer Laufzeit von zehn Jahren umfasst gar die Lieferung von 15.000 Klafter oder mehr als 86.000 Kubikmeter Scheitholz im Jahr nach Halle – nunmehr zudem aus den Einzugsgebieten von Elster und Pleiße sowie mithilfe zahlreicher neu angelegter langer Floßgräben. Nach 1612 bis zum Beginn des Dreißigjährigen Kriegs sind es schon 30.000 Klafter, die im Jahr nach Halle gehen. Die Waldökosysteme verändern sich durch die massive Holzentnahme allein für Scheitholz signifikant.[21]

1585 (01.01.) bis 1613 (Ende Januar) Der Theologe und Astronom David Fabricius zeichnet in einem Tagebuch, dem **Calendarium Historicum**, regelmäßig bis 1603 in Resterhave und danach in Osteel (Ostfriesland) das Wetter auf. Mit einem Kompass bestimmt er die Windrichtung. Grob klassifiziert er Windgeschwindigkeit, Temperatur, Niederschlag,

---

[19] Kriminalmuseum Rothenburg.

[20] Bellingradt und Herbst, https://schreibkalender.wisski.data.fau.de (letzter Zugriff: 05.07.2025).

[21] Veltmann (2025): „… auf die Flöße biß gen Halle gebracht“. S. 96–101.

Nebel und Gewitter. Weiterhin erhebt er phänologische Daten wie die Kirschblüte und Termine der Ackerbestellung wie Einsaat und Ernte. Fabricius beobachtet elf Sturmfluten.

1585 bis 1598 Für diese 14-jährige Periode der Spätmittelalterlich-frühneuzeitlichen Kleinen Eiszeit erwähnen Wettertagebücher wie das von David Fabricius **ungewöhnlich kalte und regenreiche Jahre.**

1585 Kälte und Nässe mit Hochwasser treten im Frühjahr und Sommer besonders in Ostdeutschland auf; sie lösen eine Missernte aus. Schwere Stürme prägen den Herbst.

1585/86 Der lange Winter ist **streng und schneereich.**

1586/87 Der folgende Winter ist lang, **kalt und schneereich.**

1587 Nach einem kalten Frühjahr sind Sommer und Herbst überwiegend **kühl und feucht.**

1587/88 Die zweite Hälfte des Winters ist **schneereich.**

1588 Im nassen und zeitweilig kühlen Sommer gibt es **Überschwemmungen.**

1588/89 In Süddeutschland sind der Winter 1588/89 und das Frühjahr 1589 kalt. Noch Ende Mai **erfrieren** dort **Jungstörche** in ihren Nestern. Es folgen ein nasser Sommer sowie weitere überdurchschnittlich kalte oder niederschlagsreiche Jahre folgen.[22]

1589 Der flämische Arzt und Botaniker Carolus Clusius pflanzt **Kartoffeln** (*Solanum tuberosum*) in seinem Garten in Frankfurt am Main. Mit der Versendung des kostbaren Nachschattengewächses an seine Korrespondenten befördert er dessen allmähliche Verbreitung in Europa. Der Arzt und Botaniker Dr. Laurentius Scholtz (Scholz) von Rosenau soll bereits 1587 in seinem Breslauer Garten neben zahlreichen weiteren aus Amerika stammenden Pflanzen Kartoffeln angebaut haben.

1591 Hamburg ist ein europäisches Zentrum der Bierherstellung, das „Brauhaus der Hanse", als 101 **hamburgische Bierbrauer** eine gegenseitige Unterstützung für den Brandfall vertraglich vereinbaren. Brauereien sind (unbeabsichtigt) essenzielle Einrichtungen für die öffentliche Gesundheit. Denn sie erhitzen und gären mit Fäkalien kontaminiertes Oberflächenwasser und machen es gefahrlos trinkbar. Die damaligen Biere sind alkoholärmer als die heutigen.

1592 bis 1597 Fürstbischof Johann Conrad von Gemmingen lässt um den Fürstenbau der Willibaldsburg in Eichstätt den ersten botanischen Lustgarten Deutschlands anlegen, den **Hortus Eystettensis.** Er besteht aus acht die Burg umrahmenden Blühgärten mit Brunnen und Bewässerungsanlagen, Statuen und Schatzkammern. Die 367 prächtigen Kupferstiche des 1613 erschienenen monumentalen Gartenbuchs Hortus Eystettensis zeigen mehr als eintausend Pflanzen des großartigen Lustgartens. Der im Dreißigjährigen Krieg zerstörte

---

[22] Düwel-Hösselbarth (2015): Ernteglück und Hungersnot. S. 103.

Abb. 3.11 Das Nürnberger Hochwasser im Februar 1595 zerstört Mühlen und Brücken; das Flugblatt zeigt die Hallerwiese mit der Fronfeste. (HB2853, Bild 1, © Germanisches Nationalmuseum, Nürnberg)

Eichstätter Garten wird auf der Grundlage der Pflanzendarstellungen im Hortus Eystettensis neu angelegt und 1998 eröffnet. Wohlhabende, einflussreiche Menschen beginnen zunehmend, sorgfältig ausgewählte Orte zu formen, zu beleben, zu pflegen und zu bewahren: Sie schaffen jeweils ihr eigenes Paradies, ihren Garten Eden. Artenreiche und ästhetisch überaus attraktive Refugien entstehen – oftmals im Verborgenen, später zunehmend für die Öffentlichkeit zugänglich (→ 1765 bis 1813).

1592 bis 1602 Die Wasserversorgung der Hansestadt Wismar stößt in der zweiten Hälfte des 16. Jahrhunderts an ihre Kapazitätsgrenzen. Daher plant der aus Utrecht stammende Bildhauer und Baumeister Philipp Brandin ab 1579 im Auftrag des Rates von Wismar eine attraktive **Wasserkunst**, die von 1592 bis 1602 ausgeführt wird. Aus Quellen bei Metelsdorf südwestlich Wismar austretendes Wasser läuft durch Rohre aus Holz zum Wismarer Marktplatz und dort in einen Wasserkasten – ein prachtvolles, zwölfseitiges, tempelförmiges Brunnenhaus im Stil der niederländischen Renaissance. Zwei Wasserspeier – Nix und Nixe, im Volksmund Adam und Eva genannt – spenden der Bevölkerung das wertvolle Nass. Bis 1897 ist die Wismarer Wasserkunst in Nutzung.[23]

1595 (17.01.) Trotz eines Verbots beobachten auf den Brücken stehende Schaulustige das Hochwasser der Pegnitz in der Reichsstadt Nürnberg. Zahllose Eisschollen treiben flussabwärts. Viele stauen und stapeln sich vor Brücken. Ein Eisstau löst sich plötzlich und erzeugt eine Flutwelle, die den Henkersteg mitsamt fünfzehn Menschen fortreißt; acht

---

[23] Vgl. Zwingelberg (2008): Die Wasserkunst in Wismar. Sowie: Jolly (1999): Philipp Brandin.

ertrinken. Danach bestellt der Nürnberger Rat **Wasserherren**, die im Zweijahresrhythmus den Zustand der Pegnitz und ihrer Ufer prüfen und Schäden beseitigen lassen.[24]

1595 (Ende Februar und März) An mehreren Flüssen verursacht die Schneeschmelze außergewöhnlich hohe, schadensreiche **Winterhochwasser**, so an Donau (u. a. in Passau), Pegnitz (Nürnberg), Main (Schweinfurt, Kitzingen), Rhein (Köln), Pleiße, Weißer Elster, Unstrut, Saale und Elbe (Abb. 3.11). In den Wassermassen ertrinken Menschen und Tiere. In Halle (Saale) versiegelt man die Salzbrunnen, um das Eindringen von Saalewasser und damit eine Kontamination der Sole zu verhindern. In Bernburg sprengt ein Eisstau die große Stadtbrücke über die Saale.[25]

1595 (Mitte August) Ein **starkes Sommerhochwasser** der Lausitzer Neiße fordert zahlreiche Menschenleben. In Görlitz beschädigt es die Stadtmauer.

Frühes 17. Jahrhundert Der **Waldrapp** *Geronticus eremita* ist eine auffällige Zugvogelart mit einem nackten roten Kopf, die sich im Sommer in Mitteleuropa und im Alpenraum aufhält und in Südeuropa, Nordafrika und im Nahen Osten überwintert. Da Waldrappe eine besondere Delikatesse des Adels und des Klerus sind, werden sie exzessiv bejagt und im frühen 17. Jahrhundert in Mitteleuropa ausgerottet. Nur kleine Populationen überleben in Marokko, in der Türkei und später auch in Zoologischen Gärten.[26] (→ ab 2003)

Frühes 17. bis 19. Jahrhundert Eine intensive Form der Waldnutzung ist spätestens seit der Eisenzeit in den Mittelgebirgen die **Niederwald- oder Hackwaldwirtschaft**, bei der sämtliche Bäume und Büsche eines Waldstücks im Rhythmus von zehn bis 30 Jahren auf den Stock gesetzt (abgehackt) werden. Im südlichen Odenwald fördert man Haseln und seit dem frühen 17. Jahrhundert vorwiegend Eichen. Rindenklopferinnen klopfen und schälen alljährlich im Mai und Juni die gerbsäurereichen Rinden von den abgeschlagenen Eichenbäumchen für die Lohgerberei z. B. in Worms. Die endrindeten Stämmchen gehen in die Köhlerei, dienen als Stützen im Fachwerk oder – wie Haselstangen – als Brennholz. Nach dem Überbrennen eines Waldstücks Ende Juni eingehackter Buchweizen ist Ende September reif. Den anschließend eingesäten Roggen erntet man im darauffolgenden August. Die Gehölzstümpfe schlagen zeitgleich aus und können in ein bis drei Jahrzehnten wieder abgehackt werden. Im 19. Jahrhundert ist diese Bewirtschaftungsform u. a. im südlichen Odenwald bedeutend.[27]

Ab 1603 Im wasserreichen Finowtal bei Eberswalde nordöstlich von Berlin wird 1603 ein **Kupferhammer** errichtet. Im selben Jahr ordnet Kurfürst Joachim Friedrich von Branden-

---

[24] Hess (2024): Naturkatastrophen. S. 168.

[25] Moeller (2025): Hochwasser: Kein Kapitel für die Stadtgeschichte? S. 64 f.

[26] Fritz und Janák (2022): Tracing the fate of the Northern Bald Ibis over five millennia.

[27] Vgl. Vetter (2010): „Die Einwohner sind ziemlich halsstarrig".

Abb. 3.12 Umzug des Nürnberger Metzgerhandwerks mit einer 658 Ellen langen Bratwurst am 08./09.02.1658 auf dem Hauptmarkt; die ersten acht Spalten unter der Druckgrafik nennen Nürnberger Metzger, die neunte Nürnberger Metzgerwitwen; Zeichner und Stecher: Lucas Schnitzer. Der Umzug der Metzger belegt die große Bedeutung des Fleischkonsums, des Metzgerhandwerks und der Viehhaltung im 17. Jahrhundert. (HB24764, Bild 1, © Germanisches Nationalmuseum, Nürnberg)

burg den Bau des Finowkanals an, der ab 1620 Havel und Oder verbindet. Danach entsteht in der ressourcenreichen Region eine vielfältige Gewerbelandschaft mit

- Eisenhammer (1606 fertiggestellt),
- Messingwerk (1698),
- Eisenspalterei (1698),
- Papiermühlen (1710, 1729, 1762, 1781),
- dem Walzwerk der Eisenspalterei (1816 bis 1818),
- vierzehn großen Ziegeleien (2. Hälfte des 19. Jahrhunderts),
- einer Hufnagelfabrik (1871),
- den Eberswalder Linoleumwerken (1894),
- einer bald weltweit agierenden Rohrleitungsfabrik (1898),
- der Maschinenfabrik Ardelt (1904; ab 1948 VEB Kranbau Eberswalde),
- dem großen Hohenzollernkanal (1914), dem heutigen Oder-Havel-Kanal,
- dem Brückenkanal Eberswalde (1912) über die zweigleisige Bahnstrecke von Berlin nach Stettin,
- dem Schiffshebewerk Niederfinow (1934).

Diese Unternehmen wirken auf die lokale Umwelt ebenso wie Handwerks- und Industriebetriebe in anderen Regionen. Sie zerstören durch Bautätigkeiten Böden und Vegetation, versiegeln Oberflächen, nutzen regionale Rohstoffe wie Raseneisenstein und Ton, verändern den Wasserhaushalt und die Fließgewässer stark, belasten Böden, Oberflächengewässer und Atmosphäre mit Schadstoffen.

1607/08 (Winter) Im **sehr kalten und schneereichen Winter** frieren Ostsee und Bodensee zu. Schwere Winterhochwasser mit Eisgang treten während kurzer Warmlufteinbrüche auf.

1609 Die Stadt Augsburg begrenzt die Zahl der von einem bürgerlichen Haushalt zu haltenden **Schweine** auf zwei. Müller, Bäcker, Bierbrauer und Metzger dürfen zur Verwertung von Lebensmittelabfällen weiterhin mehr Schweine halten.

1609 In Augsburg öffnet die zentrale **Stadtmetzgerei**. Im Untergeschoss verkaufen Metzger an 126 Marktständen Fleisch und Wurst. Schlachtabfälle wirft man direkt in den Lechkanal, der unter dem großen Gebäude verläuft.[28] (Abb. 3.12)

1612 (16.05.) Ein **Starkniederschlag mit Hagel** zerstört um Stuttgart Weinterrassenmauern und Rebstöcke. Der Abfluss lagert erodierten Boden und Gestein dezimeterhoch in der Vorstadt ab.[29]

1613 (29./30.05.) Starke Gewitter lassen Nebenflüsse der Saale in Thüringen rasch anschwellen. Die Wassermassen reißen viele Gebäude etwa in Erfurt und Weimar fort. Hunderte Menschen und Tausende Haustiere ertrinken. Das dramatische, als Gottesstrafe gedeutete Ereignis geht als **Thüringer Sintflut** in die Regionalgeschichte ein.[30]

1616 bis 1619 Kurfürst Friedrich V. von der Pfalz lässt unmittelbar südöstlich des Schlosses Heidelberg von dem genialen französischen Ingenieur und Architekten Salomon de Caus einen großartigen Schlossgarten errichten, den **Hortus Palatinus** (Abb. 3.13). Unter Nutzung der Quellen auf dem Schlosshang entstehen wohlgeordnete, ineinander geschickt verschachtelte Terrassen mit Springbrunnen, Zierbeeten, Hainen, Gartenkabinetten, Irrwegen und Grotten. Die höfische Gesellschaft ist begeistert von dem fantastischen Pfälzer Garten mit seinen fremden Pflanzenarten, mit einem zwitschernden Holzvogel, mit den sich in Grotten bewegenden Figuren und mit Wasserspielen, darunter mechanischen Wasserorgeln und Düsen, die Vorbeigehende mit Wasser besprühen. Nach der Wahl von Friedrich V. zum böhmischen König enden die Arbeiten am Pfälzer Garten. Im 18. Jahrhundert gehen die Gartenskulpturen nach Mannheim und Schwetzingen; der Hortus Palatinus wandelt sich in einen Gemüsegarten.[31]

---

[28] Thürigen und Suchy (2024): I. Beherrschung. S. 63.

[29] Düwel-Hösselbarth (2015): Ernteglück und Hungersnot. S. 103.

[30] Deutsch und Pörtge (2002): Hochwasserereignisse in Thüringen.

[31] Vgl. https://digi.ub.uni-heidelberg.de/diglit/caus1620/0001/image,info,thumbs (letzter Zugriff: 05.07.2025) sowie https://www.schloss-heidelberg.de/erlebnis-schloss-garten/schloss-garten/garten/ hortus-palatinus (letzter Zugriff: 05.07.2025).

Abb. 3.13 Heidelberger Schloss – Gesamtansicht von Osten mit Schlossgarten „Hortus Palatinus" von 1620; Stecher der Druckgrafik: Matthäus Merian d. Ä., Reproduktion eines Gemäldes von Jaques Fouquières. (SP7684, Bild 1, © Germanisches Nationalmuseum, Nürnberg)

1618 bis 1648/50 Die **Verheerungen des Dreißigjährigen Krieges** treffen vornehmlich Baden, die Pfalz, Hessen, Württemberg, Franken, Sachsen, Thüringen, Anhalt, Brandenburg, Mecklenburg und Pommern. Das regional exzessive Morden, Schänden, Erpressen, Brennen und Plündern, die Beschlagnahmungen von Vieh, Brot, Bier und Wertgegenständen führen zu Teuerungen, Hunger, zahlreichen Seuchen, ungezählten Psychosen und zu massenhaftem Tod. Viele Höfe, ja ganze Dörfer fallen wüst; Äcker und Weinberge liegen brach, Bergbau und Handwerk danieder. Brandschatzungen führen zu kleinräumigen Umweltbelastungen. Die in einigen Regionen zeitweilig extensive Landnutzung bewirkt Veränderungen des lokalen Artenbestandes, der Energie-, Wasser- und Stoffhaushalte. In stark von Kriegshandlungen betroffenen Landschaften erreichen die Bevölkerungszahlen und damit die Intensität der Landnutzung erst viele Jahrzehnte nach Kriegsende die Vorkriegswerte. Einige deutsche Territorien, darunter Brandenburg und die Kurpfalz, realisieren nach dem Dreißigjährigen Krieg offensive, von religiöser Toleranz geprägte Einwanderungs- und Besiedlungspolitiken: Die (Re-)Peuplierung verheerter Räume und die Inkulturnahme von nicht oder nur dünn besiedelten Heiden, Mooren und anderen Feuchtgebieten.

1625 (21.02.) An der Trudenleite zwischen Ebermannstadt und Gasseldorf in der Fränkischen Schweiz stürzen und rutschen Kalksteinschollen mitsamt Boden und Obstbäu-

Abb. 3.14 Das Flugblatt illustriert den Bergrutsch bei Ebermannstadt an der Wiesent am 22.02.1625. (HB864, Bild 1, © Germanisches Nationalmuseum, Nürnberg)

men „unter schröcklichem krachen unnd prasseln“[32] talwärts. Ein nach dem **Gasseldorfer Bergsturz** verfasstes Flugblatt mahnt, dass jetzt sogar Steine schreien müssten, damit die Menschen endlich Vernunft annähmen; weiteres, noch schlimmeres Unheil stehe bevor (Abb. 3.14).[33] Der Gasseldorfer Bergsturz ist keine Besonderheit. An steilen Schichtstufen ereignen sich nach anhaltenden, ergiebigen Niederschlägen häufig Bergstürze.[34]

1627 (20.10. bis 19.12.) Dänen halten, unterstützt von der Protestantischen Union, die Festung und die Stadt **Wolfenbüttel** im Tal der Oker. Kaiserliche Truppen und die Katholische Liga belagern Wolfenbüttel. Die Festung ist vorzüglich gegen die üblichen militärischen Mittel geschützt. Daher lassen die Kaiserlichen Truppen unter Feldmarschall Gottfried Heinrich Graf zu Pappenheim ab dem 20. Oktober 1627 in einer Enge des Okertals unterhalb Wolfenbüttel von ungefähr 3000 Bauern einen Damm errichten. Der **Pappenheimische Damm** besteht im Kern aus Ton, ist rund 300 Meter lang, an der Basis bis zu 21 Meter breit und mehrere Meter hoch. Oberhalb staut sich das Okerwasser. Da ein Teil des Fluss-

---

[32] Theobald (1625): Eynfältiges Bedencken. Sowie: https://objektkatalog.gnm.de/wisski/navigate/30888/view (letzter Zugriff: 05.07.2025).

[33] Hess (2024): Naturkatastrophen. S. 172.

[34] Vgl. Bitzer (2019): Hangrutsche in der Fränkischen Schweiz.

wassers unerwartet in einer Rinne hinter einer flachen Erhebung im Okertal abläuft, müssen die Bauern für eine ausreichende Flutung von Wolfenbüttel zusätzlich einen kleinen Damm in der Rinne errichten. In der Festung steht das Wasser danach zirka 160 Zentimeter hoch, in der Stadt Wolfenbüttel in einigen Häusern bis an die Erdgeschossdecken. In Festung und Stadt mangelt es bald an Lebensmitteln; das Pulver ist durchnässt. Am 19. Dezember 1627 geben die Belagerten auf.[35] Das Geschehen um Wolfenbüttel belegt, wie die wachsenden Kenntnisse zu Oberflächenformen, Böden und Wasserhaushalt den Verlauf eines Krieges beeinflussen können.

1630 bis 1674 Kolonisten, die der emsländische Drost Dietrich von Velen angeworben hat, entwässern unter harten Arbeitsbedingungen unwegsame Moore,[36] um Neuland für die **Fehnkolonie Papenburg** planvoll zu erschaffen. Auf den geöffneten Kanälen transportiert man den gestochenen Torf in die Umgebung zum Verkauf.

1632/33 Ein verlustreicher, zerstörerischer Stellungskrieg während des Dreißigjährigen Krieges um Nürnberg im Sommer 1632 löst eine Massenflucht in die Stadt und daraufhin eine Hungersnot aus. Die beengten Wohnverhältnisse begünstigen die Ausbreitung der Pest. **Krieg, Hungersnot, Pest** und weitere Seuchen kosten in den kaum vier Jahren bis 1635 ungefähr 25.000 Menschen in Nürnberg das Leben. Archäologinnen und Archäologen entdecken 2023/24 auf einem Baugrundstück in Nürnberg Deutschlands größten Pestfriedhof mit weit mehr als 2000 in Massengräbern bestatteten Toten. Sie starben wohl während der Pestepidemie 1632/33.

1634 (Herbst) bis 1638 In Stuttgart sterben mehr als 8000 Menschen an der **Pest**.

1634 (11./12.10.) Während des Dreißigjährigen Krieges halten Truppen des böhmischen Feldherrn Albrecht Wenzel Eusebius von Waldstein, vulgo Wallenstein, seit 1627 Nordfriesland besetzt. Hohe Tribute sind zu zahlen. Die Menschen sind geschwächt, worunter auch die Deichpflege leidet. Die Buchardiflut, auch **Zweite Grote Mandränke** genannt, bricht am 11./12. Oktober 1634 Deiche an Hunderten Abschnitten (Abb. 2.8). Sie dringt tief in das nordfriesische Marschenland ein. Tausende Menschen und Zehntausende Haustiere ertrinken; viel fruchtbares Land geht dauerhaft verloren. Auch Köge der großen Insel Strand werden überflutet ($\rightarrow$ 15. bis 17.01.1362).[37]

1635 bis 1637 Durch die aufwendige Wiederbedeichung von fünf Kögen der ehemaligen Insel Strand entsteht mit herzoglich erbetener Hilfe aus den Niederlanden die **Insel Pellworm**. Mit der Bedeichung weiterer sechs Köge von 1657 bis 1687 wächst Pellworm.

---

[35] Vgl. Heilmann (1868): Kriegsgeschichte von Bayern, Franken, Pfalz und Schwaben von 1589 bis 1634. S. 229.

[36] Zur ökologischen Bedeutung von Mooren und den Folgen von Trockenlegungen vgl. Succow und Jeschke (2023): Deutschlands Moore.

[37] Vgl. Meier. (2005): Land unter! Die Geschichte der Flutkatastrophen. Meier (2019): Schleswig-Holstein. S. 178 ff.

Niederländer, die dafür das Land mit allen Rechten erhalten, deichen zusammen mit vertriebenen Überlebenden der Flut von 1653 bis 1656 einige Kilometer weiter im Osten den ersten Teil der Insel Nordstrand ein. Weitere Köge folgen 1657, 1663 und ab 1691.

1639 bis 1678 Jäger und Forstknechte erlegen in Württemberg etwa **4000 Wölfe**.

1642 bis 1688 In Frankfurt a. M. erscheint die 30-bändige monumentale **Topographia Germaniae** des Kupferstechers und Verlegers **Matthaeus Merian d. Ä.**, seiner Söhne und von Martin Zeiller (Texte). Sie enthält 92 Karten, 1486 Kupferstiche und 2142 Einzelansichten von Landschaften, Städten, Burgen und Klöstern u. a. des Heiligen Römischen Reiches.

Ab 1643 (21.04.) Die **Hamburger Grönlandfahrt** beginnt mit der Erteilung eines Privilegs zum Fang der bis zu hundert Tonnen schweren Grönlandwale in den Buchten Spitzbergens und zum Auskochen von Waltran an den Hamburger Reeder Johann Been durch König Christian IV. von Dänemark und Norwegen. Über zwei Jahrhunderte senden Hamburger Reeder insgesamt mehr als 500 Walfangschiffe nach Spitzbergen (Abb. 3.15). Bereits in der zweiten Hälfte des 17. Jahrhunderts sind Grönlandwale dort rar, auch aufgrund des Walfangs anderer Staaten. Die Waljagd verlagert sich nun an den Rand des arktischen Meereises, bis Mitte des 18. Jahrhunderts auch dort kaum noch Grönlandwale anzutreffen sind. ($\rightarrow$ 1652 bis 1702, ab 1673)

1644 Im Spätmittelalter und in der Frühen Neuzeit stellt man des Öfteren Nutztiere wie Schweine, Ochsen oder Hunde, die einen Menschen getötet haben, vor Gericht, um sie nach einer Verurteilung öffentlich grausam zu exekutieren. Am 12. November 1644 läuft ein **Ziegenbock** nachmittags in das Haus der Familie Tillhennen und stößt den Sohn Simon Ludwig so unglücklich, dass er stirbt. Zur Strafe richtet ein Scharfrichter den Ziegenbock öffentlich auf dem Marktplatz in Detmold mit einem Beil – diesmal ohne Strafprozess.[38]

1645 bis 1715 Das **Maunder-Minimum**, eine Phase stark geminderter Sonnenaktivität, liegt in einem der letzten kalten Abschnitte der Spätmittelalterlich-frühneuzeitlichen Kleinen Eiszeit. ($\rightarrow$ 1310 bis 21)

Um 1647 Im oberfränkischen Pilgramsreuth werden erstmals **Kartoffeln** angebaut. 1696 wachsen dort bereits auf mindestens 500 Feldern Kartoffeln.

1648 Ein bayerisches Mandat verbietet für das folgende Jahr 1649 die **Fuchsjagd**. Um Fraßschäden am Getreide zu minimieren, sollen Füchse weiterhin Feldmäuse jagen.

1649 Ein Edikt verbietet unter Strafandrohung den **Genuss von Tabak** im Kurfürstentum Köln. 1651 untersagt das Herzogtum Württemberg, 1652 das Kurfürstentum Bayern und 1653 das Kurfürstentum Sachsen den Tabakkonsum. Weitere deutsche Territorien folgen. Gründe für die Verbote sind die Brandgefahr in den vorwiegend aus Holzgebäuden be-

---

[38] Hirte und Deutsch (2020; Hrsg.): „Hund und Katz – Wolf und Spatz". Tiere in der Rechtsgeschichte.

Abb. 3.15 Mit einer Walfangszene bemaltes Walschulterblatt, zweites Drittel des 17. Jahrhunderts. (Gm2362, Bild 1, © Germanisches Nationalmuseum, Nürnberg, Leihgabe Zool. Slg. Universität Erlangen, Foto: G. Janßen)

stehenden Siedlungen sowie die Schädlichkeit des Rauchens für die Gesundheit der Menschen. Jedoch bleiben die Verbote weitgehend wirkungslos, zu viele Menschen sind bereits von der Tabakdroge abhängig (Abb. 3.16).

1651 bis 1654 Herzog Friedrich III. von Schleswig-Holstein-Gottorf beauftragt seinen Hofgelehrten Adam Olearius, den größten begeh- und drehbaren Globus mit einem Durchmesser von 311 Zentimetern aus Eisen, Holz, Kupfer und Leinwand bauen zu lassen. Außen ist die Erdoberfläche visualisiert, innen erstmals dreidimensional ein mit Tierkreiszeichen

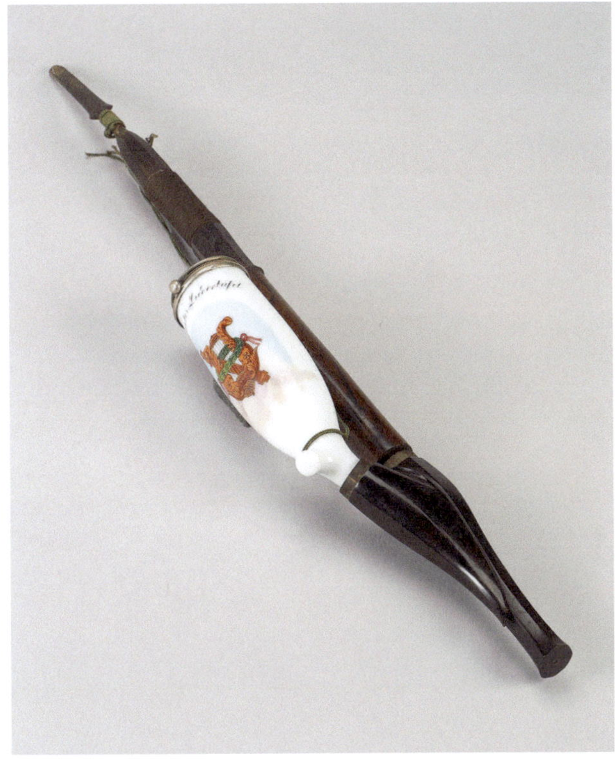

Abb. 3.16 Tabakspfeife mit bemaltem Pfeifenkopf aus Porzellan, um 1845; Mitte des 17. Jahrhunderts ergehen Verbote des Tabakkonsums. (HG7678, Bild 1, © Germanisches Nationalmuseum, Nürnberg, Foto: D. Messberger)

farbig ausgeschmückter Sternenhimmel. Zar Peter der Große erbittet 1713 den europaweit berühmten **Gottorfer Globus**, woraufhin dieser nach St. Petersburg verbracht wird. Ein Nachbau steht seit 2005 am Originalstandort im Barockgarten von Schloss Gottorf in Schleswig.

1652 bis 1787: Teer, Leopoldina, nachhaltige Waldnutzung des Hannß Carl von Carlowitz, Feldlerchen im Speckmantel, Tornado, Wörlitzer Anlagen, Ludwig van Beethoven überlebt eine Eisflut

4

1652 Damals als Teer bezeichnetes Schweröl quillt aus einem sandigen Acker des Bauern Balzer Lohmann bei Wietze westlich Celle. Bald finden auch Nachbarn ein Gemisch aus Sand und Erdöl auf ihren Flächen. Sie verkaufen die **Ölsande** bis nach Hamburg. Erst nach der Mitte des 19. Jahrhunderts beginnt bei Wietze eine umfangreiche Erdölförderung. (→ 1858/59)

1652 bis 1702 Private Föhrer Navigationsschulen vermitteln die anspruchsvollen Grundlagen für das Kapitänspatent. Sie bilden bis zu ihrer Schließung durch den preußischen Staat im Jahr 1869 Hunderte junge Männer vorwiegend aus Föhr, Amrum und Sylt zu Schiffsoffizieren aus. Der am 24. Dezember 1632 in Oldsum auf Föhr geborene und dort ausgebildete Matthias Petersen kommandiert von 1652 bis 1702 Hamburger und Niederländische Walfangschiffe. Zusammen mit seinen Besatzungen erlegt er gemäß der Inschrift auf seinem Grabstein auf dem Kirchhof der Kirche Sankt Laurentii auf Föhr **373 Wale**, weshalb er den Beinamen „der Glückliche" erhält (Abb. 4.1). Damit ist Matthias Petersen einer der erfolgreichsten Grönlandkommandeure.[1] (→ ab 21.04.1643)

1652 (01.01.) In der Freien Reichsstadt Schweinfurt gründen vier Ärzte die **Academia Naturae Curiosorum** mit dem ambitionierten Ziel, „Die Natur [...] erforschen zur Ehre Gottes und zum Wohle der Menschen". Kaiser Leopold I. bestätigt die Akademie im August 1677 offiziell. 1687 stattet er die „Sacri Romani Imperii Academia Caesareo-Leopoldina Naturae Curiosorum", kurz Leopoldina, mit den Privilegien der Unabhängigkeit und der vollkommenen Zensurfreiheit für Publikationen aus. Ab 1686 verlegt die Leopoldina 12-mal ihren Sitz; seit 1878 ist er in Halle (Saale). 2008 wird sie zur ersten Nationalen Akademie der Wissenschaften Deutschlands ernannt. Die Leopoldina ist die weltweit älteste ununter-

---

[1] Kunz und Steensen (2013): Föhr Lexikon. S. 273 f., S. 376 ff.

© Der/die Autor(en), exklusiv lizenziert an Springer-Verlag GmbH, DE, ein Teil von Springer Nature 2025
H.-R. Bork, *Denk ich an Deutschland ...*, https://doi.org/10.1007/978-3-662-71613-7_4

Abb. 4.1 Grabplatte von Matthias Petersen auf dem Kirchhof der Kirche Sankt Laurentii in Süderende auf Föhr. Matthias Petersen war mit 373 erlegten Walen der erfolgreichste Grönlandkommandeur von Westerlandföhr; Übersetzung der lateinischen Inschrift (vgl. Taege [2018], S. 82): „Matthias Petersen / geb: in Oldsum den 24 Dec: 1632 / gest: den 16 Sept: 1706. Er / war in der Schifffahrt nach Grönland sehr kundig / wo er mit / unglaublichem Erfolg / 373 Wale / gefangen hat, sodass er nach dem / Urteil aller den Namen / der Glückliche / annahm; und dessen Frau / Inge Matthiessen / geb: den 7 Oct: 1641 / gest: den 5 April 1727". (Foto: H.-R. Bork, 24.03.2025)

brochen existierende naturwissenschaftliche Akademie und eine heute bedeutende Institution der Politikberatung, zumal in den Forschungsbereichen Klimawandel und Umwelt.[2]

1656 (02.05.) Ausgehend von der Wohnung eines Bäckers in der Kaiserstadt **Aachen** breitet sich ein Feuer rasend schnell aus. Der **Großbrand** vernichtet in nur 24 Stunden annähernd 90 Prozent der Gebäude in Aachen, hauptsächlich Fachwerkhäuser. 17 Menschen sterben. Danach entsteht die neue steinerne barocke Badestadt Aachen.

---

[2] Leopoldina: „Niemals müßig" – Die Gründung der Leopoldina, https://www.leopoldina.org/ueber-uns/ueber-die-leopoldina/akademiegeschichte/geschichte-der-leopoldina/ (letzter Zugriff: 05.07.2025).

1657/58 In dem **sehr kalten und schneereichen Winter** erfrieren Menschen (darunter drei Sternsinger in Nordhausen am Harz) und Vögel.

1658 (Mitte Februar) Ein plötzlicher Warmlufteinbruch löst große, schadensreiche Winterhochwasser mit Eisgang (die Schreckensflut) u. a. an Mosel, Rhein, Weser, Saale und Donau aus. In Donauwörth zerstört der **Eisguss** die bereits seit dem Dreißigjährigen Krieg baufällige Donaubrücke. In Halle (Saale) lagern auf dem Strohhof nah der Saale mehr als 20.000 Kubikmeter Stammholz und mehr als 17.000 Kubikmeter Klafterholz, fest gemacht an Bäumen. Eisblöcke reißen Mitte Februar 1658 davon etwa 140 Kubikmeter Klafterholz mitsamt den Bäumen fort. 31 Salzfässer schwimmen davon. In Halle sind die Schäden im Vergleich zum Winterhochwasser von 1595 eher gering.[3]

1661 Die Reichenhaller Saline verbraucht seit Jahrhunderten riesige Mengen Holz – weitaus mehr, als nachwächst (→ ab 696, 1520 bis 1867). Die **Reichenhaller Forstordnung** von 1661 fordert daher eine nachhaltige Nutzung der Wälder.[4]

1664 Der Rat der Stadt Hamburg stellt die auf der Alster lebenden Schwäne unter besonderen Schutz. Er verbietet, Alsterschwäne zu beleidigen, zu verletzten, zu erschießen oder zu erschlagen. Die Höckerschwäne auf der Alster sind Symbol der Unabhängigkeit und Freiheit der Hansestadt Hamburg. Im Jahr 1674 richtet der Rat die Stelle eines **Schwanenbetreuers** ein, der sich um verwaiste Jungtiere, kranke oder verletzte Schwäne und den Erhalt ihres Biotops zu kümmern hat.

1664 Das Fürstentum Nassau-Siegen verpflichtet ab 1664 jeden, der einen Pflug führen kann, alljährlich noch vor dem Martinstag **zwei Dutzend Spatzen** abzuführen. Bei Nichteinhaltung ist eine Strafe zu entrichten. Vögel, die Schäden am Getreide anrichten, werden in der Frühen Neuzeit von den Obrigkeiten zunehmend als Bedrohung gesehen.

1666 Der späte Frühling und der Sommer sind **sehr warm und trocken**. Bäche fallen trocken; die Elbe hat im August 1666 Niedrigwasser.

1666/67 Die **Pest** wandert rheinaufwärts. Sie fordert zahlreiche Menschenleben z. B. in Köln, Mainz, Frankfurt a. M., Heidelberg, Speyer, Rastatt und Bruchsal.

1666 Im badischen Durlach weist die Obrigkeit die Bevölkerung zur **Pestprävention** an, sämtlichen Unrat nicht auf die Straße zu schütten, sondern an „ordentliche Örter" zu bringen, in den Häusern sauber und reinlich zu leben sowie in den Gassen stark riechende Gehölze wie Wacholder zu verbrennen.[5]

1667 Der Rat der Stadt Eberbach am Neckar verfügt anlässlich der Pestpandemie die **Entfernung aller Schweineställe** aus den Häusern und die direkte Beaufsichtigung der Straßenreinigung.

---

[3]   Moeller (2025): Hochwasser: Kein Kapitel für die Stadtgeschichte? S. 66 ff.
[4]   Bork (2020): Umweltgeschichte Deutschlands. S. 23.
[5]   Sturm (2017): Die Pest in Durlach, S. 183.

Abb. 4.2 Blühende Robinien bei Griesen in Ostbrandenburg. (Foto: H. Bork, 24.03.2025)

1670 Die Gewöhnliche **Robinie** *Robinia pseudoacacia* wird im Berliner Lustgarten angepflanzt. Außerhalb von Anpflanzungen wird 1824 erstmals ein Vorkommen in Brandenburg nachgewiesen. Die aus Nordamerika stammende, Stickstoff im Boden anreichernde, die biologische Vielfalt gefährdende invasive Pionierbaumart hat sich seitdem in Deutschland stark ausgebreitet. An nährstoffarmen Offenlandstandorten verändert sie Mikroklima, Vegetation und Bodenfauna erheblich (Abb. 4.2).

1670er-Jahre Im Buckower Kessel, der vielgliedrigen Hohlform der Märkischen Schweiz im östlichen Brandenburg, liegen mehrere natürliche Seen, darunter der **Kleine Tornowsee**. Über mehr als zehntausend Jahre besitzt er keinen regelmäßigen oberirdischen Abfluss. Das Niederschlagswasser verdunstet oder es versickert und verlässt das Einzugsgebiet des Kleinen Tornowsees unterirdisch als Grundwasser. Der Wasserspiegel des Sees schwankt stark in Abhängigkeit von den mittleren Niederschlägen. Nach dem Dreißigjährigen Krieg wächst die Bevölkerung in der Region wieder, und es fehlt zunehmend an Acker- und Gartenland. Besonders fruchtbar sind die organischen Ablagerungen unter Seen. So ergeht in den 1670er-Jahren an Frondienstleistende aus der Töpfergasse im benachbarten Buckow der Auftrag, den Seespiegel tiefer zu legen. Sie graben durch die tiefste Stelle des Rückens, der den Kleinen Tornowsee umgibt, einen Graben, den Töpfergraben. Durch ihn fließt Wasser aus dem Kleinen Tornowsee in den benachbarten Fluss Stobber. Der Seespiegel sinkt und bleibt nun annähernd konstant. Ehemals flachere Seebereiche gelangen an die Geländeoberfläche. Nach mehr als einem Jahrzehnt ist der ehemalige Seeboden so weit trockengefallen, dass dort sogar erfolgreich Hopfen angebaut werden kann – dünnes Bier ist weiter ein Grundnahrungsmittel. Die Drainierung des Kleinen Tornowsees ist eine der typischen Entwässerungsmaßnahmen, die man seit dem Hochmittelalter ausführt, um neues fruchtbares Garten- oder Ackerland zu schaffen.

1673 Hamburger Walfänger erlegen 589 Wale im Nordmeer.

Ab 1673 In Hamburg beginnen nachts mit dem Tran von Grönlandwalen gespeiste Straßenlaternen schwach zu leuchten. Der Gestank der **Thran-Hütten** auf St. Pauli, in denen Arbeiter den zu dieser Zeit reichlich vorhandenen Walspeck zu Tran auskochen, ist unerträglich. Wohlhabende wohnen vorwiegend in Stadtteilen mit höherer Luftqualität, Arme in Gebieten wie dem Gängeviertel östlich und südöstlich der Thran-Hütten, durch die der unangenehme Geruch bei den häufigen West- und Nordwestwinden zieht.

1676 (30.11.) Der Rat der Stadt Hamburg fasst mit der Verabschiedung der Puncta der **General-Feur-Ordnungs-Cassa** existierende Feuerkontrakte zusammen. Die General Feur-Cassa ist auch für das Löschwesen innerhalb der Ringmauern Hamburgs zuständig und weltweit die älteste bis heute existierende Versicherung.[6]

1678 Kurfürst Friedrich Wilhelm von Brandenburg ordnet in Berlin die feste Installation von **Öllaternen** vor jedem dritten Haus an. Die für nachtaktive Tiere wie Fledermäuse, Nachtfalter und Zugvögel lebenswichtige nächtliche Dunkelheit verliert sich durch die wachsende Beleuchtung der Städte in den kommenden drei Jahrhunderten immer mehr.

1678 (September) Der Philosoph, Mathematiker, politische Berater und Vordenker Gottfried Wilhelm Leibniz schlägt Johann Friedrich, Herzog zu Braunschweig und Lüneburg und seit 1665 Fürst zu Calenberg, in einem Memorandum die Schaffung einer **politischen Topografie** vor. Diese soll grundlegende statistische Daten zum Herzogtum enthalten, etwa die Zahl von Städten und Dörfern, Bevölkerungsdaten, Informationen zu Handel und Handwerk.[7]

1679 Die in Frankfurt am Main geborene Künstlerin, Naturforscherin und Pionierin der Insektenkunde **Maria Sibylla Merian** veröffentlicht den ersten Band ihres Werkes „Der Raupen wunderbare Verwandlung und sonderbare Blumennahrung" in Frankfurt am Main und in Nürnberg. Er enthält 50 Tafeln, die Schmetterlinge in verschiedenen Stadien künstlerisch-ästhetisch vorzüglich und wissenschaftlich detailreich illustrieren[8] (Abb. 4.3).

1680 bis 1682 Die Pest breitet sich von Prag über Dresden, Leipzig und Halle (Saale) bis nach Magdeburg aus. Von Juni bis November 1681 verliert Magdeburg etwa ein Drittel seiner Einwohnerinnen und Einwohner. Die Abriegelung der Stadt bringt den Handel zum Erliegen. In der Stadt macht sich ob der schlechten Versorgung mit Lebensmitteln, ausbleibender Einkommen und der Sondersteuern Verzweiflung breit. Erst am 25. April 1682 erklärt ein Mandat des Kurfürsten Friedrich Wilhelm Magdeburg als pestfrei.[9]

---

[6]   Provinzial: Die Geschichte der Hamburger Feuerkasse, https://www.provinzial-konzern.de/konzern/geschichte/geschichte-hamburger-feuerkasse.html (letzter Zugriff: 05.07.2025).

[7]   Haag (2009): Johann Peter Frank (1745–1821) und seine Bedeutung für die öffentliche Gesundheit. S. 159.

[8]   Ehlers (2022): Bunt und vielfältig.

[9]   Schwerhoff: Die Pest in der Frühen Neuzeit – ein ferner Spiegel. https://tu-dresden.de/gsw/phil/powi/dpb/studium/lehrveranstaltungen/die-pest-in-der-fruehen-neuzeit-ein-ferner-spiegel (letzter Zugriff: 05.07.2025).

Abb. 4.3 Garten-Hyazinthe Hyacynthus orientalis, Nachtfalter Brauner Bär Arctia caja und Schlupfwespen, Aquarell von Maria Sibylla Merian. (Hz588, Bild 1, © Germanisches Nationalmuseum, Nürnberg, vor 1679, Foto: S. Tolle)

1681 Die **Hochfürstliche Holzverordnung für Glücksburg** verfügt die Anlage von dichten lebenden Zäunen (Wallhecken, regional Knicks genannt) durch die Untertanen um die wenigen verbliebenen Wälder. Letztere sollen so vor der Entnahme von Brennholz und Fraß durch das Vieh der Untertanen geschützt werden. Die Sträucher der Knicks setzt man regelmäßig auf den Stock, um die bäuerlichen Haushalte hinreichend mit Brennholz zu versorgen. Auf Knicks gepflanzte Bäume bleiben länger stehen, um Bauholz zu liefern.

1683 (01.01.) Kurfürst Friedrich Wilhelm von Brandenburg lässt am zukünftigen **Fort Großfriedrichsburg** den Grundstein legen und die brandenburgische Flagge hissen. Das Fort liegt am Kap der drei Spitzen an der westafrikanischen Goldküste (im heutigen Ghana). Der koloniale Handelsposten dient in den Folgejahren dem Tausch etwa von Handfeuerwaffen, Stoffen und Glasperlen gegen Gold, Elfenbein und – vor allem – Versklavte. Schiffe der kurfürstlich-brandenburgisch-afrikanisch-amerikanischen Kompanie bringen Versklavte u. a. auf die Insel St. Thomas in der dänischen Karibik. Der rigorose Einsatz von Versklavten ermöglicht umfangreiche Waldrodungen und die Anlage sowie den Betrieb von Zuckerrohrplantagen. Dadurch verändern sich die Landschaften in der Karibik immens.

Abb. 4.4 Heuschrecke, um 1590. (Norica399, Bild 1, © Germanisches Nationalmuseum, Nürnberg, Leihgabe Kunstsammlungen der Stadt Nürnberg. Foto: G. Janßen)

1684 Die Oberfläche des **Bodensees gefriert** vollständig (Seegfrörne). Starker Frost schädigt in Württemberg Obstbäume und Weinstöcke.

1685 Preußen gründet wahrscheinlich auf Vorschlag des Universalgelehrten Gottfried Wilhelm Leibniz eine Medizinalbehörde zur Beaufsichtigung der **öffentlichen Gesundheit**.[10]

1689 bis 1717 Landgraf Carl von Hessen gestaltet den steilen Osthang des Habichtswaldes bei Kassel zu einem **barocken Bergpark** mit faszinierenden Wasserkünsten, darunter dem weltgrößten Springbrunnen. Seit 2013 ist er als Symbol der Allmacht des europäischen Absolutismus UNESCO-Weltkulturerbe.

1693 (Juli/August) Heuschreckenschwärme verursachen entlang ihrer Zugbahnen in Franken, Sachsen, Thüringen und im südlichen Sachsen-Anhalt verheerende Schäden an Feldfrüchten und Gehölzen. Zur Aufarbeitung des Heuschreckenjahres werden Dissertationen an Universitäten verfasst und zur Erinnerung Gedenkmünzen geprägt (Abb. 4.4).

1695 (Februar und März) Die Oberfläche des **Bodensees gefriert** vollständig (Seegfrörne). Männer transportieren schwere Lasten auf Schlitten und Fuhrwerken über das Eis.

1695 bis 1735 Vierzehn **Braunbären** gehen in dieser Zeit auf dem Großen Waldstein im oberfränkischen Fichtelgebirge in die Falle (Abb. 4.5).

1699 Maria Sibylla Merian reist mit ihrer Tochter Dorothea Maria in die niederländische Kolonie Surinam, spricht sich dort gegen Sklaverei aus, beobachtet, beschreibt und zeichnet Schmetterlinge und ihre Nahrungspflanzen (Abb. 4.6).

1700 Die Herzöge von Mecklenburg verfügen, dass für jede gefällte Buche oder Eiche sechs **neue Bäume zu pflanzen** sind.

---

[10] Haag (2009): Johann Peter Frank (1745–1821) und seine Bedeutung für die öffentliche Gesundheit. S. 130.

Abb. 4.5 Bärenjagd mit dem Angriff eines Bären auf einen berittenen Jäger. (StN10415, Bild 1, © Germanisches Nationalmuseum, Nürnberg, Leihgabe Kunstsammlungen der Stadt Nürnberg, 1686–1725)

Abb. 4.6 Zikade Surinamischer Laternenträger Fulgora laternaria mit auffälligem Stirnauswuchs, von Maria Sibylla Merian um 1702. (Norica414, Bild 1, © Germanisches Nationalmuseum, Nürnberg, Leihgabe Kunstsammlungen der Stadt Nürnberg. Foto: M. Runge)

1700 Der Universalgelehrte und politische Berater **Gottfried Wilhelm Leibniz** initiiert die Gründung einer wissenschaftlichen Akademie in Berlin. Am 11. Juli 1700 unterzeichnet Kurfürst Friedrich III. von Brandenburg die Stiftungsurkunde der „**Kurfürstlich Brandenburgischen Sozietät der Wissenschaften**". Eine Kernaufgabe ist der Dialog zwischen Theorie und Praxis. 1701 erfolgt die Umbenennung in „Königlich Preußische Societät der

Wissenschaften" und 1743 die Zusammenlegung mit der „Nouvelle Société Littéraire" zur „Académie Royale des Sciences et Belles Lettres". Nach einer Reorganisation erhält sie im Jahr 1812 die Bezeichnung „Königlich Preußische Akademie der Wissenschaften zu Berlin". 1946 wird sie als „Deutsche Akademie der Wissenschaften" in der Sowjetischen Besatzungszone neu gegründet und 1972 in „Akademie der Wissenschaften der DDR" umbenannt. Seit 1992 trägt sie den Namen „Berlin-Brandenburgische Akademie der Wissenschaften". Ein bemerkenswertes aktuelles Vorhaben der Akademie umfasst die Edition der Manuskripte Alexander von Humboldts zu seinen Reisen, darunter die Reisejournale und die Tagebücher.[11]

1702 Der Bürgermeister von Leipzig lässt 750 Öllaternen zur nächtlichen **Straßenbeleuchtung** aufstellen – eine Sensation, an die eine Gedenkmünze erinnert.

1708 Der Pädagoge und Direktor des Andreanum in Hildesheim Johann Christoph Losius veröffentlicht das Lehrbuch „**Singende Geographie,** darin der Kern dieser nöthigen Wissenschaft in deutliche Lieder verfasset". Es enthält u. a. Merkreime, Metaphern und Erläuterungen zu Städten und Staaten.

1708/09 Der **Große Winter** ist einer der kältesten des zweiten Jahrtausends. Von Dezember 1708 bis Februar 1709 strömt mehrfach Kaltluft von Sibirien und Skandinavien nach Mitteleuropa. Ein Warmlufteinbruch löst am 4. Januar 1709 Eishochwasser an Main und Donau aus. Am 10. Januar 1709 fällt die Temperatur in Berlin auf −30 Grad Celsius. Ostsee, Bodensee und Flüsse gefrieren, die Wintersaaten, Obstbäume und Weinstöcke erfrieren. Überlebende essen Saatgut und beginnen bald zu hungern. Viele Menschen erfrieren in ihren Betten und zahllose Haustiere in den Ställen.[12]

1708 (Herbst) bis 1711 Die in Polen grassierende **Pestepidemie** erreicht im Herbst 1708 Ostpreußen. Nach einer Abschwächung über den Winter 1708/09 nimmt die Zahl der Todesfälle im September 1709 stark zu. Zehntausende sterben. Im Oktober 1709 werden Teile der Regierung und der preußischen Kammern von dem stark von der Epidemie betroffenen Königsberg nach Wehlau verlegt. Anfang 1710 geht die Zahl der Todesfälle deutlich zurück. Die Obrigkeit veranlasst Nachsorgemaßnahmen, darunter das Lüften und Ausräuchern von Häusern, in denen infizierte Menschen lebten, das Waschen des Viehs sowie das Erschießen oder Erschlagen „unnützer" Hunde und Katzen.

1709 Mehr als zehntausend vornehmlich aus der Kurpfalz und benachbarten Territorien stammende Menschen versuchen, vor staatlicher Willkür, religiöser Verfolgung, Krieg, Extremwetter und den resultierenden Missernten in das allseits gepriesene englische Nordamerika zu fliehen. Sie stranden jedoch bereits bei Greenwich (heute ein Stadtteil von London) in der englischen Grafschaft Kent, wo sie unter erbärmlichen Bedingungen ihr Leben fristen. In London bezeichnet man die Geflüchteten gemeinhin als Palatines, Pfälzer.

---

[11] https://www.bbaw.de/forschung/alexander-von-humboldt-auf-reisen-wissenschaft-aus-der-bewegung (letzter Zugriff: 05.07.2025).

[12] Vgl. Pfister und Wanner (2021): Klima und Gesellschaft in Europa. S. 237 ff.

▶ Der englische Schriftsteller und Journalist **Daniel Defoe** fordert am 11. August 1709 in „**A Brief History of the Poor Palatine Refugees**", einer kurzen Geschichte der armen Pfälzer Flüchtlinge, nachdrücklich die Aufnahme der deutschen Religions- und Extremwetterflüchtlinge. Dies würde in England einen wirtschaftlichen Aufschwung auslösen. Ein Teil der englischen Bevölkerung unterstützt die deutschen Flüchtlinge stark, ein anderer schürt Hass. Viele der geflüchteten Pfälzer sterben, manche finden Aufnahme in Irland, andere kehren heim, einigen gelingt schließlich die Weiterreise nach Nordamerika. Bereits im April 1709 verbietet Kurfürst Johann Wilhelm von der Pfalz die Auswanderung aus der Kurpfalz nach Nordamerika.

1709 (14.11.) Die preußische Regierung erwartet die Ausbreitung der in Ostpreußen grassierenden Pestpandemie nach Berlin. Friedrich I. König in Preußen ordnet am 14. November 1709 den Bau eines Pesthauses bei Berlin an. Da die Seuche Berlin verschont, leben arme ältere Menschen, arbeiten Bettler und entbinden uneheliche Schwangere von 1710 bis 1727 im Pesthaus. Friedrich Wilhelm I., König in Preußen wandelt die Einrichtung 1727 in das **Königliche Charité-Krankenhaus** mit den Funktionen Lazarett, Hospital und Lehranstalt für angehende Militärärzte. Das Krankenhaus wird erweitert und zu einer renommierten Ausbildungsstätte für Heilberufe.[13]

1709 (Frühjahr und Sommer) Kälte und Nässe lösen in mehreren Regionen eminente Ertragseinbußen und steigende Getreidepreise aus. Seuchen wie **Ruhr und Fleckfieber** (Hungertyphus) breiten sich in Ostpreußen aus.

1710 bis 1766 Jäger erlegen oder fangen in diesem Zeitraum in der Umgebung von Oberammergau **27 Braunbären**.

1711 Die **Ananaspflanze** ist ein mehrjähriges, in Südamerika heimisches Bromeliengewächs. Ihr überaus schmackhafter, zapfenförmiger Fruchtstand besteht aus ein- bis zweihundert fleischigen Einzelfrüchten. Das exotische Obst erreicht die botanischen und herrschaftlichen Gärten Europas im 17. Jahrhundert und wird zu einem begehrten Wohlstandssymbol und zu einer edlen Speise des Adels. Im Bosischen Garten in Leipzig entwickelt sich 1711 erstmals der Fruchtstand einer Ananas. Wenige Jahre später reifen mehrere Fruchtstände im Fürstlichen Lustgarten zu Kassel.[14] (→ ab 1786 bis 1788)

---

[13] https://www.charite.de/die_charite/campi/campus_charite_mitte/historie_des_campus_charite_mitte (letzter Zugriff: 05.07.2025).

[14] Zedler (1731–54): „Grosses vollständiges Universal Lexicon aller Wissenschaften und Künste, [...]". Bd. 2, S. 42. Sowie: Krünitz (1773–1858): Oekonomische Encyklopädie oder allgemeines System der Staats= Stadt= Haus= und Landwirthschaft. 2,33.

1712/13 Die **Pest** bricht in Hamburg aus. Auf eine mögliche bessere Seuchenhygiene verzichtet der Rat der Bürgerschaft wohl zugunsten der Bewegungsfreiheit von Händlern. So sterben mehr als 10.000 Menschen an dem Pestbakterium *Yersinia pestis*.

1713 Der Oberberghauptmann **Hannß Carl von Carlowitz** fordert in einem bedeutenden Gründungsdokument der Forstwissenschaft, der von ihm verfassten *Sylvicultura Oeconomica*, ein Ende des Raubbaus am Wald und stattdessen eine **nachhaltige Waldnutzung** – einem Wald soll man nicht mehr Holz entnehmen, als im selben Zeitraum nachwächst. Bis in die zweite Hälfte des 20. Jahrhunderts ist der Terminus **Nachhaltigkeit** vorwiegend forstökonomisch definiert. In den seit den 1970er-Jahren geführten umweltpolitischen Diskursen erfolgt eine Erweiterung um gesamtwirtschaftliche, ökologische, soziale und kulturelle Dimensionen. Mittlerweile stehen hinter den Nachhaltigkeitsdebatten sehr verschiedenartige Konzepte und Interessen. Der Begriff Nachhaltigkeit ist weitgehend beliebig geworden.[15]

1714 Im Waldgebiet **Schönbuch** südlich von Stuttgart weiden auf einer Fläche von rund 120 Quadratkilometern 15.046 Stück Vieh in hoher räumlicher Dichte. Der Wald erleidet erhebliche Fraßschäden.

1714 (12.01.) Herzog Eberhard Ludwig von Württemberg aktualisiert die nunmehr sieben Seiten lange **Stuttgarter Gassensäuberungsverordnung**. Der gewünschte Erfolg bleibt wie schon → 1492 aus.

1717 (25.12.) An Weihnachten reißt eine **Sturmflut** in den Marschen an der Nordseeküste mehr als zehntausend Menschen in den Tod (Abb. 4.7). Sie zerstört Häuser, Acker- und Weideland. Die Marschen sind auch nach der Instandsetzung der gebrochenen Deiche noch lange nass.

1718 Der britische König und Herzog von Lauenburg Georg I. erlässt für das Herzogtum Lauenburg die innovative „landesherrliche Resolution wegen Versetzung der Gutsleute“. Sie regelt erstmals die Zusammenlegung und fachlich fundiert den gleichwertigen Tausch von Grundstücken, um die Effektivität der Landwirtschaft zu erhöhen. Die Resolution verändert die **Landschaftsstruktur** ausnehmend.

1718 und 1719 (jeweils Sommer) Außergewöhnliche Hitze und Trockenheit begünstigt die Massenvermehrung von Anophelesmücken in den feuchten Marschen von Dithmarschen und Nordfriesland. Die Mücken verbreiten das Marschenfieber, die **Malaria**. Die Küstenseuche verursacht Wechselfieber, Schüttelfrost, Durchfall und Erbrechen. (→ 1783, Juni/Juli 1826, April 1888, 1945 bis 1950)

---

[15] Vgl. Simonis (1993; Hrsg.): Lexikon der Ökologieexperten. Radkau (2011): Die Ära der Ökologie. Grober (2013): Die Entdeckung der Nachhaltigkeit. Grober in Simonis (Hrsg.; 2014): Vordenker und Vorreiter der Ökobewegung. S. 11–13. Mauch (2014): Mensch und Umwelt. Küster (2019): Der Wald: Natur und Geschichte.

Abb. 4.7 Schwere Sturmflut an der niederländischen und friesischen Küste am 24./25.12.1717; Orte sind überflutet, Menschen werden aus dem Meer, von Dächern und Bäumen gerettet, Schiffe gehen unter. (HB1319, Bild 1, © Germanisches Nationalmuseum, Nürnberg)

1718 bis 1724 Auf Anordnung des preußischen Königs Friedrich Wilhelm I. entwässern Arbeiter mit Unterstützung preußischer Soldaten großflächig Niedermoore im **Havelländischen Luch** westlich von Berlin. Kolonisten nehmen das artenreiche Feuchtgebiet nach der Anlage des Großen Havelländischen Hauptkanals in Kultur und bauen in der Folgezeit in großem Umfang Torf ab. Im Norden des Luchs entsteht eine Musterwirtschaft mit dem „Lehrinstitut zum Unterricht der märkischen Landsleute in der Milchwirtschaft". Ein Ziel der Lehranstalt ist die Adaption der erfolgreichen holländischen Milchwirtschaft. Dafür wird der in der Butter- und Käsezubereitung vorzüglich ausgewiesene Meier Heinrich Bröne aus dem niederländischen Zevenaar mitsamt den benötigten Geräten angeworben.[16]

---

[16] Wacker (1984): Paulinenaue: Eine Ortschronik aus dem Havelland. Fontane (1873): Wanderungen durch die Mark Brandenburg. Ost-Havelland. Lehrkamp und Zeitz (2018): Landnutzung und Moore in der Region bis Anfang der 1990er Jahre. S. 93 ff.

1720 (12.08., gegen 10:15 Uhr) Vor dem geplanten Abbruch des alten **Pulverturms am Spandauer Tor in Berlin** beginnen Soldaten am 5. August 1720, die im Turm gelagerten Explosivstoffe zur neuen Pulvermühle in Moabit zu transportieren. Trotz der umfangreichen Sicherheitsvorkehrungen explodieren am 12. August 1720 gegen 10:15 Uhr im Turm Sprengstoffe. Kugeln und Steine vom Turm schlagen in der Umgebung ein. Große vom Turm abstürzende Teile beschädigen die Garnisonskirche, zerstören die Garnisonsschule und das Heiliggeist-Spital. Ein Säugling wird lebend geborgen. Etwa 73 Menschen sterben, unter ihnen sind viele Kinder.[17]

1720 (Oktober) Feldlerchen im Speckmantel oder Pastete sind ein beliebtes Festtagsgericht in Leipzig. Den „Monatlichen Sammlungen von alten und neuen Miscellaneis Saxonicis, zum Behuf der Sächsischen Geschichte 7" (XXXIII, S. 256 [1773]) zufolge hat man allein im Oktober 1720 zusammen 404.340 Lerchen in den Flussauen um Leipzig gefangen und in die Stadt Leipzig gebracht – eine exorbitant hohe Zahl! Anhaltende Proteste veranlassen König Albert I. von Sachsen 1876, die Lerchenjagd zu verbieten.

1721 (01.01.) Eine Sturmflut reißt **Helgoland** in zwei Teile – begünstigt durch den vorausgegangenen Abbau eines großen Kalkfelsens, der den sandig-kiesigen Dünenbereich vor starker Brandung aus nördlicher Richtung geschützt hatte. Seitdem existieren die hohe Felseninsel und die etwas kleinere flache Düne als getrennte Inseln.

1721 bis 1725 Das **Sehestedter Außendeichsmoor** im Jadebusen wird mit großem Aufwand teilweise eingedeicht. Die Torfe des weiterhin außendeichs liegenden Moorabschnitts schwimmen bei jeder Sturmflut mitsamt den dort lebenden Menschen und Haustieren sowie der leichten Gebäude auf und sinken mit dem Abfließen des Wassers wieder ab – ein genialer Schutz gegen Sturmflutschäden.

1726 Ein preußisches Edikt fördert **Entwässerungsmaßnahmen** und die Inkulturnahme von Brachland.

1728 Friedrich Wilhelm I. verbietet per Dekret die Verwendung des Terminus **Große Wildnis**, denn der preußische König duldet keine Wildnis mehr in seinem Staat. Stattdessen gilt nun das protestantische Leitbild der Produktivität.

1728 (03.08.) Ein **Erdbeben** im Oberrheingraben verursacht Schäden an Gebäuden um Kenzingen, Offenburg und Rastatt.

1730er-Jahre Die Kurmärkische Kammer erlässt Edikte zur **Bekämpfung von Heuschreckenschwärmen**. Sie beinhalten wenig effektive Maßnahmen.

1730, 1745, späte 1760er-Jahre Der Fang von Vögeln dient seit jeher dem Nahrungserwerb und der Nutzung der Federn (Abb. 4.8). Eine neue Technik des Vogelfangs aus den Niederlanden erreicht im 18. Jahrhundert die nordfriesischen Inseln: Der Fang von

---

[17] Walther (1737 oder 1747): Die gute Hand Gottes. Populäre Quelle: Kubitschek (2018): Katastrophen in Preußen. S. 30–37.

Abb. 4.8 Vogelfang, von 1719. (StN10475, Bild 1, © Germanisches Nationalmuseum, Nürnberg, Leihgabe Kunstsammlungen der Stadt Nürnberg)

Zugvögeln in großer Zahl in **Vogelkojen**. Für deren Anlage graben Männer zunächst eine annähernd quadratische große Hohlform aus. Sie füllt sich allmählich mit Grund- und Stauwasser. In den vier Ecken des Kojenteiches installiert man vier gebogene, nach außen verlaufende, mit Netzen bespannte und als Pfeifen bezeichnete Fanggräben, die jeweils in Reusen münden. Für einen erfolgreichen Fang setzt der **Kojenmann** – der Wärter und Betreuer der Vogelkoje – auf dem Teich zahme Enten als Lockvögel aus. Haben sich Wildenten auf dem Teich neben den zahmen Enten niedergelassen, lockt der Kojenmann sie durch die Pfeifen bis in die Reusen, von denen keine Rückkehr in die Freiheit möglich ist. Die ersten Anlagen entstehen auf Föhr in den Jahren 1730 und 1745 sowie im Jahr 1769 auf Sylt. Der geringe Ertrag einer ersten, in den späten 1760er-Jahren auf Amrum angelegten Vogelkoje führt bald zu deren Aufgabe.[18] (→ 1866 bis 1935)

1731 bis 1754 Johann Heinrich Zedlers 64-bändiges **Grosses vollständiges Universal Lexicon aller Wissenschaften und Künste** […] erscheint auf 63.000 Folioseiten mit 284.000 Artikeln. Das umfangreichste enzyklopädische Werk im Europa des 18. Jahrhunderts fokussiert auf die Bereiche Biografie (120.139 Artikel) und Geografie (72.164 Artikel). Es umfasst auch zahlreiche Artikel zur Botanik, Zoologie und Mineralogie.

---

[18]   Rheinheimer (2007): Der Kojenmann. S. 125 f.

1733 (26.12.) Der **Untere Schalker Teich** wird von 1729 bis 1733 bei Schulenberg im Oberharz gebaut, um unterhalb liegende Pochwerke mit Wasser zu versorgen. Nach der Fertigstellung des Damms erfolgt eine Probestauung. Mitte Dezember 1733 entdeckt der zuständige Grabensteiger Risse im Damm, die der hohe Wasserdruck des aufgefüllten Teichs verursacht hat. Arbeiter versuchen vergeblich, die Risse zu schließen. Am Abend des zweiten Weihnachtsfeiertages bricht der Damm; die Flutwelle verwüstet das Okertal unterhalb. Mehrere Menschen sterben.[19]

Um 1737 In der Eckernförder Bucht liegt hoch über dem Kliff die 1319 erstmals urkundlich erwähnte **St. Catharinenkirche am Jellenbek**. Starke Winterstürme bewegen immer wieder hohe Wellen gegen das Kliff. Sie reißen das lockere, dort anstehende Material fort. Das Kliff verlegt sich so alljährlich im Mittel um einen halben Meter zurück und nähert sich bedrohlich der Kirche. Daraufhin beschließt der Patron von St. Catharinen Joachim von Brocktorff, den kliffnahen Sakralbau um 1737 abtragen und etwa 1,5 Kilometer entfernt in Krusendorf die Dreifaltigkeitskirche errichten zu lassen.

Unter der Leitung von Prof. Dr. Ulrich Müller, Dr. Katja Grüneberg-Wehner und Dr. Donat Wehner erforscht das Institut für Ur- und Frühgeschichte der Christian-Albrechts-Universität zu Kiel Anfang der 2010er-Jahre die verbliebenen Relikte von St. Catharinen, ehe diese sukzessive das Kliff hinabstürzen. Es gelingt dem Grabungsteam, zwei Grabsteine und die Überreste von mehr als einhundert Menschen mit Grabbeigaben zu bergen, zu untersuchen und an der Dreifaltigkeitskirche in Krusendorf zu bestatten (Abb. 4.9). Mittlerweile (2025) hat die Küstenerosion einen Teil der Kirchenfundamente abstürzen lassen (Abb. 4.10). Während die größeren Steine am Fuß des Kliffs verbleiben, spült die Brandung das feinere Material in die Ostsee.[20]

1739 (22.09.) In Bremen schlägt ein Blitz in einen **Pulverturm**, der explodiert, was einen Stadtbrand auslöst.

1739/40 Der Winter und das darauffolgende Frühjahr 1740 zählen zu den kältesten des Jahrtausends. Die **Kälte** beginnt bereits im Oktober 1739 und dauert bis in den Juni 1740. Ganz außergewöhnlich kalt ist die erste Hälfte des Januar 1740. Ostsee, Bodensee, die mitteleuropäischen Flüsse und die Brunnen gefrieren; viele Menschen erfrieren. Die Getreideerträge sind gering, eine Teuerung resultiert. Die Obsternte fällt weitgehend aus. Am Niederrhein verzehren die Menschen einen Teil des Viehs und das Saatgut. Auf Hochwasser im Sommer folgt Hagelschlag im Frühherbst. Die Not bleibt über das gesamte Jahr 1740 groß.

1744 (22.06.) König Friedrich II. von Preußen erlässt ein „Renovirtes und geschärfftes Edict wegen **Ausrottung der Sperlinge und Krähen**" – nachdem Edikte „wegen Ausrottung und Vertilgung der Sperlinge" vom 11. Dezember 1721 und 8. Januar 1731 „nicht

---

[19] Vgl. https://www.grabenwaerter.de/content/die-gefaellegruppen/schulenberg-festenburger-revier/ (letzter Zugriff: 05.07.2025).

[20] https://www.ufg.uni-kiel.de/de/mitarbeiterinnen/professoren/umueller/projektdaten/catharinenkirche (letzter Zugriff: 05.07.2025); https://www.ufg.uni-kiel.de/de/mitarbeiterinnen/professoren/umueller/projektdaten/catharinenkirche/projektdaten/jellenbeck2018 (letzter Zugriff: 05.07.2025).

Abb. 4.9 Grabplatte des Pastors Peter (Petrus) Struve und seiner Gattin Anna Elisabeth Struve, die während einer archäologischen Grabung des Instituts für Ur- und Frühgeschichte der Christian-Albrechts-Universität zu Kiel an der St. Catharinenkirche am Jellenbek in der Eckernförder Bucht entdeckt und vor dem Abrutschen am Kliff gerettet wurde. (Foto: H.-R. Bork, 31.08.2010)

überall gebührend nachgelebet [wurden], wodurch es dann geschiehet, daß diese schädliche Vögel sich vermehren, und sowohl den Feld- als Garten-Früchten grossen Schaden thun […]".[21]

1746 König Friedrich II. veranlasst die **Melioration des Niederoderbruchs**. Am 6. Januar 1747 legt Simon Leonhard von Haerlem ein Konzept zur Entwässerung und Inkulturnahme des Niederoderbruchs vor. Graf Gottfried Heinrich von Schmettau, Leonhard Euler und Simon Leonhard von Haerlem empfehlen am 17. Juli 1747 die Anlage eines Kanals zur Verlegung der Oder an den geringfügig höheren östlichen Rand des Niederoderbruchs. Der Kanalbau ist am 1. Juli 1752 abgeschlossen. König Friedrich II. verkündet am 1. September 1747 in einem Edikt die Vorteile der Einwanderung nach Preußen und der Besiedlung des trocken zu legenden Niederoderbruchs. Menschen aus Österreich, Polen, Schweden, Württemberg, Mecklenburg und auch Preußen sowie zunächst in die Schweiz emigrierte

---

[21] Mittelalterliches Kriminalmuseum, National Geographic, https://www.nationalgeographic.de/geschichte-und-kultur/2021/08/die-geschichte-der-tierprozesse-von-moerderischen-schweinen-und-teuflischen-holzwuermern (letzter Zugriff: 05.07.2025).

Abb. 4.10 Küstenerosion lässt die Fundamente der St. Catharinenkirche in die Ostsee stürzen. (Foto: H.-R. Bork, 30.08.2020)

französische Glaubensflüchtlinge gründen im Bruch Dörfer. Ein bedeutendes, artenreiches Auenökosystem wird in Acker- und Weideland gewandelt.[22]

1747 Der Chemiker Andreas Sigismund Marggraf entdeckt bei Forschungsarbeiten mit einem Mikroskop **Zucker in Runkelrüben.** Die industrielle Umsetzung seiner Erkenntnisse überlässt er seinem Schüler Franz Carl Achard. (→ 1801)

1748 In vielen Wäldern sind die **Viehdichten** weiterhin sehr hoch. So weiden z. B. im Jahr 1748 in einem Abschnitt des nordhessischen Reinhardswaldes im Mittel 298 Schafe, 90 Rinder, 84 Schweine, 47 Pferde und elf Ziegen auf hundert Hektar Waldfläche.

▶　Im Wald suchen Hausschweine bevorzugt nach Eicheln und Bucheckern. Wälder, die reich an Eichen und Buchen sind, ermöglichen eine erfolgreiche Schweinemast. Daher pflanzt man diese Baumarten in der Frühen Neuzeit zunehmend und in großem Abstand, damit sich weit ausladende Kronen entwickeln und zwischen den Bäumen aufgrund des Lichteinfalls bis zum Waldboden Gräser und Kräuter gut gedeihen können. Die Hutewälder bieten damit auch Nahrung für andere Haustiere, wie Schafe, Ziegen und Pferde. Ein Hutewald mit eindrucksvollen Eichen, der seit dem Ende der Waldweide durch Naturverjüngung sein Erscheinungsbild ändert, liegt bei der Sababurg im Reinhardswald (Abb. 4.11). Die Viehhaltung im Wald bildet für viele landlose kleinbäuerliche Familien in der Landgrafschaft Hessen-Kassel eine wichtige Lebensgrundlage. Um das Fleisch nach der Hausschlachtung im Winter bis zur Getreideernte im Sommer lange haltbar zu machen, stellen die Bäuerinnen und Bauern Dauerwürste her. Darunter ist die bis heute beliebte „Nordhessische Ahle Wurscht" (Alte Wurst) aus Schweinefleisch, eine seit 2023 geschützte geografische Angabe der Europäischen Union.

1748 Das „**Waldhute-Reglement vom Reinhardswalde**" weist einzuzäunende Waldschongebiete aus, um dort Wild zu fördern und bäuerliche Viehweide zu verhindern.

1749 Heuschreckenschwärme ziehen über Niederbayern, Franken und die Kurpfalz bis Landau. Der kaiserliche Hof verordnet Bittgänge. Menschen versuchen vergeblich, der Plage mit Dreschflegeln Herr zu werden.

1749 (21.06., gegen 03:00 Uhr) Ein Blitz entzündet rund 2000 mit Schießpulver gefüllte Fässer im Breslauer Pulverturm. Die **Explosion** tötet ca. 60 Menschen, verletzt mehrere Hundert, zerstört 43 Holzhäuser und beschädigt über 50 weitere Gebäude.

1750/51 Heuschrecken legen im Herbst 1750 zahllose Eier ab. Im Frühjahr 1751 schlüpfen die Nymphen. Am 22. Juni 1751 berichtet die Kurmärkische Kammer König Friedrich II. von Heuschreckensichtungen. Sie veranlasst die Einsammlung und Vernichtung der Jungtiere durch die Bevölkerung. Dies gelingt jedoch nur partiell. Die Überlebenden

---

[22]　Vgl. Blackbourn (2007): Die Eroberung der Natur.

Abb. 4.11 Huteeiche („Rapp-Eiche") im ehemaligen Hutewald Sababurg im nordhessischen Reinhardswald. (Foto: H.-R. Bork, 31.08.2024)

bilden Schwärme, neue kommen aus dem Osten dazu. Im Juli und August 1751 fressen sie Felder östlich von Berlin kahl.

Ca. 1750 bis 1850 In vielen Landschaften Nordwestdeutschlands nehmen die Gemeinheiten – die gemeinschaftlich als Weiden genutzten Heiden – bis in das 18. Jahrhundert einen großen Teil der gesamten Nutzfläche ein. Die Bevölkerung wächst; Grundnahrungsmittel verknappen sich. Die **Teilung und Privatisierung der Gemeinheiten** ermöglicht eine Intensivierung der Landnutzung. Ein erster, aufwendiger Schritt ist die Vermessung und dann die nachvollziehbare Aufteilung der Gemeinheiten an diejenigen, die Landansprüche besitzen – ein schwieriger und nicht selten strittiger Prozess. Bisherige Mitnutzer der gemeinschaftlichen Weiden ohne Landanspruch sind die Verlierer der Teilungen. Die neuen privaten Landeigentümer wandeln den Großteil der Heiden in Ackerland; dem Staat zugefallenes Land wird überwiegend aufgeforstet.[23]

1751 bis 1790 Unter der Leitung des Juristen und Geheimen Rates Benedict von Bremer und maßgeblich unterstützt von Jürgen Christian Findorff wird das **Große Teufelsmoor** bei Bremen entwässert und kolonisiert. Eine zentrale Maßnahme ist die Anlage des 19 Kilometer langen Hamme-Oste-Kanals.

▶ Die Inkulturnahme ausgedehnter nährstoffarmer Moore ist problematisch. Die landwirtschaftlichen Erträge sind niedrig, das Leben ist entbehrungsreich und die hohe Feuchtigkeit der Gesundheit der Menschen abträglich. Wertvolle, artenreiche vom Grundwasser gespeiste Niedermoore und vom Regen gespeiste Hochmoore gehen verloren. Die Entwässerungsmaßnahmen setzen große Mengen an klimarelevanten Gasen und das Verbrennen von getrocknetem Torf zum Kochen und Heizen zusätzlich Feinstaub frei.

1754 (27.11.) bis 1794 (10.01.) Die bewegende Lebensgeschichte des Gelehrten, Forschungsreisenden, Naturillustrators, Übersetzers, Weltentdeckers, demokratischen Weltbürgers und Sozialkritikers Prof. Dr. **Georg Forster** hat vielfältige Natur- und Umweltbezüge. Im Alter von zehn Jahren begleitet er seinen Vater Johann Reinhold Forster auf eine Exkursion an die untere Wolga im Süden Russlands. Mit 13 Jahren übersetzt Georg Forster die „Geschichte Russlands" von Michail Lomonossow aus dem Russischen in das Englische und mit 15 Louis Antoine de Bougainvilles „Eine Reise um die Welt" aus dem Französischen in das Englische. Mit 17 Jahren geht er auf seine wichtigste Forschungsreise. Der bereits berühmte englische Entdecker und Seefahrer James Cook nimmt seinen Vater Johann Reinhold und ihn mit auf seine zweite Weltumsegelung. Nach drei Jahren endet die Reise glücklich und erfolgreich in England. Georg Forster verarbeitet seine Erkenntnisse und Eindrücke in dem bald berühmten Werk „**A voyage round the world**", Reise um die Welt. 1775 schenkt er Leopold III. Friedrich Franz, Fürst von Anhalt-Dessau, außergewöhnliche Objekte von Südseeinseln (→ 1765 bis 1813). Mitglied der Royal Society wird Georg Forster bereits mit 23 Jahren, Professor für Naturgeschichte am Collegium Carolinum in Kassel mit 24 Jahren, Mitglied der Leopoldina

---

[23] Vgl. Mueller (2024): Bauern, Plaggen, Neue Böden. S. 131 ff.

Abb. 4.12 Grabstätte König Friedrich II. von Preußen am Schloss Sanssouci in Potsdam mit Kartoffeln, die Besuchende regelmäßig auf der Grabplatte ablegen. (Foto: H.-R. Bork, 31.12.2024)

mit 26 Jahren. Die Universität Halle (Saale) promoviert ihn 1785 mit einer Dissertation über essbare Pflanzen der Südseeinseln im Fach Medizin und beruft ihn 1780 zum Professor. Georg Forster steht im Austausch mit den Brüdern Alexander und Wilhelm von Humboldt, mit Johann Wolfgang von Goethe, Johann Gottfried Herder, Immanuel Kant, Georg Christoph Lichtenberg, Friedrich Schlegel, Carl von Linné, Joseph Banks u. a. m. Im Jahr 1790 reist Georg Forster mit dem jungen Alexander von Humboldt an den Niederrhein, in die Niederlande, nach England und in das revolutionäre Paris – ein politisch prägender Besuch. Forster beteiligt sich an der Gründung der ersten Demokratie in deutschen Landen, der Mainzer Republik. Er wird sogar Vizepräsident des Rheinisch-Deutschen Nationalkonvents. Doch das Mainzer Demokratieexperiment scheitert nach nur fünf Monaten; Georg Forster flieht nach Paris. Während der Planung einer französischen Weltreise erkrankt er an einer Lungenentzündung. Kurz darauf stirbt Georg Forster im Alter von nur 39 Jahren in Paris. Gemeinsam mit seinem Vater ist er der bis dahin bedeutendste deutsche Forschungs- und Weltreisende.[24]

1755 (Mai) Ein großes **Hochwasser** der Oder zerstört im Oderbruch Deiche und setzt 65 Dörfer unter Wasser.

1755 (26./27.12.) und 1756 (26.01., 14.02., 18.–21.02., 28.02., 03.03., 09.–22.03., 03.06., 28.10., 19.11.) Erdbeben erschüttern das Rheinland. Das Stärkste, am 18. Februar 1756 mit Epizentrum unter Düren, lässt in Aachen mehr als 300 Schornsteine und einige Häuser einstürzen. Viele Menschen verlassen aus Angst vor starken Nachbeben die Siedlungen und leben wochenlang in einfachen Stroh- und Holzhütten.[25]

1756 (24.03.) König Friedrich II. von Preußen erlässt den **Kartoffelbefehl**, um den Anbau des ertragreichen und zugleich anspruchslosen Nachtschattengewächses in Schlesien zu fördern (Abb. 4.12). Der gewünschte Erfolg bleibt aus.

---

[24] Vgl. Vorpahl und Kulturstiftung Dessau-Wörlitz (2019, Hrsg.): Georg Forster. Die Südsee in Wörlitz.
[25] Pelzing (2008): Erdbeben in Nordrhein-Westfalen. S. 23.

1757 (07.04.) „Wo nur ein leerer Platz zu finden ist, soll die **Kartoffel** angebaut werden, …": Ein zweites Schreiben von König Friedrich II. gibt präzise Anleitungen für den
Anbau und die Nutzung von Kartoffeln in Schlesien. Weitere, in den kommenden Jahren
ergehende Verordnungen belegen, dass sich der Erdapfel in Schlesien während der Regent-
schaft von Friedrich II. nicht durchsetzt. Erst nach den Stein-Hardenbergschen Reformen
von → 1807 bis 1815 breitet sich der Kartoffelanbau in Preußen aus.

1758 (18.10.) Der Domherr zu Münster Franz Ferdinand Freiherr von Wenge zu Dieck
beabsichtigt, in Osterfeld (heute ein Stadtbezirk von Oberhausen) ein Eisenwerk zur Verhüttung von lokalem Raseneisenerz zu errichten: die St. Antony-Hütte. Ein vom Elster-
bach versorgter Stauteich soll das benötigte Wasser bereitstellen. Unterhalb des geplanten
Eisenwerks liegt das Zisterzienserkloster Sterkrade. Die Äbtissin des Klosters Antonetta
Bernadina von Wrede befürchtet einen Bruch des Stauteichdamms und aufgrund der Erz-
wäsche eine Belastung des forellenreichen Elsterbachs mit Schadstoffen. Sie protestiert
und prozessiert gegen das Projekt. Von Wredes Befürchtungen bewahrheiten sich: Der
Stauteichdamm bricht 1757 und 1763. Auf ein Gutachten folgt ein Gegengutachten. Ver-
suche einer gütlichen Einigung scheitern. Bauverbote ergehen und werden wieder aufgehoben. Der Streit verzögert die Fertigstellung des Eisenwerkes um mehrere Jahre. Dann,
am 18. Oktober 1758, wird der mit Holzkohle betriebene Hochofen angeblasen und die
Eisenproduktion begonnen (Abb. 4.13). Der 18. Oktober 1758 ist der **Geburtstag und St.
Antony die Wiege der Ruhrindustrie**.[26]

1760 Der oberirdische Abfluss von Starkniederschlag reißt in Thüringen **tiefe Schluchten**
ein. Fruchtbares Ackerland geht verloren.

1761 (Januar) bis 1767 (20.11.) Der Mathematiker, Kartograf und Geograf **Carsten
Niebuhr** nimmt an einer königlich-dänischen Forschungsexpedition in den Jemen teil.
Zu seinen Aufgaben gehört die „Besorgung der Geographie". Die Expedition führt die
Wissenschaftler über Kairo und Dschidda in den **Jemen**. Dort oder auf der Weiterreise
infizieren sich 1763 die Forschungsreisenden mit Malaria. Nur Carsten Niebuhr überlebt.
Er reist über Persepolis, Bagdad, Aleppo, Konstantinopel, den Balkan und Polen zurück
nach Kopenhagen, wo er am 20. November 1767 mit seinen und den Aufzeichnungen
der verstorbenen Forschungsreisenden, den Sammlungen und mehr als einhundert erworbenen Handschriften eintrifft. Carsten Niebuhr publiziert Karten, Pläne und Zeich-
nungen, darunter seine Vermessungen der Ruinen von Persepolis, der Cheops- und der
Chephren-Pyramiden sowie kopierte Hieroglyphen und Keilschriften. Er veröffentlicht
1772 die „Beschreibung von Arabien, Aus eigenen Beobachtungen und im Lande selbst
gesammelten Nachrichten abgefasset" sowie 1774 und 1778 die ersten beiden von drei
Bänden der „Reisebeschreibung nach Arabien und andern umliegenden Ländern" mit
vielen neuen Erkenntnissen und Karten. Carsten Niebuhr passte sich den jeweiligen lo-

---

[26] Zeppenfeld (2008): Die Angst vor Platzregen, Ratten und Maulwürfen. S. 58 ff. Vgl. auch die
Dauerausstellung im LVR-Industriemuseum St. Antony-Hütte.

Abb. 4.13 Industriearchäologischer Park mit der ausgegrabenen St. Antony-Hütte in Oberhausen. (Foto: H. Bork, 06.02.2025)

kalen Bedingungen vorzüglich an, begegnete den Menschen vor Ort mit Respekt und Sympathie. 1778 übernimmt er das Amt des Landschreibers der Landschaft Süderdithmarschen in Meldorf.[27]

1764 Die **Aufhebung der Flurverfassung** (Neuordnung des Besitzes in Feldfluren) beginnt im Lauenburgischen, um verstreute Flurstücke jeweils einer Bauernfamilie zusammenzulegen und so die landwirtschaftliche Produktivität zu erhöhen. Später teilen auch andere deutsche Länder das Land neu ein. Diese Maßnahmen verändern die Struktur der Agrarlandschaften und die Landnutzung erheblich.

1764 Der Schutz staatlicher preußischer Wälder für die herrschaftliche Jagd und die gleichzeitig steigende Nachfrage nach Holz führen in den 1750er/60er-Jahren zu einem Mangel an Holz. Für die Entwicklung eines **sparsamen Stubenofens** lobt die Königliche Akademie der Wissenschaften zu Berlin 1763 einen Preis aus. Im Folgejahr ehrt die Königliche Akademie Johann Paul Baumer für eine Schrift über Holzsparöfen.

---

[27] Hansen (1999): Niebuhr, Carsten.

Um 1764 Der Gräflich-Stolbergisch-Wernigerodische Oberforst- und Jägermeister Hans Dietrich von Zhantier eröffnet in Wernigerode am Harz die wohl **erste forstliche Meisterschule** und lehrt dort, „daß in einem Revier jährlich nicht mehr gehauen werde, als die Natur wieder hervorbringe."[28]

1764 (29.06., 13–14 Uhr) Ein **extrem starker Tornado** rast von Feldberg südöstlich Neubrandenburg in Mecklenburg rund 30 Kilometer nordostwärts bis Helpte. Der Wirbelsturm schleudert auf der vorwiegend 100 bis 300 Meter, maximal 900 Meter breiten Schneise Kinder durch die Luft, zerstört einzelne Wohngebäude bis auf die Grundmauern, katapultiert Dächer von Scheunen, wirft Bäume, reißt zuvor gerodete große Eichenstubben fort, rollt zentnerschwere Feldsteine einige Meter über die Oberfläche, vernichtet Feldfrüchte und entlaubt stehenbleibende Gehölze. Hagelkörner mit einem Gewicht von bis zu einem Pfund töten Schafe und Gänse. Hart trifft der Tornado die Umgebung von **Woldegk**. Präzise Beschreibungen der Schäden durch den Probst und Naturforscher Gottlob Burchard Genzmer aus Altstargard erlauben die Einstufung des Tornados in die Stärke F5 auf der Fujita-Skala mit maximalen Windgeschwindigkeiten von möglicherweise mehr als 420 Kilometern pro Stunde.[29]

1765 (22.07.) König Friedrich II. von Preußen erlässt das „**Edikt wegen Urbarmachung der in Unserem Fürstenthum Ostfriesland und dem Harlinger-Lande befindlichen Wüsteneyen**, wobey zugleich die PRINCIPIA REGULATIVA festgesetzt werden, nach welchen bey Ausweisung der wüsten Feldern und bey Entscheidung der darüber stehenden Streitigkeiten zu verfahren".[30] Das Urbarmachungsedikt von 1765 legt die Grundlagen für die Kolonisierung von Hochmooren und die Gewinnung von Torf als Brennstoff in Ostfriesland. In den neuen, auf den nährstoffarmen Hochmooren errichteten Kolonien wird vorwiegend Buchweizen angebaut; die Erträge sind gering.[31]

1765 bis 1770 (jeweils im Sommer) Die Abflüsse von zahlreichen **Starkniederschlägen** reißen auf ackerbaulich genutzten Hängen im südwestlichen Harzvorland (1765), in Hessen (1765), im Hunsrück (1766), in Thüringen (1768), in Sachsen (1768), im Saarland (1770) und im Elsass (1770) metertiefe Schluchten ein. Wo Ackerland durch das Schluchtenreißen verloren gegangen ist, wachsen allmählich neue Wälder auf.[32]

1765 bis 1813 Geprägt von pädagogischer Weitsicht, politischer und religiöser Toleranz, entwickelt **Leopold III. Friedrich Franz**[33], Fürst und (ab 1807) Herzog von Anhalt-Des-

---

[28] Heß (1898): Zanthier, Hans Dietrich von.

[29] https://www.digitale-sammlungen.de/de/view/bsb11110409?page=5 (letzter Zugriff: 05.07.2025); sowie: Feuerstein und Kühne (2015): A violent tornado in mid-18th century Germany: the Genzmer Report.

[30] Lehrkamp und Zeitz (2018): Landnutzung und Moore in der Region bis Anfang der 1990er Jahre. S. 94.

[31] https://bibliothek.ostfriesischelandschaft.de/wp-content/uploads/sites/3/dateiarchiv/1617/Schul-chronik-Neugaude-Ergaenzungen.pdf (letzter Zugriff: 05.07.2025).

[32] Zu den Primärquellen vgl. Bork et al. (1996): Landschaftsentwicklung in Mitteleuropa.

[33] Vgl. Hirsch (1985): Leopold III. Friedrich Franz.

sau, im Anschluss an Bildungsreisen (Grand Tour) nach Italien, Frankreich und England sein kleines Herzogtum an der Mittelelbe in einzigartiger Weise (Abb. 4.14).[34] Er bricht mit den Konventionen der barocken Bau- und Landschaftsgestaltung. Friedrich Wilhelm Freiherr von Erdmannsdorf, Baumeister, Kunstberater und Herzensfreund von Fürst Franz, setzt ab 1765 dessen innovative Ideen in der Umgebung von Wörlitz nordöstlich von Dessau wohldurchdacht um. Sie beruhen auf einer harmonischen Formung sowie einer pädagogisch, kulturell, sozial und wirtschaftlich vorbildlichen Nutzung der bis dahin von Überschwemmungen geprägten, kaum nutzbaren Elbauenlandschaft. Die bald weithin berühmten **Wörlitzer Anlagen** umfassen Komponenten englischer Gärten mit Bächen, Kanälen, Teichen, 17 Brücken und zumeist gewundenen Wegen, ergänzt durch eine Nachbildung des Vesuv en miniature. Klassische Skulpturen, klassizistische und neugotische Bauwerke sind in Sichtachsen und -fächern kunstvoll angeordnet (Abb. 4.15). Subtil integriert von Erdmannsdorf human und ökonomisch fortschrittlich genutzte agrarische und obstbauliche Elemente wie Äcker, Gärten, Weiden, Wäldchen, Obstgärten und -alleen.

---

[34] Vgl. Küster und Hoppe (2010): Das Gartenreich Dessau-Wörlitz.

Abb. 4.15 Blick von der Roseninsel auf den im Vordergrund mit Seerosen bedeckten Wörlitzer See in den Wörlitzer Anlagen bei Dessau. (Foto: H.-R. Bork, 18.10.2024)

Fürst Franz ermöglicht der Bevölkerung seines Fürstentums Bildungsreisen durch die von ihm konzipierte Landschaft.

▶ Die UNESCO begründet die Aufnahme der Wörlitzer Anlagen im Jahr 2000 in die Welterbeliste wie folgt: „Als erster Landschaftsgarten nach englischem Vorbild auf dem europäischen Festland ist der Wörlitzer Park im Gartenreich Dessau-Wörlitz ein herausragendes Beispiel für die Landschaftsgestaltung zur Zeit der Aufklärung im 18. Jahrhundert. Neben der ästhetischen Gestaltung einer Landschaft unter pädagogischen Gesichtspunkten war die Umsetzung philosophischer und politischer Ziele von zentraler Bedeutung."[35]

1768 (20.01.) König Friedrich II. von Preußen kennt die fatalen Wirkungen starker **Sandverwehungen** durch Stürme. Er ordnet am 20. Januar 1768 die Bepflanzung von Sandschollen – vegetationsfreien, sandigen Oberflächen – mit Kiefern an, um die Auswehung von Sand zu beenden. Auf den allgemeinen Aufforstungsbefehl folgen ortsbezogene An-

---

[35] UNESCO, https://www.unesco.de/kultur-und-natur/welterbe/welterbe-deutschland/gartenreich-dessau-woerlitz (letzter Zugriff: 05.07.2025).

weisungen, so am 7. Juli 1775 für Sandschollen um Oranienburg, Müncheberg und Landsberg, am 5. September 1777 für Sandschollen zwischen Gütergotz und Dalwitz sowie am 3. Juni 1779 für Sandschollen bei Beelitz und Treuenbrietzen. Tausende Sandschollen durchziehen im 18. Jahrhundert sandreiche Landschaften in Preußen. Im Wald nach Bucheckern und Eicheln wühlende Schweine zerstören die Vegetation ebenso wie hungrige Ziegen, Schafe und Rinder. Das Fällen zahlloser Bäume und das Ziehen der Stämme aus dem Wald reißen die Bodenvegetation, den Humus und den darunterliegenden sandigen Boden auf. Ebenso ermöglicht die Umwandlung von Wald in zeitweise vegetationsfreie Äcker die Auswehung von fruchtbarem Humus und Sandkörnern. Zahlreiche Stürme vergrößern zunächst kleine Sandschollen. Am Ort der Auswehung geht fruchtbarer Boden verloren, und die Blößen sind nur schwer mit der Anpflanzung von Gehölzen zu schließen. Die Sandablagerung auf benachbarten Äckern schädigt die dort wachsenden Kulturpflanzen. Das Einpflügen des auf dem Humus abgelagerten Sandes mindert die Bodenfruchtbarkeit. Es gilt, die Sandschollen so bald als möglich aufzuforsten. Obgleich viele Anpflanzungen gelingen, entwickeln sich immer wieder neue Sandschollen im Wald und im Ackerland. Im Jahr 1883 nehmen sie in Preußen noch beachtliche 37.448 Hektar ein. Sie gefährden 28.635 Hektar Land in der Umgebung. Danach nimmt ihre Ausdehnung stark ab. Heute sind Sandschollen selten, ökologisch wertvoll und oft geschützt, da auf ihnen seltene Pflanzen- und Tierarten leben.[36]

1770 und 1771 In den beiden **Wasserjahren** treffen mehrere Hochwasser das Fürstentum Anhalt-Dessau hart. Der Wörlitzer Probst Friedrich Christian Gottlieb Reil berichtet von einem Hochwasser, das die in Bau befindlichen Wörlitzer Anlagen überflutet: „Das Jahr 1770 stellte den Muth des Fürsten [Leopold Friedrich Franz von Anhalt-Dessau] zur Ausdauer und Beharrlichkeit auf die härteste Probe. Die Elbe wuchs plötzlich […], überstieg und durchbrach stellenweise die noch frischen Dämme und überschwemmte Meilen weit die Umgegend von Wörlitz. Auch der Park, mit dessen Anlegung man eben beschäftigt war, ward überflutet, […], die jungen Pflanzungen wurden vernichtet und die frisch gepflanzten fremden Bäume und Gesträuche mit fortgerissen. Dies Schicksal hatte auch ein Platanus, damals noch ein seltener Baum in Deutschland. Der Fürst, der ihn nicht missen wollte, bestieg sofort, ohne auf die Gefahr zu achten, mit seinem Gärtner einen Kahn, ein geschickter Fischer musste fahren, und so wurde dem Flüchtling nachgesetzt, den man auch, eine gute Stunde von seinem Standort, am Ende der Griesenschen Wiesen, wiederfing.“[37]

Diese Erfahrungen verdeutlichen Fürst Franz die vielfältigen Gefährdungen der im Überflutungsgebiet der Elbe liegenden Wörlitzer Anlagen. Er verfügt eine präzise Wallordnung und lässt

- die Deiche erhöhen und verstärken,
- außendeichs, am Deichfuß, Eichen pflanzen, um ein Aufprallen und Aufreißen des Deichs durch scharfkantige Eisschollen bei Eisfluten zu verhindern (Abb. 4.16),

---

[36] Milnik (2007): Sandschollen – zerstörte Lebensräume. S. 93 f.

[37] Reil (1845): Leopold Friedrich Franz, Herzog und Fürst von Anhalt-Dessau. S. 39 f.

Abb. 4.16 Elbdeich an den Wörlitzer Anlagen mit flussseitig als Eisbrecher bei Eisfluten gepflanzten Eichen. (Foto: H.-R. Bork, 18.10.2024)

- innendeichs am Deichfuß in regelmäßigen Abständen kleine, architektonisch bemerkenswerte Wallwachhäuser errichten, in deren Erdgeschoss Material aufbewahrt wird und in deren Obergeschoss eine Wohnung für den Wachmann liegt (Abb. 4.17),
- an den Wallwachhäusern befindliche Deichdurchgänge mit Holzpfosten verschließen,
- während einer Flut den Deich sorgfältig bewachen,
- Männer beständig Maulwürfe an den Deichen fangen, da deren Grabtätigkeit die Deiche schwächt.

1770/71 Die „entsetzlichen **Rheinschnaken**" beenden jäh eine Lustpartie des jungen Dichters Johann Wolfgang von Goethe mit der Pfarrerstochter Friederike Brion aus dem elsässischen Rieddorf Sessenheim (J. W. v. Goethe, „Dichtung und Wahrheit"). Beide infizieren sich – anders als viele andere – nicht mit Malaria.

1770 bis 1772 Der kalte Winter 1769/70, das kühle Frühjahr 1770 und hohe Niederschläge bis in den Frühsommer 1770 führen zu Ernteausfällen und immens hohen Getreide- und Brotpreisen in der starren Ständegesellschaft. Ungünstige Witterung für das Wachstum von Kulturpflanzen

Abb. 4.17 Im Jahr 1769 am Elbdeich erbautes „Wallwachhaus zum Pferde" in den Wörlitzer Anlagen, das Wächter während der Hochwasser nutzten. (Foto: H.-R. Bork, 18.10.2024)

prägt auch das Jahr 1771. Manche Felder werden 1772 nicht bestellt; es mangelt an Saatgut und Viehfutter. Anhaltende Nässe und Unterernährung begünstigen das Auftreten von Seuchen, die zahlreich migrierende Menschen verbreiten. Nahrungsmangel, Seuchen und eine Wirtschaftskrise lösen eine unermessliche **Hungersnot** aus. Arme Menschen sterben zuerst, bald darauf Angehörige aller Stände. Hunger und Sterben enden erst mit einer guten Ernte im Sommer 1773.

1770er-Jahre Die **Ruhr wird schiffbar** gemacht. Durch 16 Schleusen können jetzt mit Steinkohle beladene flache Schiffe ruhrabwärts bis zur Mündung in den Rhein fahren – ein bedeutender Durchbruch für den Steinkohlebergbau im Ruhrgebiet. Baumaßnahmen und Kanalbetrieb verändern das Auenökosystem der Ruhr wesentlich.

Ca. 1770 bis 1800 Die Große Wurmtrocknis – ein massiver **Borkenkäferbefall** – vernichtet im Oberharz rund 30.000 Hektar Fichtenwald.[38] Dadurch herrscht im Harzer Bergbau

---

[38] Gmelins Abhandlung über die Wurmtroknis, https://www.digitale-sammlungen.de/de/view/bsb1 0295489?page=5 (letzter Zugriff: 05.07.2025).

Holzmangel. Um diesen zu beenden, entwässert man bald Moore, um sie dann mitsamt der von Borkenkäfern befallenen Flächen mit Fichten aufzuforsten.

1771 (02.09., nach 13 Uhr) In Roßbach und Wilsbach im hessischen Lahn-Dill-Bergland beschädigen die zentimetergroßen Hagelkörner eines Gewitters viele Gebäude. Sie zerschlagen die Gerste und den Hafer auf den Feldern. Der Abfluss des rasch schmelzenden Hagels spült Boden ab, reißt Brücken und Wege fort. Den Bauern bleibt nur das Unterpflügen der zerstörten Feldfrüchte. Die Menschen betrachten das **Unwetter** als Strafe Gottes. Bis in das 20. Jahrhundert ist der 2. September ein Feiertag, an dem die Pfarrer in den beiden Dörfern um 10 Uhr Sühne- und Gedenkgottesdienste abhalten.[39]

1773 bis 1858 Die 242-bändige **Oeconomische Encyklopädie oder allgemeines System der Staats- Stadt- Haus- und Landwirthschaft** von **Johann Georg Krünitz** mit rund 9000 Kupferstichen ist eine elementare wissenschaftsgeschichtliche Quelle für die Klima-, Natur- und Umweltgeschichte des späten 18. und der ersten Hälfte des 19. Jahrhunderts. Sie erläutert fundiert Themen der Ökonomie, Land- und Forstwirtschaft, Medizin, Technik, Klimatologie, Meteorologie, Botanik, Zoologie und Geografie. Die Universitätsbibliothek Trier stellt eine Online-Ausgabe des vollständigen Werkes zur Verfügung.[40]

1773 (06.07.) Das von König Friedrich II. von Preußen erlassene „**Erneuerte Edikt wegen zu verschaffender Vorfluth und Räumung der Graben und Bäche**" weist an, „[…] unter wohlgeordneter Aufsicht […] sämtliche Graben – es koste auch, was es wolle – gehörig zu räumen und in brauchbaren Stand zu setzen […], alle Brüche, Lüche, Moräste und Niederungen, wo das Wasser noch anjetzt zum Verderb des Ackerbau, der Wiesen, Hütungen und davon abhängenden Viehzucht stehen bleibt und nicht abfließt, gleichwohl demselben ein Abzug verschafft werden kann […], nutz- und urbar" zu machen.[41] Das Ziel des Ediktes ist, Oberflächenwasser und oberflächennahes Grundwasser so schnell als möglich aus der Landschaft abfließen zu lassen, um neues Acker- und Dauergrünland zu schaffen und damit die Erträge zu steigern. Die ökologischen Folgen sind verheerend.

1774 (September) **Johann Wolfgang von Goethe** schildert im Brief vom 18. August 1771 in „**Die Leiden des jungen Werthers**" expressiv den Lauf des Lebens, der Natur: „…; der harmloseste Spaziergang kostet tausend armen Würmchen das Leben, es zerrüttet ein Fußtritt die mühseligen Gebäude der Ameisen und stampft eine kleine Welt in ein schmähliches Grab. Ha! Nicht die große, seltne Not der Welt, diese Fluten, die eure Dörfer wegspülen, diese Erdbeben, die eure Städte verschlingen, rühren mich; mir untergräbt das Herz die verzehrende Kraft, die in dem All der Natur verborgen liegt; die nichts gebildet hat, das nicht seinen Nachbar, nicht sich

---

[39] Bork und Bork (2006): Dauerhafte Erinnerung: der Hagelschlagstag im hessischen Lahn-Dill-Bergland.

[40] https://www.kruenitz1.uni-trier.de (letzter Zugriff: 05.07.2025).

[41] Vgl. Präsentation von Landgraf zu den Mooren in der Nuthe-Nieplitz-Niederung, https://mluk.brandenburg.de/vortraege/PGMoorschutz/Moorschutz_NNN_022011_web.pdf (letzter Zugriff: 05.07.2025).

selbst zerstörte. Und so taumle ich beängstigt. Himmel und Erde und ihre webenden Kräfte um
mich her: ich sehe nichts als ein ewig verschlingendes, ewig wiederkäuendes Ungeheuer."[42]

Zwar beruhen die von Johann Wolfgang von Goethe erwähnten Erdbeben auf natürlichen Prozessen, doch andere Ereignisse, wie die Entstehung von Abfluss, Hochwasser und
Bodenerosion, sind wesentlich vom Handeln der Menschen bestimmt – noch mehr, seit wir
die Erdoberfläche immer weiter versiegeln oder verdichten, seit wir das Klima verändern
und Witterungsextreme zunehmen.

1776 (Sommer) Der Abfluss von **Starkniederschlag** reißt Schluchten in Baden-Württemberg ein; Ackerland geht durch Bodenerosion verloren.

1776 Nach zahlreichen **Starkniederschlägen** ist etwa ein Drittel der Gemarkung von
Hilkerode im Untereichsfeld zerschluchtet, nicht länger ackerbaulich nutzbar und zur Aufforstung bestimmt.

1776 bis 1778 Die **Rinderpest** grassiert in Preußen. Zehntausende Rinder verenden in der
Kurmark und der Altmark. Die tatsächliche Ursache der Seuche ist unbekannt; viele sehen
in ihrem Auftreten eine Strafe Gottes. Magische und volksreligiöse Praktiken sollen die
weitere Verbreitung vereiteln.

1777 Werktäglich erhält ein Mensch im **Lübecker St. Annen Armen- und Werkhaus** als
Nahrung Hafer- und Gerstengrütze, eine kalte Schale als Vorspeise, als Nachspeise Brot
und gesalzenen Dorsch, gesalzenen Hering, Stockfisch oder Käse, als Getränk zu Tisch
etwa einen Liter warmes Bier.

Ab 1778 Das altbayerische **Donaumoos** wird kultiviert. Kurfürst Karl Theodor von Bayern betraut 1778 den Priester Johann Lanz mit der Organisation der Trockenlegung des
riesigen Moors. Bald stocken die Arbeiten. Eine 1783 zur Planung und Umsetzung der Trockenlegung eingesetzte Kommission scheitert. Nach der Gründung einer Aktiengesellschaft
beginnt 1790 die Melioration. 1791 entsteht die erste Siedlung im Moos. Im Trockenjahr
1800 verheert ein ausgedehnter Torfbrand Teile des Donaumooses. 1825 beginnt die zweite
Kolonisierungsphase.[43]

1781 (01.01.) Auf dem Hohenpeißenberg (Höhe: 988 Meter Normalhöhennull, d. h. Meter
über dem mittleren Meeresspiegel in Amsterdam) im bayerischen Alpenvorland geht das
weltweit erste **Bergobservatorium** für Wettermessungen in Betrieb. Auf der Dachplatt-
form des Klostergebäudes stehen Regenmesser, Schneeauffanggefäß, Thermometer ohne
Sonnenschutz, Windfahne und die Antenne eines Elektrometers, im Beobachtungsraum im
zweiten Stock ein Barometer und in einer kleinen Holzhütte am Fenster ein Thermometer
und ein Hygrometer. Das mit modernen Messgeräten ausgestattete Bergobservatorium ist
seit 1990 eine Globalstation des weltweiten Klimaüberwachungsprogramms.

---

[42]   v. Goethe (1774): Die Leiden des jungen Werthers.
[43]   Vgl. Beitrag Hoser in: Kießling und Scheffknecht (2012; Hrsg.): Umweltgeschichte in der Region.

1782 Starkniederschläge reißen in Rheinland-Pfalz Schluchten ein; Ackerland geht verloren.

1782 Das Dorf Lütgenhausen an der Rhume im heutigen Landkreis Göttingen wird aufgrund zahlreicher **Überschwemmungen** vollständig abgetragen und an einem hochwassersicheren Standort wieder aufgebaut.

1783 In Mannheim herrscht eine **Malariaepidemie**. (→ ab 01.09.1783)

1783 (04.02.) Im westlichen Erzgebirge wurde der Filzteich bereits in den 1480er-Jahren als Wasserreservoir für den Bergbau um Schneeberg errichtet. Anfang Februar 1783 lassen verrottete Hölzer in einem verschließbaren Gerinne im Tiefsten des Filzteichdamms, die Schneeschmelze und anhaltender Regen den Damm brechen. Die nachfolgende **Flutwelle** reißt Häuser in Zschorlau und Mühlen fort.

1783 (01.06.) Der Hofjäger Hahn berichtet der Kurmärkischen Kammer aufgeregt von der Sichtung zahlreicher großer Raupen im Kiefernwald der **Hasenheide bei Berlin**. Sie erweisen sich als Kiefernspinner, die Kiefern kahlfressen. Vergeblich werden Schneisen in den Kiefernwald geschlagen – hinzu kommt ein Befall mit Nonnen. Im Frühjahr 1784 sterben massenhaft Kiefern in der Hasenheide.

1783 (ab 01.09.) Friedrich Schiller ist 1783/84 in Mannheim als Theaterdichter tätig. Dort erkrankt er am „kalten Fieber", wahrscheinlich an **Malaria**. Er behandelt sich selbst mit chininhaltiger Chinarinde, Brech- und Abführmitteln. Nach einer längeren Schwächephase erholt sich Schiller wieder.

1783/84 (Winter) Durch einen massiven Vulkanausbruch an der Lakispalte im Süden Islands vom 8. Juni 1783 bis zum 7. Februar 1784 gelangen riesige Mengen an Vulkanaschen und Aerosolen bis in die Troposphäre (Abb. 4.18). Sie führen in den gemäßigten Breiten der Nordhemisphäre zu einer extremen natürlichen Luftverschmutzung und im Winter 1783/84 in Mitteleuropa zu **extremer Kälte** und außergewöhnlich starkem Schneefall. (→ 27./28.02.1784)

1784 Die Königliche Societät der Wissenschaften zu Göttingen stellt eine Preisfrage zur Verbesserung der „… **Reinlichkeit in den Haushaltungen der Landleute**…". Der Preisträger, Oberdeichgraf Nicolaus Bergmann, empfiehlt den Landleuten eine regelmäßige Reinigung von Körper, Bekleidung und Bettwäsche sowie eine Überprüfung der Einhaltung der Regeln durch die Obrigkeit.

1784 Der Philosoph, Dichter und Forscher **Johann Gottfried Herder** formuliert im ersten Buch der Ideen zur Philosophie der Geschichte der Menschheit eine **Anthropologie des Klimas**. Für Herder sind Menschen „Zöglinge der Luft", ist die Luft die „Mutter aller Geschöpfe", das Klima eine Kraft der Natur, die auch die Kulturgeschichte durchdringt.

1784 Die Realerbteilung – die Vererbung eines Landwirtschaftsbetriebs an alle Erbberechtigten und die anschließende Teilung – hat in einigen Regionen über Generationen zu einer außerordentlich starken räumlichen Zersplitterung des Landbesitzes und der Landnutzung

Abb. 4.18 Vom 08.06.1783 bis zum 07.02.1784 auf Island entstandene Krater an der Lakispalte. (Foto: S. Bork, 27.07.2020)

geführt. Die „Verordnung, die Zusammenlegung der zerstückelten Güter betreffend" des Herzogtums Nassau wirkt dem durch geplante **Flurneuordnungen** entgegen. Nach der Zusammenlegung bewirtschaften einzelne Betriebe nicht mehr bis zu Hunderte winzige Felder, sondern nur noch einige größere.

1784 (27./28.02.) Ein Warmlufteinbruch lässt Ende Februar 1784 die mächtige Schneedecke rasch schmelzen. Das Eis auf den Flüssen Mitteleuropas reißt auf, Eisschollen bewegen sich flussabwärts, stauen sich an Brücken und Flussbiegungen, lösen **schwere Eisfluten** aus. In Heidelberg türmen sich beiderseits des Neckar Eisschollen mehr als fünf Meter hoch auf. Sie beschädigen die Alte Brücke, die Herrenmühle, die Münchmühle, die Bergheimer Mühle und die ehemalige Neumühle. An der Alten Brücke erreicht das Schmelzwasser eine Höhe von rund acht Metern über dem mittleren Wasserstand des Neckar. Es fließt in die Heidelberger Altstadt bis zur Heiliggeistkirche und zum Rathaus. Der 13-jährige Ludwig van Beethoven lebt 1784 mit seiner Familie in der Bonner Rheingasse Nr. 7. Ludwig, seinen Brüdern und seiner Mutter gelingt die Flucht vor der Eisflut des Rheins gerade noch rechtzeitig. In vielen weiteren Städten zerdrücken oder beschädigen die Eismassen Brücken, flussbegleitende Gebäude und uferbegleitende Mauern, so in

Abb. 4.19 Auswirkungen der Überschwemmung in Bamberg am 27.02.1784, Zeichner: Leopold von Westen. (HB23234, Bild 1, © Germanisches Nationalmuseum, Nürnberg)

Abb. 4.20 Beschreibung der Wasserhöhe des Hochwassers der Pegnitz in Nürnberg am 27./28.02.1784. (Med15503, Bild 1, © Germanisches Nationalmuseum, Nürnberg, Foto: C. Merz)

Nürnberg, Bamberg, Würzburg und Hannoversch-Münden (Abb. 4.19 und 4.20). Zahlreiche Menschen sterben.[44]

1784 (01.10.) Die Kanal-Aufsichtskommission meldet die Fertigstellung des von Kiel bis Rendsburg durch sechs Schleusen verlaufenden **Schleswig-Holsteinischen Kanals** (auch Eider-Kanal). Kleine Schiffe können nun Waren zwischen Ostsee und Nordsee auf dem Wasserweg transportieren. Menschen, Pferde oder Ochsen ziehen sie von den kanalbegleitenden Treidelwegen aus. Der Kanal zerteilt und verkleinert die Lebensräume des Wildes. Darüber hinaus bleiben die langfristigen Umweltveränderungen durch Bau und Betrieb des 31 Meter breiten und über drei Meter tiefen Kanals gering.

1784/85 Der **lange Winter** nach dem Ausbruch an der Laki-Spalte ist ungewöhnlich kalt.

1785 Die **Gesellschaft der Holzsparkunst zu Berlin** wird mit dem Ziel gegründet, Stubenöfen zu verbessern, um Holz zu sparen.

1785 (April) Ein großes **Hochwasser der Oder** überflutet im Oderbruch Deiche und 28 Dörfer.

1786 bis 1788 König Friedrich II. von Preußen genießt und verschenkt gerne Ananas. Um den Bedarf zu stillen, erwirbt er 1785 hinter dem Grünen Gitter am **Park Sanssouci** in Potsdam ein Grundstück, auf dem in den Jahren 1786 bis 1788 eine **Ananastreiberei** mit großen Ananasgewächshäusern, einem Heizhaus und dem Ananashaus entsteht. In Letzterem wohnt der für die Kultivierung der Ananaspflanzen verantwortliche Hofgärtner. König Friedrich II. stirbt am 17. August 1786 und erlebt nicht mehr den Erfolg der Ananastreiberei: Im späten 18. Jahrhundert reifen bis zu 400 Ananas jährlich, zu Beginn des 20. Jahrhunderts sind es doppelt so viele. Der Energieaufwand für die beständig gleichmäßig warm zu haltenden Gewächshäuser ist hoch. In Ermangelung von Kohle zum Heizen der Gewächshäuser endet der Betrieb der Potsdamer Ananasgärtnerei im Winter 1918/19.

1787 Starkniederschläge reißen im Saarland Schluchten ein; viel Ackerland geht dauerhaft verloren.

1787 Johann Friedrich Gmelin, Professor der Medizin in Göttingen, rät in der „**Abhandlung über die Wurmtroknis**", Schwarz- und Grünspechte nicht länger als Schädlinge zu bejagen, da sie Schadinsekten wie Borkenkäfer verzehren. Wenige Jahre später erlassen einige deutsche Territorien Verordnungen zum Schutz u. a. von Spechten.

---

[44] Herget (2012): Am Anfang war die Sintflut. Bork (2020): Umweltgeschichte Deutschlands.

1788 bis 1870: Erste chemische Fabrik, „Achtzehnhundertunderfroren", Rheinbegradigung, Ausrottung der Wölfe, Agrarrevolution durch Albrecht Daniel Thaer, Philipp Carl Sprengel und Justus von Liebig

1788 Der Oeconomiedirektor **Carl Schildbach zu Cassel** beschreibt im „Journal von und für Deutschland" seine heute noch existierende **Xylothek**, den Prototyp der Holzbibliotheken. Sie besteht aus 530 buchförmigen Holzblöcken vornehmlich einheimischer Arten. Jeder hohle Holzblock enthält Blüten, Früchte und Blätter der Baumart des umgebenden Blocks.[1]

1788 (24.07.) Im fränkischen Marktredwitz gründet Wolfgang Caspar Fikentscher den wahrscheinlich ersten chemischen Industriebetrieb zwischen Alpen und Ostsee. Die **Chemische Fabrik W. C. Fikentscher** stellt quecksilberhaltige Produkte her. Das weltweit erste Saatbeizmittel Fusariol wird hier entwickelt und 1908 zugelassen; es schützt Saatgut vor Pilzbefall. Die Verarbeitung von Quecksilber gefährdet Menschen und ihre Umwelt. Quecksilberhaltige Abwässer gelangen in die Kössein. Noch heute weisen Böden in der Aue der Kössein hohe Gehalte an Quecksilber auf.

1788 bis 1794 Aktive Vulkane ziehen manche Menschen magisch an. Leopold III. Friedrich Franz Fürst von Anhalt-Dessau besteigt am 28. Februar 1766 auf seiner Grand Tour zusammen mit dem befreundeten Baumeister Friedrich Wilhelm Freiherr von Erdmannsdorf den Vesuv in der Umgebung von Neapel. Eine Vulkaneruption während ihres Aufenthalts am Vesuv beeindruckt beide derart, dass sie planen, zur dauerhaften Erinnerung einen Vulkan in die in Bau befindlichen Wörlitzer Anlagen bei Dessau zu integrieren. Von 1788 bis 1794 lässt von Erdmannsdorf im Südosten der Anlagen einen Teich formen und in diesem die großartig bizarre Felseninsel Stein mit einem Vesuv im Kleinformat errichten, außerdem die klassizistische Villa Hamilton und ein römisches Theater (Abb. 5.1). Eine Druckgrafik des Landschaftsmalers Carl Kuntz aus dem Jahr 1797 visualisiert einen der arrangierten Ausbrüche des **Wörlitzer Vulkans**: Feuerwerkskörper explodieren und zugleich fließt rot

---

[1] Feuchter-Schawelka (2012): Die Ökologie der Aufklärung – Carl Schildbachs Holzbibliothek nach selbst gewähltem Plan.

H.-R. Bork, *Denk ich an Deutschland …*, https://doi.org/10.1007/978-3-662-71613-7_5

Abb. 5.1 Wörlitzer Vulkan auf der Insel Stein im südöstlichen Arm des Wörlitzer Sees, errichtet im Auftrag von Fürst Leopold III. Friedrich Franz von Anhalt-Dessau, zur Erinnerung an den beobachteten Ausbruch des Vesuvs. (Foto: H.-R. Bork, 18.10.2024)

beleuchtetes Wasser, einen Lavastrom simulierend, den kurzen Berghang hinunter – eine fantastische Natursimulation en minature![2]

1788 bis 1795 König Friedrich Wilhelm II. lässt von dem Architekten Carl Gotthard Langhans die erste, von **Berlin nach Potsdam** führende **Chaussee** in Preußen errichten und damit einen schwer befahrbaren Sandweg ersetzen. Steine, die mit Sand gut eingeschlämmt sind, bilden die Unterlage der neuen Kunststraße. Darüber folgt eine stabile Schicht behauener Steine. An der Oberfläche liegt eine verdichtete Sand-Lehm-Kies-Mischung. Chausseebegleitend pflanzt man zuerst Pappeln und dann weiter ausladende, mehr Schatten spendende Eichen. Der neue Verkehrsweg ist attraktiv, das Verkehrsaufkommen erhöht sich.

▶ Die vornehmlich mit Natursteinen gepflasterten Chausseen des späten 18. und des 19. Jahrhunderts und die zahlreichen Beton- und erdölbasierten Asphaltstraßen des 20. und 21. Jahrhunderts zerschneiden die Lebensräume vieler Tierarten. Darunter sind Amphibien wie Molche, Kröten und Grasfrösche.

---

[2]   Vorstand der Kulturstiftung Dessau-Wörlitz (2005; Hrsg.): Der Vulkan im Wörlitzer Park. Vgl. Küster und Hoppe (2010): Das Gartenreich Dessau-Wörlitz.

Heute müssen mit großem Aufwand Amphibienschutzzäune errichtet und betreut werden, um ein Überfahren der wechselwarmen Tiere in den Laichzeiten zu minimieren.

1789 (06.06.) Herzog Karl Eugen von Württemberg erlässt ein Dekret, um die **Spatzenplage** und damit den starken Fraß von Saatgut durch die Singvögel im Land zu beenden. Jeder Untertan hat jährlich zwölf lebende Sperlinge abzuliefern. Dafür erhält er sechs Kreuzer aus der Staatskasse. Gelingt der Lebendfang nicht, sind ersatzweise zwölf Kreuzer zu entrichten – eine ertragreiche Steuer. Die Obrigkeiten ignorieren einen damals durchaus bekannten Nutzen der verbreiteten Singvogelart: Sperlinge verzehren u. a. Wickelraupen von Obstbäumen.

1790 (04.09.) Der Dichter, Naturforscher und Politiker Johann Wolfgang von Goethe[3] befährt gemeinsam mit Herzog Carl August von Sachsen-Weimar-Eisenach und dem späteren schlesischen Berghauptmann Graf Friedrich Wilhelm von Reden im damals preußischen **Tarnowitz** (heute Tarnowskie Góry) das Blei- und Silberbergwerk Friedrichsgrube. Im Maschinenhaus besichtigen sie die erste schlesische „**Feuermaschine**", eine in England erworbene Dampfmaschine. Seit ihrer Inbetriebnahme am 19. Januar 1788 hebt sie große Wassermassen aus dem Bergwerk, die über die Vorfluter abfließen.[4]

1790 bis 1792 In **Mannheim** mangelt es seit der Gründung 1607 an Trinkwasser. Der kurfürstliche Hof in Mannheim lässt sich täglich mit Pferdefuhrwerken Quellwasser vom Heidelberger Schloss bringen. Anderen fehlt es. Am 17. Juli 1790 beauftragt Kurfürst Karl Theodor den Ingenieur Johann Andreas von Traitteur, bis 1792 eine **Wasserleitung** von den Quellen im Rohrbacher Wald bei Heidelberg bis nach Mannheim zu bauen. Während des Ersten Koalitionskrieges zerstören Soldaten und Bauern 1795 den von Rohrbach bis kurz vor Seckenheim errichteten Teil der Leitung.

1791 Im Saarland reißen Starkniederschläge erneut Schluchten ein. Die Landesökonomiekommission des Herzogtums Zweibrücken beklagt die **Auswanderung** u. a. infolge des Verlustes von Ackerflächen durch das Schluchtenreißen.

1791 Starker Hagel kann kleinräumig Totalschäden an Feldfrüchten hervorrufen. Um Existenzbedrohungen durch Hagel zu verhindern, gründet sich 1791 der erste **Hagelversicherungsverein** auf Gegenseitigkeit in Braunschweig. Bald folgen weitere Gründungen von Hagelversicherungen, so 1797 in Mecklenburg, 1811 im holsteinischen Preetz und 1824 in Leipzig.

1792 Karl Theodor, Kurfürst von der Kurpfalz und von Bayern, eröffnet den **Englischen Garten in München**. Geschickt in die Umgebung eingebundene Wiesen und Wäldchen, durch die sich harmonisch Wege winden, Denkmäler, anmutige Bäche mit Brücken sowie Teiche suggerieren eine natürliche Landschaft.

---

[3]   Vgl. Altner (1987): Überlebenskrise in der Gegenwart. V.1.

[4]   Kern (1913): Das Goldene Buch von Tarnowitz, S. 9.

1792 In den preußischen Fürstentümern Ansbach und Bayreuth droht ein **Mangel an Holz**. Der junge Bergassessor **Alexander von Humboldt** ist für den Bergbau und das Hüttenwesen im preußischen Teil Frankens und damit für eine ausreichende Holzversorgung zuständig. Humboldt fordert von der preußischen Regierung in Berlin, einen „regelmäßigen sicheren Haushalt", „eine Balance zwischen Nachwuchs und jährlichem Consumo", um damit eine nachhaltige Nutzung der preußischen Wälder in Franken zu gewährleisten.[5]

1795 Baron Caspar von Voght gestaltet, unterstützt von dem schottischen Landschaftsgärtner James Booth, sein Gut Klein Flottbek bei Altona zu einem Landschaftspark. James Booth gründet eine Baumschule auf dem Gutsgelände, um dort die benötigten Gehölze heranwachsen zu lassen. Damit initiiert er die Entwicklung des bis heute bedeutenden **Pinneberger Baumschullandes**.

1796 Der Mediziner Johann Ludwig Formey beschreibt den (un)hygienischen Zustand der **scheußlich riechenden Spree** in Berlin. Er beklagt, dass Menschen Nachteimer in der Spree entleeren, andere Spreewasser als Getränk oder zum Brauen von Bier entnehmen und sich folglich Krankheiten wie die Ruhr ausbreiten.

1796 In **Preußen** erliegen 26.646 Menschen den **Pocken**.

1796 Bewohner von Beutelsbach bei Stuttgart begraben an einem Kreuzweg ihren wertvollen Dorfbullen bei lebendigem Leib, um die grassierende **Rinderseuche** zu beenden. Fehlende Kenntnisse zu den Ursachen von Seuchen führen weiterhin zu grausamen, vom Aberglauben geleiteten Handlungen.

1797 Der Philosoph **Immanuel Kant** spricht sich gegen **Tierquälerei** aus, „weil dadurch das Mitgefühl an ihrem Leiden im Menschen abgestumpft und dadurch eine der Moralität, im Verhältnis zu anderen Menschen, sehr diensame natürliche Anlage geschwächt und nach und nach ausgetilgt wird."[6]

1797 (Mai) Der Gutsverwalter **Lucas Andreas Staudinger** gründet im Mai 1797, maßgeblich unterstützt von Baron Caspar von Voght (→ 1795), in Groß Flottbek bei Altona das „**Landwirthschaftliche Erziehungs-Institut**". **Johann Heinrich von Thünen** besucht 1802 das Groß Flottbeker Lehrinstitut und wird Staudingers bedeutendster Schüler. Thünen erforscht später die Grundlagen der Bodenfruchtbarkeit, begründet die moderne Landwirtschaftliche Betriebslehre und entwickelt einflussreiche ökonomische Raumtheorien und Landnutzungsmodelle.

1798 Der Reiseschriftsteller und evangelische Prediger **Johann Gottfried Hoche** reist 1798 auf dem Weg von Osnabrück nach Groningen in den Niederlanden durch ausgedehnte **Heidelandschaften**: „Der ganze Strich Landes von Quakenbrück aus über Vechta, Kloppenburg, Frisoyta bis an die Soeste, von da über die Ems und wieder die Hase hinauf, gehört

---

[5] Grober in Simonis (Hrsg.; 2014): Vordenker und Vorreiter der Ökobewegung. S. 14–17.

[6] Lenk (2019): Naturverantwortung, Humanität und Lebensehrfurcht von Kant bis Schweizer.

Abb. 5.2 Albrecht Daniel Thaer entwickelte das Gut Möglin zu einem Mustergut und zu einer bedeutenden landwirtschaftlichen Lehranstalt. (Foto: H.-R. Bork, 05.10.2003)

nicht nur zu den schlechtesten in Westphalen, sondern in ganz Deutschland. […] Alles ist öde und still, nicht ein Vogel singt sein Morgenlied […]. Nicht ein Baum, nicht ein Busch bietet ihm Schatten dar […]."[7] Die jahrhundertelange Plaggenwirtschaft hat die Heiden Nordwestdeutschlands stark verarmen lassen. (→ 16. bis 18. Jahrhundert)

1798 bis 1804 Der Arzt und **Begründer der systematischen, rationellen Agrarwissenschaften in Deutschland Albrecht Daniel Thaer**

- gründet 1802 das Landwirtschaftliche Lehrinstitut in Celle,
- erwirbt 1804 das Rittergut Möglin im Oberbarnim (Brandenburg),
- konstituiert 1806 in Möglin die bedeutende Landwirtschaftliche Lehranstalt (ab 1819 Königlich Preußische Akademie des Landbaus; Abb. 5.2),
- erkennt die Bedeutung des Humus im Oberboden für die Bodenfruchtbarkeit,
- empfiehlt die Aufnahme von Leguminosen und Klee in die Fruchtfolgen,
- publiziert das bedeutende dreibändige Werk „Einleitung zur Kenntniß der englischen Landwirtschaft…" und
- etabliert mit dem von 1809 bis 1812 erscheinenden Hauptwerk „Grundsätze der rationellen Landwirtschaft" den ökonomisch orientierten Landbau.

1798/99 Der Winter ist lang, schneereich und kalt. In Dresden fällt die Temperatur zeitweise auf unter **−30 Grad Celsius**.

1799 (Ende Februar) Ein plötzlicher Warmlufteinbruch mit Regen schmilzt Mitte Februar rasch die Schneemassen und führt zu einem starken **Elbhochwasser**, das Dresden am 24., Wittenberg am 26. und Havelberg am 28. Februar 1799 erreicht. Die mit Eisblöcken gespickten Wassermassen des Saalehochwassers richten am 24. Februar 1799 in und um Halle (Saale) große Schäden an. Sie zerstören das Dorf Schlettau weitgehend; in Passendorf,

---

[7] Mueller (2024): Bauern, Plaggen, Neue Böden. S. 126.

Peißen und Kröllwitz stürzen zuhauf Gebäude ein. Viel Vieh ertrinkt. Hochwasserbedingt tagelang stillgelegte Wassermühlen und ruinierte Getreidevorräte stimulieren die Teuerung. Eine Pockenepidemie folgt.[8]

1800 (23.04.) Ein **Tornado** der Stärke F5 auf der Fujita-Skala trifft das Mulde-Lösshügelland nördlich von Chemnitz. Der Wirbelsturm verwüstet ein schmales Band zwischen **Hainichen** und **Rosswein**. In Arnsdorf werden Dächer, in Dittersdorf und Etzdorf Häuser, Scheunen und Stallungen zerstört, Bäume herausgerissen und fortgeschleudert.

Um 1800 Der Holzbedarf von Bevölkerung, Handwerk und Bergbau ist weiterhin eminent hoch. Einige deutsche Territorien schützen daraufhin gezielt die übernutzten, geplünderten Wälder und verdrängen holzintensive Gewerke. Ein verbesserter Waldbau und eine effektivere Nutzung von Holz sollen Abhilfe schaffen. Obgleich manche eine allgemeine **Holznot** beklagen, mangelt es offenbar doch nur zeitweise und in bestimmten Regionen stark an einigen Holzarten und -qualitäten. Arme haben jedoch kaum genügend Holz zur Verfügung.[9]

Ab ca. 1800 Die bis zu 45 Zentimeter lange, wurmförmige, invasive **Schiffsbohrmuschel** *Teredo navalis* bedroht sämtliche hölzernen Hafen-, Kanal- und Küstenschutzbauwerke. Um 1800 erreicht sie Cuxhaven, um 1870 den Eiderkanal (Schleswig-Holsteinischer Kanal) und 1951 den Nord-Ostsee-Kanal in Kiel. Im östlichen Bereich des Nord-Ostsee-Kanals frisst sie sich in die aus jeweils 16 Holzpfählen bestehenden, 17 bis 21 Meter langen Dalben zum Festmachen von Schiffen. Seit 2008 ersetzt die Wasserstraßen- und Schifffahrtsverwaltung des Bundes die Holzdalben durch Stahldalben, die mit ungefähr 75.000 Euro pro Stück zu Buche schlagen.

Ab ca. 1800 Städtische Intellektuelle entdecken die **imaginäre Natur** als mythisch-idyllischen **Sehnsuchtsort**. Persönlichkeiten der deutschen Romantik wie Friedrich von Schlegel, Novalis, Clemens Brentano, Ludwig Tieck, Joseph von Eichendorff, Sophie Friederike Brentano und Bettina von Arnim verklären Natur; Caspar David Friedrich visualisiert sie eindrucksvoll als Ort der Freiheit und Einsamkeit.

1801 Der Naturwissenschaftler Franz Carl Achard lässt die weltweit **erste Rübenzuckerfabrik** im niederschlesischen **Kunern** (heute Konary im polnischen Powiat Wołowski) errichten. Billiger Rohrzucker aus Brasilien und der Karibik führt nach dem Ende der Kontinentalsperre 1813 zum Zusammenbruch von Achards und weiterer zwischenzeitlich in Mitteleuropa gegründeten Rübenzuckerfabriken.

1801 (September) Seit Jahrhunderten kämpfen Obrigkeiten gegen hochansteckende Infektionskrankheiten. Unzureichende Kenntnisse zu Ursachen und Verbreitungswegen vereiteln indes durchschlagende Erfolge. Im ausklingenden 18. und im frühen 19. Jahrhundert zeichnen sich erste positive Wirkungen von Impfungen ab. Vorreiter in deutschen Territorien ist das Kurfürstentum (ab 1806 Königreich) Bayern. Eine Verordnung der Regierung in Bayern

---

[8] Moeller (2025): Hochwasser: Kein Kapitel für die Stadtgeschichte? S. 70 ff.

[9] Vgl. Radkau (2011): Die Ära der Ökologie. S. 40 ff. Sowie: Küster (2019): Der Wald: Natur und Geschichte.

verfügt im September 1801, dass die Obrigkeiten den im Kurfürstentum lebenden Eltern die schützende **Impfung ihrer Kinder mit Kuhpockensekret** empfehlen sollen. Ziel ist die Verhinderung weiterer verheerender Epidemien, die das Pockenvirus *Orthopoxvirus variola* auslöst.[10] (→ 1802, 26.08.1807, 01.04.1875)

1802 Maximilian IV. Kurfürst von Bayern (ab 1806 Maximilian I. Joseph König von Bayern) lässt „seinem Volke zur Aufmunterung" seine Kinder Max, Amalie Auguste und Elisabeth Ludovica gegen Pocken impfen. Der Impfstoff stammt aus einer **Pockenpustel** eines Kindes des Hofkochs, das mit Kuhpocken infiziert ist.[11]

1802 Die kurfürstlich-bayerische Wasserbaudirektion beklagt, dass die Isar bei München „bei einiger **Wasseranschwellung** in der ganzen Gegend Schröcken [Schrecken] und Verheerung verbreitet".

1802 (23.06.) Der Naturwissenschaftler und Forschungsreisende Alexander von Humboldt erforscht zusammen mit dem kreolischen Adligen Carlos Montúfar und dem französischen Botaniker Aimé Bonpland den 6263 Meter über den Meeresspiegel aufragenden **Vulkan Chimborazo** im spanischen Vizekönigreich Neugranada (heute Ecuador) bis in eine Höhe von rund 5600 Metern. Wohl nie zuvor hatten Europäer eine derartige Höhe erreicht. Humboldt wird eminent berühmt in Amerika und Europa.

1802/03 Ein beachtlicher Interessenskonflikt begleitet die Errichtung einer **steinkohlebetriebenen Glashütte** am Stadtrand von Bamberg. In der Nähe wohnende Menschen protestieren und klagen vor dem Reichskammergericht in Wetzlar gegen den Betrieb. Sie befürchten Erkrankungen und Vegetationsschäden durch die Emissionen. Nach intensivem Streit, in den auch Mediziner involviert sind, geht die Glashütte an einem entfernteren Standort in Betrieb. Geringe Erträge führen nach einigen Jahren zur Schließung.[12]

1803/04 Der Forschungsreisende und Geograf Alexander von Humboldt notiert in Band IX seines amerikanischen Reisetagebuchs: „**Alles ist Wechselwirkung**". Während seiner Amerikareise erkennt er bedeutende ökologische Zusammenhänge, darunter Reaktionen von Ökosystemen auf Handlungen von Menschen – wie negative Wirkungen von Entwässerungsmaßnahmen auf den Wasserhaushalt und das Lokalklima in Mexiko.[13]

1804 Mit der Gründung der **Königlichen Eisengießerei zu Berlin** beginnt die Industrialisierung in der Hauptstadt Preußens. Die Gießerei produziert Rohre, Walzen, Kessel, Ketten und späterhin auch Brücken, Bauelemente, Denkmale und Gerätschaften für das Militär. Die beiden ersten Dampflokomotiven Kontinentaleuropas fertigt man 1816 im Werk; zu geringe Leistungswerte verhindern indessen deren industriellen Einsatz.

---

[10] Leven (2021): Impfen? Nix Neues!

[11] Ebd.

[12] Den Widerstand gegen die Bamberger Glashütte erläutert Franz-Josef Brüggemeier facettenreich; vgl. Brüggemeier (1996): Das unendliche Meer der Lüfte. S. 21 ff.

[13] Humboldt (1803/04): Varia.

1804 Der Mühlwörth ist ein eichenreicher Hutewald, der bis in das frühe 19. Jahrhundert besonders der Schweinemast und der Holznutzung dient. Er liegt zwischen zwei Regnitzarmen unmittelbar südlich von Bamberg und geht im Rahmen der Säkularisation im Jahr 1803 vom Hochstift Bamberg an das Kurfürstentum Bayern über. Im Jahr 1804 bestimmt Kurfürst Max IV. von Bayern, dass der Untere Mühlwörth in einen „Volksgarten" zu überführen und zu sichern ist. Das heute als **Bamberger Hain** bekannte, artenreiche Flora-Fauna-Habitat-Gebiet wird damit zum ersten Waldschutzgebiet zwischen Alpen und Nordsee.[14]

1804 (21.07., ab 15 Uhr) Anhaltender Regen hat in der Eifel viele Böden mit Wasser gesättigt. Dann ruft am 21. Juli 1804 ein Starkniederschlag ein extrem starkes **Hochwasser im Ahrtal** hervor. Es fordert mehr als 60 Menschenleben, zerstört 30 Brücken, 18 Mühlen, 8 Schmieden, 129 Wohnhäuser, 162 Scheunen und Ställe, erodiert Weinberge, lagert Sand und Kies auf Wiesen ab. Die Devastierung der Wälder im oberen Einzugsgebiet der Ahr durch die massive Holzentnahme besonders für die Köhlerei hat die starke Abflussbildung begünstigt. Das Entsetzen über die verheerenden Schäden ist weit über die betroffene Region hinaus groß. **Napoleon Bonaparte,** erster Konsul der Französischen Republik, spendet privat 30.000 Francs für den Jahre dauernden Wiederaufbau im Ahrtal. Das Ausmaß der Hochwasserkatastrophe im Juli 1804 ist vergleichbar mit demjenigen vom → 14./15.07.2021.[15]

1806 In den ungewöhnlich warmen Monaten November und Dezember reifen in Württemberg **Erdbeeren**, blühen Obstbäume.[16]

1807 (26.08.) Maximilian I. Joseph König von Bayern ordnet an, im Königreich alle Kinder bis zum dritten Lebensjahr kostenlos mit einem Kuhpockenserum gegen „**Kindsblattern**" – also **Pocken** – zu impfen. Es ist die weltweit erste staatlich verordnete, für alle Kleinkinder verpflichtende **Schutzimpfung** (Abb. 5.3). Viele Eltern lehnen die Impfpflicht ab; sie misstrauen Staat und Wissenschaft. „Saumseligen" und „Widersetzlichen" droht eine Bestrafung. Infiziert sich ein ungeimpftes Kind, sind die Geldstrafen besonders hoch, dem Vater drohen einige Tage Gefängnis und die öffentliche Bekanntgabe der Impfverweigerung. Die Strafandrohungen wirken allmählich; Geimpfte bleiben größtenteils von einer Infektion verschont.[17] (→ September 1801, 1802, 1870 bis 73, 01.04.1875)

1807 bis 1815 Die **Stein-Hardenbergschen Reformen** verändern Nutzung und Struktur der Landschaften Preußens. Sie führen zur Abschaffung der Leibeigenschaft der Bauern, zur Aufhebung gemeinschaftlicher Nutzungsrechte von Feldflur und Wald (Gemeinheitstei-

---

[14] Sperber (2005): Der Bamberger Hain.

[15] Haffke (2023b): Hochwasser an der Ahr in der Geschichte. S. 273 ff.

[16] Düwel-Hösselbarth (2015): Ernteglück und Hungersnot. S. 147.

[17] Leven (2021): Impfen? Nix Neues! Schewe und Leven (2021): Scharf, spitz und durchsichtig. Sowie: https://www.gda.bayern.de/fileadmin/user_upload/PDFs_fuer_Publikationen/Lehrausstellungen/3QE-2021-2024_Beesk_Begleitheft-Impfgegner.pdf (letzter Zugriff: 05.07.2025).

Abb. 5.3 Vakzinationsetui mit drei Impflanzetten aus dünnem Stahl, einer Nadel und zwei mit Wachs verschlossenen Glasröhrchen, die Impffäden für Impfungen mit Kuhpocken enthalten, aus der Werkstatt des Berliner chirurgischen Instrumentenmachers und Bandagisten J. Gronert, von 1802. (WI2545, Bild 2, © Germanisches Nationalmuseum, Nürnberg, Foto: G. Janßen)

lung) sowie zur Aufteilung des zuvor gemeinschaftlich genutzten Landes an die Nutzungsberechtigten (Realteilung). Nunmehr können Felder individuell bestellt werden.

1810 In dem Festspielfragment Pandora benennt **Johann Wolfgang von Goethe** früh und eindrücklich die Kehrseite der beginnenden Industrialisierung, des mit ihr verbundenen Ressourcenverbrauchs und Raubbaus: „Erde, sie steht so fest! / Wie sie sich quälen läßt! / Wie man sie scharrt und plackt / Wie man sie ritzt und hackt! Da soll's heraus."[18]

1810 (01.09., abends) **Schießpulver** auf drei Wagen eines französischen Munitionstransports explodiert in der Nähe des Marktes in Eisenach. Ungefähr 70 Menschen sterben; 14 Häuser liegen in Trümmern.

1811 Der Pädagoge und Schriftsteller Johann Peter Hebel warnt vor Gefahren, die von einer massenhaften Ausbreitung von heimischen **Eichenprozessionsspinnern** für Eichen und Menschen ausgehen. Das Nesselgift der Brennhaare der Raupen kann bei Berührung allergische Reaktionen, Entzündungen und Asthma auslösen (Abb. 5.4).

1811 (14.09.) Das preußische **Edikt zur Beförderung der Land-Cultur** regelt u. a. die Gemeinheitsteilungen, die Zusammenlegung von Grundstücken, die Bodennutzung, Be-

---

[18] v. Goethe (1810): Pandora.

Abb. 5.4 Warnung vor Eichenprozessionsspinnern am Elbufer bei Geesthacht; Raupenhaare können bei Berührung starke allergische Reaktionen auslösen. (Foto: H.-R. Bork, 07.02.2022)

und Entwässerung, den Schutz des Waldes, die Nutzung von Gewässern durch die Fischerei, die Urbarmachung von Feuchtgebieten und die Anlage von Verkehrswegen.

1812 Eine bayerische Verordnung überträgt der Polizei die Aufgabe, „alle öffentlichen und zwecklosen Mißhandlungen und Grausamkeiten gegen die Thiere" zu vereiteln.

1812 (19.06.) Der Professor für Chemie und Hüttenkunde Wilhelm August Lampadius installiert an seinem Haus im sächsischen Freiberg und bald darauf auf dem Freiberger Obermarkt das **erste öffentliche Gasflammenlicht** in deutschen Territorien. 1816 lässt er das erste öffentliche Steinkohlengaswerk in Halsbrücke bei Freiberg errichten. Ermöglicht durch den Verbrauch fossiler Energieträger wie Steinkohle, wächst die nächtliche Lichtemission beständig ($\rightarrow$ ab 1950er-Jahre).

1813 (13.09., gegen 18:30 Uhr) Ein starkes **Isarhochwasser** reißt mehrere unterspülte Pfeiler der Schwanenbrücke (Ludwigsbrücke) über die Kleine Isar in München fort und mit ihnen über einhundert trotz Warnungen auf der Brücke verharrende Gaffer; die meisten ertrinken.

1813/14 Der Typhus de Mayence – eine **Fleckfieberepidemie** – trifft Mainz. In etwa 17.000 bis 18.000 Soldaten und 2500 Zivilisten sterben.

1815 Die Königliche Societät der Wissenschaften zu Göttingen stellt eine Preisfrage zu den „… zweckmäßigsten Vorrichtungen […] das Abfliessen der Aecker bey Regengüssen zu verhüten …". Anlass ist das seit Jahrzehnten gehäuft auftretende Schluchtenreißen und die flächenhafte Abspülung von fruchtbarem Oberboden durch den Abfluss von Starkniederschlag, die zu einem dauerhaften Verlust von Ackerland führen können. In der vorzüglichen, preisgekrönten Schrift empfiehlt der Prediger **Friedrich Heusinger** aus Eicha in Thüringen wirksame Bodenschutzmaßnahmen. Er hat die bodenschützende Wirkung von dichter Vegetation erkannt. Sein Werk gerät bald in Vergessenheit.

Ab 1815 Der überaus kreative und exzentrische Orientreisende und Landschaftsarchitekt Fürst Herrmann von Pückler-Muskau komponiert heute weltberühmte Landschaftskunstwerke im englischen Stil:

- Von 1815 bis 1845 entsteht um Schloss Muskau in der Oberlausitz beiderseits der Neiße eine ausgedehnte künstlerische Ideallandschaft (Abb. 5.5). Aus Geldmangel veräußert Fürst Pückler im Jahr 1845 die Standesherrschaft Muskau mit dem unvollendeten Park an Prinz Friedrich der Niederlande. Die UNESCO nimmt den seit 1945 deutsch-polnischen **Fürst-Pückler-Park Bad Muskau** im Jahr 2004 in die Welterbeliste auf.
- Nach dem Verkauf von Muskau verwandelt Fürst Pückler ab 1846 seinen Landbesitz Branitz bei Cottbus in der Niederlausitz in den **Branitzer Park**. Auf das barocke, von Fürst Pückler umgestaltete Schloss mit dem Schlosspark im Zentrum (Abb. 5.6) folgt der intensiv gärtnerisch gestaltete Innenpark mit der Schlossgärtnerei und dem Ananashaus sowie der großzügige Außenpark als *ornamental farm* – als aufgeschmückte Landwirtschaft mit kleinen Äckern, Wiesen, Schafweiden und Gehölzen. Eine von zwei

Abb. 5.5 Fuchsienbrücke im Fürst-Pückler-Park Bad Muskau. (Foto: H.-R. Bork, 23.05.2025)

Abb. 5.6 Schloss Branitz bei Cottbus mit innerem Park. (Foto: H. Bork, 23.05.2025)

bemerkenswerten begrünten Erdpyramiden ragt als zwölf Meter hohe Insel aus dem Pyramidensee auf (Abb. 5.7). Im Tumulus liegt die Grabstätte des 1871 verstorbenen Fürsten Pückler und seiner geschiedenen Gattin Lucie, die man 1884 an diesen Ort umbettet. Ein Grabstein auf der vorgelagerten kleinen Insel zeigt die Geburts- und Sterbedaten des Fürsten und seiner ersten Gattin.

Beiden Landschaftsparken ist gemein, dass Fürst Pückler – angepasst an die vorgegebenen großen Landschaftsformen – Topografie, Böden und Gewässer mit großem Aufwand stark modifiziert, um Wohlfühlräume zu schaffen. Er erreicht das durch die Verlegung von Bächen und Flüssen, das Aufschütten von harmonisch eingefügten Hügeln, das Ausheben von Hohlformen für pittoreske Teiche, die Anlage von Wasserspielen, die Führung der niemals geraden Parkwege, das aufwendige Einfügen von großen Solitärbäumen in Branitz, die Anlage von Gehölzinseln sowie die Errichtung einzigartiger Bauten.[19] (→ 1834)

1815 Der erste **Schacht zum Abbau von Braunkohle** in der Lausitz wird bei Kostebrau geöffnet.

---

[19] Vgl. https://www.dw.com/de/die-wundersamen-gärten-des-fürst-pückler/a-19273553 (letzter Zugriff: 05.07.2025) sowie: https://www.pueckler-museum.de/der-branitzer-park/ (letzter Zugriff: 05.07.2025).

Abb. 5.7 Erdpyramide im Branitzer Park bei Cottbus. (Foto: H. Bork, 23.05.2025)

1815 (10.04.) bis 1817 Die Vulkanaschen und Aerosole der extrem starken Eruption des **Vulkans Tambora** auf Sumbawa in Südostasien bewirken eine anhaltende globale Abkühlung der Atmosphäre und höhere Niederschläge. Extrem ist die Witterung im Jahr 1816, das in jener Zeit als „**Achtzehnhundertunderfroren**" und noch heute als „Jahr ohne Sommer" bezeichnet wird. Kalt ist der Winter, kühl und feucht sind Frühjahr und Sommer 1816. Nach Spätfrösten im April fällt Schnee im Mai. Verfaulendes Heu, Missernten bei Getreide, Kartoffeln und Obst prägen Sommer und Herbst. Teuerungen und Hunger folgen. Erst 1817 können sich die Menschen wieder über einen Erntesegen freuen – in Stuttgart trifft der erste mit Getreide beladene und mit Kränzen geschmückte Wagen endlich am 28. Juli ein.[20]

1815 (12.10.) Die preußische Regierung erteilt dem britischen Ingenieur John Barnett Humphreys Jr. das Privileg, in Preußen „die eigentümliche Methode, Dampfmaschinen zum Forttreiben von Schiffsgefäßen zu benutzen". Zusammen mit dem britischen Ingenieur John Rubie baut Humphreys in Pichelsdorf bei Spandau mit dem Mittelraddampfer Prinzessin Charlotte von Preußen das **erste Dampfschiff** auf dem europäischen Festland. Eine 14 PS starke englische Dampfmaschine treibt es an. Am 14. September 1816 erfolgt

---

[20] Düwel-Hösselbarth (2015): Ernteglück und Hungersnot. S. 148 ff.; Pfister und Wanner (2021): Klima und Gesellschaft in Europa. S. 61 ff.

der Stapellauf, am 27. Oktober 1816 die Jungfernfahrt auf der Havel. Im Gegensatz zum Betrieb von Segelschiffen oder dem Treideln von Frachtschiffen mit der Kraft von Menschen oder Tieren erzeugt die Befeuerung der Dampfschiffe mit Steinkohle erhebliche Staub- und Gasemissionen.[21]

Ca. 1816 bis 1914 Etwa 5,5 Mio. Deutsche wandern in die USA und nach Kanada sowie mehr als 300.000 nach Brasilien, Argentinien und Chile aus. Pushfaktoren sind u. a. die Armut in süddeutschen Realerbteilungsgebieten, eine regional hohe Bevölkerungsdichte in Pommern und Westpreußen, einzelne Missernten, politische und ökonomische Krisen. Pullfaktoren umfassen u. a. die Verfügbarkeit von Land, politische Freiheiten, die Erwartung von Wohlstand in Amerika und die gezielte Anwerbung. Die **Ausgewanderten** bewirken gravierende Veränderungen der Ökosysteme in Amerika z. B. durch Rodungen und die nachfolgende Landnutzung ($\rightarrow$ 20.01.2017 bis 20.01.2021, ab 20.01.2025).

1817 Jäger bringen in Preußen ca. **1080 Wölfe** zur Strecke.

1817 (07.07.) Der **Bodensee** erreicht die **historisch höchste Höhe** (Höchstes Hochwasser HHW) am Pegel Konstanz mit einem Wasserstand von 636 Zentimetern – 295 Zentimeter mehr als der mittlere Wasserstand von 341 Zentimetern. Der Obersee wächst auf eine Fläche von 666,8 Quadratkilometern (mittlere Fläche des Obersees: 472,3 Quadratkilometer).[22]

1817 bis 1879 Bis in das 19. Jahrhundert verändern alljährlich Hochwasser die Lage des Rheins in der breiten, als wild empfundenen Aue des Flusses zwischen Basel und Mannheim. Flussinseln ändern ihre Lage. Manche Dörfer liegen nach Verlagerungen des Hauptstroms mal in Baden, mal in Frankreich. Die häufigen Überschwemmungen in der Rheinaue fördern Massenvermehrungen von Stechmücken und damit Ausbrüche des gefürchteten Sumpffiebers, der Malaria. Der badische Ingenieur **Johann Gottfried Tulla** legt 1812 dem Magistrat du Rhin in Straßburg eine Denkschrift zur **Begradigung des Oberrheins** vor, die genehmigt wird. 1817 beginnen die Arbeiten mit Abholzungen und der Anlage von Stichkanälen zur Abtrennung von Flussschleifen. Mit dem Abschluss der Arbeiten 1879 liegt der Lauf des nunmehr 81 Kilometer kürzeren Oberrheins dauerhaft fest. Sein höheres Gefälle lässt die Grundwasserspiegel sinken, wodurch Auenökosysteme trockenfallen. Viele Brutstätten von Stechmücken verschwinden, Malariaausbrüche treten seltener auf. Artenarme Äcker ersetzen artenreiche, wertvolle Feuchtgebiete.[23]

1818 (Februar) Der Gartenkünstler und Landschaftsarchitekt **Peter Joseph Lenné** wird 1818 zum Garteningenieur und Mitglied der königlichen Gartenintendantur der königlich-preußischen Gärten, 1824 zum Gartendirektor und 1845 zum preußischen General-Gar-

---

[21] Vgl. Ausstellung im Deutschen Technikmuseum Berlin.

[22] https://bodensee-hochwasser.info/pdf/langzeitverhalten-bodensee-wasserstaende.pdf (letzter Zugriff: 05.07.2025).

[23] Vgl. Blackbourn (2007): Die Eroberung der Natur. S. 71 ff.

tendirektor ernannt. Lenné prägt über Jahrzehnte die Entwicklung der Potsdam-Berliner Gartenlandschaft und Gärten in Rheinpreußen maßgeblich, darunter den Schlosspark Sanssouci, den Garten von Charlottenhof, den Schlossgarten in Brühl und die Flora in Köln.

Ab 1819 In Preußen ist für jeden Zentner **Rohtabak** eine **Steuer** von einem Taler zu entrichten (→ 1649, 18.05.1868).

1821 Das Skelett eines **Auerochsen** wird in einem Moor bei Haßleben nördlich Erfurt geborgen. Johann Wolfgang von Goethe leitet die Restaurierungsarbeiten. Der Auerochse ist heute im **Phyletischen Museum** in Jena ausgestellt – der letzte lebende war bereits → um 1470 geschossen worden.

1822 Der Umgang mit Haustieren ruft zunehmend Kritik hervor. So publiziert der evangelische Pfarrer und Pionier des Tierschutzes Christian Adam Dann die Schrift „Bitte der armen Thiere, der unvernünftigen Geschöpfe, an ihre vernünftigen Mitgeschöpfe und Herrn, die Menschen".[24] Darin prangert er vehement **Tierquälerei** und Tierversuche an.[25]

1822 Der Arzt, Naturforscher und Naturphilosoph Lorenz Oken gründet mit weiteren Ärzten und Naturforschern die **Gesellschaft Deutscher Naturforscher und Ärzte** e. V. (GDNÄ). Die Gründungsversammlung findet 1822 in Stuttgart statt. Im Gegensatz zu den Universitäten, zu der am → 01.01.1652 gegründeten Academia Naturae Curiosorum Leopoldina und der im Jahr → 1700 gegründeten Kurfürstlich Brandenburgischen Sozietät der Wissenschaften ist die GDNÄ eine offene Wandergesellschaft mit freien Vorträgen. Bedeutende Naturwissenschaftler und Ärzte aus zahlreichen Staaten präsentieren und diskutieren auf den jährlichen Versammlungen neue Forschungsmethoden und -erkenntnisse. Aus der GDNÄ gehen mehrere Fachgesellschaften hervor.[26]

1824 Der Dichter und Schriftsteller **Heinrich Heine** verewigt den romantischen Mythos vom Zauber des Rheins und der ihn umgebenden Landschaft in Versen über die **Lore-Ley**: „Ich weiß nicht, was soll es bedeuten, / Daß ich so traurig bin; / Ein Märchen aus alten Zeiten, / Das kommt mir nicht aus dem Sinn" (Abb. 5.8).

1824 (Oktober bis Dezember) Vier **Sturmfluten** beschädigen Deiche und Dünen auf den Nordfriesischen Inseln.

1825 (04.02.) Die **Große Halligflut** zerreißt vorgeschädigte Deiche und Dünen auf den Nordfriesischen Inseln, überflutet Warften auf den Halligen und in den Marschen an der Festlandküste. Ungefähr 800 Menschen sterben.

---

[24]   Vgl. https://zs.thulb.uni-jena.de/receive/jportal_jparticle_00187535 (letzter Zugriff: 05.07.2025).

[25]   Zum Tierschutzdiskurs im 19. Jahrhundert in Bayern vgl. G. Hetzer in: Kießling und Scheffknecht (2012; Hrsg.): Umweltgeschichte in der Region.

[26]   https://www.gdnae.de/wp-content/uploads/2020/04/GDNÄ_Geschichte-März-2020.pdf (letzter Zugriff: 05.07.2025).

Abb. 5.8 Der sagenumwobene und romantisierte Loreleyfelsen am Mittelrhein. (Foto: H.-R. Bork, 04.08.2010)

1826 Kolonialismus verändert die Umwelt z. B. in Amerika drastisch. Kolonialherren beenden an vielen Orten die zumeist vorzüglich an die lokale Umwelt angepasste Landnutzung der Einheimischen. Stattdessen etablieren sie riesige bodenzerstörende Plantagenwirtschaften, die nur durch den massenhaften Einsatz von versklavten Menschen überaus ertragreich sind. Unmissverständlich stellt der Gelehrte und Kosmopolit **Alexander von Humboldt** fest, „daß die Idee der Kolonie selbst eine unmoralische ist". „Die **Sklaverei** ist ohne Zweifel das größte aller Übel, welche die Menschheit gepeinigt haben", schreibt er in dem 1826 publizierten und 1827 vom spanischen Statthalter auf Kuba verbotenen „Essai politique sur l'île de Cuba".[27] Ungeachtet dessen haben seit jeher Forschungsreisen wie die von Alexander von Humboldt nach Amerika bedeutende Wirkungen für nachfolgende Kolonialisierungsprojekte.

1826 (Juni/Juli) Anhaltende Hitze fördert die Massenausbreitung von Anophelesmücken an der schleswig-holsteinischen Nordseeküste. Sie übertragen durch einzellige Parasiten **Malaria**, das Marschenfieber. Im Kirchspiel Lunden in Norderdithmarschen ist die Erkrankungsrate mit beachtlichen 45 Prozent am höchsten.[28] Das Miasma – die Ausdünstung von

---

[27] Humboldt (1826): Essai politique sur l'île de Cuba; Deutscher Bundestag (2019): Alexander von Humboldt und der Liberalismus.

[28] Niemöller (2014): Storm, Schimmelreiter und Malaria. S. 328.

Abb. 5.9 Medaille zu Ehren von Alexander von Humboldt (1769 bis 1859), von 1828. (Med1996, Bild 1, © Germanisches Nationalmuseum, Nürnberg, Foto: C. Merz)

gärenden Pflanzenresten – soll angeblich die Seuche in den feuchten und heißen Marschen ausgelöst haben. (→ April 1888, 1945 bis 1950)

1827/28 Der Naturwissenschaftler **Alexander von Humboldt** hält an der Berliner Universität 61 Vorträge über Weltbeschreibung und in der großen Halle der Singakademie zu Berlin die 16 legendären, allgemeinverständlichen **Kosmos-Vorträge** (Abb. 5.9).

1828 Der Agrarwissenschaftler **Philipp Carl Sprengel** veröffentlicht das **Gesetz vom Minimum**. Er hat entdeckt, dass Pflanzen Mineralstoffe im Boden aufnehmen und ausreichende Mengen an Stickstoff, Phosphor, Kalium, Magnesium, Eisen, Kalzium, Schwefel, Mangan, Bor, Zink, Kupfer und Molybdän zum Wachstum benötigen. Sprengel trägt damit neben Albrecht Daniel Thaer, Justus von Liebig, Julius Kühn, Fritz Haber und Carl Bosch ganz wesentlich zur Entwicklung der Landbauwissenschaften und nicht zuletzt zur Sicherung der Welternährung bei.

1829/30 In dem **Großen Winter** hat der Bodensee Seegfrörne. Im Januar 1830 vergnügen sich viele Menschen auf dem Bodensee. Eine Eisprozession holt die Büste des Heiligen Johannes in Münsterlingen im Schweizer Kanton Thurgau ab und führt sie über den hier etwa acht Kilometer breiten, zugefrorenen See in das badische Hagnau.[29]

1830 (03.12.) Friedrich Wilhelm III. König von Preußen veranlasst die Enteignung der für den Weiterbau des Kölner Doms genutzten Trachytsteinbrüche am **Drachenfels** im Sieben-

---

[29] Düwel-Hösselbarth (2015): Ernteglück und Hungersnot. S. 151.

Abb. 5.10 Naturschönheit Drachenfels, das erste Naturschutzgebiet Preußens von 1830. (Foto: H.-R. Bork, 04.09.2018)

gebirge (Abb. 5.10). Am 26. April 1836 erwirbt der preußische Staat den höheren Teil des Drachenfels, um ihn als Naturschönheit zu sichern und um Vertrautes vor der Zerstörung zu schützen – es ist die **erste staatliche Naturschutzmaßnahme** in Preußen.

1831 (ab Ende Mai) Die **Asiatische Cholera** wandert 1830 von Russland nach Kongresspolen. In Unkenntnis der tatsächlichen Verbreitungswege führt die preußische Regierung zahlreiche Vorsichtsmaßnahmen durch: militärische Sperrgürtel an den Grenzen, Schließungen von Seehäfen, Einschränkungen der Binnenschifffahrt und die Desinfizierung von Waren mit Chlorgas. Trotzdem treten Ende Mai 1831 Cholerafälle in Königsberg und Danzig auf. Die Seuche wirkt verheerend in Ost- und Westpreußen. Berlin, Magdeburg, Hamburg und Altona melden Choleraerkrankungen. Das Bakterium *Vibrio cholerae* erzeugt im Körper von Menschen Choleratoxin, dass zu schwerem Brechdurchfall mit großem Flüssigkeitsverlust, Austrocknung, Teilnahmslosigkeit und zum Tod führen kann. Das Cholera-Bakterium gelangt hauptsächlich mit Ausscheidungen von Infizierten über Sickergruben oder direkte Einleitungen in Oberflächen- und Grundwässer, die wiederum von Menschen als Trinkwasser genutzt werden. ($\rightarrow$ 1892)

1832 Der Geologe Prof. Albrecht Reinhard Bernhardi vermutet, dass Felsblöcke (Geschiebe), die auf norddeutschen Feldern liegen, in Vorzeiten von einer großen Inlandeismasse von Skandinavien zu uns transportiert wurden. Zwar ist die skandinavische Herkunft der Geschiebe bereits bekannt, nicht jedoch das Transportmedium. Nach der damals gängigen Vorstellung führten auf dem Meer driftende Eisschollen die Felsen von Nord- nach Mitteleuropa. 1844 entdeckt der Geologe Prof. Carl Friedrich Naumann auf Porphyren in den Hohburger Bergen im Norden Sachsens markante längliche Spuren, die er als Gletscherschliffe deutet. Demnach hätten in einen Gletscher eingeschmolzene härtere Steine den weicheren Porphyr geritzt, als sich die Eismasse langsam über ihn schob. Naumanns Theorie setzt sich nicht durch. Erst nachdem der Direktor des schwedischen geologischen Dienstes SGU Otto Martin Torrell 1875 auf den **Kalksteinen von Rüdersdorf** bei Berlin markante **Gletscherschrammen** nachweist und am 3. November 1875 in einer Sitzung der Deutschen

Abb. 5.11 Vor 1795 im Wald bei Oberaulenbach im Spessart errichtete Wolfsgrube; sie war ursprünglich oben mit beweglichen Klappen versehen und mit belaubten Zweigen abgedeckt; inmitten des Grubenbodens stand ein angespitzter Pfahl mit einem oben aufgesteckten Stück Fleisch; ein vom Fleischgeruch angelockter Wolf sollte die zur Mitte nachgebende Grubenabdeckung betreten, hinstürzen und sich aufspießen. (Foto: H.-R. Bork, 20.11.2021)

Geologischen Gesellschaft diesen Beleg überzeugend präsentiert, gilt eine von Skandinavien ausgehende Vereisung des norddeutschen Tieflands im Pleistozän als nachgewiesen.

1834 Inspiriert von englischen Abhandlungen zur Landschaftsgartenkunst, veröffentlicht der Schriftsteller und „Parkoman" Fürst **Herrmann von Pückler-Muskau** 1834 bei der Hallberger'schen Verlagsbuchhandlung in Stuttgart das Lehrbuch „**Andeutungen über Landschaftsgärtnerei verbunden mit der Beschreibung ihrer praktischen Anwendung in Muskau**". Der Textband findet zusammen mit dem prächtigen Bildatlas national und international Anerkennung. Das Werk des Fürsten Pückler beeinflusst etwa die Planung und Gestaltung des Central Parks in New York durch die Gartenarchitekten Calvert Vaux und Frederic Law Olmsted.[30] ($\rightarrow$ ab 1815)

1834 (01.07.) Der bayerische Landtag verabschiedet das Gesetz zum Bau eines Kanals, der Altmühl und Regnitz verbinden soll. Von 1836 bis 1845 entsteht der gut 15 Meter breite, etwa eineinhalb Meter tiefe und 173 Kilometer lange **Ludwig-Donau-Main-Kanal** mit hundert Schleusen. Von Kelheim an der Donau bis Bamberg ziehen Pferde Kähne mit bis zu hundert Tonnen Fracht durch die Wasserstraße. Der Bau von Eisenbahnstrecken macht den Kanal bereits zwei Jahrzehnte nach seiner Fertigstellung unrentabel. Am 4. Januar 1950 endet die Frachtschifffahrt auf dem Ludwig-Donau-Main-Kanal offiziell.[31]

1835 (24.10.) Der letzte (vor 2006) in deutschen Territorien gesichtete **Braunbär** wird in den Chiemgauer Alpen erschossen.

1835 bis 1888 Wölfe legen große Distanzen zurück. Gelegentlich wandern sie wieder in Gebiete ein, in denen sie zuvor ausgerottet worden waren (Abb. 5.11). So können Jäger in

---

[30] Vgl. https://themator.museum-digital.de/scroll/2839 (letzter Zugriff: 05.07.2025).

[31] Vgl. von Zech-Kleber (2021): Rhein-Main-Donau-Kanal.

Abb. 5.12 Dampfschiff und Dampfwagen beschleunigen den Transport von Waren und Menschen, Zeichner: Gustav Wilhelm Kraus, um 1850. (HB3866, Bild 1, © Germanisches Nationalmuseum, Nürnberg)

einer Region durchaus mehrere **„letzte" Wölfe** erlegen, so geschehen in Westfalen in den Jahren 1835, 1836 und 1839. Letzte Exemplare sterben in den bayerischen Alpen 1836, im Taunus 1841, im Erzgebirge 1859, im Odenwald 1866, in Niedersachsen 1872, im Bezirk Köln 1874 und in der Eifel 1888. Einzelne Wölfe gelangen im 20. Jahrhundert nach Deutschland. Aufgefordert vom zuständigen Ministerium, erlegen 1948 Jäger in Niedersachsen den „Würger vom Lichtenmoor". Erst der strenge Schutz des Wolfes durch das Bundesnaturschutzgesetz ermöglicht seit 2000 eine erfolgreiche Wiedereinwanderung und die Entwicklung einer Wolfspopulation in Deutschland. (→ 1865/66, 1948 bis 1991, 2018, 18.12.2019, 01.05.2023 bis 30.04.2024)

Ab 1835 (07.12.) Die **erste Dampfeisenbahn** in deutschen Territorien fährt von **Nürnberg nach Fürth** (Abb. 5.12). Lärm und Luftverschmutzung werden mobil. In den folgenden Jahrzehnten entsteht ein dichtes Eisenbahnnetz. Am 31. Dezember 1913 hat es im Deutschen Reich eine Gesamtlänge von 63.377 Kilometern. Der Ressourcenverbrauch ist immens: Verbaut sind bis Ende 1913 ca. 6,2 Mio. Tonnen Eisen in Schienen sowie knapp hundert Millionen mit umweltgefährdendem Steinkohlenteeröl imprägnierte Querschwellen aus Eichen- und Kiefernholz. Der Transport von Steinkohle und Eisenerz, Eisen und Stahl mit Zügen ermöglicht den bis 1914 anhaltenden industriellen Aufschwung im Deutschen Reich.

▶ Die Auswirkungen der Hochindustrialisierung auf die Menschen und ihre
Umwelt sind gewaltig und reichen vom Flächen- und Bodenverbrauch durch
Bergwerke, Industrieanlagen, Handwerksbetriebe, Wohnsiedlungen, Straßen
und Bahnlinien über die Veränderungen des Wasserhaushaltes u. a. durch das
Wassermanagement in Bergwerken, die Kanalisierung von Flüssen und die
Emissionen z. B. der Hochöfen und Lokomotiven bis zu den Belastungen von
Boden, Grund- und Oberflächenwasser mit Schadstoffen.

1837 (Dezember) Angeregt von dem evangelischen Pfarrer und Tierschützer Christian
Adam Dann (→ 1822), gründet der evangelische Pfarrer und Dichter Albert Knapp in
Stuttgart den wohl ersten **Tierschutzverein** in deutschen Territorien.

1840 Der Agrikulturchemiker **Justus von Liebig** veröffentlicht 1840 das Werk „Die organische Chemie in ihrer Anwendung auf Agricultur und Physiologie" (Abb. 5.13). Er
empfiehlt nachdrücklich, Nährstoffe, die mit der Ernte von Kulturpflanzen dem Boden ent-
zogen werden, vorzugsweise durch **anorganischen Dünger** zu ersetzen. Landwirtschaftsbetriebe beginnen bald Chilesalpeter (→ 1840er/50er-Jahre), Kalisalze und Phosphate als
Dünger einzusetzen (→ 1857, ab 1900), zunächst noch in begrenztem Umfang. Nach der
Entdeckung der Stickstoffsynthese durch Fritz Haber (→ 1904 bis 1911) und dem Aufbau
der industriellen Produktion von Ammoniak bei der BASF (→ 19.09.1913) steht syntheti-
scher Stickstoff bis zum Ende des Ersten Weltkriegs fast ausschließlich für die Produktion

Abb. 5.13 Das Liebig-
Museum in Gießen zeigt das
historische Labor von Justus
von Liebig, der von 1824 bis
1852 als Professor für Chemie
an der Ludoviciana wirkte,
der Ludwigs-Universität zu
Gießen. (Foto: H.-R. Bork,
28.06.2014)

von Sprengstoff zur Verfügung. Danach lassen Phosphat-, Kali- und Stickstoffdünger die landwirtschaftlichen Ernteerträge nicht nur im Deutschen Reich außerordentlich ansteigen. Weitaus mehr Menschen können ernährt werden, als dies nur durch organischen Dünger möglich gewesen wäre. Die Schattenseite betrifft die Umweltwirkungen durch den Abbau, die Verarbeitung, den Transport und die Nutzung von Kalisalzen und Phosphaten sowie durch die Ammoniaksynthese – und die ökologischen Fußabdrücke der zusätzlichen Menschen.

1840er/50er-Jahre Der Unternehmer Johann Gildemeister wandert nach Peru aus. Er gründet in Lima die Import-Export-Firma Gildemeister, Consbruch & Co., lässt **Guano** und **Salpeter** abbauen und u. a. nach Deutschland exportieren. Dadurch verändert er lokal die Umwelt der Abbaugebiete in der Atacama und zunehmend den Nährstoffhaushalt der landwirtschaftlich genutzten Böden in Deutschland, auf denen Dünger aus der Extremwüste ausgebracht wird.

1841 (30.05.) Der Menagerist und Gastwirt Schardel Heinrich Berg eröffnet am Pfingstsonntag in Horn (seit 1894 ein Stadtteil von Hamburg) an seinem Gartenlokal „Zum letzten Heller" einen **Tiergarten** mit zahlreichen Tierarten, unter ihnen Affen und Lamas. Der Große Hamburger Brand am → 05.05.1842 führt zu einem starken Besucherrückgang und 1845 zur Schließung.

1842 (05.05.) In der Deichstraße in **Hamburg** bricht nachts ein Feuer aus. Der **Brand** erreicht Speicher aus Fachwerk, in denen leicht brennbare Waren wie Spiritus und Rum lagern. Löschversuche der Feuerwehrmänner schlagen fehl – zumal sie aus einem Fleet Löschwasser entnehmen, das zuvor dorthin abgelassenen Anisschnaps enthält. Die zu spät angeordnete Sprengung von Schneisen hat zunächst nicht den gewünschten Erfolg. Schließlich fällt bis zum 8. Mai 1842 ein Drittel der Altstadt mit etwa 1100 Wohnhäusern, 102 Speichern und öffentlichen Gebäuden dem Großbrand und den Sprengungen zum Opfer. 51 Menschen sterben, ungefähr 20.000 werden obdachlos. Bürgerschaft und Rat nutzen danach die einzigartige Chance, auf den Trümmern eine moderne Stadt mit Schwemmkanalisation und zentraler Wasserversorgung zu errichten.

1844 Der Naturwissenschaftler Alexander von Humboldt erkennt den **Einfluss von Menschen auf das Klima und die Bedeutung von Treibhausgasen für das Klima**. In der 1844 erschienenen Publikation „Central-Asien. Untersuchungen über die Gebirgsketten und die vergleichende Klimatologie" stellt Humboldt fest, dass der Mensch das Klima „durch Fällen der Wälder, durch Veränderung in der Vertheilung der Gewässer und durch die Entwicklung großer Dampf- und Gasmassen an den Mittelpunkten der Industrie" verändere.[32]

1844 (13.04.) Der österreichische Dichter **Nikolaus Franz Niembsch Edler von Strehlenau** (bekannt unter dem Pseudonym Nikolaus Lenau) erläutert in einem Brief an Sophie von Löwenthal in drastischen Worten seine Wahrnehmung des Zustandes der Luft im Stuttgarter Talkessel: „**Verdammtes Kloakenthal!** Die Luft ist zwischen diesen fleißigen und

---

[32] Zitiert in: Holl (2019): Alexander von Humboldt und der Klimawandel: Mythen und Fakten.

abgeschwitzten Weinbergen so dumpf und matt, so verbraucht und beschmutzt, als wäre sie durch meilenlange Windungen von Eingeweiden hindurchgegangen, ehe man sie in Nase u. Lunge bekommt".[33]

1844 (01.08.) Der älteste noch heute existierende **Zoologische Garten** Deutschlands eröffnet in **Berlin**; am 8. August 1858 folgt der Zoologische Garten zu Frankfurt am Main. Die neuen Zoos versuchen, möglichst viele Tierarten zu halten und der Öffentlichkeit zu präsentieren. Dies führt zu einer Haltung in immer kleineren Käfigen, die oftmals nicht artgerecht ist und den Verlust natürlicher Verhaltensweisen bedingt. Sie müssen nicht selten neu erlernt werden, wenn Auswilderungen, zu denen viele Zoos heute beitragen, gelingen sollen (→ ab 2003).

1844/48 Die Hamburgische Erbgesessene Bürgerschaft und der Ehrenwerthe Rath beschließen 1844 die Etablierung einer **Stadtwasserkunst** in Rothenburgsort zur Versorgung **Hamburgs** mit Elbwasser. 1848 nimmt die erste zentrale Wasserversorgungsanlage Kontinentaleuropas den Betrieb auf. Schwebstoffe setzen sich in großen Becken ab; eine Filterung des Elbwassers ist jedoch nicht vorgesehen. (→ August bis Oktober 1892)

1845 Der Gemeindevorstand und 14 Bürger von Halsbrücke in Mittelsachsen fordern in einer Petition an die Amtshauptmannschaft in Freiberg Entschädigungen für die fatalen Wirkungen des **Hüttenrauchs der Halsbrücker Metallhütte**. Der 1849 von der Leitung der Hütte als Gutachter beauftragte Tharandter Agrarchemiker Adolph Stöckhardt weist die „beizende Kraft" der Schwefelsäure auf die Vegetation um die Hütte nach. Der Bau einer 60 Meter hohen Esse im Jahr 1860 löst wider Erwarten die Probleme nicht; Schadstoffe verteilen sich nun auf ein etwas größeres Gebiet. Erst die 1889 fertiggestellte 140 Meter hohe Esse reduziert die Emissionen um die Hütte; dafür nehmen die Klagen in größerer Entfernung zu.[34]

1845 bis 1847 Die gefürchtete **Kraut- und Braunfäule der Kartoffel** breitet sich von Juni bis Oktober 1845, ausgehend von Belgien, über Norddeutschland bis zur Weichselmündung und zum Bodensee aus. Die Kartoffelerträge sinken erheblich. Missernten führen in einigen Regionen zu Teuerungen. Das Trockenjahr 1846 bringt niedrige Getreideerträge in Preußen und im Königreich Hannover. Die Preise für Getreide und Kartoffeln steigen bis in das Frühjahr 1847 teilweise um mehr als das Doppelte. Menschen hungern insbesondere in den ostelbischen Gebieten Preußens. Erst mit den im Mai 1847 beginnenden Importen von Roggen aus Russland und von Reis aus den USA und Britisch-Indien sowie der guten Ernte in deutschen Territorien im Sommer 1847 bessert sich die Versorgung entscheidend.

1845 bis 1862 Alexander von Humboldt veröffentlicht das mehrbändige Werk „**Kosmos. Entwurf einer physischen Weltbeschreibung**", das „die ganze materielle Welt, alles was wir heute von den Erscheinungen der Himmelsräume und des Erdenlebens, von den Nebelsternen bis zur Geographie der Moose auf den Granitfelsen, wissen", detailliert er-

---

[33] Minckwitz (1963; Hrsg.): Nicolaus Lenau und Sophie Löwenthal.

[34] Brüggemeier (1996): Das unendliche Meer der Lüfte. S. 152 ff. Sowie: Huff (2005): Natur und Industrie im Sozialismus. Eine Umweltgeschichte der DDR.

läutert. Alexander von Humboldt plant sein Opus magnum über Jahrzehnte; die Publikation verzögert sich aus unterschiedlichen Gründen immer wieder. Schließlich erscheint im Jahr 1845 der erste, 1847 der zweite, 1850 der dritte und 1858 der vierte Band. Der fragmentarische fünfte und letzte Band wird postum im Jahr 1862 publiziert. Band I enthält auch systematische statistische Auswertungen meteorologischer Daten aus den von Alexander von Humboldt bereisten Regionen der Erde. Zusammen mit weiteren Publikationen begründet er die vergleichende **Klimatologie**.

1848 Die Ära der **Hamburger Wasserträger** endet mit der Einrichtung der öffentlichen Wasserversorgung. Bis dahin bringen Träger Wasser in die wohlhabenderen Haushalte Hamburgs. Der bekannteste ist in der ersten Hälfte des 19. Jahrhunderts Hans Hummels, bürgerlich Johann Wilhelm Bentz. Im Brunnen am Gänsemarkt füllt er seine beiden an einem Tragejoch befestigten Eimer mit Wasser, das er in die Häuser der Umgebung liefert. Straßenjungen necken den Wasserträger mit dem Ruf „Hummel, Hummel", einige zeigen ihm gar ihre nackten Hinterteile. Hans Hummels antwortet mürrisch mit „Mors, Mors", was im niederdeutschen Hinterteil bedeutet.

1849 (27.03) Die bürgerliche Revolution des Jahres 1848 ermöglicht die Verabschiedung der Verfassung des Deutschen Reiches am 27. März 1849 durch die Frankfurter Nationalversammlung in der Paulskirche in Frankfurt am Main.[35] § 169 der Verfassung regelt das **Jagdrecht** neu; Frondienste enden, Jagdprivilegien entfallen entschädigungslos. Der allein durch die Landschaft pirschende oder auf einem Hochsitz frühmorgens auf das Wild wartende bürgerliche Jäger löst zunehmend adlige Gesellschaftsjagden mit Parforcejagden ab. Letztere waren ein Höhepunkt der herrschaftlichen Jagd, bei der ein vorausgewählter Hirsch bis zur vollkommenen Erschöpfung gehetzt und erlegt wurde (Abb. 5.14).[36]

1850 Die **Agrarproduktion** in deutschen Territorien hat sich von 1800 bis 1850 im Mittel **fast verdoppelt**. Bis zum Ende des 19. Jahrhunderts wird sie nochmals um mehr als 100 Prozent wachsen. Zahlreiche Innovationen ermöglichen diese geradezu explosionsartige Erhöhung der Erträge:

- Agrarreformen (u. a. Gemeinheitsteilungen, Aufhebung des Flurzwangs),
- veränderte Fruchtfolgen (u. a. Aufgabe des bislang zur Regeneration des Bodens erforderlichen Brachejahrs),
- neue Bodenbearbeitungsverfahren,
- Züchtungserfolge im Pflanzenbau und bei der Tierhaltung,
- neue Kulturpflanzenarten und -sorten (u. a. Hackfrüchte und Futterpflanzen),
- verbesserte Düngung (besonders seit dem späten 19. Jahrhundert),
- der Wandel von Heiden in Ackerland,
- die Intensivierung der Nutzung der verbliebenen Wiesen,

---

[35] https://www.bundestag.de/dokumente/textarchiv/2024/kw13-kalenderblatt-nationalversammlung-630668 (letzter Zugriff: 05.07.2025).

[36] Thürigen und Suchy (2024): I. Beherrschung. S. 52 ff.

Abb. 5.14 Ansicht des 1765 erbauten und 1806 abgebrochenen Jagdpavillons Dianaburg im Schloss-park von Kranichstein bei Darmstadt mit einer Parforcejagd des Landgrafen Ludwig VIII. von Hessen-Darmstadt; im Vordergrund Reiter mit Jagdhörnern und eine Hundemeute, die einen Hirsch hetzt. Das neue Jagdrecht vom 27.03.1849 beendet allmählich herrschaftliche Parforcejagden. Gemälde von Georg Adam Eder. (Gm1303, © Germanisches Nationalmuseum, Nürnberg)

- die Inkulturnahme von Ödland,
- die Melioration von Feuchtgebieten (Brüchen) und Mooren,
- die Begradigung von Fließgewässern,
- eine stärkere ökonomische Orientierung vieler Landwirtschaftsbetriebe.

Zeitgleich erhöht sich die Nachfrage nach Lebensmitteln; immer mehr Menschen arbeiten in den neuen Industriebetrieben und nicht länger in der Landwirtschaft. Der gelistete Landnutzungswandel im 19. Jahrhundert macht viele Landschaften wasserärmer, zerstört die Lebensräume vieler Pflanzen- und Tierarten, beschleunigt die Artenverarmung.

Um 1850 Noch haben Elemente der traditionellen **Kreislaufwirtschaft** Bestand. So ist der ressourcenschonende Gebrauchtwarenhandel wie schon in den vorausgegangenen Jahrzehnten und Jahrhunderten bedeutsam. Angehörige der Oberschicht (zuvorderst wohlhabende Adlige und Patrizier) veräußern z. B. aus der Mode gekommene Gegenstände an Mitglieder des Bürgertums. Folglich verschafft adliger Überkonsum dem Bürgertum erlesene Gebrauchtwaren. Mitglieder des Bürgertums wiederum verkaufen benutzte Objekte an Bäuerinnen und Bauern sowie Arbeiterinnen und Arbeiter. Defekte Gegenstände werden nach Möglichkeit nicht weggeworfen, sondern repariert und weiterverwendet. Frauen bessern Kleidungsstücke aus, Männer setzen Werkzeuge instand. Bislang wurden Lumpen gesammelt, in Papiermühlen zermahlen und zu Papier verarbeitet. Doch allmählich ersetzt Holz irreparable Kleidungsfetzen in der Papierherstellung.

Mitte des 19. Jahrhunderts Heller **Fegesand** ist seit jeher begehrt, etwa zum Reinigen von Fußböden und Gefäßen oder zum Verschönern des Wohnzimmerbodens. Im 19. Jahrhundert wächst die Nachfrage stark. Woher kommen die Sandmassen? **Sandbrecher** schlagen in Steinbrüchen oder in flachen Kuhlen im Wald Steinbrocken ab. Mit der Zeit arbeiten sie sich immer tiefer in das Gestein; mancherorts entstehen ausgedehnte Höhlensysteme. Die Sandsteinhöhle von Walldorf bei Meiningen im südwestlichen Thüringen erreicht schließlich eine Fläche von ca. 65.000 Quadratmetern. Einige Gemeinden, wie Sternenfels im Kraichgau, reglementieren Mitte des 19. Jahrhunderts den Sandabbau und verbieten das gefährliche unterirdische Sandgraben. Die Sandbrecher hinterlassen wüstenartige Gebiete mit zahllosen flachen Kratern. **Sandbauern** zertrümmern mit Hämmern oder in Sandmühlen die von den Sandbrechern abgeschlagenen Steinbrocken zu feinem Fegesand und packen ihn in Säcke (Abb. 5.15). Aufgewirbelter Staub belastet die Lungen;

Abb. 5.15 Von Familie Kugler gestiftete Sandmühle im KOMM-IN-Dienstleistungszentrum in Sternenfels am Stromberg zwischen Pforzheim und Heilbronn. Sandmühlen mahlten Sandsteinbrocken zu feinem Fegesand. (Foto: H. Bork, 15.02.2025)

Lebenserwartung und Einkommen sind niedrig. Die Sandbauern bringen die Sandsäcke in die Dörfer und Städte in der Umgebung der Abbauorte. Mit lauten Rufen „Fegesand, kauft Fegesand" oder „Der Sandmann ist da" bieten sie die schweren Säcke an. Der Bedarf ist groß: In Stuttgarter Häusern werden um 1860 jährlich rund drei Millionen Liter des hellen Fegesandes zur Verschönerung auf nicht versiegelte Fußböden aufgebracht und nach einiger Zeit mit dem Schmutz aufgekehrt und entsorgt.[37]

1851 Robbenfett ersetzt mittlerweile Walspeck. So erschlägt die Besatzung der Brigg „Insel Föhr" während einer Grönlandfahrt im Jahr 1851 mit Knüppeln etwa 2000 Robben im Eismeer – eine nicht unübliche Fangmenge. Erfahrene Seeleute trennen den Speck vom begehrten Fell, die Mannschaft packt den Speck in Fässer und salzt die Robbenfelle ein. Aus dem Speck wird der Tran gewonnen. Die starke Bejagung im 19. Jahrhundert dezimiert die Bestände mehrerer Robbenarten (→ ab 21.04.1643, ab 1673).

1851 (03.02.) bis 1941 (01.02.) Lina Hähnle aus Sulz am Neckar wird eine der bedeutendsten deutschen Vogel- und Naturschützerinnen. Sie beklagt die „rücksichtslose Ausbeutung der Natur", tritt für einen ganzheitlichen Naturschutz ein und kritisiert den üppigen Federschmuck an teuren Damenhüten, dem viele Vögel zum Opfer fallen, wie Paradiesvögel und Silberreiher. Lina Hähnle gründet 1899 in Stuttgart den **Bund für Vogelschutz (BfV)**, leitet ihn von Anbeginn bis 1937 mit außergewöhnlichem Erfolg, organisiert große Vogelschutztage und etabliert (auch mithilfe ihres Mannes, des Reichstagsabgeordneten Hans Hähnle) wirkmächtige Netzwerke. Der politische Einfluss von Lina Hähnle bewirkt → 1908 eine Verschärfung des Reichsvogelschutzgesetzes. Zur Durchsetzung des Artenschutzes erwirbt Lina Hähnle ab 1911 zahlreiche ökologisch wertvolle Flächen, um dort jegliche Nutzung zu beenden. 1914 erlässt der Staatssekretär im Reichskolonialamt und Mitglied des BfV Wilhelm Heinrich Solf ein befristetes Abschussverbot für Paradiesvögel in Deutsch Neuguinea (heute Papua-Neuguinea).

Die Zahl der aus allen Gesellschaftsschichten stammenden Mitglieder des BfV steigt stark; 1916 sind es schon rund 40.000. Der Bund für Vogelschutz arrangiert sich unter der Leitung von Lina Hähnle mit den jeweiligen politischen Bedingungen – im Kaiserreich, in der Weimarer Republik und auch in der Zeit des Nationalsozialismus. 1935 erfolgt die Gleichschaltung und die Umbenennung in Reichsbund für Vogelschutz.[38]

1852 Ein Teil der rund 5600 Berliner Trink- und Brauchwasserbrunnen ist kontaminiert. Daher setzt sich der Berliner Polizeipräsident **Carl Ludwig Friedrich von Hinckeldey** intensiv für den Bau einer zentralen Wasserversorgung und Kanalisation ein. Am 14. Dezember 1852 unterzeichnen die britischen Unternehmer Sir Charles Fox und Thomas Russell

---

[37] Vgl. https://geotouren-schwarzwald.de/category/kraichgau/ (letzter Zugriff: 05.07.2025) sowie https://blogs.urz.uni-halle.de/alteberufe/2011/03/sandmann-oder-sandhasen/ (letzter Zugriff: 05.07.2025).

[38] Vgl. https://www.nabu.de/wir-ueber-uns/organisation/geschichte/00347.html (letzter Zugriff: 04.07.2025); https://www.nabu.de/wir-ueber-uns/organisation/geschichte/00346.html (letzter Zugriff: 05.07.2025); https://www.nabu.de/wir-ueber-uns/organisation/geschichte/00350.html (letzter Zugriff: 05.07.2025).

Crampton in Berlin einen Vertrag zum Bau von Wasserwerken und -leitungen durch die in London zu gründende Aktiengesellschaft **Berlin-Waterworks-Company**. Das erste, 1856 in Betrieb gehende Wasserwerk versorgt 341 Gebäude mit fließendem Wasser. Absatz und Gewinn bleiben jedoch gering, weshalb die Stadt Berlin 1873 die Gesellschaft übernimmt.

1852 (26.05.) Gewitter mit Hagelschlag und starken Niederschlägen haben im nördlichen Thüringen katastrophale Folgen. Im Raum Dingelstädt sterben elf Menschen; 650 Schafe ertrinken. Hagelkörner zerschlagen Feldfrüchte und die Blätter der Gehölze. Starker Abfluss reißt Brücken und Mühlen fort, erodiert Böden auf den Äckern und verschlammt Wiesen in den Talauen.[39]

1854 Der Landesausbau der vergangenen Jahrzehnte und Jahrhunderte hat zu einem Verlust zahlloser ökologisch wertvoller Standorte geführt. Mit ihnen verschwanden den Menschen vertraute Naturgebiete und Landschaftselemente. Moore und Flussauen sind weitgehend entwässert, Flüsse zunehmend begradigt, Heiden und nicht genutztes „Ödland" bald vollständig in Ackerland gewandelt. Menschen nehmen die Verluste immer stärker wahr. Der Journalist und Kulturhistoriker Prof. Dr. **Wilhelm Heinrich Riehl** fordert 1854 „ein **Recht auf Wildniß**".[40]

1857 In Bergwerken bei Staßfurt im heutigen Salzlandkreis in Sachsen-Anhalt beginnt der Abbau von Salz. Das mitgeförderte Bittersalz – **Kalisalz** – wird zunächst noch als Verunreinigung des gesuchten Steinsalzes angesehen und auf Halden entsorgt. Ab 1860 fördert man gezielt Kalisalz, um es als Mineraldünger zu verwenden. Der Kalisalzbergbau bedingt bis heute starke Umweltbelastungen. (→ 1911, 08.06.1914)

1857 und 1858 Beide Jahre sind in Württemberg und Baden **sehr trocken**. Im Schwarzwald fehlt 1857 Wasser für den Betrieb von Wassermühlen. 1858 versiegen in Stuttgart zahlreiche Brunnen.[41]

1857 (18.11., 14:45 Uhr) Durch eine **Explosion** des mit ca. 200 Zentnern Schießpulver und 700 Granaten bestückten **Martinsturms** in der Gautoranlage im Mainzer Stadtteil Kästrich sterben mehr als 150 Menschen, stürzen 57 Gebäude ein, fliegen Trümmer 1,2 Kilometer bis zum Rhein. Im Mainzer Dom bersten Fenster.

1858 (17. bis 21.02.) Der Wasserstand des **Bodensees** sinkt am Pegel Konstanz auf die **historisch niedrigste Höhe** (Niedrigstes Niedrigwasser NNW) von 226 Zentimetern – 115 Zentimeter weniger als der mittlere Wasserstand von 341 Zentimetern. Der Obersee schrumpft auf eine Fläche von 452,9 Quadratkilometern (mittlere Fläche des Obersees: 472,3 Quadratkilometer). Am Untersee gelangen Granite mit Niedrigwassergravuren an die Oberfläche.[42]

---

[39] Rost und Deutsch (2006): Die Blitze zuckten fürchterlich: folgenreiche Unwetter im Obereichsfeld.

[40] Frohn und Rosebrock (2022): Geschichte der Naturschutzpolitik.

[41] Düwel-Hösselbarth (2015): Ernteglück und Hungersnot. S. 156 f.

[42] https://bodensee-hochwasser.info/pdf/langzeitverhalten-bodensee-wasserstaende.pdf (letzter Zugriff: 05.07.2025).

1858/59 Der Professor für Geognosie Georg Konrad Hunaeus lässt bei Wietze östlich von Celle bis in 35 Meter Tiefe nach Braunkohle bohren. Aus dem Bohrloch steigt jedoch **Erdöl** auf – damit gelingt eine der weltweit ersten Erdölbohrungen. Nach wenigen Jahrzehnten stehen um Wietze zahlreiche Öltürme. Ölrückstände belasten Böden, Grund- und Oberflächenwasser ($\rightarrow$ 1652)

1859 Der Mineraloge und passionierte Jäger Prof. Dr. **Franz von Kobell** sinniert in der Abhandlung „**Wildanger**" über den möglichen Zustand der (Um-)Welt in einigen Jahrhunderten, wenn sämtliche Kohle („Wälder der Urzeit") abgebaut, die Lebensräume von jagdbarem Wild und die Moore zerstört sind: „Und wie mag es erst in ein paar hundert Jahren aussehen, wo man vielleicht alle Wälder der Urzeit zu Tage gebracht und dafür die lebenden begraben hat, wo man Moos und Filzgrund nur dem Namen nach kennen wird und das Wildpret zwischen Kaffeetrinkern in den zusammengeschrumpften Parken herumspaziert etc."[43] Die Realität übertrifft die Phantasien Franz von Kobells. Es dauert keine Jahrhunderte, bis die meisten Kohlen abgebaut, Moore zerstört und Wälder in monotone artenarme, sturmwurfgefährdete Wirtschaftsforsten gewandelt sind.

Ab 1860er-Jahre Durch die Umwandlung der südrussischen Steppen in Agrarlandschaften schwinden die Lebensräume von Heuschrecken, und **Heuschreckenplagen** werden in Mitteleuropa selten.

1861 Die sächsische Gewerbeordnung garantiert „genehmigten Anlagen selbst bei späterer Belästigung Bestandsgarantie". Klagen gegen „Belästigungen", also **Schadstoffemissionen** von Handwerks- oder Industriebetrieben, sind damit aussichtslos.

1861 Im bayerischen Bezirk Schwaben zählt man „**998 Getreidemühlen, 607 Sägemühlen, 224 Ölmühlen, 82 Gipsmühlen, 72 Lohmühlen, 48 Knochenstampfen, 18 Papiermühlen und 19 Walk[mühl]en.**"[44]

1863 bis 1873 Die wagemutige Botanikerin **Amalie Dietrich** sammelt und präpariert im **Nordosten Australiens** Pflanzen, Tiere, ethnografische Objekte und auch Skelette von Aborigines für das naturhistorische Museum des Hamburger Kaufmanns Johann Caesar VI Godeffroy. Es ist in jener Zeit respektloser Usus, die Körper verstorbener einheimischer Menschen zu entwenden, nach Europa zu bringen und sie dort meist pseudowissenschaftlich untersuchen oder in Museen ausstellen zu lassen. Unzureichende oder verloren gegangene Informationen zu den mitgebrachten Körpern oder Körperteilen Indigener verhindern heute nicht selten Rückgaben und würdevolle Bestattungen durch Nachkommen in der ursprünglichen Heimat ($\rightarrow$ 11.10.2024).

1864 An der Unteren Lände in München, einem seit Jahrhunderten überregional bedeutenden **Floßhafen an der Isar**, landen im gesamten Jahr über 11.000 Flöße an. Sie bringen auf der gefährlichen, häufig ihren Lauf verändernden oberen Isar Holz, Steine, vielerlei andere

---

43 von Kobell (1859): Wildanger. S. 16. Vgl. auch Blackbourn (2007): Die Eroberung der Natur. S. 319.
44 Riehl (1863): Bavaria, zitiert in: Fassl (2018; Hrsg.): Mühlen in Schwaben. S. 4.

Waren und Menschen in die Stadt. Ebenso verlassen zahlreiche beladene Flöße München isar- und donauabwärts.

1865 (23./24.07.) Der Naturwissenschaftler und Politiker Otto Volger und der einflussreiche Geograf und Kartograf August Petermann initiieren die „**Erste Versammlung Deutscher Meister und Freunde der Erdkunde**" am 23. und 24. Juli 1865 in Frankfurt am Main. Zur Bestätigung seiner vehement vorgetragenen These, der Nordpol sei eisfrei und mit Schiffen erreichbar, regt August Petermann auf der Geografenversammlung an, **Nordpolarexpeditionen** durchzuführen. Die erste findet 1868 unter der Leitung des Kapitäns Karl Koldewey statt. Er bringt den Frachtsegler „Grönland" vom norwegischen Bergen bis an die Packeisgrenze. Etwa 50 Seemeilen vor der Ostküste Grönlands verhindert Eis die Weiterfahrt nach Westen. Die Umrundung Spitzbergens misslingt ebenfalls. An der Zweiten Deutschen Nordpolar-Expedition nehmen 1869/70 der für die Expedition gebaute Schraubendampfer Germania unter Kapitän Karl Koldewey und die Schonerbrigg Hansa unter Kapitän Friedrich Hegemann teil. Sie erkunden die Ostküste Grönlands und die östlich anschließende geschlossene Packeisgrenze. Ein wesentliches Resultat der Expedition ist die Falsifizierung der Petermannschen These, der Nordpol seit auf dem Seeweg über den Nordatlantik erreichbar. Die Hansa sinkt am 22. Oktober 1869 vor Grönland; ihre Besatzung kann sich retten. Die eisfester gebaute Germania überwintert vor Grönland; sie kehrt am 11. September 1870 nach Bremerhaven zurück.[45]

1865/66 Wölfe reißen im **Odenwald** weit mehr als einhundert Schafe, einige Hunde und viel Wild. In aufwendigen, meist ergebnislosen Jagden werden schließlich wenige Wölfe erschossen. Andere wandern wohl weiter. Der letzte, am 12. März 1866 bei Eberbach erlegte Wolf wird in einem Festzug nach Eberbach gebracht, dort der Bevölkerung präsentiert und anschließend in Heidelberg präpariert und gezeigt (Abb. 5.16).

1866 In dem 1859 erschienenen Buch „On the Origin of Species" („Über den Ursprung der Arten") stellt der britische Naturforscher Charles Darwin Evolutionstheorien vor. Daraufhin entbrennt ein Streit zwischen Befürwortern und Gegnern der Theorie einer natürlichen Selektion.[46] Die Kontroverse um Darwins Evolutionstheorie wird auch in Deutschland stark wahrgenommen und aufgegriffen. Der Naturphilosoph und Ordinarius für Zoologe an der Universität Jena Prof. Dr. **Ernst Haeckel**

- wird stark von Darwin geprägt,
- versucht, dessen Lehre weiterzuentwickeln,
- trifft 1866 Charles Darwin in England,
- publiziert 1866 das Werk über die „Allgemeine Morphologie der Organismen. Kritische Grundzüge der mechanischen Wissenschaft von den entwickelten Formen der Organismen, begründet durch die Descendenz-Theorie"[47],

---

[45] Vgl. https://archive.org/details/diezweitedeutsch22deut/page/n7/mode/2up (letzter Zugriff: 05.07.2025).

[46] Vgl. Altner (1987): Überlebenskrise in der Gegenwart. IV.2.

[47] https://darwin-online.org.uk/converted/pdf/1866_Haeckel_A959.1.pdf (letzter Zugriff: 05.07.2025).

Abb. 5.16 Der Gedenkstein des Lionsclub Eberbach erinnert an den letzten, im Jahr 1866 im Odenwald erschossenen Wolf. (Foto: H.-R. Bork, 10.09.2024)

- versteht den Kosmos als „allumfassendes Naturganzes",
- definiert 1866 als erster **„Oecologie"** als „die gesammte Wissenschaft von den Beziehungen des Organismus zur umgebenden Außenwelt, [...]".[48]

1866 Auf der Magdeburger Stromelbe nimmt der **erste dampfbetriebene Kettenschlepper** in Mitteleuropa den Probebetrieb auf. Gebaut wurde er von der Magdeburger Maschinenfabrik Buckau. 1886 reicht die Kette von der Mündung der Moldau in die Elbe im böhmischen Mělník bis nach Hamburg. Auf dem Neckar verkehren Kettenschlepper, die bis zu sechs Schleppschiffe ziehen, zwischen Heilbronn und Mannheim von 1878 bis zur Kanalisierung des Flusses 1935. Die Kettenschifffahrt auf dem Main beginnt zwischen Aschaffenburg und Mainz 1886 und endet in diesem Abschnitt mit der Kanalisierung 1921. Kettenschiffe benötigen erheblich weniger Kohle als Raddampfer und stoßen damit auch

---

[48] Vgl. Simonis (1993; Hrsg.): Lexikon der Ökologieexperten. Simonis (2007; Hrsg.): Ein Blatt, ein Bild, ein Wort. S. 17–19. Weigmann in Simonis (Hrsg.; 2014): Vordenker und Vorreiter der Ökobewegung. S. 24–27. Sowie: https://www.dhm.de/lemo/biografie/ernst-haeckel (letzter Zugriff: 05.07.2025); https://www.deutsche-biographie.de/pnd118544381.html#ndbcontent; https://oekologie.badw.de/zum-begriff-oekologie.html (letzter Zugriff: 05.07.2025).

weniger Schadstoffe aus. Aufgrund ihres geringen Tiefgangs können sie auch flache Fluss-
abschnitte befahren. Weitaus stärker als die Ketten verändern die späteren Kanalisierungen
die Flussökosysteme (→ 1921 bis 1935, 1959 bis 1992).

1866 bis 1935 Am östlichen Ende eines breiten Dünentals südlich von Norddorf auf **Amrum** baut man 1866 die **Vogelkoje Meeram** (Abb. 5.17 und 5.18). Cornelius Peters wird
am 13. Juli 1866 Kojenmann auf Amrum. Er

- betreut die Vogelkoje bis 1890,
- pflanzt zur Vermeidung von Versandungen und als optischen Schutz um die Vogelkoje
  Bäume,

Abb. 5.17 Vogelkoje Meeram auf Amrum. (Foto: H. Bork, 16.03.2025)

Abb. 5.18 Haus des Kojenmanns an der Vogelkoje Meeram auf Amrum. (Foto: H. Bork, 16.03.2025)

- bringt in der von August bis November währenden Fangsaison täglich die Lockvögel zum Kojenteich,
- verbrennt etwas Torf während des Anlockens in einem Räucherfass, um seinen Geruch zu überdecken,
- wirft zum Anlocken der Wildenten aus einem Versteck Gerste in eine Reuse,
- treibt die Wildenten, sobald sie in den Fanggraben geschwommen sind, zur Reuse,
- greift die Wildenten in der Reuse und bricht ihnen das Genick.[49]

Peters und seine Nachfolger notieren den täglichen Fang. Der deutsche, an der Syddansk Universitet im dänischen Esbjerg lehrende und forschende Sozial- und Wirtschaftshistoriker Prof. Dr. Martin Rheinheimer hat für den Zeitraum von 1867 bis 1935 die Fangdaten akribisch ausgewertet, analysiert und publiziert. Demnach fangen die Amrumer Kojenmänner in diesem Zeitraum insgesamt **417.569 Enten**, darunter 90,2 Prozent Spießenten, 6,8 Prozent Pfeifenten, 2,2 Prozent Krickenten.[50] In manchen Jahren tötet der Kojenmann mehr als 10.000 Enten. Um diese große Menge nutzen zu können, beginnt im Jahr 1896 in Nebel auf Amrum eine Konservenfabrik mit der Verarbeitung. Anfang der 1930er-Jahre nimmt die Zahl der gefangenen Wildenten stark ab; 1937 wird die Vogelkoje Meeram aufgegeben. Die Kojenmänner arbeiten auch bei ungünstigen Witterungsbedingungen. Kälte und Nässe führen häufig zu Erkrankungen; in seinem Tagebuch notiert Cornelius Peters acht teils schwere Lungenentzündungen. Eine Wechselfieberinfektion (wahrscheinlich Malaria) behandelt er im Frühjahr 1874 erfolgreich mit Chinin.[51]

1867 bis 1890 Eier von Wildvögeln sind auf den nordfriesischen Inseln seit langer Zeit ein wichtiger und beliebter Nahrungsbestandteil und Verkaufsgegenstand. Der Kojenmann Cornelius Peters sammelt von 1867 bis 1876 und von 1887 bis 1890 auf Amrum 2855 Vogeleier; 1524 stammen von Brandenten, 455 von Silbermöwen, 100 von Stockenten und 71 von Austernfischern. Die Beendigung des Eiersammelns alljährlich Mitte Juni ermöglicht den beraubten Vögeln ein zweites Gelege. Da das Eiersammeln die Bestände einiger Vogelarten gefährdet, erlässt man im 20. Jahrhundert erste Einschränkungen und schließlich im Jahr 1990 ein Sammelverbot.[52]

1867 (Ostern) Der Politiker, Schriftsteller und freireligiöse Prediger Eduard Baltzer gründet in Nordhausen mit weiteren Interessierten den ersten deutschen vegetarisch ausgerichteten **Verein für naturgemäße Lebensweise**. 1892 erfolgt ein Zusammenschluss mit anderen Vereinen zum Deutschen Vegetarierbund.

1868 Gas beleuchtet nachts Straßen in mittlerweile etwa 530 deutschen Städten.

---

[49] Rheinheimer (2007): Der Kojenmann. S. 125 ff.

[50] Ebd. S. 132, 137.

[51] Ebd. S. 238 f.

[52] Ebd. S. 188 f.

Ab 1868 (18.05) Das Deutsche Zollvereinsparlament konstituiert sich am 27. April 1868 in Berlin. Am 18. Mai 1868 beschließt es auf seiner 14. Sitzung die **Besteuerung des Tabaks** in allen deutschen Staaten ($\rightarrow$ ab 1819, 1903, 19.08.1912, 05./06.04.1941).

1870 bis 1873 Nur bayerische und württembergische Soldaten sind während des vom Norddeutschen Bund unter der Führung Preußens 1870/71 gegen Frankreich geführten Krieges doppelt gegen Pocken geimpft ($\rightarrow$ 26.08.1807). Während die süddeutschen Soldaten weitestgehend verschont bleiben, infizieren sich nicht geimpfte andere Kriegsteilnehmer, Geflüchtete und Zivilisten häufig mit dem **Pockenvirus** *Orthopoxvirus variola*. Die resultierende letzte schwere Pockenepidemie im Deutschen Reich fordert 181.000 Menschenleben. ($\rightarrow$ 01.04.1875)

1871 bis 1914: Tierschutz, Pocken, Cholera und Typhus, Rieselfelder, Braunkohle- und Industrielandschaften, Reblaus und Nutria, Kolonialismus und Kolonialausstellung, Automobile

1871 Der Tierpräparator und Naturforscher **Philipp Leopold Martin** definiert als Erster den Begriff **Naturschutz**. Später fordert er staatlichen Naturschutz und die Einrichtung einer Naturschutzbehörde für das Deutsche Reich.

1871 Der **Tierschutzparagraph § 360 Nr. 13** wird in das **Reichsstrafgesetzbuch** aufgenommen, um denjenigen bestrafen zu können, der „öffentlich oder in Ärgerniß erregender Weise Thiere boshaft quält oder roh mißhandelt."

1871 Berlin benötigt Baustoffe. In **Rüdersdorf** östlich Berlin liegen große Massen an Kalkstein. Aus diesem wird seit dem 16. Jahrhundert stark alkalisches Kalziumoxid (CaO, Branntkalk) in wenig produktiven Kammeröfen durch das Erhitzen von Kalkstein auf mehr als 900 Grad Celsius erzeugt, ab dem frühen 19. Jahrhundert weitaus effektiver in Rumford-Öfen. 1871 beginnt in Rüdersdorf der Bau der Schachtofenbatterie (Abb. 6.1) mit dem Ziel einer Vervielfachung der Produktion von Branntkalk – mitfinanziert durch Reparationszahlungen Frankreichs. Mit der Inbetriebnahme der mit Koks und Kohle befeuerten **Kalkbrennöfen** im Jahr 1877 stoßen 18 qualmende, filterlose Schlote ungeheuer große Mengen an Ruß und Kalksteinstaub aus. 1878 produzieren die neuen Schachtöfen mehr als 28.000 Tonnen Branntkalk – zehnmal mehr als noch 1871. Die Emissionen der Schachtofenbatterie, ab 1885 zusätzlich von Zementwerken und ab 1942 auch vom Aluminiumwerk gehen in der Umgebung nieder, beeinträchtigen die Gesundheit von Menschen und Tieren schwer. Sie verschlechtern die Qualität des Oberflächenwassers. Unter der Staublast brechen sogar Hausdächer ein. Erst 1967 erfolgt die Stilllegung der Schachtofenbatterie. Sie bleibt erhalten und ist heute bedeutender Teil des Museumsparks Rüdersdorf.

1872 (12./13.11.) Von Südwest auf Nordost drehende Winde erreichen Orkanstärke. Sie verursachen an der Ostseeküste ein schweres, an Orten wie Travemünde und Flensburg

H.-R. Bork, *Denk ich an Deutschland …*, https://doi.org/10.1007/978-3-662-71613-7_6

Abb. 6.1 Schachtofenbatterie im Museumspark Rüdersdorf. (Foto: H.-R. Bork, 21.08.2024)

mehr als drei Meter hoch auflaufendes **Sturmhochwasser** (Abb. 6.2). Es fordert 271 Todesopfer, zerstört etwa 2800 Gebäude, macht rund 15.000 Menschen obdachlos.

1873 In der Phase der Hochindustrialisierung, die mit der Reichsgründung 1871 beginnt, wächst der Bedarf an den Baustoffen Sand und Kies ausnehmend stark. Der Unternehmer **Dietrich Suhrborg** beginnt 1873 bei Mülheim an der Ruhr mit der **Sandbaggerei**; das Unternehmen expandiert stark.

▶   Bis heute geht durch den Sand- und Kiesabbau in Deutschland Ackerland dauerhaft verloren. Andererseits können nach dem Ende des Abbaus artenreiche neue Biotope und attraktive Naherholungsgebiete entstehen.

1873 (14.08.) Abwasser mit Speiseresten und Müll rinnt durch die Gossen von Berlin, setzt sich ab und bildet eine beständige Infektionsgefahr für die Bevölkerung der rasch wachsenden Großstadt. Der Chefingenieur und spätere Berliner Stadtbaurat James Hobrecht entwickelt, unterstützt von dem renommierten Mediziner und Anthropologen Prof. Dr. Rudolf Virchow, einen bemerkenswerten Plan für ein komplexes unterirdisches Kanalisationssystem. Am 14. August 1873 beginnt das Großprojekt mit dem ersten Spatenstich. Die **Berliner Kanalisation** wird schließlich aus zwölf Radialsystemen bestehen, aus denen

Abb. 6.2 Wasserstandsmarke des Sturmhochwassers vom 13.11.1872 am Ostufer der Halbinsel Holnis an der Flensburger Förde. (Foto: H.-R. Bork, 08.07.2022)

die städtischen Abwässer zusammenfließen, von einer Dampfmaschine gehoben und in das Berliner Umland gepumpt werden, wo sie auf ackerbaulich genutzten Flächen versickern werden. Zunächst erwirbt die Stadt Berlin im Jahr 1874 das Rittergut Osdorf bei Groß-beeren. Arbeiter verlegen eine viele Kilometer lange Druckleitung von Berlin in das nun-mehrige Stadtgut Osdorf, wo sie ein System der Abwasserbehandlung einrichten: die 1876 in Betrieb gehenden Osdorfer **Rieselfelder** (Abb. 6.3). Das nährstoffreiche und schadstoff-haltige Berliner Abwasser strömt aus der Druckleitung in Becken, in denen sich ein Groß-teil der mitgeführten Feststoffe ablagert. Regelmäßig entnehmen Arbeiter den abgesetzten Schlamm, um ihn trocknen zu lassen. Er dient danach als landwirtschaftlicher Dünger. Das nun schwebstoffarme Abwasser fließt aus den Absetzbecken durch Gräben in etwa einen Viertel Hektar große, umwallte Rieseltafeln, wo es versickert. Die Böden der Rieseltafeln filtern Nähr- und Schadstoffe aus dem Abwasser: Die Nährstoffe verbleiben partiell in den Böden, werden dort mineralisiert und von Kulturpflanzen aufgenommen. Ein Teil des durch die Böden gesickerten und gefilterten Abwassers fließt weiter in das Grundwasser, ein ande-rer in Dränageröhren, die in ein bis zwei Meter Tiefe verlegt sind. Die Dränagen führen es in Abzugsgräben und von dort in die nächstgelegenen Bäche und Flüsse. Die Stadt Berlin

Abb. 6.3 Absetzbecken in
den ehemaligen Rieselfel-
dern bei Großbeeren südlich
Berlin; in Becken wie diesem
lagerten sich die im Abwasser
mitgeführten Feststoffe ab,
die getrocknet als Dünger verkauft wurden. (Foto: H. Bork,
30.12.2024)

erwirbt bald weitere Güter und andere Flächen im Umland, um Rieselfeldbezirke anzulegen.
Auf den nährstoffreichen Rieseltafeln bauen Arbeiter der Stadtgüter insbesondere Getreide,
Kohl, Kartoffeln und Rüben an. Die Erträge sind zunächst hoch.[1] ($\rightarrow$ 1928)

1874 Die kleine, gelbe **Reblaus** *Daktulosphaira vitifoliae* wird in der Königlichen Domäne
Annaberg bei Bonn erstmals im Deutschen Reich entdeckt – nachdem ab 1863 bereits ein
Massenbefall und damit die Vernichtung zahlreicher Weingärten in Frankreich zu beklagen
war. In Annaberg waren 1866 dem preußischen Landwirtschaftsministerium aus Washing-
ton geschenkte Reben angepflanzt worden. Die rasche massenhafte Verbreitung der Reblaus
löst auch im Deutschen Reich eine Reblauskrise aus. Sie erreicht das Ahrtal 1881, Sachsen
1885, die Mosel 1907 und Baden 1913. Einfuhrverbote für Reben und Gesetze von 1875,
1883 und 1904 zur aufwendigen Bekämpfung der Reblaus in befallenen Weinbergen wirken
nur eingeschränkt. Arbeiter behandeln oft im Staatsauftrag befallene Weinbergsböden mit
dem Nervengift Schwefelkohlenstoff. Sie schlagen infizierte Rebstöcke ab und verbrennen sie mitsamt der Rebwurzeln unter Verwendung von Petroleum. Erst reblausresistente
Unterlagsreben aus Nordamerika mit aufgepfropften europäischen Edelreisern bringen
schließlich seit den 1930er-Jahren in neu angelegten Weinbergen Besserung.

1875 (01.04.) Nach der **Pockenepidemie** von 1870 bis 1873 beginnen kontroverse Diskussionen um die Einführung der Impfpflicht im gesamten Deutschen Reich. Tausende
Impfgegner organisieren sich in Vereinen, reichen Petitionen im Reichstag ein, sorgen
besonders in Stuttgart und Leipzig für großen Widerstand, lassen Verschwörungsmythen
kursieren. Unter Abwägung der Freiheiten des Einzelnen und dem Gemeinwohl fällt am
8. April 1874 die Entscheidung zugunsten des umstrittenen Reichsimpfgesetzes. Es tritt
am 1. April 1875 in Kraft und verpflichtet zu Erst- und Zweitimpfungen. Impfverweigerer

---

[1]   Vgl. Umweltatlas Berlin (2024): Ehemalige Rieselfelder 2010, sowie: https://www.dhm.de/lemo/
biografie/james-hobrecht (letzter Zugriff: 05.07.2025).

Abb. 6.4 Der Aachtopf ist die größte Karstquelle Deutschlands; ein Teil des hier aufsteigenden Wassers stammt aus der Donau und ist bei Immendingen im Landkreis Tuttlingen versickert. (Foto: H. Bork, 30.07.2020)

müssen mit Geldbußen bis zu 50 Mark oder bis zu drei Tagen Haft rechnen. Die Verpflichtung zur Impfung fördert die Impfgegnerschaft weiter. Der „Deutsche Reichsverband zur Bekämpfung der Impfung", der die Zeitschrift „Der Impfgegner" herausgibt, hat im Jahr 1914 wohl rund 300.000 Mitglieder.[2]

1876 Nürnberg beschäftigt als erste deutsche Stadt einen Stadtchemiker, der die **Trinkwasserqualität** kontrolliert.[3]

1876 (16.02.) Die Deutsche Seewarte in Hamburg beginnt mit der regelmäßigen Herausgabe von aktuellen **Wetterkarten** für das Deutsche Reich.

1876 (28.04.) Das **Kaiserliche Gesundheitsamt** wird in Berlin gegründet und dem Reichskanzleramt direkt untergeordnet. Zu den Kernaufgaben gehören die Umsetzung wissenschaftlicher Erkenntnisse und die Erhebung medizinischer Statistiken.[4]

1876 Das Preußische Ministerium für Landwirtschaft, Domänen und Forsten richtet die **Central-Moor-Commission** ein. Deren Mitglieder begutachten und protokollieren präzise jährlich bei Begehungen die Moornutzung.

1877 Das Preußische Ministerium für Landwirtschaft, Domänen und Forsten etabliert die erste deutsche staatliche **Moorversuchsstation Bremen**. Ihre Hauptaufgabe besteht in der bodenkundlichen, ökologischen, hydrologischen und landbaulichen Erforschung von Ödland, mithin von Heiden und Feuchtgebieten wie Nieder- und Hochmooren.

1877 (September/Oktober) Der **Quelltopf der Aach** im Hegau ist die größte Karstquelle Deutschlands (Abb. 6.4). Im Mittel steigen etwa 8000 Liter Wasser pro Sekunde aus der

---

[2] Vgl. Thießen (2017): Immunisierte Gesellschaft. Impfen in Deutschland im 19. und 20. Jahrhundert.

[3] Schieber (2022): Geschichte Nürnbergs.

[4] Vgl. https://digital.zlb.de/viewer/image/34051818/8/ (letzter Zugriff: 05.07.2025).

Tiefe auf. Schon im Jahr 1702 vermutet man, ein Teil des Quellwassers des Aachtopfs stamme von der **Donauversickerung** im Landkreis Tuttlingen auf der Schwäbischen Alb. Zwischen Immendingen und Friedingen versickert heute an durchschnittlich 130 Tagen pro Jahr das Donauwasser vollständig. Adolph Knop, Professor für Geologie und Mineralogie an der Polytechnischen Hochschule Karlsruhe, gelingt 1877 der erste erfolgreiche wissenschaftliche Markierungsversuch: Er versetzt am 22. September 1877 das im Gewann Brühl bei Immendingen versickernde Donauwasser mit 1200 Kilogramm Schieferöl, am 24. September mit 20 Tonnen Steinsalz und am 9. Oktober mit zehn Kilogramm Fluoreszein (Uranin). Wenige Tage nach der Beimischung gelingt der Nachweis der Stoffe im Aachtopf.[5]

1877 bis 1935 Der **Europäische Biber** (*Castor fiber*) ist im Deutschen Reich mit Ausnahme einer kleinen Population von geschätzt 200 Tieren an der Mittelelbe ausgerottet.

1878 (August) Auf seiner Reise durch Europa beobachtet der als **Mark Twain** bekannte Schriftsteller Samuel Langhorne Clemens, wie Männer in Heilbronn Fichtenstämme auf dem Neckar zu langen, biegsamen Flößen zusammenbinden. Das Holzflößen geht in den 1870er-Jahren bereits deutlich zugunsten des Bahntransports zurück. Davor bezogen am Rhein gelegene Städte über Jahrhunderte u. a. auf Murg, Neckar und Main zum Rhein geflößtes Bauholz.

Ab 1878 Von einem Wasserkraftwerk gewonnene elektrische Energie illuminiert die Venusgrotte im Landschaftspark Linderhof in Oberbayern. Es ist das **weltweit erste ständige Kraftwerk**.

1880 Die Sehnsucht nach Natur und das Streben nach Naturgenuss führen in der zweiten Hälfte des 19. Jahrhunderts immer mehr Menschen in attraktive Landschaften, so auch in das Mittelrheintal. Der Musikpädagoge und konservative Natur- und Heimatschutzpionier Dr. Ernst Rudorff beklagt 1880 in seinem viel beachteten Aufsatz „Ueber das Verhältniss des modernen Lebens zur Natur" die wachsende **Naturzerstörung durch Naturtouristen**.[6]

1880er-Jahre Nutrias stammen aus dem südlichen Südamerika. Die Sumpfbiber leben an Oberflächengewässern und in Sümpfen. Im 19. Jahrhundert exportiert Argentinien Hunderttausende der begehrten Nutriafelle nach Europa. In der zweiten Hälfte des 19. Jahrhunderts schrumpfen jagdbedingt die Nutriapopulationen in Südamerika stark; mithin setzt in Europa die **Nutriazucht** zur Erzeugung von Fellen und Fleisch ein. In den 1880er-Jahren entweichen im Elsass Nutrias aus Zuchtfarmen; sie besiedeln Altarme des Rheins. Anfang der 1930er-Jahre erfolgt in Schleswig-Holstein ein erster Freilandnachweis. Von 1949 bis 1964 entkommen nach einer Schätzung mehr als tausend Nutrias aus Nutriafarmen in der DDR (Abb. 6.5).[7] (→ 01.04.2023 bis 31.03.2024, ab 22.09.2024)

---

[5]   Käss (2021): Das Donau-Aach-System.

[6]   Radkau (2011): Die Ära der Ökologie. S. 76.

[7]   Wörner (2015): Die Nutria.

Abb. 6.5 Nutria; Nutriabauten in Deichen gefährden deren Hochwasserschutzfunktion. (Foto: H.-R. Bork, 18.10.2024)

1881 Die erste, von dem Berliner Unternehmen **Siemens & Halske** gebaute, **elektrische Straßenbahn** verkehrt anlässlich der Ersten Internationalen Elektrizitätsausstellung in Paris zwischen Place de la Concorde und Palais de l'Industrie.

Ab 1882 Elektrisches Licht beleuchtet Fabriken und Straßen in Berlin. **Elektromotoren** lösen mit Steinkohle befeuerte Dampfmaschinen ab, Glühbirnen mit Kohlegas betriebene Gaslaternen. Die olfaktorische Belästigung und der Ausstoß an Treibhausgasen und Aschen nehmen dadurch ab.

1884 Wilhelm Raabe thematisiert im wohl ersten deutschsprachigen Umweltroman „Pfisters Mühle" die **Gewässerverschmutzung durch die Zuckerindustrie** bei Braunschweig.

1884 (15.11.) bis 1885 (26.02.) Auf Einladung und unter Leitung von Reichskanzler **Otto von Bismarck** tagen in Berlin Vertreter des Deutschen Reichs, der Niederlande, von Österreich-Ungarn, Großbritannien, Frankreich, Belgien, Spanien, Portugal, Italien, Dänemark, Schweden-Norwegen, Russland, des Osmanischen Reichs und der USA. Sie beraten zukünftige Landnahmen und Landerschließungen in Afrika und teilen faktisch fast alle noch nicht okkupierten Räume des Kontinents untereinander auf. Repräsentanten afrikanischer Territorien und Gesellschaften sind nicht eingeladen worden. Bestehende Grenzen zwischen afrikanischen Gesellschaften oder die Notwendigkeit der Offenhaltung überlebenswichtiger traditioneller Wanderungsräume nomadischer Gesellschaften ignorieren die Vertreter der Kolonialmächte bei der Festlegung der neuen Grenzen zwischen den Kolonialterritorien zumeist. Die dabei entstehenden Konflikte wirken bis in die heutige postkoloniale Zeit fort. Die **Kongo-Konferenz** oder Berliner Afrika-Konferenz legt die Grundlagen

- für die deutsche Kolonialherrschaft in Afrika,
- der Ausbeutung dieser Gebiete durch das Deutsche Reich,
- der deutschen Kolonialverbrechen an entrechteten einheimischen Menschen,

Abb. 6.6 Ringofen im Ziegeleipark Mildenberg an der Havel; nach dem Fund von Ton im Jahr 1887 entwickelt sich der Zehdenicker Ziegeleibezirk zum größten Ziegeleirevier Europas. (Foto: C. Dalchow, 14.11.2021)

- der Zerstörung einheimischer Kulturen durch Deutsche bzw. das Deutsche Reich und
- für regional gravierende Umweltveränderungen.[8] (→ 1899 bis 1900)

1885 Nach Berechnungen von Horst Hartwig gelangen allein in diesem Jahr rund **eine Milliarde Ziegel** auf dem Wasserweg nach **Berlin**. Dafür müssen etwa 2,2 Mio. Kubikmeter Ton abgebaut werden. Für das Brennen der Ziegel bringen Schiffe 1885 mindestens 200.000 Tonnen Braunkohle hauptsächlich aus dem Raum Halle (Saale) zu den Ziegeleien an der Havel – ein riesiger energetischer Aufwand (Abb. 6.6).[9] Gletscher brachten im Pleistozän mehrfach ungeheure Massen an Gestein von Skandinavien nach Norddeutschland. Schmelzwässer schütteten es in die Gletschervorländer. Eisenhaltige Tone und tonige Lehme setzten sich u. a. in großen Eisstauseen ab. Menschen nutzen Ton und Lehm über Jahrhunderte in vielfältiger Weise. In Brandenburg, um daraus Ziegel herzustellen und mit diesen neue Straßen und Gebäude zu bauen – nach dem deutsch-französischen Krieg 1870/71 besonders in Berlin.

1885/86 Mit den nachfolgend kurz erläuterten exzeptionellen Erfolgen der Konstrukteure **Gottlieb Daimler** in Cannstadt und **Carl Benz** in Mannheim beginnen allmählich zahlreiche, mit der Herstellung und Nutzung von **Kraftfahrzeugen** zusammenhängende soziale, ökonomische, klimatische und ökologische Veränderungen. Kraftfahrzeuge schonen die menschliche Arbeitskraft und machen Transporte schnell und preiswert. Kraftfahrzeuge verursachen fulminante Umweltbelastungen und fördern den Klimawandel durch Lärm, Ressourcen- und Flächenverbrauch, Zerschneidung von Landschaften, Belastungen von Atmosphäre, Gewässern und Böden mit Schadstoffen – wie Gase (u. a. Kohlendioxid, Kohlenmonoxid, Stickoxide) und Feststoffe (Ruß) aus der Verbrennung von Kraftstoffen sowie Feinstaub vom Bremsscheiben- und Reifenabrieb.

---

[8] Vgl. Politisches Archiv im Auswärtigen Amt: Die Generalakte der Berliner Kongo-Konferenz, https://archiv.diplo.de/arc-de/das-politische-archiv/generalakte/2683776 (letzter Zugriff: 05.07.2025).
[9] Hartwig (2021): Dokumente zur Ziegeleigeschichte in Brandenburg.

1885 (29.08.) Der Konstrukteur und Unternehmer **Gottlieb Daimler** aus Cannstadt (seit 1905 ein Stadtteil von Stuttgart) meldet einen Reitwagen zum Patent an – das **erste mit Verbrennungsmotor angetriebene Motorrad**.

1886 (04.05.) Freiherr von Soden, der erste deutsche Gouverneur der Kolonie Kamerun, unterrichtet Reichskanzler Otto von Bismarck schriftlich über verwerfliche Aktivitäten deutscher Kolonialhändler: „Im Grunde genommen handelt es sich dabei nämlich um eine Art Sklaverei, die schlimmer ist als die von Alters her im Lande bestehende und wie sie ähnlich heutzutage bei uns zu Hause mit Vorliebe […] nur von professionellen Wucherern und Bordelwirthen betrieben wird." Hinter dieser scharfen Kritik steht das Geschäftsgebaren einiger deutscher Handelshäuser: Kameruner erhalten als Vorschuss Waren aus Europa zu überhöhten Preisen. Im Gegenzug haben sie danach in viel zu großem Umfang regionale Naturprodukte zu liefern, für die die Händler auch noch unangemessen niedrige Preise berechnen. Dieses Vorgehen führt zur Umweltverarmung und macht Einheimische rasch zu Schuldnern – ein äußerst lukratives **Ausbeutungssystem deutscher Kolonialhändler**.[10]

1886 (Oktober) Die Konstrukteure **Gottlieb Daimler** und **Wilhelm Maybach** bauen den mit Benzin betriebenen **Standuhr-Motor** in eine Kutsche des Stuttgarter Unternehmers Wilhelm Wimpff ein.

1886 (29.01.) Das Kaiserliche Patentamt erteilt der Firma **Benz & Co.** in Mannheim das Patent Nr. 37435 für ein dreirädriges **Fahrzeug mit Gasmotorenbetrieb**. (→ Anfang August 1888)

1887 Mehr und mehr naturverbundene Menschen beobachten, dass einige Vogelarten aufgrund der Zerstörung ihrer Lebensräume seltener werden oder gar verschwinden. Der Philosoph **Friedrich Nietzsche** klagt 1887 in der dritten Abhandlung von „Jenseits von Gut und Böse. Zur Genealogie von Moral": „Hybris ist heute unsre ganze Stellung zur Natur, unsre Natur-Vergewaltigung mit Hülfe der Maschinen und der so unbedenklichen Techniker- und Ingenieur-Erfindsamkeit".[11]

1887 (03.06.) Der Grundstein für den **Kaiser-Wilhelm-Kanal** (seit 1948 Nord-Ostsee-Kanal) wird gelegt. Danach bewegen Arbeiter mehr als 80 Mio. Kubikmeter Gestein und Boden, um die 99,6 Kilometer lange, neun Meter tiefe und zunächst 67 Meter breite Wasserstraße zu errichten. Seit der Eröffnungsfeier am 20./21. Juni 1895 verbindet sie die Nord- mit der Ostsee über die Unterelbe von Brunsbüttel bis Kiel (Abb. 6.7). Die Anlage hat Landschaften in Schleswig-Holstein zerschnitten, den Lauf von Bächen und Flüssen immens verändert, Feuchtgebiete zerstört, die Einwanderung invasiver Arten ermöglicht und Populationen von Landtierarten durchtrennt. Andererseits säumen artenreiche Wind-

---

[10] Dr. Bernhard Wörrle in: https://blog.deutsches-museum.de/2020/08/14/ein-diorama-und-sein-kolonialer-hintergrund (letzter Zugriff: 05.07.2025).

[11] Zum Beispiel https://www.projekt-gutenberg.org/nietzsch/genealog/geneal03.html (letzter Zugriff: 05.07.2025).

Abb. 6.7 Der 1895 fertiggestellte Nord-Ostsee-Kanal verbindet die Nordsee mit der Ostsee. (Foto: H.-R. Bork, 13.12.2022)

schutzpflanzungen den Kanal, bieten ehemalige Spülfelder vielen Arten neue Lebensräume, befindet sich in einem Pfeiler der Levensauer Hochbrücke das größte Winterquartier des Großen Abendseglers *Nyctalus noctula* in Mitteleuropa (einer Fledermausart).

1888 Im Gegensatz zu artenreichen Mischwäldern sind Fichtenmonokulturen vielen Gefahren ausgesetzt. So befällt im Ebersberger Forst bei München ein **Schadinsekt**, die Nonne *Lymantria monacha*, **Fichtenmonokulturen**. Das Ablesen des Nachtfalters scheitert. Ein Chemiker und ein Botaniker – Wilhelm von Miller und Carl Otto Harz – suchen Abhilfe und finden schließlich die chemische Substanz Dinitrokresol, eine giftige Nitroverbindung. Am 9. Februar 1892 lässt die Firma Friedr. Bayer & Cie. die Substanz als Antinonnin patentieren. Jedoch scheitert eine flächenhafte Anwendung des weltweit ersten synthetischen Insektizids, da die Fichtennadeln fressenden Nonnen zunächst die vom Boden aus kaum erreichbaren Baumspitzen befallen.

1888 (22.03.) Das **Reichsgesetz zum Schutz von Vögeln** wird erlassen und der Fang als nützlich bewerteter Vogelarten verboten.

1888 (April) In der Novelle „**Der Schimmelreiter**" schildert **Theodor Storm** eindrucksvoll, wie die **Malariainfektion** eines Entscheidungsträgers Deichbrüche während einer

Sturmflut begünstigen kann. Im Mittelpunkt steht Hauke Haien, der sein großes Lebensziel, Deichgraf in den nordfriesischen Marschen zu werden, erreicht hat. Er verantwortet den ordnungsgemäßen Zustand der Deiche, die er, auf einem Schimmel reitend, regelmäßig begutachtet. Hauke Haien plant weitsichtig die Errichtung eines soliden neuen Deichs mit einer meerseitig flachen Böschung. Die am Deich lebenden, zutiefst abergläubischen Menschen misstrauen dem neuen Deich. Ihr Argwohn verstärkt sich, als Hauke Haien einen alten Brauch verhindert: Deicharbeiter dürfen nicht etwas Lebendiges, einen Hund, in dem neuen Deich vergraben. Für die Einheimischen liegt nun ein Fluch auf dem neuen Deich. Hauke Haien schützt die Deiche über Jahre erfolgreich. Dann schwächt ihn eine Malariainfektion so stark, dass er bei einem Ausritt zwar Schäden am alten Deich erkennt, diese aber nicht mehr beheben kann. Als dann der unzureichend gepflegte alte Deich bei einer schweren Sturmflut bricht, ertrinken Hauke Haiens Frau und Tochter. Der fiebernde Hauke Haien gibt sich eine Mitschuld. Er reitet auf seinem Schimmel, „Herr Gott, nimm mich; verschon die andern!" ausrufend, in die Fluten.[12] (→ 1718 und 1719, 1783, Juni/Juli 1826)

1888 (Anfang August) Bertha Benz unternimmt mit ihren Söhnen die **erste Fernfahrt der Automobilgeschichte** von Mannheim über Wiesloch nach Pforzheim und zurück in dem von ihrem Mann Carl Benz gebauten dreirädrigen Fahrzeug mit Gasmotorenbetrieb. (→ 29.01.1886)

1889 Theodor Fontane stellt in der Ballade **„Herr von Ribbeck auf Ribbeck im Havelland"** einen edelmütigen Gutsherrn vor, der vorbeigehenden Kindern mit freundlichem Gruß Birnen schenkt. Sein geiziger Sohn beendet mit dem Tod des Vaters diese Tradition. Dies vorausahnend, bat Herr von Ribbeck vor seinem Tod um eine Birne für sein Grab. Aus dieser wächst ein **Birnbaum**, der Kinder forthin mit Birnen beglückt. Theodor Fontanes wundervolle Ballade verbindet Natur, märkische Kultur, Humanität und (Un-)Vergänglichkeit:

> „Herr von Ribbeck auf Ribbeck im Havelland, / Ein Birnbaum in seinem Garten stand, / Und kam die goldene Herbsteszeit / Und die Birnen leuchteten weit und breit, / Da stopfte, wenn's Mittag vom Turme scholl, / Der von Ribbeck sich beide Taschen voll, / Und kam in Pantinen ein Junge daher, / So rief er: „Junge wiste 'ne Beer?" / Und kam ein Mädel, so rief er: „Lütt Dirn, / Kumm man röwer, ick hebb 'ne Birn?"

> So ging es viele Jahre, bis lobesam/ Der von Ribbeck auf Ribbeck zu sterben kam. / Er fühlte sein Ende. 's war Herbsteszeit, / Wieder lachten die Birnen weit und breit; / Da sagte von Ribbeck: „Ich scheide nun ab. / Legt mir eine Birne ins Grab." / Und drei Tage drauf, aus dem Doppeldachhaus, / Trugen von Ribbeck sie hinaus, / Alle Bauern und Bündner mit Feiergesicht / Sangen: „Jesus meine Zuversicht", / Und die Kinder klagten, das Herze schwer: / „He is dod nu. Wer giwt uns nu 'ne Beer?"

> So klagten die Kinder. Das war nicht recht, / Ach, sie kannten den alten Ribbeck schlecht; / Der Neue freilich, der knausert und spart, / Hält Park und Birnbaum strenge verwahrt. / Aber der Alte, vorahnend schon / Und voll Mißtraun gegen den eigenen Sohn, / Der wußte genau, was damals er tat, / Als um eine Birn' ins Grab er bat, / Und im dritten Jahr aus dem stillen Haus / Ein Birnbaumsprößling sproßt heraus.

---

[12] Niemöller (2014): Storm, Schimmelreiter und Malaria. S. 319–327.

Und die Jahre gingen wohl auf und ab, / Längst wölbt sich ein Birnbaum über dem Grab, / Und in der goldenen Herbsteszeit / Leuchtet's wieder weit und breit. / Und kommt ein Jung' übern Kirchhof her, / So flüstert's im Baume: „Wiste 'ne Beer?" / Und kommt ein Mädel, so flüstert's: „Lütt Dirn, / Kumm man röwer, ick gew' di 'ne Birn."/ So spendet Segen noch immer die Hand / Des von Ribbeck auf Ribbeck im Havelland."

1889 (02.12.) Kaiser Wilhelm II. eröffnet das **Museum für Naturkunde Berlin** in einem großen Neubau in der Invalidenstraße. Das moderne naturwissenschaftlich-technische Instituts- und Museumszentrum integriert die umfangreichen Sammlungen des Mineralogischen, des Zoologischen und des Anatomisch-zootomischen Museums der Friedrich-Wilhelms-Universität zu Berlin, die reorganisiert und in den folgenden Jahrzehnten wesentlich erweitert werden (→ 1909 bis 1913, 2024).[13]

1890 (24. bis 29.11.) Nach anhaltenden Niederschlägen treten in Westdeutschland u. a. Ahr, Sieg, Wupper, Ruhr, Bigge, Lenne und Lippe sowie in Mitteldeutschland u. a. die Saale über die Ufer. Deiche brechen. Häuser, Straßen- und Bahnbrücken stürzen ein; Menschen und Tiere ertrinken. Schulen, Industrie- und Handwerksunternehmen schließen in einigen Überflutungsgebieten. In Wuppertal ist die Gasversorgung unterbrochen. In Jena flutet das **Hochwasser** Warenlager. Es folgt eine bis weit in den Januar 1891 andauernde Kälteperiode. Nach der Katastrophe veranlassen die zuständigen Behörden an einigen Flüssen die Implementierung von Hochwasserschutzmaßnahmen wie Flussregulierungen, Eindeichungen und den Bau von Talsperren.

1890er-Jahre Aus **Elfenbein** stellt man im Deutschen Reich hauptsächlich Billardkugeln, Kämme, Messergriffe und Klaviertasten her. Um den hohen Bedarf zu stillen, importieren Überseehändler in den 1890er-Jahren aus den **deutschen Kolonien in Afrika** jährlich bis zu 209.000 Kilogramm Elfenbein. Dafür mussten nach Berechnungen des Kolonialisten und Reeders Adolph Woermann Jäger jährlich bis zu zehntausend Elefanten töten (Abb. 6.8).[14]

Ab ca. 1890 Der aus dem Kaukasus stammende **Riesen-Bärenklau** *Heracleum mantegazzianum* beginnt sich im Deutschen Reich auszubreiten. Der Saft der Pionierpflanze enthält Stoffe der phototoxisch wirkenden Gruppe der Furocomarine; Hautkontakt bei Sonnenstrahlung kann zu Verbrennungen führen. Die Beseitigung von Riesen-Bärenklau-Beständen ist aufwendig.

Ab 1891 Die Errichtung der **Seefestung Helgoland** beginnt. Baumaßnahmen zerstören Lebensräume u. a. von Austern und Hummern.

1891 bis 1914 Der Kleine Laufen bei Laufenburg ist ein markanter **Katarakt im Hochrhein**. Er genießt im 19. Jahrhundert eine hohe Wertschätzung als ästhetischer, Natur-, Hei-

---

[13] Vgl. https://www.museumfuernaturkunde.berlin/de/ueber-uns/das-museum/geschichte-des-museums (letzter Zugriff: 05.07.2025).

[14] Dr. Bernhard Wörrle in: https://blog.deutsches-museum.de/2020/11/05/die-dunkle-seite-der-technik-koloniale-materialien (letzter Zugriff: 05.07.2025).

Abb. 6.8 Gusseiserne Portalelefanten im Innenhof des Afrikahauses von 1899 in der Hamburger Innenstadt, errichtet für das Kolonialhandel betreibende Unternehmen C. Woermann. (Foto: H.-R Bork,
30.01.2025)

mat- und Erinnerungsort. Inmitten des Flusses liegt der Lauenstein – ein Hungerstein, der
nur bei außergewöhnlich niedrigen Wasserständen aus dem Rhein aufragt. Eingraviert sind
hier die Niedrigwasserjahre 1672, 1692, 1714, 1750 und 1848. In den 1880er-Jahren beginnen Kontroversen um die Zukunft der Stromschnellen: Sollen sie ein bedeutender Naturort
bleiben oder einem großen Wasserkraftwerk weichen? Für die Erteilung einer Konzession
werden 1891 Konstruktionspläne bei der Regierung von Baden eingereicht. Sämtliche Bemühungen, das Megaprojekt zu stoppen, scheitern mit der Erteilung der Baugenehmigung
am 30. August 1906. Von 1906 bis 1914 sprengt man mehr als 300.000 Kubikmeter Gestein
an den Stromschnellen. Ab 1909 entsteht das **Wasserkraftwerk Laufenburg** mit einer
Schleuse; am 14. Mai 1914 geht die erste Turbine in Betrieb. Die Leistung beträgt damals
beachtliche 40 Megawatt, 2025 sind es 110 Megawatt.[15]

1892 (August-Oktober) Der Choleraerreger *Vibrio cholerae* gerät wohl über Ausscheidungen von infizierten Schiffsführern am 19. oder 20. August 1892 in die Elbe und von dort

---

[15] Leber (2012): Die Laufenburger Stromschnellen.

Abb. 6.9 Königshütte (heute Chorzów) in Oberschlesien – das Hüttenwerk verursacht eine starke Luftbelastung, um 1890. (SP70134, Bild 1, © Germanisches Nationalmuseum, Nürnberg)

in den Haupteinlass der zentralen Hamburger Wasserversorgung. Viele Menschen trinken das kontaminierte Flusswasser. Die letzte europäische **Choleraepidemie** fordert in nur zwei Monaten 8605 Menschenleben in **Hamburg** und **Altona**. Der Bakteriologe Prof. Dr. Robert Koch kommt am 24. August 1892 in Hamburg an und stellt entsetzt fest: „Meine Herren, ich vergesse, daß ich in Europa bin". Robert Koch verhindert höhere Opferzahlen mit Sofortmaßnahmen, hierunter sind die Versorgung mit sauberem Trinkwasser aus Tankwagen, das zentrale Abkochen von Wasser, die Schließung von Schulen und Bädern sowie eine Informationskampagne zu nennen.[16]

1892 (Herbst) Das **erste Braunkohlekraftwerk im Deutschen Reich**, das in die öffentliche Stromversorgung einspeist, geht in Frechen bei Köln in Betrieb.[17]

1893 (28.05.) Die Industrialisierung hat in der zweiten Hälfte des 19. Jahrhunderts Gesellschaft und Umwelt stark verändert (Abb. 6.9). Vorwiegend protestantische Intellektuelle und Künstler beginnen als Kontrapunkt eine „naturgemäße Lebensweise" auf der Grundlage von positiver Naturerfahrung, vegetarischer Ernährung, Naturheilkunde, Homöopathie und Körperertüchtigung zu verwirklichen. In Oranienburg nördlich von Berlin gründen achtzehn Mitglieder der „Lebensreform-Bewegung" die genossenschaftlich organisierte **Vegetarische Obstbau-Kolonie Eden** gezielt außerhalb der Großstadt. Sie praktizieren eine sozial orientierte alternative Landwirtschaft und ökologischen Gartenbau auf gemeinsamem Eigentum an Grund und Boden. (→ 1898)

1894/95 Die mittlere Lufttemperatur im meteorologischen Winter, der am 1. Dezember 1894 beginnt und am 28. Februar 1895 endet, liegt 3,4 Grad Celsius unter dem vieljährigen Mittel. Der Winter 1894/95 ist der **sechskälteste** im Zeitraum von 1881 bis 2025.

---

[16] Bork (2020): Umweltgeschichte Deutschlands. S. 138.

[17] https://www.stadtarchiv-frechen.de/medien/download/Szablewski_Der-Beginn-der-oeffentlichen-Stromversorgung-in-Frechen.pdf (letzter Zugriff: 05.07.2025).

1896 bis 1901 In diesen sechs Jahren erlegen Jäger **591 Seehunde** um Amrum. Der Jagderfolg in diesem Zeitraum sowie in vorangegangenen und nachfolgenden Jahren bewirkt eine deutliche Verkleinerung der Seehundpopulation.[18]

1896 (01.01.) Am Bullerdeich in Hamburg-Hammerbrook nimmt die erste, nach englischem Vorbild konstruierte städtische **Abfallverbrennungsanstalt** Kontinentaleuropas den Regelbetrieb auf. Ein Teil der Hamburger Bevölkerung hatte vergeblich gegen die Errichtung protestiert. Im ersten Betriebsjahr verfeuern Arbeiter in drei Schichten überschlägig 45.000 Tonnen Hausmüll in 36 Ofenzellen. Aus dem 48 Meter hohen Schornstein ungefiltert in die Atmosphäre entweichender Rauch führt in der näheren Umgebung der Verbrennungsanstalt zu erheblichen Gesundheitsbelastungen. Der Gestank ist, abhängig von der Wetterlage, oft unerträglich. (→ 1904, 1904 bis 1911, 1911, April 1915, 24.12.1915)

1896 (01.05. bis 15.10) Etwa 7,5 Mio. Menschen besuchen die vorwiegend von Berliner Unternehmen organisierte und finanzierte große Berliner Gewerbeausstellung im Treptower Park. Rund 4000 Aussteller – unter ihnen sind Siemens & Halske, Schering, Borsig und Zeiss Jena – zeigen in elektrisch beleuchteten Ausstellungshallen innovative Produkte u. a. der Metallverarbeitung, des Maschinenbaus, der Chemie und der Elektroindustrie. Eigenständiger Teil der Gewerbeausstellung ist die von der Kolonialabteilung des Auswärtigen Amtes mitorganisierte **Erste Deutsche Kolonial-Ausstellung**. Gemäß Ausstellungskatalog soll ein Bereich die „verfeinerten Sitten" und die „stolze Pracht" der Bevölkerung der „Weltstadt" Berlin und ein weiterer, räumlich getrennter, die „roheste Kultur" und die „natürliche Wildheit" der Kolonisierten mit ihren „eigentümlichen afrikanischen" Kulturen aufzeigen. Einhundertsechs in den Kolonien Deutsch-Ostafrika, Deutsch-Südwestafrika, Kamerun und Togo als Kontraktarbeiterinnen und -arbeiter akquirierte Menschen präsentieren sich vom 1. Mai bis zum 15. Oktober 1896 dort freiwillig in nachgebildeten afrikanischen „Eingeborenen-Dörfern". Manche verstehen sich offenbar als Botschafter ihrer Kultur.[19] Die Menschenschau, die auch eine Illusion von Afrikareisen vermitteln soll, erregt großes Aufsehen. Zeitgleich zur Ausstellung in deutschen Kolonien stattfindende Aufstände und deren Niederschlagung werden ebenso wenig thematisiert wie erfolgreiche, nachhaltige einheimische Landnutzungssysteme sowie die vielfältigen negativen ökonomischen, sozialen und ökologischen Wirkungen der deutschen kolonialen Plantagenwirtschaft für die Einheimischen und ihre Umwelt.[20]

---

[18] Rheinheimer (2007): Der Kojenmann. S. 184.

[19] Vgl. https://www.geo.de/wissen/weltgeschichte/-menschenzoos---brauchen-wir-einen-neuen-blick-auf-voelkerschauen--35145750.html (letzter Zugriff: 05.07.2025).

[20] Vgl. Informationen in der 2021 eröffneten Dauerausstellung „zurückgeschaut – Die Erste Deutsche Kolonialausstellung von 1896 in Berlin-Treptow" in den Museen Treptow-Köpenick sowie Arbeitsausschuss der Deutschen Kolonial-Ausstellung (1897; Hrsg.): Deutschland und seine Kolonien im Jahre 1896. Amtlicher Bericht über die erste Deutsche Kolonial-Ausstellung.

1896 (Juni) Das **Kolonial-Wirtschaftliche Komitee zu Berlin** wird gegründet. Ein Ziel ist die Intensivierung der Gewinnung von Rohstoffen in deutschen Kolonien und damit auch die Unabhängigkeit von Baumwollimporten aus den USA.

1897 bis 1933 Vor der Wiederbewaldung am Ende der letzten Kaltzeit teilt sich nordwestlich der heutigen Stadt Cottbus in einem flachen Bereich die Urspree in zahlreiche Arme. **Hochwasser** der Urspree lagern Sedimente in der breiten Talaue ab; sie bilden den Untergrund des heutigen **Spreewalds**. In der Nacheiszeit wachsen in der breiten Aue der Urspree ausgedehnte Erlenwälder und Niedermoore. Im 17. Jahrhundert beginnt die intensive Nutzung des Feuchtgebietes durch sorbisch-wendische, deutsche, niederländische und hugenottische Siedlerinnen und Siedler. Sie roden Wälder, legen Kanäle mit einer Gesamtlänge von rund eintausend Kilometern an und bewirtschaften Wiesen und Äcker. Die Spree überflutet den Spreewald weiterhin regelmäßig, alleine von 1897 bis 1933 insgesamt 127-mal. In diesen 37 Jahren gibt es nur fünf normale Ernten. Im Jahr 1926 zerstört ein Hochwasser die Ernte auf einer Fläche von mehreren Hundert Hektar.[21] (→ 1958 bis 1965)

1897 bis 1962 Bis 1921 wird der **Main** zwischen Frankfurt am Main und Aschaffenburg zu einer **Großschifffahrtsstraße** ausgebaut; von 1921 bis 1962 folgt der Abschnitt bis Bamberg. Dadurch wandelt sich der Fluss in eine kaskadenförmig angeordnete Kette riesiger länglicher Teiche, die Schleusen miteinander verbinden. Die 29 installierten Wasserkraftwerke haben eine Leistung von zusammen 141.310 kVA. Wertvolle flussnahe Ökosysteme und Kulturlandschaftselemente gehen durch die Baumaßnahmen verloren.

1898 Im Gedenken an den Beginn der Schleswig-Holsteinischen Erhebung am 9. April 1848 und damit den ersten militärischen deutsch-dänischen Konflikt lassen weit mehr als einhundert Gemeinden in Schleswig-Holstein, einer Tradition folgend, im Jahr 1898 feierlich **Doppeleichen** pflanzen – zusammenveredelte oder direkt aneinander gesetzte Freiheitsbäume (Abb. 6.10). Sie sollen als lebende patriotische Erinnerungsorte die Zusammengehörigkeit von Schleswig und Holstein symbolisieren. Viele der heute noch existierenden Doppeleichen sind geschützte Naturdenkmale.

Auf dem Schleswiger Sängerfest wird 1844 das Lied „Wanke nicht, mein Vaterland!" des Schleswiger Advokaten Matthäus Friedrich Chemnitz (Text) und des Kantors Carl Gottlieb Bellmann (Melodie) vorgestellt. Heute ist es die inoffizielle Landeshymne und bekannt unter den Titeln „Schleswig-Holstein-Lied" oder „Schleswig-Holstein meerumschlungen". Die siebte Strophe erwähnt bereits die Doppeleiche: „Teures Land, Du Doppeleiche, / Unter einer Krone Dach, / Stehe fest und nimmer weiche, / Wie der Feind auch dräuen mag! / Schleswig-Holstein, stammverwandt, / Wanke nicht, mein Vaterland! [...]"[22]

---

[21] https://lfu.brandenburg.de/lfu/de/aufgaben/wasser/anlagen-und-gewaesserunterhaltung/talsperre-spremberg/# (letzter Zugriff: 05.07.2025); https://www.spreewald-biosphaerenreservat.de/biosphaerenreservat/natur-landschaft/landschaftsentstehung/ (letzter Zugriff: 05.07.2025).

[22] https://www.schleswig-holstein.de/DE/fachinhalte/L/landeskundewappen/LandeskundeLied (letzter Zugriff: 05.07.2025).

Abb. 6.10 Im Jahr 1898 in Holzbunge am Rand der Hüttener Berge im Gedenken an den ersten deutsch-dänischen Krieg 1848 gepflanzte Doppeleiche; Inschrift auf dem Gedenkstein: „Up ewig ungedeelt. 1848 – 1898" (Auf ewig ungeteilt. 1848 – 1898). (Foto: H.-R. Bork, 15.03.2025)

1898 Der visionäre Tübinger Arzt Dr. Karl Gmelin gründet auf Föhr das bald renommierte **Nordseesanatorium** mit dem Nordsee-Kurpark am Wyker Südstrand. Dort werden Kurgäste, Konzepten der **Lebensreform-Bewegung** folgend, ganzheitlich therapiert, vegetarisch ernährt, leger gekleidet und körperlich ertüchtigt (→ 28.05.1898). Der Konsum von alkoholhaltigen Getränken und von Tabakprodukten ist verboten. Um wissenschaftliche Grundlagen für eine „Klimatherapie" zu schaffen, richtet Karl Gmelin 1926 eine bioklimatische Forschungsanstalt ein, in der bis 1971 meteorologische Daten erhoben werden.[23]

1898 (30.03.) Der Abgeordnete **Wilhelm Wetekamp** fordert im Preußischen Landtag den Schutz der Natur und die Einrichtung **unantastbarer Staatsparks**.

1898 (23.05) Unter dem Vorsitz des Fürsten Wilhelm zu Wied gründen Unternehmer und Vertreter des Hochadels mit Unterstützung eines evangelisch-protestantischen Netzwerkes die **Deutsche Kolonialschule für Landwirtschaft, Handel und Gewerbe** (DKS)

---

[23] Vgl. Beiträge in: Kyas (2022; Hrsg.): Der Nordsee-Kurpark.

in der Rechtsform einer GmbH. Die DKS nimmt ihren Sitz im ehemaligen Kloster St. Wilhelmi im nordhessischen **Witzenhausen**. Vorwiegend christlich gesinnte potenzielle Übersiedler – in der Kolonialsprache „Deutsche Kulturpioniere" – erhalten auch auf der Grundlage völkisch-rassistischen Gedankengutes eine umfassende Schulung in kolonialer Landnutzung, um einheimische Menschen, Böden und Rohstoffe wirtschaftlich erfolgreich ausbeuten zu können (Abb. 6.11). Bis zum Jahr 1944 schließen etwa 2300 Absolventen und fünf Absolventinnen die zweijährige Ausbildung mit dem Titel Diplom-Kolonialwirt ab. Einen Schwerpunkt bildet die Qualifizierung im Bereich Plantagenwirtschaft. Diese ignoriert nahezu gänzlich die einheimischen gesellschaftlichen, agrarstrukturellen und agrarwirtschaftlichen Gegebenheiten in den deutschen Kolonien in Afrika und im pazifischen Raum. Und sie berücksichtigt nicht ausreichend die lokalen klimatischen und ökologischen Bedingungen. Zerstörungen der Vegetation und der adaptierten traditionellen Landnutzungssysteme, Verschlechterungen der Bodenqualität und negative Veränderungen der Wasser- und Stoffhaushalte sind Folgen der nicht angepassten Plantagenwirtschaft. Authentische Berichte der Kolonialschule belegen, dass sich Absolventen am Genozid an den Herero und Nama beteiligt haben. In der kolonielosen Weimarer Republik wird die von völkisch-antisemitisch-nationalistischen Ideen durchsetzte Kolonialschule fortgeführt und eine Keimzelle des lokalen Nationalsozialismus. Nach dem fehlgeschlagenen, massenhaft Menschen vernichtenden, Kulturen und Landschaften zerstörenden osteuropäischen Kolonialismus löst das NS-Regime 1944 die Ausbildungsstätte auch aufgrund der kriegsbedingt fehlenden Lehrer und Schüler auf.[24]

1899 Mit der Gründung der **Biologischen Abteilung des Kaiserlichen Gesundheitsamts** wird Pflanzenschutz, also der Einsatz von **Pestiziden**, zur Bekämpfung von Krankheiten und des Schädlingsbefalls von Kulturpflanzen, zur Staatsaufgabe. Der Einsatz von Insektiziden, Herbiziden und Fungiziden forciert ab den 1950er-Jahren den Artenschwund in Agrarlandschaften. Betroffen sind besonders wild wachsende Pflanzenarten (Unkräuter), Insekten-, Vogel- und Amphibienarten.

1899 Eisenbahnen bringen Schweine und Rinder aus mehreren europäischen Staaten direkt zum 1891 eröffneten Nürnberger Schlachthof mit seinen Kühlhäusern (Abb. 6.12). Im Jahr 1899 werden 129.812 Schweine, 34.422 Kälber sowie 16.471 Ochsen zum **Nürnberger Schlachthof** gefahren, dort geschlachtet, konsumfertig aufbereitet und verkauft. Die Hof-

Abb. 6.11 Mahnstein im Innenhof der ehemaligen Deutschen Kolonialschule für Landwirtschaft, Handel und Gewerbe im nordhessischen Witzenhausen. (Foto: H.-R. Bork, 24.02.2025)

---

[24] Vgl. https://www.goettingenkolonial.uni-goettingen.de/index.php/orte/kolonialschule-witzenhausen (letzter Zugriff: 05.07.2025).

MAHNSTEIN

Hier wurden
von 1899 bis 1944
Ideologien
kolonialer
und national-
sozialistischer
Gewaltregime
gelehrt, gelebt
und mitgestaltet.

Sie wirken bis heute nach.

Abb. 6.12 Rinderviehmarkt im Schlachthof zu Nürnberg, Foto, nach 1891. (HB25380, Bild 1, © Germanisches Nationalmuseum, Nürnberg)

schlachtung von Haustieren verschwindet mit den neuen Großschlachthöfen weitgehend aus der städtischen Öffentlichkeit.[25]

1899 bis 1900 Der Bedarf an Kautschuk steigt zum Ende des 19. Jahrhunderts unaufhörlich. Daher bringt die **deutsche Westafrikanische Kautschuk-Expedition** unter Leitung des Botanikers Friedrich Richard Rudolf Schlechter Kautschuk-Varietäten in die deutschen Kolonien Kamerun und Togo, damit deutsche Firmen dort durch die Ausbeutung preiswerter einheimischer Arbeitskräfte erfolgreich Kautschukplantagen betreiben können. Auf den Plantagen breiten sich bald Pflanzenkrankheiten aus, die es in weiteren Expeditionen zu bekämpfen gilt. Der Anbau verändert die Umwelt lokal erheblich.

Ab 1900 Der Abbau des Naturdüngers **Phosphat** auf der Insel **Nauru** im westlichen Pazifik führt zu gravierenden Umweltveränderungen. Nauru ist bis zum Ersten Weltkrieg Teil des deutschen Protektorats der Marschall-Inseln bzw. von Deutsch-Neuguinea.

1901 In **Gelsenkirchen** erkranken mehr als 3000 Menschen an **Typhus**, ungefähr 350 sterben. Wahrscheinlich hat das „Wasserwerk für das nördliche westfälische Kohlenrevier

---

[25] Thürigen und Suchy (2024): I. Beherrschung. S. 68 f.

AG" kontaminiertes Wasser aus der Ruhr dem Trinkwasser beigemischt. ($\rightarrow$ Dezember 1901, 30.11.1904)

1901 (26.02.) Thomas Buddenbrook kauft dem in finanzielle Nöte geratenen mecklenburgischen Gutsherrn Ralf von Maiboom entgegen kaufmännischen Gepflogenheiten die Getreideernte bereits auf dem Halm ab. Am 7. Juli 1868 erfährt Thomas Buddenbrook, dass Hagel die Ernte des Herrn von Maiboom zerschlagen hat (VIII., 2.). Das Scheitern des zweifelhaften Geschäftes hat ein finanzielles Desaster für das Handelshaus Buddenbrook zur Folge. 1877 erkrankt und stirbt Thomas Buddenbrooks 16-jähriger Sohn Hanno an Typhus (XI., 3.). Mit Hagelschlag und Typhustod verarbeitet **Thomas Mann** zwei bedeutende, lokal wirkende Wetter- und Umweltereignisse in dem 1901 veröffentlichten Roman „**Buddenbrooks: Verfall einer Familie**", für den er am 12. November 1929 den Literaturnobelpreis erhält.

1901 (01.04.) Der preußische Staat gründet in Berlin die **Königliche Versuchs- und Prüfanstalt für Wasserversorgung und Abwasserbeseitigung** als erste Forschungseinrichtung der Umwelthygiene in Europa. 1913 folgen Umbenennungen in Königliche Landesanstalt für Wasserhygiene, 1923 in Preußische Landesanstalt für Wasser-, Boden- und Lufthygiene sowie 1942 in Reichsanstalt für Wasser- und Luftgüte.

1901 (25.04.) Bei der Herstellung von Pikrinsäure, einem Sprengstoff für Granaten, entsteht in der **Chemischen Fabrik Griesheim-Elektron** bei Frankfurt am Main ein Brand, der sich schnell ausbreitet. Durch zwei schwere Explosionen stürzen Gebäude ein. Es kommt zu einer Panik und der Evakuierung von Griesheim und Schwanheim. 26 Tote sind zu beklagen.

1901 (Dezember) Nach der Gelsenkirchener Typhusepidemie wird auf Empfehlung von Prof. Dr. Robert Koch das **Hygiene-Institut des Ruhrgebiets** gegründet. Es soll dazu beitragen, die Trinkwasserqualität zu verbessern und zu überwachen.

1902 bis 1904 Im Spätmittelalter lässt das Stift Frauenchiemsee am Auslass des Chiemsees ein Wehr einbauen, um das Abwandern von Fischen zu verhindern. Das Wehr erhöht den Seespiegel, verursacht Überschwemmungen, vernässt Standorte und gefährdet ufernahe Wege. Im 19. Jahrhundert planen Umlandgemeinden mehrfach die **Absenkung des Wasserspiegels des Chiemsees**, um rund 500 Hektar landwirtschaftlicher Nutzfläche zu gewinnen. Zur Umsetzung fehlen jedoch die Mittel. Erst von 1902 bis 1904 erfolgt eine Absenkung um etwa 70 Zentimeter. Daraufhin fallen Brunnen auf der Fraueninsel trocken, gehen die Laichplätze von Friedfischen verloren, sind Kanäle für die Dampfschifffahrt zu vertiefen.

1903 Erstmals wird die Einrichtung einer großen **kommunalen Kläranlage** zur Verbesserung der Qualität des Elbwassers für **Hamburg** gefordert.

1903 Der Internist Prof. Dr. **Ludolph Brauer** weist in den „Beiträgen zur Klinik der Tuberkulose" ein statistisch signifikant höheres **Tuberkuloserisiko** bei Arbeitern in Tabakfabriken im Vergleich zu Arbeitern in anderen Tätigkeitsfeldern nach.[26]

---

[26] Vgl. Loddenkemper et al. (2016): Tuberkulose und Rauchen. S. 18.

Abb. 6.13 Kapelle St. Achatius aus der 2. Hälfte des 12. Jahrhunderts in der Aue des Grünbachs; die vom späten 12. bis zum frühen 20. Jahrhundert von Hochwasserablagerungen teilweise verschüttete Kapelle wurde von 1903 bis 1909 wieder ausgegraben. (Foto: H.-R. Bork, 15.11.2021)

1903 (24.05.) Die Deutsche Motorradfahrer-Vereinigung (DMV) wird in Stuttgart als Interessensvertretung für Motorradfahrer gegründet. Aufgrund der stark gewachsenen Zahl autofahrender Mitglieder erfolgt 1907 die Umbenennung in Deutsche Motorfahrer-Vereinigung und 1911 in **Allgemeiner Deutscher Automobilclub** (ADAC). 1922 veranstaltet der ADAC das erste Rennen auf der AVUS (→ 24.09.1921). Der ADAC gründet 1928 einen Straßenhilfsdienst und empfiehlt 1929 eine freiwillige jährliche technische Überprüfung aller Kraftfahrzeuge.[27] Der ADAC ist mit etwa 21,8 Mio. Mitglieder im Jahr 2023 der größte Automobilclub Deutschlands und politisch überaus einflussreich.[28] (→ 1966)

1903 bis 1908 Die oktogonale romanische **Kapelle St. Achatius** wird in der zweiten Hälfte des zwölften Jahrhunderts in einem hochwassergefährdeten Bereich der Aue des Grünbachs im nordöstlichen Baden-Württemberg errichtet. Nach der Intensivierung der Landnutzung im Einzugsgebiet des Grünbachs tragen in den folgenden Jahrhunderten Abflüsse von zahlreichen Starkniederschlägen besonders in den Weinbergen Boden ab, der sich größtenteils in der Grünbachaue und damit auch um die Kapelle ablagert. Die Oberfläche der Grünbachaue wächst dadurch bis in das frühe 20. Jahrhundert um mehr als drei Meter auf und begräbt das untere Stockwerk der Kapelle. Es wird 1804 zugeschüttet und im ersten Stock ein neuer ebenerdiger Eingang gebaut. Während der Renovierung von 1903 bis 1908 legt man das Erdgeschoss und die unmittelbare Umgebung der Kapelle frei. Seitdem ist die große Mächtigkeit der Ablagerungen gut sichtbar (Abb. 6.13).[29]

1904 Die rheinisch-westfälische Industrie- und Bergbauregion erlebt in der zweiten Hälfte des 19. Jahrhunderts einen beispiellosen Boom. Das Wachstum von Bergbau, Industrie und Bevölkerung verstärkt die Verschmutzungen von Atmosphäre, Böden, Oberflächen- und

---

[27] https://www.adac.de/der-adac/verein/adac-geschichte/ (letzter Zugriff: 05.07.2025).

[28] Vgl. https://lobbypedia.de/wiki/ADAC (letzter Zugriff: 05.07.2025).

[29] Niester (1975): St. Achatius in Grünsfeldhausen.

Grundwasser mit Schadstoffen. Besonders stark belastet sind Flüsse. Hochwasser der Emscher verteilen Abwässer in der breiten Flussaue. Pfützen hinterbleiben, in denen organische Stoffe faulen und aus denen Schadstoffe durch die Böden bis in das Grundwasser sickern. Die Lebensbedingungen der Menschen im Ruhrgebiet haben sich stark verschlechtert. Zur Beendigung der unhaltbaren Zustände wird im Jahr 1904 die **Emschergenossenschaft** gegründet. Ihre gewaltige Aufgabe umfasst die Verlegung und Umnutzung der Emscher sowie den Umbau und die Regulierung ihrer Nebenflüsse. Durch das Betonbett des neuen offenen Emscherkanals fließt eine dunkle, fürchterlich stinkende Brühe aus städtischen Fäkalien, salzigen Bergwerksabwässern, flüssigen Abfällen der Industrie und Kohlestaub zum Rhein – vergleichbar der Cloaca Maxima im antiken Rom. Der Emscherkanal entlastet die südlich fließende Ruhr und begünstigt eine räumliche Segregation: Städte südlich des neuen Kanals erhalten ein modernes unterirdisches geruchsdichtes Abwasserkanalsystem. Dort sind die Umweltbelastungen bald geringer, leben im Durchschnitt wohlhabendere Menschen als nördlich des Emscherkanals. Pumpen leiten dauerhaft große Mengen Grund- und Oberflächenwasser in die Emscher, um eine Flutung der durch eingestürzte Altstollen abgesunkenen Städte an der Ruhr zu verhindern.[30]

1904 (27.02.) Ein Förster erschießt in der Oberlausitz den „**Tiger von Sabrodt**", den angeblich **letzten Wolf im Deutschen Reich**. Vermutlich stammte er aus einem Wildpark.

1904 (30.11.) Ein **Gericht in Essen** verurteilt die Direktoren und einen Ingenieur des Wasserwerks der nördlichen westfälischen Kohlenrevier AG aufgrund der **Beimengung von bakteriologisch verunreinigtem Wasser** in die Trinkwasserversorgung. Die Kontamination hatte → 1901 in Gelsenkirchen eine Typhusepidemie ausgelöst.

1904 bis 1911 Der Chemiker Prof. Dr. **Fritz Haber** untersucht in Karlsruhe die Reaktion von Stickstoff und Wasserstoff unter hohem Druck. Er entdeckt die Bildung von **Ammoniak**. Der am 13. Oktober 1908 von Haber beim Kaiserlichen Patentamt beantragte Patentschutz für das von ihm entwickelte Verfahren wird am 8. Juni 1911 gewährt – ein erster Schritt für die entscheidende Erhöhung der landwirtschaftlichen Erträge und zugleich der industriellen Sprengstoffherstellung. Damit schafft Haber aber auch die Voraussetzungen für die Beteiligung des Deutschen Reiches am Ersten Weltkrieg bis in das Jahr 1918. (→ April 1915)

1905 Im Januar fällt im Bayerischen Wald ungewöhnlich viel Schnee, der erst im Mai vollständig schmilzt. Die Schneedecke ist zumeist gut einen Meter, auf dem Arber gar sechs Meter hoch. In den **Schneemassen** bleibt zwischen Ludwigsthal und Eisenstein ein Zug mit drei Lokomotiven stecken.[31]

1906 (22.10.) Das starke ehrenamtliche Engagement des Museumsdirektors und Botanikers Dr. **Hugo Conwentz** führt zur Einrichtung der **Staatlichen Stelle für Naturdenkmalpflege** in Danzig durch Preußen. Hugo Conwentz leitet sie als staatlicher Kommissar. Sie ist

---

[30] Budrass und Roelevink (2024): Die Macht der Entwässerung.

[31] Bissolli et al. (2001): Extreme Wetter- und Witterungsereignisse im 20. Jahrhundert. S. 21.

Abb. 6.14 Prof. Dr. Ingmar Unkel vom Geographischen Institut der Universität Heidelberg am Fundort des Homo heidelbergensis bei Mauer. (Foto: H.-R. Bork, 07.08.2020)

das weltweit erste staatliche Naturschutzamt und Keimzelle des staatlichen Naturschutzes im Deutschen Reich. Weitere Schritte, wie die Etablierung einer durchsetzungsfähigen Naturschutzverwaltung, unterbleiben.[32] (→ 02.07.1935)

1906 (28.11.) Im westfälischen **Witten** unter dem Namen Roburit für den Bergbau hergestellter Sicherheitssprengstoff galt vor der Ausstattung mit einem Zünder als sicher. Dann löst ein Brand vollkommen unerwartet zwei **Explosionen von Roburit** im Mischgebäude der Sprengstofffabrik aus, die in einem Wohngebiet liegt. 41 Menschen sterben. Zahlreiche Gebäude sind zerstört. Weder der Staat noch Feuerversicherungen kommen für den entstandenen Schaden auf.

1907 (21.10.) Mit dem Unterkiefer eines Hominiden in der Hand soll der Arbeiter Daniel Hartmann am Abend des 21. Oktober 1907 sein Stammlokal betreten und laut „Heut hab isch den Adam gfunne" ausgerufen haben. Aus der Sandgrube am Grafenrain nördlich **Mauer bei Heidelberg** stammt sein Sensationsfund (Abb. 6.14). Der Chemiker und Anthropologe Prof. Dr. Otto Schoetensack identifiziert 1908 den gut erhaltenen Unterkiefer als Teil einer neuen Menschenart und gibt ihm den bald weltberühmten Namen *Homo heidelbergensis*. In der Schicht, die den ca. 650.000 bis 570.000 Jahre alten Unterkiefer preisgab, finden Forschende mehr als 5000 Fossilien von Wirbeltieren, darunter Knochen von Flusspferden, Löwen, Waldelefanten, Wollnashörnern, Rehen und Bären. Sie lebten in Auenwäldern sowie in baumreichen Graslandschaften auf den trockeneren Höhen zusammen mit dem *Homo heidelbergensis*.[33]

---

[32] Vgl. Frohn und Rosebrock (2022): Geschichte der Naturschutzpolitik. Zur Bedeutung der Staatlichen Stelle für Naturdenkmalpflege vgl. Uekötter (2007): Umweltgeschichte im 19. und 20. Jahrhundert.

[33] Schubert (2007): Jäger der Vorzeit. 100 Jahre Homo heidelbergensis. Sowie: Ausstellung im Kurpfälzischen Museum in Heidelberg.

1908 Das **Kolonialinstitut** wird in **Hamburg** eröffnet. Kolonialbeamte, auch einige Kaufleute und Auswanderungswillige, erhalten eine koloniale Grundbildung, namentlich Kenntnisse in Volkswirtschaft, Warenkunde, Staatswissenschaften, Geografie, Völkerkunde und Botanik.

1908 Das abgeänderte **Reichsvogelschutzgesetz** verbietet den Vogelfang mit Leim, Schlingen, Fallkäfigen und großen Netzen sowie das Auslegen von giftigem Futter ($\rightarrow$ 1851 bis 1941). Erlaubt bleibt der Fang von Stubenvögeln, also von Singvögeln für die Käfighaltung.

1908 (01.11.) Die Hochindustrialisierung hat die Vielfalt und Stärke an Geräuschen im Deutschen Reich, namentlich in den Großstädten, wesentlich erhöht. Viele Menschen leiden unter Lärm, darunter der Kulturphilosoph **Theodor Lessing**. Er gründet in Hannover den **Deutschen Lärmschutzverband** (Antilärmverein), der die Zeitschrift „Der Antirüpel/ Das Recht auf Stille" herausgibt.

1909 bis 1913 Ein afrikanischer Arbeiter führt um die Jahreswende 1906/07 den Betriebsleiter der Lindi-Schürfgesellschaft Bernhardt Wilhelm Sattler an den Tendaguru, einen Hügel nordwestlich der Stadt Lindi im Südosten von **Deutsch-Ostafrika**, im heutigen Staat Tansania. Dort ragen riesige Knochen aus dem Gestein. Bernhardt Wilhelm Sattler informiert die Kolonialverwaltung und diese den Paläontologen Eberhard Fraas, der vor Ort die Knochen **Dinosauriern** zuordnet. (Heute ist bekannt, dass die Funde aus den 157 bis 145 Mio. Jahre alten Schichten der geologischen Serie des Oberen Jura stammen.) Da die deutsche Kolonialverwaltung kein Interesse an einer staatlichen Ausgrabung hat, beginnt im April 1909 die vom Direktor des Berliner Museums für Naturkunde Prof. Dr. Wilhelm von Branca organisierte und von Eliten des Deutschen Reiches privat finanzierte Tendaguru-Expedition. Bis Januar 1913 graben Paläontologen des Museums mit Hunderten projektfinanzierten afrikanischen Männern und Frauen an dem aufsehenerregenden Fundort am Tendaguru. Träger bringen die schweren Funde – zusammen mehr als 200 Tonnen versteinertes Material – von den Grabungsorten zur Küste. Fast 800 Kisten mit mehr als 5000 Einzelknochen und fünf montierten Dinosaurierskeletten gehen nach Berlin. Aus den Knochen mehrerer Individuen setzen Forschende des Naturkundemuseums bis 1937 das mit 13,27 Metern weltweit höchste montierte Dinosaurierskelett zusammen, den *Giraffatitan brancai*.

Die spektakuläre Attraktion des Museums wird 2011 in das Verzeichnis der national geschützten Kulturgüter Deutschlands aufgenommen und von der Paläontologischen Gesellschaft als Fossil des Jahres 2012 ausgezeichnet. Die Dinosaurierfunde vom Tendaguru fördern das internationale Renommee des Museums für Naturkunde in Berlin. Bis heute gelingen an dem archivierten Knochenmaterial Entdeckungen neuer Arten. Seit einigen Jahren fragen tansanische Regierungsvertreter nach den Begleitumständen der kolonialen Grabungen am Tendaguru sowie nach der Rechtmäßigkeit des Erwerbs der paläontologisch überaus bedeutenden Dinosaurierfunde durch das Naturkundemuseum. Die Kolonialverwaltung des Deutschen Reichs hatte 1908 den Tendaguru annektiert und damit faktisch enteignet. Das **Museum für Naturkunde Berlin** hat den kolonialen Kontext der Expedi-

Abb. 6.15 Mittellandkanal bei Vechelde westlich von Braunschweig. (Foto: H. Bork, 31.05.2025)

tion durch ein Team um Ina Heumann aufarbeiten lassen und eine Zusammenarbeit mit der Universität von Daressalam in Tansania begonnen.[34]

1909 (Oktober) bis 1914 (August) In der Norddeutschen Tiefebene strömen Rhein, Ems, Weser und Elbe von Süden nach Norden bzw. von Südosten nach Nordwesten. Ein neues Kanalsystem mit dem Mittellandkanal (Abb. 6.15) im Zentrum soll diese Flüsse verbinden und damit erstmals den Transport von Gütern auf Binnenschiffen von Duisburg am Rhein über Herne, Dortmund, Minden, Hannover und Magdeburg bis Berlin und umgekehrt ermöglichen. Industrie- und Binnenschifffahrtsunternehmen unterstützen das Megaprojekt, Großgrundbesitzer östlich der Elbe bekämpfen es vehement. Letztere befürchten die Abwanderung von Arbeitskräften und den Import preiswerter Lebensmittel.[35] Der Reichstag beschließt 1905 den Bau des Kanals, der den Rhein mit Hannover verbindet. Im Jahr 1916 ist er vollendet. Der Weiterbau bis Magdeburg beginnt 1926 und kommt 1938 zum Abschluss.

Der Kanal benötigt besonders in niederschlagsarmen Zeiten eine ausreichende Wasserversorgung. Weserwasser soll dafür in den Kanal gepumpt und die Weser wiederum durch die Edertalsperre gleichmäßig mit Wasser versorgt werden. Der Bau der **Edertalsperre** beginnt im Oktober 1909; knapp fünf Jahre später ist sie fertiggestellt. Sie schützt den unterhalb liegenden Abschnitt des Edertals vor Hochwasser; drei im Bereich des Stausees liegende Dörfer müssen aufgegeben werden. Die für Mitte August 1914 geplante feierliche Eröffnung im Beisein von Kaiser Wilhelm II. entfällt – 14 Tage zuvor hat der Erste Weltkrieg begonnen. Im August 1914 ist die Edertalsperre mit einer Kronenlänge von rund 400

---

34 Vgl. Heumann et al. (2018): Dinosaurierfragmente; https://www.museumfuernaturkunde.berlin/de/wissenschaft/virtueller-zugang-zu-fossil-und-archivmaterial-der-deutschen-tendaguru-expedition-1909 (letzter Zugriff: 05.07.2025); https://www.spektrum.de/kolumne/kleine-geschichte-des-groessten-dinoskeletts-eines-geraubten-fossils/1812149 (letzter Zugriff: 05.07.2025).
35 Blackbourn (2007): Die Eroberung der Natur. S. 262 ff.

Metern, einer Sohlenlänge von 270 Metern, einer Höhe von etwa 48 Metern und einem Volumen der Bruchsteinmauer von etwa 300.000 Kubikmetern die größte Staumauer Europas. Der Edersee besitzt eine Länge von ca. 27 Kilometern und ein Stauvolumen von 199,3 Mio. Kubikmeter Wasser. Das Pumpspeicherkraftwerk hat heute eine Leistung von 620 Megawatt. Der Edersee ist eine bedeutende touristische Destination. Die wasserbaulichen Maßnahmen an der Eder haben ein artenreiches Auenökosystem zerstört.[36] ($\rightarrow$ 17.05.1943)

1909 (04. bis 08.02.) Warmluft und kräftiger Regen schmelzen in Franken rasch die mächtige winterliche Schneedecke. Das nachfolgende extreme **Winterhochwasser** von Pegnitz, Wiesent, Regnitz und Main nördlich der Alb und von Vils, Laab, Naber, Altmühl und Donau südlich der Alb reißt Brücken fort, flutet Wohngebäude, Elektrizitätswerke und andere Industrieanlagen, spült Boden ab. Menschen ertrinken, Vieh verendet.

1910 Prof. Dr. **Robert Koch** stellt fest: „Eines Tages wird der Mensch den **Lärm** ebenso unerbittlich bekämpfen müssen wie die Cholera und die Pest".[37]

1910 Kommunen am badischen **Oberrhein** planen eine koordinierte Bekämpfung der Stechmücken. Kommunale Vertreter gründen in Karlsruhe das **Aktionskomitee zur Bekämpfung der Schnakenplage**. Ein nennenswerter Erfolg der eingesetzten chemischen Methoden bleibt aus.

1910 (12./13.06.) Ein starkes **Sommerhochwasser** verheert das **Ahrtal**. Ausgerissene Bäume, Hausrat, Geröll sowie Gerüste, Bauhölzer und Maschinen von Baumaßnahmen der Bahn verstärken die zerstörerische Kraft der Flut. 52 Menschen finden den Tod. Im Unterschied zur Flut vom $\rightarrow$ 21.07.1804 erreicht das Hochwasser nicht die von einer Mauer geschützte Altstadt von Ahrweiler; dagegen erleiden die flussnahen Kuranlagen von Bad Neuenahr starke Schäden.[38]

1911 Die Kaliindustrie bei Staßfurt im heutigen Sachsen-Anhalt ($\rightarrow$ 1857) leitet **salzhaltige Abwässer** in die Werra (Abb. 6.16). Von dort fließen sie weiter in die Weser und die Nordsee. In einer ausgeprägten Trockenphase mit Niedrigwasser im Jahr 1911 erhöhen sich – bei gleich hoher Einleitung von Abwässern – die Salzkonzentrationen in **Werra, Fulda und Weser** stark. In Bremen ist dadurch die Qualität des Trinkwassers, das der Weser entnommen wird, beeinträchtigt ($\rightarrow$ 08.06.1914).

1911 Das mit Braunkohle betriebene Großkraftwerk Fortuna geht bei **Oberaußem** (seit 1975 ein Ortsteil von Bergheim im Rhein-Erft-Kreis) in Betrieb. Die **Landschaftsveränderungen durch den Braunkohleabbau** und die Schadstoffemissionen des Kraftwerks sind exorbitant. Das Verbrennen der Braunkohle setzt große Mengen an CO_2 frei.

---

[36] https://izw.baw.de/publikationen/pressekonferenzen/0/Signatur_37375a_Edeltalsperre_1994.pdf (letzter Zugriff: 05.07.2025).

[37] Vgl. z. B. https://www.wissenschaftsjahr.de/2011/zielgruppen-navigation/presse/meldungen-aus-der-gesundheitsforschung/schaedlicher-laerm-und-heilsame-toene.html (letzter Zugriff: 05.07.2025).

[38] Haffke (2023b): Hochwasser an der Ahr in der Geschichte. S. 279 f.

Abb. 6.16 Abraumhalde „Monte Kali" des Kalisalzabbaus bei Neuhof in Osthessen. (Foto: H.-R. Bork, 16.07.2020)

1911 (11.01.) Die **Kaiser-Wilhelm-Gesellschaft** e. V. (KWG) konstituiert sich in Berlin. Ihre naturwissenschaftliche Forschung soll diejenige der Universitäten und Akademien ergänzen und das Deutsche Reich international konkurrenzfähig halten. Der Wissenschaftsmanager und Kirchenhistoriker Prof. Dr. Adolf von Harnack wird erster Präsident. 1912 eröffnen in Berlin die ersten KWG-Institute: das Institut für Chemie unter Leitung des Chemikers Prof. Dr. Ernst Beckmann und das Institut für physikalische Chemie und Elektrochemie unter der Leitung des Chemikers Prof. Dr. Fritz Haber.

1911 (29.05.) Gewitter lösen ein starkes **Hochwasser** aus, das durch das Tal des **Grünbachs** im Main-Tauber-Kreis strömt und in Paimar sowie Grünsfeld 15 Menschen tötet.

1911 (23.07.) Wetterstationen messen in **Frankfurt a. M. 37,5 Grad Celsius** und in Jena 37,2 Grad Celsius.

1911 (16.11.) Ein **Erdbeben** mit Epizentrum unter **Albstadt** und einer Magnitude von 6,1 verursacht Schäden an mehreren Tausend Gebäuden, hauptsächlich auf der Schwäbischen Alb. In Konstanz bricht die Turmspitze des Münsters ab.

1912 (12.05., gegen 23 Uhr) Ein **Tornado** zieht über **Sehlis bei Taucha** in Sachsen. Der Wirbelsturm reißt ganze Scheunen sowie die Dächer von der Kirche und der gerade fertiggestellten Schule fort, drückt die Giebelwand der Schule ein, entwurzelt Bäume, stürzt Grabsteine auf dem Friedhof, weht Möbel in den Dorfteich. Eine Trümmerwüste verbleibt. In der Umgebung wirft der Tornado fast 20.000 Festmeter Holz.[39]

1912 (19.08.) Im Sanatorium Finkenmühle bei Schwarzburg in Thüringen konstituiert sich der **Bund deutscher Tabakgegner für das Deutsche Reich**. 1914 wechselt die Geschäftsleitung nach Dresden. Die Elbmetropole ist damals ein Zentrum des Handels von Orienttabak, der Zigarettenindustrie und der Tabakgegner. Vorausgegangen war am 27. Septem-

---

[39] Bissolli et al. (2001): Extreme Wetter- und Witterungsereignisse im 20. Jahrhundert. S. 22.

ber 1910 die Gründung des Bundes deutscher Tabakgegner durch Hermann Stanger im böhmischen Trautenau.

1913 Im Stadtwald von **Freiburg im Breisgau** wird eine dreijährige **Gewöhnliche Douglasie** (*Pseudotsuga menziesii*) gepflanzt. Sie ist heute unter dem Namen Waltraud vom Mühlwald bekannt und 2025 mit einer Höhe von rund 69 Meter der **höchste Baum Deutschlands**. Ursprünglich waren Douglasien im westlichen Nordamerika heimisch.

1914 (08.06.) Der Reichsgesundheitsrat stellt fest, dass der Anteil von **Kaliabwässern im Weserwasser** im Interesse der Wasserversorgung Bremens so niedrig gehalten werden muss, dass das Weserwasser selbst bei Niedrigwasser keinen aufdringlichen Geschmack nach Kalilauge zeigt und seine Härte nicht die Zubereitung von Speisen nennenswert beeinträchtigt.

1914 bis 1945: Großindustrielle Ammoniakproduktion, Schlachtfelder, Spanische Grippe, Waschbären und Elbebiber, Reichsnaturschutzgesetz, Ostrausch, Bomben verheeren Städte

1915 (April) Bald nachdem das Deutsche Reich Anfang August 1914 Russland und Frankreich den Krieg erklärt hat und das Vereinigte Königreich in den Krieg eingetreten ist, beendet die britische Seeblockade den Import von kriegswichtigem Salpeter aus Chile. Ein Mangel an Schießpulver droht im Deutschen Reich. Ein von **Carl Bosch** und **Alwin Mittasch** bei der Badischen Anilin- & Soda-Fabrik (BASF) in Ludwigshafen entwickeltes Verfahren für die industrielle Produktion von synthetischem Ammoniak wird 1913 erstmals in einer großtechnischen Anlage in Oppau bei Ludwigshafen erfolgreich eingesetzt. Im April 1915 produziert die BASF nach dem **Haber-Bosch-Verfahren** ca. tausend Tonnen Salpeter und ermöglicht dem Deutschen Reich nach weiteren Produktionssteigerungen eine Kriegsverlängerung. Das **Ammoniakwerk in Oppau** leitet von 1913 bis 1921 das hochgiftige Abfallprodukt Schwefelwasserstoff in den Rhein. Es kontaminiert den Fluss und beschädigt vorbeifahrende Schiffe. Die BASF entwickelt von 1921 bis 1926 erfolgreich Verfahren zur Entschwefelung der Abwässer der Ammoniakproduktion.

1915 (24.12.) Neben der langsam wachsenden Ammoniakproduktion in Oppau und in Leuna nach dem Haber-Bosch-Verfahren (→ April 1915) soll, ebenfalls forciert von der Reichsregierung, Ammoniak nach dem überaus energieintensiven **Kalkstickstoffverfahren** erzeugt werden. Das neue Kalkstickstoffwerk in **Piesteritz** bei Wittenberg benötigt dafür dringend Strom. In der Nähe der seit Mitte des 19. Jahrhunderts bestehenden Braunkohlegrube Golpa im Bitterfelder Revier entsteht vom ersten Spatenstich am 24. März 1915 bis zur Inbetriebnahme der ersten Turbine am 15. Dezember 1915 in nur neun Monaten das nach Erweiterungen weltgrößte Dampfkraftwerk Zschornewitz. Am 24. Dezember 1915 erreicht erstmals Strom aus Zschornewitz das Stickstoffwerk in Piesteritz. Der kriegsbedingte Ausbau verändert die Landschaften im Bereich der Braunkohlegrube und der Industrieanlagen tiefgreifend. Ebenso sind die Schadstoffemissionen erheblich.

© Der/die Autor(en), exklusiv lizenziert an Springer-Verlag GmbH, DE, ein Teil von Springer Nature 2025
H.-R. Bork, *Denk ich an Deutschland …*, https://doi.org/10.1007/978-3-662-71613-7_7

1915 (22.04.) Erstmals in der Geschichte der Menschheit setzt das deutsche Heer bei Ypern in Westflandern **Giftgas** im Krieg als Kampfmittel ein. Der Chemiker und Abteilungsleiter für das Giftgaswesen im Kriegsministerium Prof. Dr. Fritz Haber bereitet den Einsatz von Chlorgas vor und gibt den Einsatzbefehl. Tausende britische und französische Soldaten sterben. Ein fürchterlicher Giftgaswettlauf beginnt.

1915 Fischer fangen in der Unterelbe und damit erstmals im Deutschen Reich eine eingeschleppte **Chinesische Wollhandkrabbe.**

1915 Miesmuscheln sind weit verbreitet im nordfriesischen Wattenmeer, auf den nordfriesischen Inseln nicht sonderlich beliebt und lediglich in Notzeiten ein wichtiges Nahrungsmittel. Im Ersten Weltkrieg ist Fleisch bald rar. Im Jahr 1915 beginnt die gewerbliche Miesmuschelfischerei mit Booten im Wattenmeer; zeitgleich nimmt die erste Fabrik zur Verarbeitung von Miesmuscheln auf Föhr ihren Betrieb auf. Zwanzig bis dreißig Frauen, deren Männer überwiegend an der Front im Einsatz oder dort verstorben sind, verarbeiten täglich bis zu tausend Kilogramm Miesmuscheln. Sie verpacken das Muschelfleisch in Fässer, die in den Versand gehen. Das offen durch die Hafenstrasse in Wyk fließende Abwasser der Muschelfabrik versickert in den Boden, kontaminiert das Grundwasser, das die Einheimischen als Trinkwasser nutzen. Eine Typhusepidemie ist die Folge. Im Jahr 1917 verlegt man die Muschelfabrik an den Hafen.[1]

1916 (06.07.) Lebensmittelmangel führt in **Nürnberg** zu Demonstrationen mit Ausschreitungen vor Butter- und Käsegeschäften. Protestierende bewerfen einen Polizisten mit Kot und Pferdemist.[2]

1916 (14.09.) Geschätzt 30.000 in Belgien erbeutete **Granaten explodieren** in der Ringbatterie auf Choisy in **Saarlouis.** Sie töten mindestens 96 Menschen und zerstören Kasernengebäude.

1916 (21.02. bis Dezember) Deutsche Soldaten eröffnen am ersten Tag der Schlacht von **Verdun** das Feuer aus 1220 Geschützen auf Stellungen der Franzosen, die zurückschießen. Die größten Granaten reißen Trichter mit Durchmessern von 50 Metern und mehr in die Landschaft Lothringens. Sie vernichten Menschen, Tiere, Pflanzen und Böden. Bis zum Ende der Schlacht sterben auf beiden Seiten der Front mehr als 300.000 Menschen. Noch heute liegen chemische Kampfstoffe wie Senfgas und Phosgen in nicht explodierten Granaten auf dem **Schlachtfeld.** Quecksilber, Arsen, Kupfer, Blei und Zink verseuchen Böden und Grundwasser.

1916 bis 1918 Im Deutschen Reich mangelt es in der Landwirtschaft an Arbeitskräften, Pferden, Maschinen und Düngemitteln. Die Getreideernten sinken, die Getreidepreise steigen. Der Königliche Botanische Garten und das Museum zu Berlin-Dahlem empfehlen

---

[1] Kollbaum-Weber (2007): Historische Jagd- und Fangmethoden auf der Insel Föhr und in den Uthlanden. S. 52, 55 ff.

[2] Schieber (2022): Geschichte Nürnbergs. S. 132.

den Verzehr **wildwachsender Kriegsgemüse**. Im Kohlrübenwinter 1916/17 hungern viele Menschen. Im März 1917 gibt es Hungerunruhen in Nürnberg; Frauen fordern Kartoffeln und Brot.[3] 400.000 bis 500.000 Menschen sterben bis Kriegsende am Nahrungsmittelmangel und seinen Folgen.

1917 (31.05.) Die Fürstlich Lippischen Staatswerkstätten lassen vorwiegend Frauen in einer ehemaligen Möbelfabrik in **Detmold** unter Vernachlässigung von Sicherheitsvorschriften Geschosse herstellen. Durch Funkenflug beim Zerschneiden von **Explosiv-Rohseide** detoniert die Fabrik, in der große Mengen an Schießpulver lagern. 72 Menschen sterben.

1918 (04.05.) In einem Ausbildungslager der US Armee in Kansas bricht am 4. Mai 1918 die A/H1N1-Influenza aus. Mit Truppentransporten erreicht sie Europa. In drei Wellen rast die **Spanische Grippe** 1918 und 1919 um die Welt. Die Pandemie fordert im Deutschen Reich ungefähr 320.000 bis 350.000 sowie weltweit wohl 25 bis 50 Mio. Menschenleben.

Ab 1919/1928/1935/1956 Kalklösungs-, Frost- und Tauprozesse haben seit der Gletscherschmelze gegen Ende der letzten Kaltzeit in den nördlichen Kalkalpen und ihrem Vorland bemerkenswerte Oberflächenformen geschaffen: Buckelfluren. Sie nehmen im deutschen Alpen- und Voralpenraum etwa 36.000 Hektar ein. Liegen sie im Dauergrünland, so bezeichnet man sie als **Buckelwiesen**. Die sanften, einige Meter langen Buckel und die wenige Dezimeter tiefen Vertiefungen zwischen ihnen bieten unterschiedliche Lebensräume für zahlreiche Pflanzen-, Moos- und Tierarten, erschweren aber die Mahd mit der Sense. Im Jahr 1919 ebnen Bauern in der Gemarkung Krün im Werdenfelser Land östlich von Garmisch-Partenkirchen eine Buckelwiese mit der Hand ein, um die Bearbeitung zu vereinfachen und die Grünlanderträge zu erhöhen. Im Jahr 1928 weist das Landesamt für Moorwirtschaft die systematische Planierung und Kultivierung der Buckelfluren im bayerischen Alpenraum an. Im Jahr 1935 beginnen im Werdenfelser Land Ödlandgenossenschaften, Flurbereinigungsgenossenschaften sowie der Reichsarbeitsdienst mit der **Einebnung** von Buckelfluren. Ab 1956 erfolgen maschinelle Einebnungen durch Wasser- und Bodenverbände. Auf den nivellierten Buckelwiesen siedeln sich Höfe an. Die Einsaat ertragreicher Gräser und die Düngung ermöglichen eine Vervierfachung bis Versechsfachung der Erträge im Vergleich zu den ursprünglichen Buckelwiesen. Um 1980 enden die Einebnungen. Biotopkartierungen Mitte der 1970er-Jahre belegen, dass nur noch 1120 Hektar oder etwa drei Prozent der ursprünglichen, ökologisch wertvollen Buckelwiesen existieren. Diese Relikte sind heute geschützt.[4]

1919 (11.08.) Gemäß Artikel 150 der demokratischen Weimarer Reichsverfassung vom 11. August 1919 genießen Denkmäler der Natur sowie der Landschaft den Schutz und die Pflege des Staates.[5] Das preußische Feld- und Forstpolizeigesetz ermöglicht ab 1920 die

---

[3] Ebd.

[4] Gutser und Kuhn (1998): Die Buckelwiesen bei Mittenwald.

[5] https://www.1000dokumente.de/Dokumente/Die_Weimarer_Reichsverfassung (letzter Zugriff: 05.07.2025).

Abb. 7.1 Links: Doppelschleuse Schwabenheim bei Heidelberg am unteren Ende des fünf Kilometer langen Seitenkanals Wieblingen, auf der Insel in der Bildmitte: 1925 in Betrieb genommenes Wasserkraftwerk Schwabenheim mit einer heutigen Leistung von 7,2 Megawatt, rechts: Neckar. (Foto: H.-R. Bork, 04.08.2020)

förmliche **Ausweisung von Naturschutzgebieten**. Bis 1932 werden etwa 500 Naturschutzgebiete eingerichtet.[6]

1921 (21.09., 07:32 Uhr) Zersetzungsprodukte des Düngemittels Ammoniumsulfatnitrat explodieren in einem großen Lagersilo des Oppauer Stickstoffwerks der BASF bei Ludwigshafen aufgrund kleiner Routinesprengungen zur Lösung von Salzverhärtungen. 561 Menschen sterben. Ein 125 Meter langer und 19 Meter tiefer Krater reißt auf. 7500 Menschen verlieren in Oppau ihr Obdach. Daraufhin ergeht in Preußen ein **Verbot der Sprengung von Salzverhärtungen** in Silos. Die Produktion von Ammonsalpeter endet in Oppau.

1921 (24.09.) Der 1913 im Grunewald bei Berlin begonnene Bau der 19 Kilometer langen, vierspurigen **Automobil-Verkehrs- und Übungsstraße** (AVUS) – eine Rennstrecke für Kraftfahrzeuge – ist vollendet. Die gerade Straße zerschneidet den Grunewald.

1921 bis 1935 Der **Ausbau des Neckars zur Großschifffahrtsstraße** mit elf Staustufen und Doppelschleusen erfolgt von Mannheim zunächst bis Heilbronn für bis zu 1500

---

[6]   Frohn und Rosebrock (2022): Geschichte der Naturschutzpolitik.

Tonnen schwere Schiffe (Abb. 7.1). 1958 ist der Bereich bis Stuttgart und 1968 der letzte Abschnitt bis Plochingen fertiggestellt. Auf dem kanalisierten Fluss werden heute vor allem Baustoffe, Steinkohle, Salz und Container transportiert. Der bis zum Ausbau frei fließende Neckar ist damit weitgehend gebändigt. Ökologisch wertvolle Auenstandorte und die naturnahe Fließdynamik sind verschwunden.

1922 Nach dem Tod von Dr. Hugo Conwentz übernimmt der Botaniker Prof. Dr. **Walther Schoenichen** 1922 die Leitung der **Staatlichen Stelle für Naturdenkmalpflege**. Der zuvor vorwiegend ästhetisch-emotional geleitete staatliche preußische Naturschutz erhält durch Walther Schoenichen zunehmend eine völkisch-rassistische Ausrichtung.[7]

1923 (01.01.) Die Chemikerin, Botanikern und Bodenkundlerin Dr. **Margarete Baroness von Wrangell** ist die erste ordentliche Professorin im Deutschen Reich. Sie wird auf den **Lehrstuhl für Pflanzenernährungslehre** an der Landwirtschaftlichen Hochschule Hohenheim bei Stuttgart berufen. Sie führt wichtige praxisnahe Forschungsarbeiten zur Aufnahme von Phosphor durch Pflanzen im Boden durch.

1923 (Januar) Die alliierte **Reparationskommission** stellt am 26. Dezember 1922 fest, dass das Deutsche Reich bei der Lieferung von **Schnittholz** und **Telegrafenmasten** für das Jahr 1922 im Rückstand ist. Am 9. Januar 1923 konstatiert die Reparationskommission, dass es zudem einen Rückstand bei den Steinkohlelieferungen für das Jahr 1922 gibt. Daraufhin lässt die französische Regierung am 11. Januar 1923 eigene und belgische Truppen in das Ruhrgebiet einmarschieren. Sie besetzen Teile des Ruhrgebietes von Duisburg bis Dortmund. Der Ausnahmezustand wird verhängt. Die deutsche Reichsregierung (das Kabinett Cuno) stellt Reparationszahlungen an Frankreich und Belgien ein. Ein Generalstreik lässt 1923 die Industrieproduktion und das Verkehrsaufkommen stark zurückgehen. Im besetzten Ruhrgebiet nimmt daraufhin die **Luftverschmutzung** rasch ab; Bäume haben 1923 einen stärkeren Zuwachs und die Ernteerträge wachsen erheblich.[8]

1924 Der Theosoph und Gründer der Anthroposophie sowie der Waldorfpädagogik **Rudolf Steiner**[9] hält über Pfingsten 1924 im schlesischen Koberwitz spirituelle Vorträge zu „Geisteswissenschaftlichen Grundlagen zum Gedeihen der Landwirtschaft". Noch im selben Jahr beginnt ein landwirtschaftlicher Versuchsring der anthroposophischen Gesellschaft, Steiners ganzheitliches Konzept in der Praxis zu erproben. 1927 konstituiert sich die „Verwertungsgenossenschaft für Produkte der Biologisch-Dynamischen Wirtschaftsmethode", 1932 der **Demeter-Wirtschaftsverbund** und am 16. Mai 1954 auf dem Dottenfelderhof bei Bad Vilbel der Demeter-Bund e. V. Im Jahr 2023 wirtschaften 1727 Erzeugerbetriebe auf einer Gesamtfläche von 108.581 Hektar nach den Richtlinien des Demeter-Bund e. V., die deutlich über die aktuellen Vorgaben der Verordnung der Europäischen Union zum

---

[7] Ebd.

[8] Vgl. Pfleiderer (2002): Deutschland und der Youngplan.

[9] Vgl. Altner in Simonis (Hrsg.; 2014): Vordenker und Vorreiter der Ökobewegung. S. 28–30.

ökologischen Landbau hinausgehen.[10] Der Einsatz von Gentechnik und Pestiziden ist auf Demeter-Höfen verboten, die Nutzung kupferhaltiger Mittel stark eingeschränkt. Das zentrale Ziel ist eine nachhaltige lebendige Kreislaufwirtschaft. Zur Umsetzung verwenden Demeter-Betriebe u. a. eigene Züchtungen und biologisch-dynamische Präparate aus Kräutern, Mineralen und Kuhmist. Der Nutzen der Präparate für die Bodenfruchtbarkeit wird in einigen wissenschaftlichen Studien bezweifelt.[11] Positiv hervorzuheben sind die vorzügliche Humuswirtschaft, die auf umfassenden Kompostierungsverfahren beruht, und die vorbildliche Tierhaltung – die sich selbst von der organisch-biologischen Landwirtschaft mit ihren hohen ökologischen Standards abhebt (→ 1971). Die Erträge von biologisch-dynamischer und organisch-biologischer Landwirtschaft sind deutlich geringer als diejenigen der konventionellen Landwirtschaft, die in großem Umfang ertragssteigernden Mineraldünger, hochgezüchtete Tiere und auch Pestizide nutzt. Für den gleichen Ertrag an Getreide oder Milch benötigt die Biolandwirtschaft demnach erheblich mehr Nutzfläche als die konventionelle Landwirtschaft.

1924 (26.01.) Nach dem Baubeginn im November 1918 geht das oberbayerische **Walchenseekraftwerk** in Betrieb. Es liefert Strom für die elektrische Bahn und Teile Bayerns.

1924 (Februar) Im Hamburger Kontorhausviertel wird das von dem Architekten Fritz Höger errichtete **Chilehaus** übergeben. Dieser Ikone des Klinkerexpressionismus liegt eine vielfältige Umweltgeschichte zugrunde: Ermöglicht wird der Bau (1) durch hohe Gewinne der **Salpeterwerke** des Bauherrn **Henry B. Sloman** in der Atacama, die auch auf gravierenden Umweltveränderungen in der Extremwüste beruhen, (2) durch die Nutzung erheblicher Ressourcen für den Bau des zehngeschossigen Kontorhauses, darunter 30.000 Kubikmeter Kies, 4.800.000 Klinker und 900.000 Deckenhohlsteine, 750 Güterwagen Zement, 18.000 laufende Meter Rammpfähle und 1600 Tonnen Rundeisen. 2015 wird das Chilehaus in die Welterbeliste der UNESCO eingeschrieben.

1924 (26.09.) Im Süden Brandenburgs geht die weltweit **erste Abraumförderbrücke** in der Grube Agnes der **Plessaer Braunkohlewerke** in den Probebetrieb; 1959 wird sie gesprengt. In den 1960er-Jahren endet hier der landschaftsverändernde Abbau von Braunkohle (Abb. 7.2 und 7.3).

1926 (24.02.) In Berlin gründet sich die wissenschaftliche **Deutsche Bodenkundliche Gesellschaft** (DBG) als Sektion der Internationalen Bodenkundlichen Gesellschaft. In den ersten Jahren befasst sich die DBG u. a. mit der grundlegenden Beschreibung und Bewertung von Böden sowie der Bestimmung des Nährstoffbedarfs von Kulturpflanzen.

---

[10] https://www.demeter.de/ueber-uns (letzter Zugriff: 05.07.2025); „Verordnung (EU) 2018/848 des Europäischen Parlaments und des Rates vom 30. Mai 2018 über die ökologische/biologische Produktion und die Kennzeichnung von ökologischen/biologischen Erzeugnissen […]", https://eur-lex.europa.eu/legal-content/DE/TXT/PDF/?uri=CELEX:02018R0848-20220101 (letzter Zugriff: 05.07.2025).

[11] Vgl. Krauss et al. (2020): Enhanced soil quality with reduced tillage and solid manures in organic farming – a synthesis of 15 years.

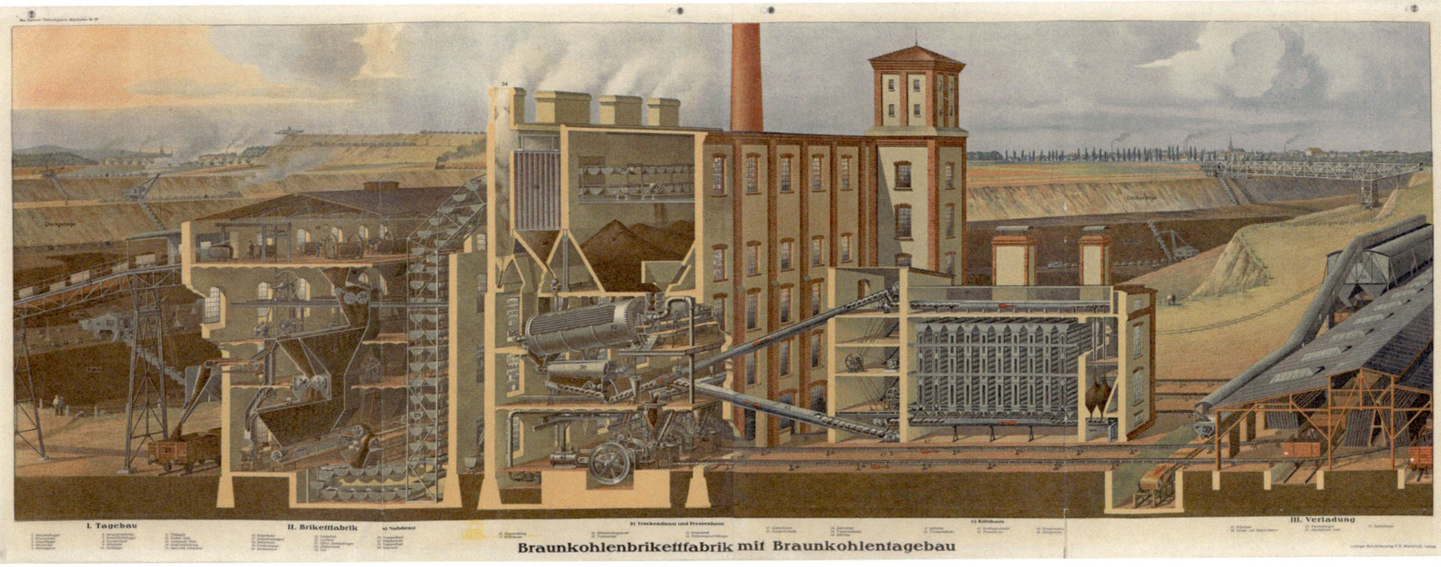

Abb. 7.2 Braunkohlebrikettfabrik mit Braunkohletagebau, links: Erschließung des Braunkohleflözes im Tagebau, linkes Gebäude: Nassdienst der Brikettfabrikation, mittleres hohes Gebäude: Trockendienst und Brikettierung, rechtes kleineres Gebäude: Kühlhaus, ganz rechts: Verlade- und Stapelschuppen. (Technologische Wandtafel Nr. 37 von Max Eschner von 1928, HB25167, Bild 1, © Germanisches Nationalmuseum, Nürnberg)

Abb. 7.3 Stillgelegter Schaufelradbagger 1521 SRs 1300 „Big Wheel" im Industriemuseum und Veranstaltungsort Ferropolis in Gräfenhainichen bei Dessau-Roßlau. Der 1984 von TAKRAF gebaute, 1718 Tonnen schwere, 31 Meter hohe und 74,5 Meter lange Bagger besitzt ein 8,4 Meter hohes Förderrad; er wurde in den Braunkohletagebauen Göitzsche, Golpa Nord und Gröbern eingesetzt. (Foto: H.-R. Bork, 12.05.2024)

1927 bis 1932 Der Münchner Architekt und Schriftsteller **Herman Sörgel** entwickelt von 1927 bis 1932 eine der kühnsten Utopien des 20. Jahrhunderts: **Atlantropa**, das Festland am Atlantik, soll über eine Absenkung des Mittelmeers Europa und Afrika verbinden. Sörgel beabsichtigt, mit einem rund 35 Kilometer langen, an der Sohle 2,5 Kilometer breiten und mehr als 300 Meter hohen Megadamm die Straße von Gibraltar zu schließen. Aus dem Mittelmeer verdunstet mehr Wasser, als oberirdisch durch Flüsse zuströmt. Dieses Wasserdefizit gleicht ein beständiger starker Zufluss durch die Straße von Gibraltar aus dem Atlantischen Ozean aus. Blockiert man diesen Zufluss, sinkt der Wasserspiegel des Mittelmeers durch Verdunstung jedes Jahr um mehr als einen Meter. Nach gut eineinhalb Jahrhunderten und einer Absenkung des Mittelmeers um annähernd 200 Meter ständen mehr als 600.000 Quadratkilometer Neuland für Siedlungen, Gewerbe- und Industriegebiete, Straßen, Bahnlinien, Flughäfen und viel fruchtbares Ackerland zur Verfügung. Riesige Wasserkraftwerke, darunter das weltgrößte in der Straße von Gibraltar mit eintausend Turbinen, sollen Europa und Nordafrika vollständig mit preiswerter regenerativer Energie versorgen. Sörgel will so dem langfristig zu erwartenden Mangel an Kohle und Erdöl vorbeugen. Das Vorhaben ist pazifistisch-paneuropäisch und zugleich zutiefst kolonialistisch und rassistisch, wie Sörgels Formulierungen in seiner Publikation Atlantropa von 1932 verdeutlichen: „Durch Einverleibung Afrikas in den abendländischen Kulturkreis ist heute noch eine Beherrschung der schwarzen Rasse möglich."[12] Das vom Autor in Ausstellungen, Vorträgen, Radiosendungen und Dokumentarfilmen gepriesene Jahrhundertprojekt begeistert Wissenschaftler wie Albert Einstein, Bauingenieure wie Bruno Siegwart, und Architekten wie Mies van der Rohe, Fritz Höger und Erich Mendelsohn. Von Sörgel organisiert, erscheinen Hunderte Zeitungsartikel über das Projekt von New York bis Berlin. Sörgel bietet sein Konzept den italienischen Faschisten und den deutschen Nationalsozialisten an. Dem italienischen Diktator Benito Mussolini missfällt an Atlantropa das Trockenfallen sämtlicher italienischer Häfen. Die deutsche Reichsstelle für Raumordnung folgt dem Plan des „Führers" Adolf Hitler, „Lebensraum im Osten" für Deutsche zu erobern – und nicht Sörgels Fantasien über einen pazifistisch-internationalistischen Superkontinent mit einem halbtrockenen Mittelmeer.[13]

1927 (08./09.07.) Nach vorausgegangenen, die Böden sättigenden Niederschlägen fallen in der Nacht vom 8. auf den 9. Juli 1927 in nur 25 Minuten **110 Millimeter Niederschlag**[14] in den Einzugsgebieten der Flüsse Müglitz und Gottleuba im **Osterzgebirge**. Rasch steigen die Flusspegel. Treibholz blockiert die Brückendurchlässe der Gottleubatalbahn. Oberhalb gestautes Flusswasser bricht plötzlich durch die Barriere. Große Bäume und Bahnwaggons treiben in der Flutwelle. Sie zerstört Gebäude und tötet etwa 150 Menschen, 88 allein im Kurort Berggießhübel.[15]

1928 Die **Berliner Rieselfelder** (→ 1873) erreichen mit einer Fläche von zusammen 12.500 Hektar in 22 Gebieten ihre größte Ausdehnung. Die Abwässer von fast vier Millionen Menschen versickern dort – eine bedeutende ingenieurtechnische Leistung und ein großer Erfolg für die Hygiene der Stadt Berlin. In der ersten Phase der Verrieselung steigen die Erträge stark an. In den 1920er-Jahren beginnt eine Phase der Rieselmüdigkeit. Zu häufige Abwassergaben verschlämmen die Oberböden. Verrieselte Partikel setzen die Poren der Oberböden zu und bewirken einen Mangel an Bodenluft. Zusammen mit der zu hohen Nährstoffbelastung sinken die Erträge deutlich. In einer dritten Phase versucht man durch Bodenlockerung und Kalkung die Erträge und die zu verrieselnden Abwassermengen wieder zu erhöhen. Eine landwirtschaftliche Nutzung der Rieselfelder ist jedoch nur bei erheblich reduzierter Verrieselung und damit weitaus geringeren Nähr- und Schadstoffeinträgen aufrecht zu erhalten. Die Intensivierung der Landwirtschaft in den 1950er-Jahren führt zur Verkürzung der Zeiten, in denen Abwasser auf Äckern verrieselt werden kann, und stattdessen zu höheren

---

[12]   Sörgel (1932): Atlantropa; Voigt (2007): Atlantropa.

[13]   https://monde-diplomatique.de/artikel/!5925537 (letzter Zugriff: 05.07.2025).

[14]   1 Millimeter Niederschlag entspricht 1 Liter Niederschlag pro Quadratmeter.

[15]   Vgl. Fügner (1995): Hochwasserkatastrophen in Sachsen.

Abwassergaben im Dauergrünland sowie dort zu einer stärkeren Eutrophierung des Grundwassers. Nach der Inbetriebnahme der Klärwerke Ruhleben im Jahr 1963, Falkenberg 1969, Marienfelde 1974 und Münchehofe 1976 gehen die zu verrieselnden Abwassermengen stark zurück und Rieselfelder aus der Nutzung. 1992 gibt es nur noch fünf Rieselfeldbezirke mit einer Fläche von 1250 ha. Die reguläre Nutzung der letzten Rieselfelder endet 1998. Das Rieselfeld Karolinenhöhe schließt als letztes 2010. Die ehemaligen Rieselfelder werden heute landwirtschaftlich oder als Naherholungsgebiete genutzt. Ein ehemaliger Rieselfeldbereich bei Großbeeren steht unter Denkmalschutz und ist durch einen sehenswerten Denkmalpfad erschlossen (Abb. 6.3).[16] (→ 24.06.1948 bis 11./12.05.1949)

1929 Ministerialrat Friedrich Heyl legt, einem Beschluss des Landtages vom 9. Juni 1925 folgend, eine Denkschrift über den **Generalkulturplan** für die Verbesserung der Wasser- und Bodenverhältnisse im gesamten **Hessischen Ried** vor. Die Umsetzung des Generalkulturplans beginnt Mitte der 1930er-Jahre in der südhessischen Oberrheinebene mit umfassenden Meliorationsmaßnahmen. Grundwasserspiegel sinken in vielen Bereichen, Feuchtwiesen fallen trocken, neue Äcker und Siedlungen entstehen. Große Teile der 1100 Quadratkilometer großen artenreichen Flussauenlandschaft werden in eine ertragreiche Agrarlandschaft gewandelt. Einige Auenwälder verbleiben.[17]

1929 (Februar und März) Die mittlere Lufttemperatur im meteorologischen Winter vom 1. Dezember 1928 bis zum 28. Februar 1929 liegt 4,84 Grad Celsius unter dem vieljährigen Mittel. Im Zeitraum vom Beginn der regelmäßigen Aufzeichnungen im Jahr 1881 bis 2025 ist es der **drittkälteste Winter**.[18] Anfang Februar 1929 sinken die Temperaturen im gesamten Deutschen Reich für Wochen auf unter −10 Grad Celsius, in einigen Regionen auf unter −20 Grad Celsius. In Hüll, einem Stadtteil von Wolnzach in Niederbayern, misst man die bis heute gültige **Rekordtiefsttemperatur** von **−37,8 Grad Celsius**. Der Rhein hat auf einer Länge von etwa 350 km eine geschlossene Eisdecke. An der Küste von Norderney stapeln sich Eisschollen meterhoch. Dort ist der Strand mit erfrorenen Strandläufern übersät. Enten und Austernfischer frieren fest. Von Pferden gezogene Schlitten und Fuhrwerke bringen Lebensmittel auf die ostfriesischen Inseln. Auf der Kieler Förde umschließt die Eisdecke mehr als 60 Schiffe, und mehr als tausend Mann Besatzung benötigen über Wochen Nahrungsmittel. Flugzeuge bringen das Nötigste direkt an fern vom Ufer eingefrorene Schiffe. Im März 1929 treffen die sowjetischen Eisbrecher Jermak und Truvor vor Kiel ein. Sie reißen das dicke Eis in der Kieler Förde, auf dem Kaiser-Wilhelm-Kanal (dem heutigen Nord-Ostsee-Kanal) und der Unterelbe auf. In einigen ländlichen Regionen stellt man Eimer mit glühenden Kohlen neben die im Keller eingelagerten Kartoffeln, und vor die Kellerfenster packt man Mist als Isolationsschicht. Dennoch erfrieren viele Kartoffeln.

---

[16] Vgl. Umweltatlas Berlin (2024): Ehemalige Rieselfelder 2010, sowie Reichelt (2006): Vergessene Landschaft Rieselfelder.

[17] Toussaint et al. (2006): Grundwasserförderung und Umweltprobleme im Hessischen Ried.

[18] https://de.statista.com/infografik/amp/24111/das-waren-die-historisch-kaeltesten-winter-in-deutschland/ (letzter Zugriff: 05.07.2025).

Abb. 7.4 Schale einer Europäischen Auster auf dem Kniepsand an der Westküste Amrums; nach anhaltender Überfischung zerstörte Eisgang im Eiswinter 1928/29 die letzten Kolonien der Europäischen Auster. Seit etwa 1950 ist sie im nordfriesischen Wattenmeer ausgestorben; Größenmaßstab: 1-Euro-Münze. (Foto: H. Bork, 19.03.2023)

Zahlreiche Menschen erkranken, und die Sterberaten steigen deutlich. Mit dem einsetzenden Tauwetter endet im März 1929 der Extremwinter.[19]

1929 (Februar und März) Eisgang zerstört die letzten Riffe der **Europäischen Auster** *Ostrea edulis* im nordfriesischen Wattenmeer. Nur wenige Individuen überleben (Abb. 7.4). Bereits Mitte des 19. Jahrhunderts beginnt die **Übernutzung** der zahllosen Riffe der Europäischen Auster im nordfriesischen Wattenmeer und anderswo in Europa. In den 1860er- und 1870er-Jahren fangen Amrumer und Sylter Fischer im Wattenmeer jährlich vier bis fünf Millionen Exemplare der Europäischen Auster. Danach sinken die Erträge deutlich. Im Jahr 1911 ersetzt der mit sechs Netzen ausgestattete und damit hocheffektive Raddampfer „Gelbstern" die Amrumer und Sylter Austernkutter. Vierzehn Jahre später sind bereits etwa drei Viertel der Austernbänke im Wattenmeer verschwunden. Seit etwa 1950 gilt die Art im deutschen Wattenmeer als ausgestorben.[20] Kleine Populationen existieren noch an den Küsten Südnorwegens und Westeuropas sowie im dänischen Limfjord. Die Nachfrage nach Austern ist weiterhin hoch. Mit eingeführten gebietsfremden Austernarten gelangt die kalifornische Austernkrankheit Bonamia an die Küsten West-, Nordwest- und Nordeuropas (→ 1985). Die dort noch lebenden Restbestände der Europäischen Auster infizieren sich; rund 90 Prozent gehen zugrunde. Ein 2016 unter Leitung von Dr. Bernadette Pogoda beginnender Wiederansiedlungsversuch der Biologischen Anstalt Helgoland des

---

[19] Vgl. https://www.alltagskultur.lwl.org/de/blog/der-jahrhundertwinter-1929/ (letzter Zugriff: 05.07.2025); http://www.apt-holtenau.de/holtenau-info/history/eiswinter-1928-29.htm (letzter Zugriff: 05.07.2025); https://www.norderney-chronik.de/download/stadtarchiv/aj-012.pdf (letzter Zugriff: 05.07.2025).

[20] Kollbaum-Weber (2007): Historische Jagd- und Fangmethoden auf der Insel Föhr und in den Uthlanden. S. 47 f.

Alfred-Wegener-Instituts und des Bundesamtes für Naturschutz mit Europäischen Austern, die nicht mit Bonamia infiziert sind, ist im Borkum Riffgrund erfolgreich.[21] Austernriffe sind einzigartige Lebensräume. Sie schützen Sedimente vor Erosion, brechen Wellen, bieten Laichgrund für Fische, filtern das Meerwasser und verbessern so die Wasserqualität.

Frühe 1930er-Jahre bis 1945 Im nordfriesischen Wattenmeer verschwinden allmählich die ehedem riesigen natürlichen Miesmuschelvorkommen durch die **Muschelfischerei** (→ 1915). Als Ersatz werden Muschelkulturen angelegt. Die in den frühen 1930er-Jahren in Wyk auf Föhr gegründete Firma „Nordfriesische Austern- und Muschelkultur" setzt acht Spezialkutter mit schweren Schleppnetzen in der Miesmuschelfischerei ein. Die Fangmengen steigen beständig und erreichen im Jahr 1944 beachtliche 7500 Tonnen Miesmuscheln. Die Schleppnetze reißen massenweise Miesmuscheln an den noch vorhandenen natürlichen und an den angelegten Muschelbänken ab. Damit gehen die für den Küstenschutz wichtige Festigung des Sediments und bedeutende Biotope verloren; die Wattoberfläche verändert sich stark. Nach dem Zweiten Weltkrieg mangelt es vorübergehend an Lebensmitteln (→ 1946/47), und die eiweißreichen Miesmuscheln sind sehr gefragt. Über Jahrzehnte boomt die Muschelzucht im Wattenmeer. Mit der Einrichtung des Nationalparks Schleswig-Holsteinisches Wattenmeer am 1. Oktober 1985 greifen Restriktionen für die Schleppnetzfischerei. Naturmuschelbänke sind zu schonen, in der Schutzzone 1 des Nationalparks ist die Muschelfischerei verboten.[22] (→ ab 1985)

1930er-Jahre bis 1945 Die Auergesellschaft stellt die **radioaktive Zahnpasta Doramad** in Oranienburg bei Berlin her. Radiothor und Thoriumhydroxid sollen – so die Werbung – strahlend weiße Zähne erzeugen (Abb. 7.5).

1931 (17.06.) Ein **Tornado** verursacht im sauerländischen Elsetal von **Holthausen bis Herscheid** große Schäden. Der hohe Winddruck reißt Dächer fort, drückt Wände ein und Bäume um. Zwei Menschen sterben, etwa vierzig werden verletzt.

1932 (06.08.) Der Kölner Oberbürgermeister **Konrad Adenauer** eröffnet die erste **kreuzungsfreie Kraftfahrstraße** im Deutschen Reich zwischen Bonn und Köln. Schon im → März 1933 degradiert das NS-Regime die erste öffentliche Autobahn zur Landstraße.

Ab 1932 Mit der Höhe nimmt die Windgeschwindigkeit aufgrund der abnehmenden Wirkung der Rauigkeit der Erdoberfläche zu. **Hermann Honnef**, ein visionärer Windenergiepionier, möchte diesen Prozess nutzen. Er plant **gigantische Windkraftwerke** mit 430 Meter hohen Gittermasttürmen und fünf gegenläufigen Rotoren mit 160 Meter Durchmesser. Honnef begeistert die Nationalsozialisten 1933 vorübergehend mit seiner Idee. Zweifel an

---

[21] https://www.schutzstation-wattenmeer.de/aktuelles/news-beitrg/rueckkehr-der-europaeischen-auster-ins-wattenmeer/ (letzter Zugriff: 05.07.2025); https://www.awi.de/ueber-uns/service/presse/presse-detailansicht/wiederansiedlung-der-europaeischen-auster-erstes-riff-in-der-deutschen-nordsee-angelegt.html (letzter Zugriff: 05.07.2025).

[22] Kollbaum-Weber (2007): Historische Jagd- und Fangmethoden auf der Insel Föhr und in den Uthlanden. S. 52 ff.

Abb. 7.5 Werbeprospekt der Auer-Werke in Oranienburg aus den 1930er-Jahren für die radioaktive Zahnpasta Doramad

Abb. 7.6 Werbung für ein „zeitgemässes geographisches Spiel mit den Reichsautobahnen"; für einen zügigen Transport von Militärfahrzeugen, Truppen, Kraftstoffen etc. durch das Deutsche Reich lässt das NS-Regime Reichsautobahnen bauen; ein weiterer Zweck ist das „Autowandern", also das Erschließen der Schönheiten des Landes mit privaten Kraftfahrzeugen als Freizeitbeschäftigung. Da die meisten Menschen kein Auto besitzen, macht das Gesellschaftsspiel die Bevölkerung mit dem Netz der neuen kreuzungsfreien vierspurigen Straßen vertraut. (© Archiv für Autobahn- und Straßengeschichte, Bad Homburg v. d. Höhe und Naumburg [Saale]; Signatur K832111)

der technischen Umsetzbarkeit, fehlende Möglichkeiten der Energiespeicherung und später die Gefährdung durch Bombenabwürfe verhindern den Bau. 1940 erteilt Reichsleiter der NSDAP Robert Ley Hermann Honnef den Auftrag, kleine Windenergieversuchsanlagen zu errichten; sie sind jedoch unzuverlässig.

1933 Der Leiter der Staatlichen Stelle für Naturdenkmalpflege Preußens **Walther Schoenichen** dient „den Naturschutz dem NS-Regime mit der Behauptung als nützlich an, dass dieser ‚für die **Gesunderhaltung der deutschen Seele**' notwendig sei, da doch die Landschaft das ‚Keimbett unserer völkischen Eigenprägung' sei."[23] (→ 1922, 02.07.1935)

1933 (März) Der Straßenbauingenieur und spätere Generalinspektor für das deutsche Straßenwesen **Fritz Todt** schlägt im Januar 1933 dem Parteivorsitzenden der NSDAP und Braunschweiger Regierungsrat Adolf Hitler den Bau von 5000 Kilometern Autobahn vor. Im März 1933 beginnt das Unternehmen **Reichsautobahnen**. Im September 1933 führt der am 20. Januar 1933 zum Reichskanzler ernannte Hitler den ersten Spatenstich für die vierspurige kreuzungsfreie Autobahn von Frankfurt am Main nach Mannheim aus. Bis 1938 sind unter der Leitung von Fritz Todt rund 3000 Streckenkilometer Reichsautobahnen in Betrieb genommen (Abb. 7.6).

Die Linienführung und die ästhetische Einbettung in die Landschaft werden in Abhängigkeit von Oberflächenformen, Boden- und Gesteinsmerkmalen präzise geplant (→ 1934 bis 44), darunter auch die Bepflanzung

---

[23] Frohn und Rosebrock (2022): Geschichte der Naturschutzpolitik, vgl. auch die dort zitierte Literatur.

- von Böschungen, wie Felsböschungen mit Brombeeren,
- des Autobahnrandes z. B. mit Weißbuche, Liguster, Wildrosen oder – aufgrund des hohen Vitamin-C-Gehaltes ihrer Früchte – auch mit Heckenrosen,
- des Mittelstreifens mit blickdichten Hecken als Blendschutz.

Die Reichsautobahnen verändern die Umwelt massiv, vornehmlich durch

- die baubedingte Zerstörung
  - der Vegetation, d. h. von Wäldern, Wiesen, Weiden und naturnahen Feuchtgebieten entlang der Trassen und ihrer Umgebung,
  - der Böden auf den Trassen und Böschungen,
- Entnahme, Antransport und Verwendung von Sand, Kies, Zement und Wasser für die Herstellung des Planums und des Betons,
- Herstellung, Antransport und Nutzung von
  - Eisen und Stahl u. a. für die Schienen der Baubahnen, für die randlichen Eisenbeton-Längsschwellen und Stahldrahtgewebe,
  - Holzbrettern für die Verschalung der Betondecken,
  - beweglichen Sonnendächern zur Verzögerung der Abtrocknung des Betons,
  - Jute u. a. Materialien zur Nasshaltung des feuchten Betons,
  - Transportfahrzeugen und Baumaschinen,
- die Veränderung des Wasserhaushaltes,
- Schadstoffbelastungen,
- Zerschneidung von Lebensräumen,
- die Behinderung der Wanderung von Tieren (von Käfern bis zu Schwarz- und Rotwild) sowie
- den massenhaften Tod von Tieren durch Kollisionen mit Kraftfahrzeugen.[24]

Die propagandistische Überhöhung des Reichsautobahnprojektes durch die Nationalsozialisten wirkt bis heute.

Die Gesamtheit der negativen Wirkungen von Autobahnen auf Lebewesen und Lebensgemeinschaften, auf Energie-, Wasser- und Stoffhaushalte wird dagegen oft vollkommen unterschätzt. Betroffen ist auch die Gesundheit von Menschen durch Schadstoffe, Lärm und Unfälle.

1933 (21.04. und 24.11.) Reichskanzler **Adolf Hitler** inszeniert sich als Tierfreund. Am 21. April 1933 unterzeichnet er das „Gesetz über das Schlachten von Tieren"[25] und am 24. November 1933 das **Tierschutzgesetz**.[26] Bestraft wird zukünftig, wer „ein Tier quält, wer ihm länger andauernde oder sich wiederholende erhebliche Schmerzen oder Leiden verursacht". Die rassistischen Gesetze kriminalisieren das traditionelle Schächten von

---

[24] Vgl. http://www.strassengeschichte.de (letzter Zugriff: 05.07.2025).

[25] https://faolex.fao.org/docs/pdf/ger84094.pdf (letzter Zugriff: 05.07.2025).

[26] Tierschutzgesetz vom 24.11.1934, veröffentlicht in German History in Documents and Images: https://germanhistorydocs.org/de/deutschland-nationalsozialismus-1933-1945/tierschutzgesetz-24-november-1933.pdf (letzter Zugriff: 05.07.2025).

Schlachttieren und damit das orthodoxe Judentum. Ein Verbot der Dressur wilder Tiere gilt nur für fahrende Tierschauen von Sinti und Roma. Tierärzte haben die Einhaltung des am 1. Februar 1934 in Kraft getretenen Reichstierschutzgesetzes zu prüfen.[27] (→ 1940)

Ab 1934 Der Anthroposoph, biologisch-dynamische Gärtner und einflussreiche Landschaftsgestalter **Alwin Seifert** vertritt einen **naturverbundenen Straßenbau**. Ab 1934 ist er als „Landschaftsanwalt" ein bedeutender Berater von Fritz Todt, dem Generalinspektor für das deutsche Straßenwesen. Alwin Seifert setzt eine landschaftsangepasste Führung der Autobahntrassen durch, tritt 1937 in die NSDAP ein, wird 1939 von Adolf Hitler zum Professor und 1940 ehrenhalber zum „**Reichslandschaftsanwalt**" ernannt. 1950 wurde er Außerordentlicher Professor und 1955 auf den Lehrstuhl für Landschaftspflege, Landschaftsgestaltung sowie Straßen- und Wasserbau an der Technischen Hochschule München berufen.[28] (→ 1936)

1934 (18.01.) Die nationalsozialistische Regierung erlässt das **Gesetz gegen Waldverwüstung**. Es verbietet die Abholzung von Nadelholzbeständen, die jünger als 50 Jahre sind. Das Gesetz bleibt wirkungsarm.

1934 (12.04.) Forstmeister **Wilhelm Sittich Freiherr von Berlepsch** setzt im Forstamt Vöhl südlich des nordhessischen Edersees zwei **Waschbärenpärchen** aus. Die aus Nordamerika stammende Art vermehrt sich in Nordhessen stark. (→ 1945, 2023/24)

1934 (03.07.) Der jagdfiebrige Ministerpräsident von Preußen **Hermann Göring** veranlasst am 9. Mai 1933 die Ausarbeitung eines Jagdgesetzes für Preußen. Es tritt schon am 18. Januar 1934 in Kraft. Die NS-Regierung verabschiedet am 3. Juli 1934 das nahezu wortgleiche **Reichsjagdgesetz** und ernennt Hermann Göring zum Reichsforstmeister. Das Reichsjagdgesetz

- löst die zahlreichen Landesjagdgesetze ab,
- verpflichtet zur Wildhege,
- bewirkt einen höheren Wildbestand und damit stärkere Wildschäden,
- etabliert Jagdorganisationen und -gerichtsbarkeit,
- erlaubt auch die Jagd auf Wisente, Steinwild und Robben,
- führt Jagdschein und Jagdprüfung ein, womit es die Zahl der Jagdberechtigten beschränkt.[29]

1934 (13.12.) Das von der NS-Regierung verabschiedete **Forstliche Artgesetz** verpflichtet Waldbesitzende, „schlechtrassige Bestände und Einzelstämme auszumerzen".[30] Erlaubt ist nur anerkanntes Saatgut.

---

[27] Schäffer und König (2015): Der deutsche Tierschutz – ein Werk des Führers! S. 1245.

[28] Zeller (2010): Seifert, Alwin.

[29] Schwenkel (1935): Der Naturschutz im Reichsjagdgesetz vom 3. Juli 1934. Sowie: Radkau (2011): Die Ära der Ökologie. S. 87 f.

[30] https://commons.wikimedia.org/wiki/File:Deutsches_Reichsgesetzblatt_34T1_134_1236.jpg (letzter Zugriff: 05.07.2025).

1935 (02.07.) Der preußische Kulturminister Bernhard Rust leitet ab dem 1. Mai 1934 in Personalunion das neu geschaffene Reichsministerium für Wissenschaft, Erziehung und Volksbildung, dem auch der staatliche Naturschutz untersteht. Im Jahr 1935 reißt der Reichsminister, Reichsforstmeister und Oberbefehlshaber der neu gegründeten Luftwaffe **Hermann Göring** die Zuständigkeit für den Naturschutz an sich. Der leidenschaftliche Jäger wird oberster Beauftragter für den Naturschutz im Deutschen Reich. Umgehend lässt Hermann Göring das Reichsnaturschutzgesetz entwerfen. Was trotz zahlreicher Bestrebungen während Kaiserzeit und Weimarer Republik nicht gelang, setzt Hermann Göring in Rekordzeit um. Die NS-Regierung verabschiedet bereits am 2. Juli 1935 das überhastet formulierte **Reichsnaturschutzgesetz**. Es „dient dem Schutze und der Pflege der heimatlichen Natur in allen ihren Erscheinungen." Es „erstreckt sich auf a) Pflanzen, nicht jagdbare Tiere, b) Naturdenkmale, c) Naturschutzgebiete, d) sonstige Landschaftsteile in der freien Natur, deren Erhaltung wegen ihrer Seltenheit, Schönheit, Eigenart oder wegen ihrer wissenschaftlichen, heimatlichen, forst- oder jagdlichen Bedeutung im allgemeinen Interesse liegt."[31] Das Gesetz muss bereits zum 1. Oktober 1935 novelliert sowie am 1. Dezember 1936 und am 20. Januar 1938 überarbeitet werden. Die preußische Staatliche Stelle für Naturdenkmalpflege geht in die Reichsstelle für Naturschutz über, die dem Reichsforstamt unterstellt ist. Hermann Göring veranlasst die Einrichtung von Reichsnaturschutzgebieten. Unter ihnen ist sein beliebtes Jagdgebiet, die nordöstlich von Berlin gelegene Schorfheide. Als Verantwortlicher für den Vierjahresplan, der das NS-Reich ab 1936 auf Autarkie umstellen und Eroberungskriege vorbereiten soll, verantwortet Hermann Göring massivste Naturzerstörungen in Mittel- und Osteuropa, als Reichsforstmeister den Naturschutz und die Jagd.[32]

1935 (29.08.) Die Einweihung des **Adolf-Hitler-Koogs** im äußersten Südwesten Schleswig-Holsteins durch den Namensgeber ist ein Symbol für die ideologisch-propagandistische Instrumentalisierung des Wandels mariner Natur- in eingedeichte Kulturlandschaften. Die Planung des Kooges stammt jedoch bereits aus der Zeit vor dem Ersten Weltkrieg.

1935 bis 1943 Die Ansiedlung von **Elbebibern** (Europäischer Biber, *Castor fiber*) aus der Restpopulation an der mittleren Elbe gelingt in der Schorfheide. 1970 leben dort bereits etwa 60 Tiere in 16 Burgen (Abb. 7.7 und 7.8).

1935 bis 1945 Die Kriegsplanungen des NS-Regimes beinhalten auch einen hohen Bedarf an Naturkautschuk für die Bereifung von Militärfahrzeugen und die Sohlen von Soldatenschuhen. Der Zugang Nazideutschlands zu britischem Kautschuk aus Südostasien endet mit dem Überfall auf Polen. Bereits im Jahr 1924 haben sich die deutschen Chemieunternehmen Bayer, BASF, Agfa, Hoechst, Casella sowie Kalle & Co. zur Interessengemeinschaft Farbenindustrie AG (IG Farben) zusammengeschlossen, dem weltgrößten Chemieunternehmen. IG Farben plant die Massenproduktion von **synthetischem Kautschuk** unter

---

[31] https://commons.wikimedia.org/wiki/File:Reichsnaturschutzgesetz-rgbl.jpg (letzter Zugriff: 06.07.2025).

[32] Frohn und Rosebrock (2022): Geschichte der Naturschutzpolitik.

Abb. 7.7 Baumfällung durch
Biber bei Rothenbuch im Spessart. Biber verändern durch
ihre Bauten den Wasserhaushalt in kleinen Tälern stark.
(Foto: H.-R. Bork, 17.07.2020)

Abb. 7.8 Biberdamm bei Rothenbuch im Spessart. (Foto: H.-R. Bork, 17.07.2020)

dem Warenzeichen „**Buna**". Das Akronym steht für die Hauptbestandteile *Bu*tadien und *Na*trium. Produktionsstätten entstehen 1935 in Schkopau (Buna I), 1938 in Marl (Buna II) und 1940 In Ludwigshafen (Buna III). Zur Zwangsarbeit verpflichtete Menschen beginnen 1941 mit dem Bau des Werkes Buna IV am Konzentrationslager Buna-Monowitz (Auschwitz III); es wird nicht fertiggestellt. Die in Betrieb genommenen Werke Buna I bis III vermögen die durch den fehlenden Naturkautschuk entstandene Kautschuklücke nicht annähernd zu schließen. Auch unterliegt Buna einem stärkeren Abrieb als Naturkautschuk. Der Überfall auf die Sowjetunion am 22. Juni 1941 unterbricht die Transporte von Naturkautschuk aus Südostasien auf den noch existierenden Landwegen in das Deutsche Reich. Die Wehrmacht befürchtet ein vorzeitiges Kriegsende und es beginnt die intensive Suche nach anderen Quellen für Naturkautschuk (→ 1941 bis 1945).[33]

1936 Der „Landschaftsanwalt" **Alwin Seifert** (→ ab 1934) publiziert 1936 in den „Beiträgen zur naturkundlichen Forschung in Südwestdeutschland" den auf seinen praktischen Erfahrungen und fundierten Beobachtungen fußenden, stark wahrgenommenen Aufsatz „Die **Versteppung Deutschlands**".[34] Darin beklagt Seifert den enormen Rückgang des Bestandes an insektenfressenden Singvögeln im Deutschen Reich um 90 bis 95 Prozent in den vergangenen sechs Jahrzehnten. Schuld sei „ausschließlich der Verlust an Nistraum in Hecken und alten Bäumen."[35] Seifert warnt nachdrücklich vor der Austrocknung von Landschaften, sollte der mächtige Reicharbeitsdienst die umfangreichen Meliorationsmaßnahmen im Deutschen Reich und die Bauernschaft den „Krieg" gegen Solitärbäume, Feldgehölze und Heckenraine fortsetzen. Dadurch würden Hochwasser beschleunigt und verstärkt, Grundwasserspiegel abgesenkt, Oberböden ausgetrocknet, starke Winderosion und damit eine abnehmende Bodenfruchtbarkeit ermöglicht. Abschreckendes Beispiel sind für Seifert die Staubstürme in Oklahoma (USA) im Jahr 1934, die fruchtbare Oberböden fortgeblasen und zur Aufgabe von agrarischer Nutzung geführt haben – nachdem zuvor Bisonweiden in Weizenäcker umgewandelt worden waren. Der Anthroposoph Seifert schlussfolgert: „Das Naturnähere ist immer das technisch Vollkommenere und das auf die Dauer allein Wirtschaftliche".[36] Der Aufsatz löst eine kontroverse Debatte aus. Einige Politiker und Verantwortliche im Reichsarbeitsdienst werfen Seifert überzogene Warnungen vor, manche Naturschützer, Ökologen und Geologen pflichten ihm hingegen bei. Reichsarbeitsdienst und Bauernschaft ignorieren Seiferts Mahnungen.[37] Die Meliorationsmaßnahmen des Reichsarbeitsdienstes zerstören zahllose wertvolle Ökosysteme, verändern die Wasser- und Stoffhaushalte gravierend (s. o.). Eine Versteppung, also der Wandel einer gehölzreichen Landschaft in ein nahezu gehölzloses Grasland, bedarf zusätzlich einer deutlichen und dauerhaften Abnahme der mittleren Jahresniederschläge.

1936 bis 1938 Im Kontext der **nationalsozialistischen Germanisierungspolitik** erhalten Tausende Dörfer und Städte, Seen, Bäche und Flüsse, Hügel und Berge, Wälder und Ackerfluren besonders in Ostpreußen, in Schlesien und in der Lausitz deutsche bzw. „eingedeutschte" Namen oder Endungen. Geografische Namen slawischen oder baltischen Ursprungs verschwinden weitgehend.[38]

---

[33] Bork (2020): Umweltgeschichte Deutschlands, S. 17 ff.

[34] Seifert (1936): Die Versteppung Deutschlands.

[35] Ebd. S. 202.

[36] Ebd. S. 204.

[37] Blackbourn (2007): Die Eroberung der Natur. S. 346 ff.

[38] Vgl. Iwanski (2023): Die Sächsische Flurnamenstelle und Ortsumbenennungen im Nationalsozialismus.

Abb. 7.9 Das Betonhöcker-band des Westwalls bei Lammersdorf sollte alliierte Panzer am Durchbruch in das Deutsche Reich hindern. (Foto: H.-R. Bork, 09.02.2025)

1936 bis 1940 Das NS-Regime beabsichtigt, mit einer 630 km langen Verteidigungsanlage von der Grenze zu den Niederlanden bei Kleve im Norden bis zur Schweizer Grenze bei Weil am Rhein im Süden die westlichen Anrainerstaaten abzuschrecken. 1936 beginnen Festungspioniere der Wehrmacht mit dem Bau des „**Westwalls**" an der westlichen Grenze des Deutschen Reiches. Adolf Hitler beauftragt 1938 den Generalinspektor für das deutsche Straßenwesen Fritz Todt, eine schnelle Fertigstellung des Westwalls zu organisieren. Fritz Todt schafft eine nach ihm benannte militärische Organisation, die Teile der staatlichen Bauverwaltung, private Unternehmen und den Reichsarbeitsdienst verknüpft. Die Umweltveränderungen, der Energieverbrauch und der Materialeinsatz für den Bau sind gewaltig. Mit über 20 Mio. Kubikmetern Sand und Kies, 8 Mio. Tonnen Zement sowie 1,2 Mio. Tonnen Eisen errichten Arbeiter auf der gesamten Länge des Westwalls Panzersperren aus Betonhöckern (Abb. 7.9) sowie rund 14.800 Bunker und Tausende Unterstände. Der Angriffs- und Vernichtungskrieg Nazideutschlands verhindert die Fertigstellung der Gesamtanlage; die Bauarbeiten enden im Sommer 1940. Im Herbst 1944 überwinden die Alliierten den verminten Westwall. (→ 06.12.1945)

1936 bis 1945 Die Nordwestspitze der Ostseeinsel **Usedom** in Vorpommern ist bis Mitte der 1930er-Jahre nur dünn besiedelt. Hier liegen das häufig von Überschwemmungen heimgesuchte Fischerdorf Peenemünde, artenreiche Feuchtwiesen, Erlen- und Moorbirkenbruchwälder, Laubwälder mit Eichen, Buchen und Kiefern in Dünentälern, auf Dünen und Strandwällen. Anfang 1936 beginnt die Planung eines Großforschungszentrums auf einer Fläche von rund 25 Quadratkilometern: der **Heeresversuchsanstalt Peenemünde der Luftwaffe**. Dann werden auf dem abgelegenen Inselende Hunderte Büro- und Laborgebäude, Lager, Werkstätten, ein großes Kohlekraftwerk, ein riesiges Sauerstoffwerk, Fertigungsanlagen, Bunker zur Lagerung von Raketen, Häfen, ein Flugplatz, Bahnanschlüsse, Deiche mit einem Schöpfwerk als Hochwasserschutz, Siedlungen für mehr als 10.000 Menschen und KZ-Arbeitslager mit Baracken für Häftlinge und Zwangsarbeiter errichtet (Abb. 7.10 und 7.11).

Abb. 7.10 Ehemaliges
Stickstoffwerk der Heeresversuchsanstalt Peenemünde auf
Usedom. (Foto: H.-R. Bork,
19.02.2023)

Abb. 7.11 Ehemaliges Kraft-
werk der Heeresversuchsanstalt
Peenemünde auf Usedom.
(Foto: H.-R. Bork, 19.02.2023)

Abb. 7.12 Das ehemalige „Kraft-durch-Freude-Seebad Rügen" bei Prora auf Rügen. (Foto: H.-R. Bork, 23.02.2023)

Eine ab Dezember 1942 in Peenemünde getestete Flugbombe, die das NS-Regime perfide Vergeltungswaffe 1 oder kurz V1 nennt, entwickelt sich angesichts technischer Defekte und zahlreicher Abschüsse zu einem Fehlschlag. Mit einer neuen „Wunderwaffe", der von Wernher von Braun konzipierten Flüssigkeitsrakete vom Typ Aggregat 4 oder A4, im Nazijargon der Vergeltungswaffe 2 oder V2, beabsichtigt Adolf Hitler, den Zweiten Weltkrieg noch zu gewinnen. Das Peenemünder Sauerstoffwerk liefert ab Sommer 1943 täglich etwa 65 Tonnen Sauerstoff für den Betrieb des Aggregates 4. Den hohen Energiebedarf des Sauerstoffwerks deckt ein mit Steinkohle betriebenes Kraftwerk, das auf 2195 Stahlbetonpfählen ruht und in dem etwa zwei Millionen Ziegel verbaut sind. Mehr als 3000 mit Sauerstoff und Sprengstoff befüllte A4-Raketen fliegen ab dem 7. September 1944 von Peenemünde u. a. nach London und Antwerpen, wo sie etwa 8000 bis 12.000 Menschen töten, zahllose Gebäude zerstören und auch Schadstoffbelastungen auslösen. Eine wirksame Gegenwaffe existiert nicht. In Peenemünde und in einem Bergwerkstollen bei Nordhausen am Harz, wo die Raketen nach Bombardierungen von Peenemünde durch die Alliierten seit Spätsommer 1943 gebaut werden, sterben mehr als 12.000 Häftlinge und Zwangsarbeiter an den unmenschlichen Arbeits- und Lebensbedingungen.[39] Die Anlage und der Betrieb der Heeresversuchsanstalt Peenemünde beruhen auch auf der Zerstörung des Dorfes Peenemünde und wertvoller Biotope durch die Aufschüttung von Ostseesand, Bau- und Entwässerungsmaßnahmen sowie auf einem bedeutenden Ressourcenverbrauch. Zahlreiche Pflanzen- und Tierarten haben das heute als Nationales Naturerbe geschützte Gebiet um das Kriegs- und Industriedenkmal Peenemünde zurückerobert.

1936 (02.05.) Für das monströse „**Kraft durch Freude-Seebad Rügen**" bei Prora mit geplant 10.000 Betten werden nach der Grundsteinlegung am 2. Mai 1936 ab Frühjahr 1938 Wälder gerodet, Böden zerstört, große Mengen an Wasser verbraucht. Der Kriegsbeginn verhindert eine Fertigstellung des Propagandaprojektes (Abb. 7.12).

---

[39] Vgl. https://www.dhm.de/lemo/kapitel/der-zweite-weltkrieg/kriegsverlauf/die-wunderwaffen-v1-und-v2 (letzter Zugriff: 05.07.2025).

1936 bis 1941 Die Bauarbeiten zum **NS-Projekt Hummerschere** haben einen gigantischen Ausbau der Hochseeinsel **Helgoland** zur Seefestung zum Ziel. Südhafen, U-Boot-bunker und ein Militärflugplatz entstehen. Fehlende Mittel lassen das Projekt, das die Ökosysteme Helgolands erheblich verändert, 1941 scheitern.

1939/40 Das NS-Regime plant einen verheerenden **Bevölkerungsaustausch** und damit verbunden gravierende Umweltveränderungen. Der erfolgreiche Überfall auf Polen im September 1939, der den Zweiten Weltkrieg einleitet, soll zuerst dort neuen „Lebensraum im Osten" für Deutsche schaffen. Das NS-Regime beabsichtigt, die in Polen lebenden Menschen jüdischen Glaubens nach **Madagaskar** zu deportieren; möglichst viele sollen aufgrund schlechter Transportbedingungen unterwegs sterben. Nach dem Scheitern des Luftkrieges gegen das Vereinigte Königreich und der ausbleibenden Invasion Südenglands durch die deutsche Wehrmacht bleibt auch das östliche Mittelmeer unter britischer Kontrolle und der Seeweg nach Madagaskar versperrt.[40] (→ 15.07.1941)

1939/40 Die mittlere Lufttemperatur im meteorologischen Winter, der am 1. Dezember 1939 beginnt und am 28. Februar 1940 endet, liegt 5,00 Grad Celsius unter dem vieljährigen Mittel. Damit ist der **Kriegswinter** 1939/40 im Deutschen Reich der **zweitkälteste** im Zeitraum vom Beginn der regelmäßigen Aufzeichnungen im Jahr 1881 bis 2025.[41]

Seit 1939 (01.09.) Kampfmittel sowie die während des Zweiten Weltkrieges gesunkenen Tanker und U-Boote belasten die Meere bis heute. Unmittelbar nach Kriegsende werden in der **Ostsee** grob geschätzt rund 300.000 Tonnen und in der **Nordsee** etwa 1.300.000 Tonnen **konventionelle und chemische Munition verklappt**. Korrosion setzt seitdem am Meeresboden Giftstoffe frei – eine höchst gefährliche und nur mit großem finanziellen und technischen Aufwand zu bergende Altlast.

1940 Die **Tierschutzpropaganda des NS-Regimes** zeigt Wirkung. Die Zahl der Tierschutzvereine im Deutschen Reich ist von 332 im Jahr 1931 auf etwa 400 im Jahr 1940 gestiegen. Mittlerweile haben Tierärzte in 172 Tierschutzvereinen den Vorsitz inne.[42] (→ 24.11.1933)

1940/41 Die mittlere Lufttemperatur im meteorologischen Winter 1940/41 liegt 2,82 Grad Celsius unter dem vieljährigen Mittel. Der **Kriegswinter** 1940/41 ist der **siebtkälteste** im Zeitraum von 1881 bis 2025.

1940 (Dezember) bis 1945 (Mai) Um den Zweiten Weltkrieg schneller zu beenden, bombardieren ab Dezember 1940 die Royal Air Force und ab 1943 auch die United States Army Air Forces als Reaktion auf die nazideutschen Zerstörungen in zahlreichen europäischen Staaten (so durch deutsche Bomben in England) mehr als eintausend Orte im Deutschen Reich, darunter Städte und Dörfer, Verkehrsknotenpunkte, Militär- und Industrieanlagen.

---

[40] Blackbourn (2007): Die Eroberung der Natur. S. 328 ff.

[41] Datenquelle für die Wintertemperaturen von 1939 bis 1942: https://de.statista.com/infografik/amp/24111/das-waren-die-historisch-kaeltesten-winter-in-deutschland/ (letzter Zugriff: 05.07.2025).

[42] Schäffer und König (2015): Der deutsche Tierschutz – ein Werk des Führers! S. 1246.

Bomben mit einem Gesamtgewicht von mehr als 1,5 Mio. Tonnen und die nachfolgenden Feuerstürme lösen verheerende Zerstörungen und Umweltveränderungen im Deutschen Reich aus. Fünf Beispiele verdeutlichen das lokale Ausmaß der Verwüstungen durch den Bombenkrieg der Alliierten: Düren verliert 99 Prozent des gesamten Wohnraums, Paderborn 96 Prozent, Bocholt 89 Prozent, Köln etwa 70 Prozent und Dresden rund 60 Prozent. Hinzu kommen massive Verwüstungen durch Kampfhandlungen am Boden. Zum Kriegsende sind im Deutschen Reich wahrscheinlich mehr als eine halbe Million Menschen durch die **Flächenbombardements der Alliierten** gestorben[43], etwa 13 Mio. Menschen obdachlos, 4,8 Mio. von 18,8 Mio. Wohnungen zerstört und mehr als 400 Mio. Kubikmeter Trümmerschutt angefallen. Trümmerberge z. B. in Berlin ($\rightarrow$ 1950 bis 1976), München und Köln bezeugen bis heute das ungeheure Volumen des Beton-, Ziegel-, Stein-, Metall- und Glasschuttes.[44] Die Explosion der Bomben und die nachfolgenden Großbrände verursachen in und um die betroffenen Städte und Dörfer, Militär- und Industrieanlagen über Wochen sehr starke Belastungen der Luft und der Oberflächengewässer sowie dauerhaft starke Belastungen der Böden mit Schadstoffen. Das Ausmaß dieser massiven Umweltverschmutzung übertrifft dasjenige der oben beschriebenen historischen Stadtbrände um ein Vielfaches.

1941 SS-Führer **Richard Heydrich** sucht weiterhin nach einer „**territorialen Endlösung**" für die im besetzten Polen lebenden Jüdinnen und Juden. Reichsbehörden, die seit Anfang 1941 die Eignung von Gebieten in der westlichen Sowjetunion für die „Umsiedlung" prüfen, identifizieren u. a. die riesigen **Pripjetsümpfe** (heute Prypjatsümpfe) im Grenzgebiet von Weißrussischer Sozialistischer Sowjetrepublik (seit 1991 Republik Belarus) und Ukrainischer Sozialistischer Sowjetrepublik (seit 1991 Ukraine). Die aus Polen zu deportierenden Menschen sollen als Zwangsarbeitende das größte Feuchtgebiet Europas entwässern und urbar machen. Bereits die Wahl des menschenfeindlichen Raums belegt, dass nicht Zwangsarbeitsdienst, sondern Völkermord geplant ist.[45] Mit dem Überfall auf die Sowjetunion am 21. Juni 1941 gerät die „Umsiedlung" in die Pripjetsümpfe in den Bereich des Möglichen; jedoch lässt das NS-Regime polnische Jüdinnen und Juden stattdessen vor Ort oder in den Sümpfen erschießen oder im Konzentrations- und Vernichtungslager Auschwitz-Birkenau mit dem Biozid Zyklon B töten.

1941 (05./06.04.) Die **Universität Jena** eröffnet das weltweit erste **Wissenschaftliche Institut zur Erforschung von Tabakgefahren**. Der Arzt, Rassenhygieniker, Antisemit und Antiraucher Karl Astel übernimmt die Leitung. Neben nationalsozialistischer Propaganda betreibt das Institut eine fundierte Forschung zu den kausalen Zusammenhängen zwischen Tabakrauchen und dem Auftreten von Lungenkrebs.

Ab 1941 (12.05.) Der Bauingenieur **Konrad Zuse** baut in seiner Wohnung in der Methfesselstraße 7 in Berlin-Kreuzberg den „ersten funktionsfähigen, frei programmierbaren,

---

[43] Vgl. https://www.dhm.de/lemo/kapitel/der-zweite-weltkrieg/kriegsverlauf/luftangriffe (letzter Zugriff: 05.07.2025).

[44] Bode (1995): Kriegszerstörungen 1939–1945 in Städten der Bundesrepublik Deutschland.

[45] Blackbourn (2007): Die Eroberung der Natur. S. 330 ff.

auf dem binären Zahlensystem und der binären Schaltungstechnik basierenden **Computer der Welt**" mit der Typenbezeichnung Z3. Am 12. Mai 1941 präsentiert er seine Erfindung einer kleinen Gruppe von Experten in seiner Wohnung.[46]

Damit steht Konrad Zuse zusammen mit einigen anderen Computerpionieren am Anfang einer Entwicklung, welche die globale Gesellschaft im späten 20. und im 21. Jahrhundert wie keine andere Erfindung verändert (→ 21. Jahrhundert).

1941 (15.07.) Der **Generalplan Ost** sieht vor, über 30 Mio. Menschen u. a. aus Polen, der Tschechoslowakei und der westlichen Sowjetunion nach Sibirien zu vertreiben, um Deutschen „Lebensraum im Osten" zur Verfügung zu stellen. Hans Frank, Jurist und Generalgouverneur, lässt bis 1943 im besetzten, nicht in das Deutsche Reich integrierten Teil Polens zusammen 1100 Kilometer Flüsse begradigen, 3600 Kilometer Entwässerungsgräben anlegen und 230.000 Hektar Feuchtgebiete trockenlegen. Naturschutzexperten kartieren in den eroberten Räumen Pflanzen- und Tierarten, weisen Naturschutzgebiete aus. Dann beendet die Rote Armee den kolonialen deutschen „Ostrausch". (→ 1939/40)

1941/42 Die mittlere Temperatur im meteorologischen Winter 1941/42 liegt 3,95 Grad Celsius unter dem vieljährigen Mittel. Damit ist der **Kriegswinter** 1941/42 der **fünftkälteste** seit Beginn der regelmäßigen Aufzeichnungen im Jahr 1881. Die Kälte beeinflusst das Kriegsgeschehen des Zweiten Weltkrieges.

1941 bis 1945 In der Sowjetunion experimentieren Forschende seit Anfang der 1930er-Jahre mit **Kautschuk** produzierenden Pflanzen. Sie identifizieren Kautschuk in den Wurzeln des in den Hochgebirgen Kasachstans heimischen **Russischen Löwenzahns** *Taraxacum kok-saghyz* (**Kok-Saghys**) und versuchen, den Kautschukgehalt über Züchtungen zu erhöhen. Nach dem Überfall Nazideutschlands auf die Sowjetunion fordert Adolf Hitler, Russischen Löwenzahn umgehend in den besetzten Gebieten Osteuropas auf einer Fläche von 400.000 Hektar anzubauen, um die deutsche Kautschuklücke zu schließen. NSDAP, SS, Behörden, Forschungsinstitute wie das Kaiser-Wilhelm-Institut (KWI) für Chemie in Berlin und das KWI für Züchtungsforschung in Müncheberg sowie Firmen, die Saatgut züchten, beginnen einen Wettlauf um den Anbau von kautschukreichem Russischem Löwenzahn. Die Wehrmacht erobert 1941 in der Sowjetunion rund 20.000 Hektar Kok-Saghys-Anbaufläche mitsamt den Spezialistinnen und Spezialisten für Anbau und Verwertung. Am 10. Juli 1943 verfügt der Reichsführer SS Heinrich Himmler, in einem großen Raum in der nördlichen Ukraine und in Russland die Bevölkerung zu deportieren, um dort großflächig Russischen Löwenzahn anbauen zu können. In Lagern unterzubringende Zwangsarbeiterinnen und Zwangsarbeiter sowie Kinder ohne Eltern sollen Anbau und Verarbeitung ausführen. In den besetzten Gebieten entstehen erste Zuchtstationen für Kok-Saghys, eine am Konzentrationslager Auschwitz. Das KWI für Züchtungsforschung verlagert noch im Februar 1944 die gesamte Kok-Saghys-Forschung von Müncheberg nach **Auschwitz**, da dort ausreichend Raum, geeignete Böden, Labore und Zwangsarbeitskräfte zur Verfügung stehen sollen. Dann

---

[46] https://www.dpma.de/dpma/veroeffentlichungen/meilensteine/computer-pioniere/zuse/index.html (letzter Zugriff: 05.07.2025).

Abb. 7.13 Die Lieberoser
Wüste in der Niederlausitz.
(Foto: H. Bork, 23.05.2025)

macht das Kriegsgeschehen alle hochtrabenden und zugleich menschenfeindlichen Pläne
für den Naturkautschukanbau in den besetzten Gebieten unter der Aufsicht von Deutschen
durch versklavte Menschen aus Mittel- und Osteuropa zunichte. Der Kok-Saghys-Anbau in
Monokultur hätte auch starke Umweltveränderungen verursacht.[47] (→ 1935–45)

1942 (02.01.) Im oberbayerischen **Freising** fällt die Temperatur auf −30,5 Grad Celsius.[48]

Ab 1942 (Mai) In der **Lieberoser Heide** bei Cottbus im Südosten Brandenburgs vernichtet
im Mai 1942 ein Waldbrand rund 17 Quadratkilometer Kiefernforst. Danach plant die Waffen-
SS die Einrichtung des Truppenübungsplatzes „Kurmark" auf den Brandflächen und in ihrer
Umgebung. Der Kriegsverlauf vereitelt eine Inbetriebnahme. Diese erfolgt nach dem Zweiten
Weltkrieg durch die Rote Armee, die das Militärgebiet 1954 zum größten Truppenübungsplatz in der DDR mit einer Fläche von rund 255 Quadratkilometern erweitert. Ausgedehnte,
häufige Panzerfahrten und lokale Brände verhindern eine erfolgreiche Wiederbesiedlung
der Brandflächen von 1942 mit Gehölzen. Das rund fünf Quadratkilometer große, bis heute
mit Munition gespickte, sand- und kiesreiche Ökosystem ist unter dem Namen „**Lieberoser
Wüste**" bekannt und die größte menschengemachte Wüste in Deutschland – bis zur Beendigung der militärischen Aktivitäten der Roten Armee im Jahr 1992. In den 2000er-Jahren
hat die „Stiftung Naturlandschaften Brandenburg – Die Wildnisstiftung" die Betreuung einer
Fläche von etwa 31,5 Quadratkilometern des ehemaligen Truppenübungsplatzes übernommen. Die Wildnisstiftung ermöglicht eine nahezu ungestörte Naturentwicklung. Mittlerweile
bedecken Moose, Flechten und Silbergras den überwiegenden Teil des ehemals wüstenhaften
Gebietes, das Birken und Kiefern allmählich von den Rändern aus besiedeln (Abb. 7.13).[49]

---

[47] Bork (2020): Umweltgeschichte Deutschlands, S. 17 ff.

[48] Bissolli et al. (2001): Extreme Wetter- und Witterungsereignisse im 20. Jahrhundert. S. 24.

[49] Vgl. https://www.wildnisstiftung.de/wp-content/uploads/2024/11/Infoblatt_Lieberose.pdf (letzter
Zugriff: 05.07.2025); https://www.spektrum.de/news/zurueck-zur-wildnis/1389377 (letzter Zugriff:
05.07.2025).

Abb. 7.14 Von 1908 bis 1914 errichtete, am 17.05.1943 von der Royal Air Force bombardierte und noch im selben Jahr von Zwangsarbeitern instandgesetzte Edertalsperre. (Foto: H.-R. Bork, 06.04.2014)

1943 Der Landschaftsanwalt Werner Bauch plant und beaufsichtigt die Bepflanzung der „grünen Grenze" zwischen dem **Konzentrationslager Auschwitz I** (Stammlager) und der Stadt Auschwitz sowie um die Krematorien I in Auschwitz und II in Birkenau, um einen „natürlichen Abschluss" zu erreichen.[50]

1943 (17.05.) Die Royal Air Force bombardiert im Rahmen der **Operation Chastise** die 650 Meter lange und 40 Meter hohe Staumauer der **Möhnetalsperre** bei Soest und kurz darauf die 400 Meter lange und 48 Meter hohe Staumauer der **Edertalsperre** südwestlich von Kassel (→ 1908 bis 1914). Aus dem randvollen Möhnesee talwärts schießende Wassermassen töten mindestens 1579 Menschen, verwüsten das untere Möhnetal und das Ruhrtal. Tierkadaver, Treibstoffe, Schwermetalle, Klärschlämme kontaminieren die überfluteten Gebiete. Die bis zu zwölf Meter hohe Flutwelle kostet im Tal der Eder etwa 68 Menschen das Leben und verursacht dramatische Umweltschäden. Kriegsgefangene und Zwangsarbeiter müssen die Edertalsperre umgehend wieder aufbauen (Abb. 7.14).

1944 (02.04.) Die **Schneedecke auf dem Zugspitzplatt** erreicht eine Rekordhöhe von 830 Zentimetern.

1945 Kurz vor dem Ende des Zweiten Weltkriegs entkommen nach einem Bombenangriff in **Wolfshagen bei Berlin** überschlägig 20 bis 40 **Waschbären** aus einer Pelztierfarm. In der Nachkriegszeit vermehren sich Waschbären zuerst um Berlin und Kassel (→ 12.04.1934) stark.

1945 (Mai) Die zusammengebrochene Rüstungsindustrie und die Wehrmacht hinterlassen im Deutschen Reich und in den besetzten Gebieten eine bis heute unbekannte Zahl an **militärischen Altlasten** und **Rüstungsaltlasten**. Sie umfassen vor allem Explosivstoffe, chemische und biologische Kampfstoffe. Mitte der 1990er-Jahre erfasst das Umwelt-

---

[50] Franke (2015): Der Westwall in der Landschaft. Aktivitäten des Naturschutzes in der Zeit des Nationalsozialismus und seine Akteure.

bundesamt im Rahmen einer Bestandsaufnahme 3240 Rüstungsaltlastverdachtsflächen in der Bundesrepublik Deutschland. Darunter sind ehemalige Produktionsstätten, Munitionslagerstätten, Spreng- und Schießplätze sowie Zwischen- und Endlagerungsstätten für Kampfmittel.[51]

---

[51] https://www.bmuv.de/themen/bodenschutz/altlasten-und-ihre-sanierung/altlasten-in-deutschland (letzter Zugriff: 05.07.2025).

1945 bis 1969: Hungerwinter, Uranerzbergbau, Luftverschmutzung, Kernforschung, Flurbereinigung und Kollektivierung, Proteste gegen Flughafenerweiterung, Kernkraftwerk und Kanalbau

8

1945 (14.06., 08:10 Uhr) Eine versehentlich gezündete Stabbrandbombe löst in der Sammelstelle für Artilleriemunition, Minen, Torpedos und Wasserbomben des U-Boot-Stützpunktes **Kielseng** bei Flensburg eine Kettenreaktion aus. Die Druckwelle der **Explosion** beschädigt Gebäude, Schiffe und U-Boote stark, entwurzelt Bäume, lässt zahllose Fenster in Flensburg bersten. Ungefähr 80 Menschen verlieren ihr Leben.

1945 (06.12.) Die Besatzungsmächte ordnen die **Zerstörung des Westwalls** an ($\rightarrow$ 1936 bis 1940). Einige Abschnitte werden gesprengt, andere bleiben erhalten. Manche stehen heute unter Denkmalschutz oder als artenreiche linienhafte Refugien, die Biotope verbinden, unter Naturschutz.[1]

1945 bis 1947 Der **Mangel an Steinkohle** führt zu einer übermäßigen Entnahme von Brennholz aus dem **Odenwald** u. a. für Mannheim und Ludwigshafen.

1945 bis 1949 Drei Besatzungszonen haben **Reparationen u. a. über Holzlieferungen** zu zahlen. So gehen z. B. 1948 1.390.000 Festmeter Holz aus Norddeutschland in das Vereinigte Königreich, 230.000 Festmeter in die Niederlande und 90.000 Festmeter nach Belgien. Kahlschläge im Westharz verändern vorübergehend den Wasserhaushalt.

1945 bis 1950 Zurückkehrende deutsche Soldaten und Vertriebene, die mit Plasmodien infiziert sind, bringen 1945 **Malaria** aus Osteuropa nach Deutschland. Die Krankheit breitet sich besonders an den deutschen Küsten aus. Zur Bekämpfung bringt man das Insektizid DDT auf die Wände von Viehställen, Schlaf- und Wohnräumen auf. Die Malariaepidemie endet 1950 in Emden.

---

[1] https://www.dhm.de/lemo/kapitel/der-zweite-weltkrieg/kriegsverlauf/westwall (letzter Zugriff: 05.07.2025); https://stiftung-westwall.rlp.de (letzter Zugriff: 05.07.2025); https://www.kuladig.de/Objektansicht/SWB-274582 (letzter Zugriff: 05.07.2025).

1946 (18.06.) Rund 11.000 Tonnen **Munition und chemische Kampfstoffe explodieren** bei Bergungsarbeiten im ehemaligen Kalisalzbergwerk Riedel bei **Hänigsen** in der Region Hannover. 86 Menschen sterben. In der Umgebung des Bergwerks sind die Kulturpflanzen kontaminiert.

1946/47 Etwa ein Viertel des Wohnraums in deutschen Städten ist 1945 zerstört und die Trinkwasserversorgung oftmals unterbrochen. Es gilt, Millionen Geflüchtete zusätzlich unterzubringen und zu versorgen. Dann sucht von November 1946 bis März 1947 **extreme Kälte** die Menschen heim. Die mittlere Temperatur im meteorologischen Winter vom 1. Dezember 1946 bis zum 28. Februar 1947 liegt 4,55 Grad Celsius unter dem vieljährigen Mittel. Damit ist der Winter 1946/47 der viertkälteste seit Beginn der regelmäßigen Aufzeichnungen im Jahr 1881.[2] Ostsee und Flüsse gefrieren; Schneewehen und Vereisungen behindern im Hungerwinter den Transport von Kohle und Nahrungsmitteln. Dramatisch ist die Versorgungskrise u. a. in Berlin und im Ruhrgebiet. Im Januar 1947 findet der **Hungermarsch** der Essener Betriebe statt: Arbeiter ziehen friedlich zum Essener Rathaus, wo sie von Oberbürgermeister Dr. Gustav Heinemann und dem britischen Stadtkommandanten Brot verlangen; am nächsten Morgen wird in Essen Brot verteilt. Der verheerende Nahrungsmittelmangel hält jedoch an. **Tuberkulose** und **Typhus** breiten sich aus. Hunderttausende unterernährte oder erkrankte Menschen sterben.

1946 bis 1991 Nach den Abwürfen von US-Atombomben im August 1945 auf Hiroshima und Nagasaki forciert Stalin massiv das sowjetische Kernwaffenprogramm. Jedoch fehlt Uran. Bereits 1946 suchen Geologen des sowjetischen Innenministeriums in Sachsen und der Tschechoslowakei erfolgreich nach **Uranerz**. Die Sowjetunion gründet am 29. Juli 1946 die Sächsische Bergbauverwaltung. In Johanngeorgenstadt im Erzgebirge beginnt die Gewinnung von Uranerzen in einem Altbergwerk. Am 10. Mai 1947 gehen Bergwerke u. a. in Schlema, Johanngeorgenstadt und Annaberg in sowjetisches Eigentum über. Sie werden als **Sowjetische Staatliche Aktiengesellschaft der Buntmetallindustrie Wismut** (SAG Wismut) weiterbetrieben. Der Tarnname „Wismut" dient der Verschleierung, abgebaut wird Uranerz. Zum 1. Januar 1954 erfolgt die Auflösung der SAG Wismut und die Überführung in die Sowjetisch-Deutsche Aktiengesellschaft Wismut (SDAG Wismut). Am 16. Mai 1991 endet die Tätigkeit der SDAG Wismut. Die Bundesrepublik übernimmt den Betrieb und führt ihn als Wismut GmbH weiter. Die Wirkungen des Abbaus und der Aufarbeitung von Uranerzen, der Gewinnung und des Transportes von 231.000 Tonnen Uran bis 1990 auf die Umwelt und die Gesundheit der betroffenen Menschen sind gewaltig. Die Strahlen- und Feinstaubbelastungen in den Bergwerken sind bis in die 1960er-Jahre sehr hoch. Dann reduzieren Schutzmaßnahmen die gesundheitlichen Belastungen deutlich. Von 1946 bis 1990 erhalten 16.692 Bergleute die Diagnose Silikose/Siliko-Tuberkulose, 7693 die Diagnose Erkrankung durch ionisierende Strahlung (hauptsächlich Lungenkrebs) und 5034 die Diagnose Schwerhörigkeit. Kontaminiertes Wasser aus den Uranbergwerken nutzen Landwirtschaftsbetriebe zur Bewässerung von Gemüse und

---

[2]   https://de.statista.com/infografik/amp/24111/das-waren-die-historisch-kaeltesten-winter-in-deutschland/ (letzter Zugriff: 05.07.2025).

Abb. 8.1 Die sanierten Halden 66 und 207 des Uranerzbergbaus bei Schlema in Sachsen. (Foto: H.-R. Bork, 04.09.2018)

Getreide. Von offenen Halden wehen radioaktive Stäube in Orte und auf Äcker. Baubetriebe verwenden bis 1990 überschlägig 12 Mio. Tonnen Haldensubstrat. Von 1991 bis 2020 hat die erfolgreiche Sanierung der Uranerzbergwerke, der Betriebsgelände, der vier Absetzanlagen mit rund 160 Mio. Kubikmetern radioaktiver Schlämme und der 48 Halden mit etwa 311 Mio. Kubikmetern schwach radioaktiver Gesteine durch die Wismut GmbH die Steuerzahlenden in Deutschland 6,8 Mrd. Euro gekostet (Abb. 8.1). Weitere Milliarden Euro kommen hinzu, denn die Behandlung der austretenden Bergwerkswässer ist eine Ewigkeitsaufgabe.[3]

1947 (März) Ein starkes **Eishochwasser** macht ungefähr 20.000 Menschen im Oderbruch obdachlos. Vergeblich versuchen sowjetische Flugzeuge am 22. März 1947, Eisstaue auf der Oder mit Bomben zu brechen.

1947 (18.04.) Die britische Marine bringt auf Helgoland 6700 Tonnen Sprengstoff und dort lagernde Munition zur Explosion, um die Befestigungsanlagen und den U-Bootbunker zu zerstören. Zusammen mit den bis 1950 erfolgten **britischen Bombardements** verändert sich die Oberfläche der einzigen deutschen Hochseeinsel stark; Vegetation und Brutstätten von Seevögeln werden vernichtet.

1947 (Frühjahr bis Herbst) Nach Angaben des Deutschen Wetterdienstes fallen in den Monaten Mai bis Oktober in der US-Zone (die Hessen, das nördliche Baden-Württemberg und Bayern umfasst) mit Ausnahme des Alpenvorlands ungewöhnlich geringe Niederschläge. Der August ist überdurchschnittlich warm. Viele Flüsse führen im Spätsommer Niedrigwasser. Waldbrände treten u. a. bei Mittenwald auf. Die **anhaltende Dürre** löst in Hessen und Bayern erhebliche Ertragseinbußen bei Sommergetreide (−35 Prozent im Vergleich zum vieljährigen Mittel), Spätkartoffeln (−50 Prozent), Gemüse und Klee (−60 Prozent), Zucker- und Futterrüben (−60 Prozent) aus.[4]

---

[3]   Bork (2020): Umweltgeschichte Deutschlands, S. 180 ff.; https://www.bmuv.de/themen/bodenschutz/altlasten-und-ihre-sanierung/altlasten-der-ehemaligen-ddr (letzter Zugriff: 04.07.2025).

[4]   https://dwdbib.dwd.de/retrosammlung/content/structure/4596 (letzter Zugriff: 04.07.2025).

1948 Agrarpolitische Regional- und Fachverbände schließen sich im Jahr 1948 zum **Deutschen Bauernverband** e. V. (DBV) zusammen. Der von bundes- und landespolitisch vorzüglich vernetzten, charismatischen Persönlichkeiten geleitete, mitgliederstarke, christlich-konservative DBV entwickelt sich zu *der* agrarpolitischen Interessenvertretung und Beratungsinstitution der sehr verschiedenartigen bäuerlichen Familienbetriebe Westdeutschlands. Besonders eng ist die Verbindung des DBV in das Bundeslandwirtschaftsministerium und in das Bundeskanzleramt. Die finanzielle Förderung der westdeutschen Landwirtschaft und protektionistische Maßnahmen durch den Bund wachsen in den 1950er-Jahren enorm; von ihnen profitieren hauptsächlich größere Betriebe.[5] Strukturelle Defizite und die zunehmende Rationalisierung und Modernisierung der westdeutschen bäuerlichen Betriebe lassen die Zahl der in der Landwirtschaft Beschäftigten stark schrumpfen. Die agrarpolitischen Rahmenbedingungen, die zunehmend der gemeinsame europäische Markt bestimmt, fördern in vielfältiger Weise die Reorganisation der Landschaft durch Flurbereinigung ($\rightarrow$ 01.01.1954), den verstärkten Einsatz von Mineraldünger, Pestiziden und immer schwerer werdenden, bodenverdichtenden Maschinen durch die Landwirtschaftsbetriebe, und sie führen zu einer unaufhörlich wachsenden Bürokratie. Der DBV ist heute eine wirkmächtigsten Interessensvertretungen in der Bundesrepublik Deutschland wie in der Europäischen Union. Er vertritt immer weniger Betriebe, die immer größere Flächen bewirtschaften – aufgrund der agrarpolitischen und agrarökonomischen Rahmenbedingungen oftmals nicht in umweltverträglicher Weise. Entscheidende Impulse zur Minimierung der Klima-, Natur- und Umweltbelastungen durch die Landwirtschaft sind vom DBV nicht ausgegangen.

1948 bis 1952 Die USA gewähren im Rahmen des **Marshall-Plans** Kredite, liefern Lebensmittel, Sachgüter und Rohstoffe. Auch damit die westdeutsche Trizone (amerikanische, britische und französische Besatzungszone) vom Marshall-Plan partizipieren kann, führen die Westmächte am 21. Juni 1948 mit der Einführung der Deutschen Mark (D-Mark) eine Währungsreform durch. Danach fließen rund 1,4 Mrd. US-Dollar Wirtschaftshilfe in die Trizone bzw. die BRD. Die Mittel des Marshall-Plans begünstigen die wirtschaftliche Erholung, erhöhen das Ansehen der USA in Westdeutschland und verbessern die Anbindung Westdeutschlands an Westeuropa. Der Marshall-Plan begünstigt über die Förderung des Wirtschaftswachstums höhere Schadstoffbelastungen in der Atmosphäre und der Oberflächengewässer sowie starke Bodenzerstörungen und -versiegelungen. Der ökologische Fußabdruck der westdeutschen Bevölkerung vergrößert sich in den 1950er- und 1960er-Jahren erheblich.[6]

1948 bis 1991 Vierundzwanzig in die DDR und die BRD eingewanderte **Wölfe** werden erschossen.

1948 (24.06.) bis 1949 (11./12.05.) Am 20. Juni 1948 wird das Geldwesen in der Trizone neu geordnet (Währungsreform) und am 21. Juni 1948 die Reichsmark in Westdeutschland

---

[5]   Patel (2010): Der Deutsche Bauernverband 1945–1990.

[6]   Zur Berechnung vgl. https://www.fussabdruck.de (letzter Zugriff: 04.07.2025).

durch die Deutsche Mark ersetzt. Als Reaktion ordnet die Sowjetunion am 23. Juni 1948 die Einführung der Ostmark in ihrer Besatzungszone und in den vier Besatzungssektoren von Berlin an; die Ausdehnung auf die drei Westsektoren von Berlin scheitert. Im Gegenzug führen die Westmächte am 24. Juni 1948 dort die Deutsche Mark ein. Die sowjetische Besatzungsmacht sperrt noch am selben Tag die Zufahrtswege nach West-Berlin, schränkt bald darauf die Gas- und Stromversorgung der drei Westsektoren stark ein und riegelt schließlich die Westsektoren vollständig ab, um sie sich einzuverleiben. Am 26. Juni 1948 richten die westlichen Besatzungsmächte eine **Luftbrücke** ein, um die Menschen in West-Berlin mit dem Nötigsten zu versorgen. Bis zum 30. September 1949 bringen die Westalliierten in fast 277.569 Versorgungsflügen etwa 2,34 Mio. Tonnen Fracht in den Westen der Stadt, vor allem Lebensmittel, Maschinen sowie 1,44 Mio. Tonnen Steinkohle für die Energieversorgung. In der Nacht vom 11. auf den 12. Mai 1949 beendet die Sowjetunion die Abriegelung der Westsektoren.[7] Die sowjetische Besatzungsmacht hat während der **Berlin-Blockade** nicht die Verbringung der Abwässer West-Berlins auf die Rieselfelder in der Umgebung blockiert – offenbar wurde der Dünger für die Pflanzenproduktion dringend benötigt (→ 1873, 1928).

1950 (05.05.) Ausgedehnte Heidegebiete, Moore und vernässte Flussauen durchziehen das Emsland im Nordwesten Niedersachsens. Zum Ende und nach dem Zweiten Weltkrieg ziehen mehr als einhunderttausend aus den Gebieten östlich von Oder und Neiße geflüchtete und vertriebene Deutsche in das agrarwirtschaftlich, infrastrukturell und industriell unterentwickelte Emsland. Am 5. Mai 1950 beschließt der Bundestag einstimmig einen Antrag zur „**Erschließung der Ödländereien des Emslandes**", den Emslandplan. Unter Nutzung von Mitteln des Marshall-Plans (→ 1948 bis 1952) lässt die neu gegründete Emsland GmbH ab 1951 auf einer Fläche von zirka 128.000 Hektar die Böden meliorieren und in Ackerland wandeln, Neusiedlerhöfe und Dörfer, Gewerbe- und Industriegebiete errichten, die Fluren bereinigen, Flüsse auf einer Länge von etwa 700 Kilometern regulieren, mehr als 800 Kilometer Straßen und 3300 Kilometer Wirtschaftswege bauen, Kanalisationen anlegen, die Trinkwasserversorgung verbessern und die Region an das Stromnetz anschließen. Die Zeit der Beleuchtung mit Petroleum endet damit auch im Emsland. Bis 1989 investiert die Emsland GmbH gut zwei Milliarden D-Mark in diese Maßnahmen.[8] Die soziale und ökonomische Erfolgsgeschichte des Emslandes nach dem Zweiten Weltkrieg hat eine bedeutende Schattenseite: Der Emslandplan bewirkt enorme CO_2-Emissionen, starke Veränderungen des Lokalklimas, massive Zerstörungen von Böden und der artenreichen Lebewelt sowie Änderungen der Energie-, Wasser- und Stoffhaushalte.

1950er-Jahre Der in Essen-Dellwig praktizierende Arzt **Dr. med. Clemens Schmeck** stellt fest, dass Kinder, die er in seiner Essener Praxis behandelt, zunehmend an **Bindehaut-**

---

[7] https://berlinerluftbruecke.de (letzter Zugriff: 04.07.2025); https://www.bundesarchiv.de/themen-entdecken/online-entdecken/dokumente-zur-zeitgeschichte/waehrungsreform-und-berlin-blockade/ (letzter Zugriff: 04.07.2025); https://www.thf-berlin.de/geschichte/symbol-der-freiheit/luftbruecke (letzter Zugriff: 04.07.2025).

[8] Vgl. https://www.emsland.de/das-emsland/kreisbeschreibung/emslandplan/emslandplan.html (letzter Zugriff: 04.07.2025); https://emslandmuseum.de/2021/04/13/18-april-1946/ (letzter Zugriff: 04.07.2025).

entzündungen erkranken. Ursächlich sind aus seiner Sicht Emissionen der Oberhausener Hütte. Schmeck beginnt einen engagierten Kampf gegen die **Luftverschmutzung**: Im Juni 1959 erstattet er vergeblich Anzeige gegen die Direktion der Hüttenwerk Oberhausen AG wegen Körperverletzung. (→ Januar 1962, 04. bis 07.12.1962)

1950er-Jahre Der Schweizer Umwelt- und Klimahistoriker Christian Pfister bezeichnet den **Kulturbruch**, der sich auch in Deutschland vollzieht, als „**1950er Syndrom**".[9] Die Löhne steigen, und zugleich sinken die Kosten für Rohstoffe und Energie. Folglich wird ein traditioneller Arbeitsbereich zu teuer: die Reparatur von Gegenständen aller Art. Wirtschaftsunternehmen nutzen den Umbruch. Sie beginnen nun, Konsumbedürfnisse in der gesamten Gesellschaft zu wecken, um den Verkauf auch nicht zwingend benötigter, teilweise gesundheits- oder umweltschädlicher Produkte massiv zu forcieren. Nicht nur – wie schon seit der Römerzeit – für Angehörige der Oberschicht, sondern für die gesamte Gesellschaft. Ein derartiges Angebot hat es in der Menschheitsgeschichte noch nicht gegeben. Die (Über-)Konsumgesellschaft löst die Kreislaufwirtschaft ab. Sie bedingt weltweit massive, teilweise irreversible Umwelt-, Natur- und Klimaveränderungen.

1950 bis 1976 Der Zweckverband Groß-Berlin schließt 1915 mit dem preußischen Staat für den Grunewald in Berlin einen Dauerwaldvertrag, der eine Bebauung dauerhaft verhindern soll. Ab November 1937 lassen die Nationalsozialisten im Grunewald die Wehrtechnische Fakultät der Technischen Universität Berlin errichten, womit sie gegen den Dauerwaldvertrag verstoßen. Der Zweite Weltkrieg verhindert die Fertigstellung. 1950 beginnt die Ablage von **Kriegsschutt** und Industriemüll aus **West-Berlin** auf der Ruine der Wehrtechnischen Fakultät. Durch die Deponierung von 26,2 Mio. Kubikmetern Schutt wächst bis 1976 ein 55 Meter hoher Hügel auf, der **Teufelsberg** (Abb. 8.2).

1950er- bis 1970er-Jahre Durch Wirtschaftswachstum und Zuzug steigt im **Rhein-Main-Gebiet** der Wasserverbrauch stark. 1962 und 1963 bahnt sich in Frankfurt am Main, in Wiesbaden und Teilen des Main-Taunus-Kreises ein akuter **Wassernotstand** an. An etlichen Orten versorgen Kesselwagen Menschen mit Trinkwasser – obgleich es keine ungewöhnlich trockenen Jahre sind. Neue Großwasserwerke sollen den stetig steigenden Wasserbedarf der Region stillen. So gehen 1963 bei Gernsheim im hessischen Ried das Wasserwerk Allmendfeld mit 15 Tiefbrunnen, 1966 bei Groß-Gerau das Wasserwerk Gerauer Land mit zehn Tiefbrunnen und 1968 bei Gernsheim das Wasserwerk Jägersburg mit 19 Tiefbrunnen in Betrieb. Die Brunnenpumpen drücken ungeheure Wassermassen aus der südhessischen Auenlandschaft in die Wasserleitungen der Industrien und Haushalte im Rhein-Main-Gebiet. Dann kommen die niederschlagsarmen frühen 1970er-Jahre. Die Grundwasserspiegel fallen im Ried rapide um viele Meter, nicht nur in Brunnennähe. Nach den Meliorationsmaßnahmen in den 1930er-Jahren noch verbliebene, auf eine gute Wasserversorgung angewiesene Auenwälder im Hessischen Ried verlieren den Grundwasseranschluss. Sie sterben großflächig. Wasserwerke entnehmen 1994 im Hessischen Ried

---

[9] Pfister (1995; Hrsg.): Das 1950er Syndrom. Der Weg in die Konsumgesellschaft.

Abb. 8.2 Der Zweite Weltkrieg hat in Berlin eine riesige Menge Trümmerschutt hinterlassen; ein Teil wird im Grunewald deponiert, wo von 1950 bis 1976 ein 55 m hoher Schuttberg aufwächst: der Teufelsberg. (Foto: H.-R. Bork, 29.12.2014)

etwa 190 Mio. Kubikmeter Grundwasser für Industrie, öffentliche Trinkwasserversorgung und Landwirtschaft.

1950 bis 1990 Die Sammlung und Verwertung von Sekundärrohstoffen hat angesichts der Rohstoffknappheit von Beginn an eine herausragende Bedeutung für die DDR. 1950 erfolgt die Einrichtung der Volkseigenen Handelszentrale Schrott, 1953 des Vereinigten Volkseigenen Betriebs (VVB) Rohstoffreserven und 1981 des **Volkseigenen Kombinats Sekundärrohstofferfassung** (SERO). Nach der Herstellung der deutschen Einheit 1990 ist das Wiederverwertungssystem nicht mehr rentabel; selbst erfolgreiche Segmente verschwinden.

Ab 1950er-Jahre Die **Lichtverschmutzung** – die nächtliche Aufhellung durch künstliche Beleuchtung – nimmt dramatisch zu. Sie schadet massiv dem Orientierungsvermögen nachtaktiver Vögel und flugfähiger Insekten.

1952/53 Die II. Parteikonferenz der Sozialistischen Einheitspartei Deutschlands (SED) beschließt die „Schaffung der Grundlagen des Sozialismus" und damit (auch) die **Kollektivierung der Landwirtschaft** in der DDR. Bäuerliche Familienbetriebe sollen sich zu Landwirtschaftlichen Produktionsgenossenschaften (LPG) zusammenschließen und das Land gemeinsam bewirtschaften (Abb. 8.3). Am 8. Juni 1952 gründet sich im thüringischen

Abb. 8.3 Die Kollektivierung der Landwirtschaft schuf in der DDR riesige Felder. Umgebung von Feldengel am Rand des Thüringer Beckens. (Foto: H.-R. Bork, 03.05.2025)

Merxleben die erste LPG. Neubauern mit wenig Land werden schnell Mitglieder. Zahlreiche bäuerliche Familien mit größerem Landbesitz lehnen die Kollektivierung ab und treten weitaus weniger oft, als von der SED-Leitung erhofft, in Landwirtschaftliche Produktionsgenossenschaften ein. Anfang 1953 erzwingt die SED die Gründung von rund 5000 LPGs. Infolgedessen fliehen im ersten Halbjahr 1953 mehr als 11.000 Bäuerinnen und Bauern in die BRD. Am Arbeiteraufstand im Juni 1953 beteiligen sich viele bäuerliche Familien.[10]

1952 (26.05.) Der Ministerrat der DDR erlässt die „Verordnung über Maßnahmen an der Demarkationslinie zwischen der DDR und den westlichen Besatzungszonen Deutschlands". Die 1378 Kilometer lange innerdeutsche Grenze wird danach abgeriegelt, mit Stacheldrahtzäunen versehen und streng von Soldaten bewacht. Beginnend 1961 wird die **Zonengrenze** teilweise vermint, mit Signalzäunen und Selbstschussanlagen versehen und West-Berlin mit einer Mauer von der DDR abgeschottet, um die Massenflucht von DDR-Bürgern in den Westen zu beenden. Östlich der innerdeutschen Grenze folgen auf den Stacheldrahtzaun ein zehn Meter breiter Kontrollstreifen, ein 500 Meter breiter Schutzstreifen und eine fünf Kilometer breite Sperrzone. Die Grenzanlagen verändern die Böden stark. Insbesondere

---

[10] Bork (2020): Umweltgeschichte Deutschlands, S. 195 f.

seit der Herstellung der deutschen Einheit entwickeln sich einzigartige, artenreiche Lebensräume im ehemaligen Grenzsaum und seiner östlichen Umgebung, von der Grenze zu Tschechien bis zur Ostsee.

1952 (02.07.) In **Neustadt an der Weinstraße** und in **Schallstadt/Mengen** im Breisgau erreicht die Lufttemperatur **39,6 Grad Celsius**. Etwa 200 Menschen sterben in Westdeutschland an den Folgen der Hitze.[11]

1953 Das in Halle (Saale) gegründete **Institut für Landschaftsforschung und Naturschutz** (ILN) ist die erste wissenschaftliche Einrichtung, die zu Themen des Naturschutzes, der systematischen Landschaftsdiagnose und der Landschaftspflege fundierte Forschungen, Dokumentationen und Beratungen realisiert. Erster ehrenamtlicher Direktor wird der hauptamtlich an der Martin-Luther-Universität Halle-Wittenberg tätige Botaniker Prof. Dr. Hermann Meusel. Nach der Auflösung des ILN 1991 werden Teile in das Bundesamt für Naturschutz integriert.

1953 (ab 24.02.) bis 1978 Das Landentwicklungsprojekt **Programm Nord** wandelt den Norden Schleswig-Holsteins erheblich: In 462 Flurbereinigungsverfahren werden Knicks (Wallhecken) zur Vergrößerung von Äckern beseitigt und auf einer Länge von 9133 Kilometern Windschutzhecken gegen Winderosion gepflanzt, mehr als 9000 Kilometer Wege angelegt, 18 Wasserbeschaffungsverbände gegründet, über 80 Klärwerke errichtet, der Friedrich-Wilhelm-Lübke Koog eingedeicht, das Eidersperrwerk gebaut und 4417 Hektar Fläche aufgeforstet. Die Lebensräume und die Artenvielfalt in den flurbereinigten Gebieten sowie die natürliche Feststoffdynamik durch Ebbe und Flut an der unteren Eider verändern sich deutlich. Die Lebensqualität vieler Menschen wächst.

1953 (16.12.) Der Physiker und Nobelpreisträger für Physik Prof. Dr. **Werner Heisenberg**[12] fordert Bundeskanzler Dr. Konrad Adenauer schriftlich auf, den vom US-Präsidenten Dwight D. Eisenhower vor den UN geäußerten Vorschlag für eine **friedliche Nutzung der Atomtechnik** aufzugreifen und eine Freigabe der Nutzung von Uran für die Energieerzeugung in der BRD durch die Privatwirtschaft zu ermöglichen.[13]

1953 bis 1956 In einer Phase der **Atomeuphorie** konkurrieren Aachen, München und Karlsruhe um den geeignetsten Standort für den ersten Eigenbaukernreaktor Westdeutschlands. Nach intensiven Diskussionen fällt die Entscheidung zugunsten von Karlsruhe.[14]

Ab 1953 (22.11.) Flugzeuge der britischen Royal Air Force lassen bis zu 450 Kilogramm schwere scharfe Brand- und Sprengbomben auf den **Großen Knechtsand** vor der Weser-

---

[11] Bissolli et al. (2001): Extreme Wetter- und Witterungsereignisse im 20. Jahrhundert. S. 25.

[12] Vgl. Altner (1987): Überlebenskrise in der Gegenwart. I.3.

[13] Zu wissenschaftlichen und politischen Debatten um die frühe zivile Kernenergienutzung vgl. Radkau und Hahn (2013): Aufstieg und Fall der deutschen Atomwirtschaft. S. 29 ff.

[14] Zur Kernforschung in Karlsruhe vgl. https://www.kit.edu/downloads/fzk_geschichte_2.pdf (letzter Zugriff: 04.07.2025).

mündung fallen. Die Sandbank ersetzt Helgoland als Übungsziel. Zahlreiche Menschen protestieren gegen die **Bombardements**. Denn diese rufen Schäden an Gebäuden in Cuxhaven hervor, behindern Fischerei und Tourismus und gefährden das marine Ökosystem massiv, in dem sich große Seevogelpopulationen treffen. So sollen britische Bomben 1954 Zehntausende Brandgänse getötet haben. Am 8. September 1957 kommt es zu einer friedlichen, von der Schutz- und Forschungsgemeinschaft Knechtsand initiierten, medienwirksamen Besetzung der Sandbank. Das Land Niedersachsen erlässt am 8. Oktober 1957 eine Verordnung über das 244 Quadratkilometer große Naturschutzgebiet Vogelfreistätte Knechtsand. Die Bundesregierung (das Kabinett Adenauer III) kann den im Herbst 1957 ausgelaufenen Nutzungsvertrag mit dem Vereinigten Königreich nun nicht mehr verlängern.

1954 (01.01.) Das **Flurbereinigungsgesetz** ersetzt in der BRD das Reichsumlegungsgesetz von 1936 und die Reichsumlegungsverordnung von 1937. Das neue Gesetz hat die Erhöhung land- und forstwirtschaftlicher Erträge zum Ziel. Es gilt, in präzise geplanten, aufwendigen Flurbereinigungsverfahren räumlich zersplitterten Landbesitz zu großen Feldern zusammenzulegen, Dauergrünland in Ackerland zu wandeln, Feuchtgebiete trockenzulegen, Ackerböden zu drainieren, Senken und Tälchen zu verfüllen, den Ackerbau störende Terrassen, Feldgehölze und Streuobstwiesen zu beseitigen, Feldwege zu asphaltieren, Bachläufe zu

Abb. 8.4 Flur von Vogtsburg-Oberbergen im Kaiserstuhl nach der Rebflurbereinigung; die Flurbereinigung in der BRD veränderte auch Weinbaulandschaften stark, über Jahrhunderte gewachsene Kulturlandschaften mit ökologisch wertvollen Kleinbiotopen ging zugunsten eines rentablen Weinbaus verloren. (Foto: H.-R. Bork, 24.07.2020)

Abb. 8.5 Von Maisäckern umgebene Streuobstwiese bei Oberöwisheim im Kraichgau; in den 1950er- bis 1970er-Jahren in Westdeutschland durchgeführte Flurbereinigungen haben zahlreiche Streuobstwiesen beseitigt; dagegen überdauerten im Kraichgau viele. (Foto: H.-R. Bork, 21.07.2020)

begradigen, den Arbeitszeitbedarf in Land- und Forstwirtschaft nach Abschluss der Maßnahmen zu senken und die Einkommen zu erhöhen (Abb. 8.4 und 8.5). Bis zur Novellierung des Flurbereinigungsgesetzes 1976 durchgeführte Verfahren schaffen monotone Landschaften, verstärken Oberflächenabfluss, Bodenerosion, Sturzfluten und Hochwasser wesentlich und senken Grundwasserspiegel. Sie vernichten zahllose Übergangslebensräume – die Lebensadern auch von seltenen Pflanzen und Insekten. In Verbindung mit der Bodenverdichtung durch (zu) schwere landwirtschaftliche Fahrzeuge, der Stickstoffüberdüngung und der Pestizidausbringung hat die Flurbereinigung die Abnahme der biologischen Vielfalt und den Artenschwund in Agrarlandschaften maßgeblich verstärkt.

1954 (08.07. und 10.07.) Nach starken Niederschlägen überflutet am 8. Juli 1954 ein **Hochwasser** der **Donau** die tieferen Bereiche von Passau und am 10. Juli 1954 ein Hochwasser der Zwickauer Mulde das Zentrum von Zwickau.

1954 (04.08.) Die Volkskammer der DDR beschließt das **Gesetz zur Erhaltung und Pflege der heimatlichen Natur**. Es lehnt sich fachlich stark an den konservierenden Naturschutz des Reichsnaturschutzgesetzes an, das es ersetzt.

1954 bis 1959 Mit der Inbetriebnahme der Wasserkraftwerke am Walchensee 1924 und am Achensee 1927 läuft viel Wasser aus der oberen Isar und einigen ihrer Nebenflüsse nun in die Loisach und den Inn. Zur Minderung des dadurch entstandenen Wassermangels in der Isar wird der **Sylvenspeicher** von 1954 bis 1959 bei Lenggries errichtet. Der Ablass von Wasser aus dem Speicher in Trockenzeiten verhindert extremes Niedrigwasser der Isar; die Speicherung von stärkeren Niederschlägen mindert die Hochwassergefahr. So treten selbst bei Extremereignissen wie dem Pfingsthochwasser 1999 und dem Alpenhochwasser im August 2005 im Isartal nur noch geringe Schäden auf.

1955 (05.05.) Die Pariser Verträge erlauben der BRD die **friedliche Nutzung von Kernenergie**.

1955 bis 2022 Die Summe der **staatlichen Förderungen der Kernenergieerzeugung** in der Bundesrepublik Deutschland im 68-jährigen Zeitraum von 1955 bis 2022 beläuft sich nach einer von Greenpeace Energy eG in Auftrag gegebenen Studie des Forums Ökologisch-Soziale Marktwirtschaft e. V. (FÖS) auf nominal 209,7 Mrd. Euro sowie in Preisen von 2019 auf 287,2 Mrd. Euro. Die staatliche Förderung der Kernenergie umfasst direkte Finanzhilfen und Steuervergünstigungen bei der Energiebesteuerung sowie Förderungen aus Emissionshandel und Rückstellungen. Von den genannten Beträgen abzuziehen sind die Kosten für die Forschung an Kernfusion, für die deutschen Anteile an internationalen Organisationen (EU-RATOM, CERN), für die Stilllegung der Kernkraftwerke in Ostdeutschland und die Sanierung der SDAG Wismut, für das DDR-Endlager Morsleben und die Folgekosten von Tschernobyl. Es verbleiben in Preisen von 2019 insgesamt 249 Mrd. Euro. In dem 68-jährigen Zeitraum wird nach den Berechnungen des FÖS jede mit Kernenergie erzeugte Kilowattstunde Strom mit 4,6 Cent bezuschusst. Davon sind 2,4 Cent pro Kilowattstunde nicht im Strompreis enthalten. Hinzu kommen nicht internalisierte Kosten, die das FÖS grob auf 19 bis 32 Cent pro Kilowattstunde für den Zeitraum von 2007 bis 2019 schätzt. Nicht eingerechnet sind die immensen Kosten für die Planung, die Anlage und den Betrieb eines Endlagers für hochradioaktive Stoffe.[15]

1956 (19.07.) Der Bundesminister für Atomfragen Dr. **Franz Josef Strauß** unterzeichnet in Karlsruhe die Gründungsurkunde für die von Bund, Land Baden-Württemberg und Industrie getragene **Kernreaktor Bau- und Betriebsgesellschaft** mbH. 1978 erfolgt die Umbenennung in Kernforschungszentrum Karlsruhe GmbH. Die Schwerpunkte der Großforschungseinrichtung liegen später zunehmend in den Bereichen Umwelttechnik, Energie- und physikalische Grundlagenforschung. Konsequent ist die Namensänderung 1995 in Forschungszentrum Karlsruhe – Technik und Umwelt.

1956 (Dezember) Nach der Entscheidung des Bundes für Karlsruhe und gegen Aachen beschließt der Landtag von Nordrhein-Westfalen die Errichtung einer eigenen **Atomforschungsanlage**. Bereits 1952 war in Bonn die Gesellschaft für kernphysikalische Forschung e. V. als Rechtsträger für den Bau eines Synchrozyklotrons an der Universität Bonn gegründet worden. Diese Gesellschaft erhält nach dem Landtagsbeschluss die Aufgabe, die Atomforschungsanlage zu errichten. Die Landesregierung Nordrhein-Westfalen (das Kabinett

---

[15] Schrems und Fiedler (2020): Gesellschaftliche Kosten der Atomenergie in Deutschland.

Steinhoff) wählt im November 1957 den **Stetternicher Staatsforst bei Jülich** als Standort aus. Am 10. Juni 1958 findet die Grundsteinlegung für die Forschungsreaktoren MERLIN (FRJ-1) und DIDO (FRJ-2) statt. 1962 gehen sie in Betrieb; 1985 wird MERLIN und 2006 DIDO abgeschaltet. 1960 erhält das Forschungszentrum den griffigeren Namen „Kernforschungsanlage Jülich des Landes Nordrhein-Westfalen e. V.". Mit der Einrichtung des Instituts für Biotechnologie 1977, der Programmgruppe Kernenergie und Umwelt 1978 u. a. m. verändern sich wie in Karlsruhe allmählich die Schwerpunkte. Seit dem 1. Januar 1990 heißt die Großforschungsanlage Forschungszentrum Jülich. Der Nuklearbereich verlässt 2015 das Forschungszentrum; er geht zur Jülicher Entsorgungsgesellschaft für Nuklearanlagen mbH.[16]

1957 (Mai) Zwei Werkstudenten entdecken im **Krunkelbachtal** unterhalb des Feldbergs im Schwarzwald **Uranerz**. Das Geologische Landesamt von Baden-Württemberg bestätigt 1959 dessen Existenz. Nun erhält die Gewerkschaft Brunhilde mit Sitz in Uetze die Erlaubnis, Uranerz zu suchen. Da eine Erkundungsbohrung im Jahr 1961 zum Versiegen der Trinkwasserquelle des benachbarten Kurortes Menzenschwand führt, untersagt das zuständige Ministerium die weitere Prospektion. (→ 1982)

1957 (31.10.) In dem von der Technischen Universität München in **Garching** bei München mit einer Leistung von 4 MW betriebenen **ersten westdeutschen Forschungsreaktor** FRM I beginnt dort die Kettenreaktion; sie endet im Juli 2000.

1957 (16.12.) Der **erste Forschungsreaktor der DDR** geht im Zentralinstitut für Kernforschung in **Dresden-Rossendorf** in Betrieb – zunächst mit einer Nennleistung von zwei Megawatt, die 1965 auf fünf Megawatt und 1967 auf zehn Megawatt anwächst. Die Abschaltung erfolgt am 27. Juni 1991, da der Reaktor die Sicherheitsanforderungen im vereinigten Deutschland nicht vollständig erfüllt. Mit der 1998 beginnenden Stilllegung setzt der Rückbau ein.

1958 (03./04.11.) Funktionäre der SED und der Staatlichen Plankommission der DDR beschließen auf der Chemiekonferenz der DDR im Kulturhaus der Leuna-Werke das **Chemieprogramm der DDR** (Abb. 8.6). Es konkretisiert das Motto „Chemie gibt Brot – Wohlstand – Schönheit" eines Parteitagsbeschlusses der SED. Die anschließende grundlegende Umstrukturierung der chemischen Industrie der DDR hat ganz erhebliche Umweltbelastungen zur Folge.

1958 bis 1965 Hochwasser der Spree überschwemmen den **Spreewald** häufig (→ 1897 bis 1933). Große Schäden sind die Folge. In Trockenjahren führt die Spree zu wenig Wasser. Hoher Handlungsbedarf besteht nicht nur im Spreewald. Die benachbarten Braunkohlekraftwerke benötigen viel Brauchwasser. Eine Lösung bietet die Anlage von Talsperren zur Wasserspeicherung am Oberlauf der Spree und ihrer Nebenflüsse. Von 1958 bis 1965 entsteht die Talsperre Spremberg mit einer Länge der Dammkrone von 3700 m, einer Dammhöhe von zwölf Metern, einem Stauraum von 38,5 Mio. Kubikmetern und einer Wasserkraftanlage. Weiterhin werden die Spree und viele Kanäle verbreitert, vertieft und mit Deichen versehen,

---

[16] Ebd., S. 60 ff.

Abb. 8.6 Kulturhaus der
Leuna-Werke, in dem am
03./04.11.1958 das Chemieprogramm der DDR beschlossen wurde. (Foto: H.-R. Bork,
10.05.2024)

etwa 250 Wehre, rund hundert Staue gebaut. Denn es gilt, riesige Mengen an abgepumptem
Wasser aus den Braunkohletagebauen aufzunehmen.[17] ($\rightarrow$ 11.04.1991)

1959/60 Die **Verstaatlichung der Landwirtschaft der DDR** droht zu misslingen. Im Jahr
1958 bewirtschaften Produktionsgenossenschaften weniger als ein Drittel der landwirtschaftlichen Nutzflächen des Landes. Der V. Parteitag der SED veranlasst daraufhin im Juli 1958
unter Zuhilfenahme von Zwangsmaßnahmen eine Beschleunigung der Kollektivierung. Mit
der politischen Kampagne „Sozialistischer Frühling auf dem Lande" zwingt man 1960 die
verbliebenen Privatbetriebe in die Produktionsgenossenschaften. Nun bewirtschaften 19.000
Landwirtschaftliche Produktionsgenossenschaften rund 84 Prozent der Äcker, Wiesen und
Weiden der DDR. Erneut fliehen viele Bäuerinnen und Bauern nach Westdeutschland, wodurch sich der Arbeitskräftemangel in der DDR weiter verstärkt. Nicht wenige Menschen,
die in der DDR bleiben, verhalten sich nonkonform. Die landwirtschaftliche Produktion
sinkt durch die vorwiegend menschenfeindliche Kollektivierung. Der Mauerbau am 13. August 1961 ist eine Konsequenz aus dem Scheitern der SED und des Staates DDR – nicht nur
im Sektor Landwirtschaft. Die Umweltveränderungen durch die Schaffung der staatlichen
Großflächenbewirtschaftung sind gravierend. Zahllose Hecken und Ackerrandstreifen gehen
verloren. Früher als in Westdeutschland verdichten schwere Maschinen die Böden irreversibel. Wind- und Wassererosion nehmen zu, Erträge ab. Die Massentierhaltung trägt zur
starken Belastung von Böden und Gewässern mit Nährstoffen bei. In den späten 1960er-
Jahren einsetzende umfangreiche Meliorationen verändern den Wasserhaushalt wesentlich.

1959 bis 1992 In Bayern wird zwischen Bamberg und Kelheim der **Main-Donau-Kanal**
als Bundeswasserstraße gegen Widerstände in der Bevölkerung gebaut. So organisieren die

---

[17] https://lfu.brandenburg.de/lfu/de/aufgaben/wasser/anlagen-und-gewaesserunterhaltung/talsperre-
spremberg/# (letzter Zugriff: 04.07.2025); https://www.spreewald-biosphaerenreservat.de/biosphae-
renreservat/natur-landschaft/landschaftsentstehung/ (letzter Zugriff: 04.07.2025).

Bürgerinitiative „Rettet das Altmühltal" und Naturschutzverbände öffentlich stark wahrgenommene, letztlich jedoch für das wasserbauliche Großprojekt wirkungsarme Proteste. Die Großwasserstraße verändert die Funktionen und Strukturen der kanalnahen Ökosysteme und Kulturlandschaften sowie die Wasser- und Stoffhaushalte erheblich. Aus dem niederschlagsreicheren Südbayern müssen jährlich etwa 125 Mio. Kubikmeter Wasser in das trockenere Franken geleitet werden, um eine ausreichende Wasserführung im Main-Donau-Kanal zu gewährleisten. Immerhin investiert man etwa ein Fünftel der Gesamtkosten von 2,3 Mrd. Euro in Ausgleichsmaßnahmen wie die erfolgreiche Vernässung von Altarmen. Das Frachtaufkommen bleibt deutlich unter den ursprünglichen Erwartungen. Die meisten Waren transportieren Lastkraftwagen schneller und günstiger.[18]

1960 bis 1990 Die **Komplexmelioration** in der DDR hat zum Ziel, noch nicht entwässerte wie auch bereits meliorierte Feuchtgebiete ertragreicher zu machen. Von 1960 bis 1971 schafft man größere Schläge durch die Flurneugestaltung, den komplexen Umbau der bestehenden Entwässerungssysteme und die Trockenlegung von Mooren mit einem massiven Einsatz schwerer Maschinen. Von 1972 bis 1985 werden kombinierte Entwässerungs- und Bewässerungssysteme gebaut, die Böden tiefgründig melioriert und Nassstellen trockengelegt. Von 1986 bis 1990 folgt man der Parole „Nutzung jeden Quadratmeter Bodens". Auch unwirtschaftliche Quellmoore und Senken sind zu entwässern und die vorausgegangene Nassstellenmelioration ist weiter zu optimieren. In niederschlagsarmen Räumen führt die effektive Komplexmelioration zeitweilig zu einer starken Austrocknung der Oberböden. Daher müssen dort auch aufwendige Bewässerungssysteme installiert werden, um die Erträge nicht zu gefährden. Viele ökologisch wertvolle Feuchtgebiete gehen meliorationsbedingt verloren; die betroffenen Landschaften verarmen stark.[19]

1960 (01.03.) Das Gesetz zur Ordnung des Wasserhaushalts (**Wasserhaushaltsgesetz**) tritt in der BRD in Kraft. Es regelt die Einleitung ebenso wie die Entnahme von Wasser und von Stoffen für die Oberflächengewässer und das Grundwasser. Für erheblich verunreinigte Oberflächengewässer können Reinhalteordnungen erlassen werden.

1960 (13.11.) Das **Versuchsatomkraftwerk Kahl am Main** geht in Großwelzheim in Betrieb, gut zwei Jahre nach Baubeginn im **Juni 1958**. Die Bevölkerung feiert die Inbetriebnahme; sie bringt 120 Arbeitsplätze und Gewerbesteuern. Das erste kommerzielle Kernkraftwerk Westdeutschlands speist am 17. Juni 1961 erstmals Strom in das öffentliche Versorgungsnetz. Erst in den 1970er-Jahren bildet sich eine Bürgerinitiative gegen das Kernkraftwerk, die Störfälle notiert. Bis zur Stilllegung am 25. November 1985 liefert der Reaktor 2,1 Mrd. Kilowattstunden Energie. Von 1988 bis 2015 wird er als erster weltweit erfolgreich vollständig rückgebaut.

---

[18]   Vgl. von Zech-Kleber (2021): Rhein-Main-Donau-Kanal.

[19]   Vgl. Präsentation von L. Landgraf zu den Mooren in der Nuthe-Nieplitz-Niederung, https://mluk.brandenburg.de/vortraege/PGMoorschutz/Moorschutz_NNN_022011_web.pdf (letzter Zugriff: 04.07.2025). Behrendt und Schalitz (2018): Landwirtschaftliche Nutzung. S. 101 ff. Beiträge in: Succow und Jeschke (2023; Hrsg.): Deutschlands Moore.

▶   Kernkraftwerke bedingen zahlreiche, teils gravierende Umweltveränderungen: an Uranerzminen und Uranerzaufbereitungsanlagen, durch den Transport radioaktiver Stoffe, durch Bau, Betrieb und Rückbau von Kernkraftwerken sowie durch Bau und Betrieb von Zwischen- und Endlagern hoch-, mittel- und schwach radioaktiver Stoffe. Zwar sind die Aufwendungen für Bau, Betrieb und Rückbau von Kernkraftwerken heute abschätzbar. Weitaus schwieriger ist die Berechnung der Gesamtkosten für Umweltschäden (→ 1946 bis 1991). Nicht annähernd kalkulierbar sind die unvermeidbaren Ausgaben für eine dauerhaft sichere Endlagerung hochradioaktiver Stoffe über Jahrhunderttausende, die Ewigkeitskosten. Sie sind in der Summe zweifelsohne unermesslich hoch. Daher sind Kernkraftwerke gesamtgesellschaftlich ausnahmslos unwirtschaftlich und eine der bedeutendsten ökonomischen und ökologischen Fehlentwicklungen der Menschheit.

1961 (Anfang) Eine Studie des Hygieneinstituts Gelsenkirchen und des Gesundheitsamtes von Oberhausen hinterfragt die Ursachen der zahlreichen tödlich verlaufenden **Lungenkrebserkrankungen bei Männern**.

1961 (28.04.) Der sozialdemokratische Kanzlerkandidat **Willy Brandt** fordert auf dem Bundesparteitagtag der SPD in Bonn: „**Der Himmel über dem Ruhrgebiet muß wieder blau werden**".

1961 (Sommer) In dem 1963 erscheinenden Roman „**Der geteilte Himmel**" schildert **Christa Wolf**, später eine der bedeutendsten Schriftstellerinnen der DDR, wirklichkeitsnah und doch behutsam den Umweltzustand wohl im Raum Halle/Leipzig im Sommer 1961: „Jedes Kind konnte hier die Richtung des Windes nach dem vorherrschenden Geruch bestimmen: Chemie oder Malzkaffee oder Braunkohle. Über allem diese Dunstglocke, Industrieabgase, die sich schwer atmen."[20]

1961 (ab 13.08.) Der Erste Sekretär des Zentralkomitees (ZK) der SED Walter Ulbricht erhält nach achtjährigen Bemühungen die Zustimmung von Nikita Chruschtschow zur **Abriegelung von West-Berlin**. Die Baumaßnahmen zur Grenzbefestigung zerstören auch Böden und Vegetation.

1962 (Januar) Der Arzt Dr. Clemens Schmeck gründet zusammen mit Gleichgesinnten die **Interessengemeinschaft gegen Luftverschmutzungsschäden und Luftverunreinigung** – eine der ersten wirkmächtigen Bürgerinitiativen in der Bundesrepublik. (→ 1950er-Jahre, 04. bis 07.12.1962)

1962 (16./17.02.) Das Deutsche Hydrographische Institut unterschätzt die Wirkungen des Orkans Vincinette. Auf der Unterelbe läuft die Flut bis Hamburg weit höher auf als prognostiziert. Warnungen der Behörden kommen zu spät. Die **Hamburger Sturmflut**

---

[20] Wolf (1985): Der geteilte Himmel, S. 27.

zerstört an 60 Stellen Deiche; Telefon- und Stromnetze fallen aus. Plötzlich nach Hamburg-Wilhelmsburg eindringende Wassermassen überraschen Menschen im Schlaf; 222 sterben allein hier. Ungefähr 100.000 Menschen werden von der Flut eingeschlossen, mehr als 20.000 evakuiert. Innensenator Helmut Schmidt leitet erfolgreich den Einsatzstab. Der Hamburger Senat reorganisiert anschließend Behörden. Die Hauptdeiche werden um die Hälfte gekürzt und deutlich erhöht. Eine wirksame Katastrophenschutzordnung tritt 1964 in Kraft.

1962 (Sommer) Im **kältesten Sommer** seit mehr als einem Jahrhundert fallen im Juni vier bis sechs Zentimeter Schnee in Kempten im Allgäu.

1962 (04. bis 07.12.) Während einer austauscharmen **Inversionswetterlage** ist die Belastung der Luft in großen Teilen des **Ruhrgebietes** vor allem mit Schwefeldioxid und Feinstaub über mehrere Tage extrem hoch. Schwefeldioxid entsteht etwa bei der Verhüttung von Zink; Feinstaub gelangt nach der Verbrennung von Kohle z. B. in den Hochöfen aus den Schornsteinen in die Atmosphäre. Die Wassertröpfchen des Nebels der Inversionswetterlage verbinden sich mit Schadstoffen zu **Smog** (*sm*oke + *fog* = Rauch + Nebel). Viele Menschen, die die hochgradig belastete Luft einatmen, klagen über Augenentzündungen, erleiden Atemwegsbeschwerden und Kopfschmerzen. Kranke oder alte Menschen sind besonders gefährdet. Nicht wenige sterben. (→ 15.04.1973, 22.03.1974, 17.01.1979, 18.01.1985)

1962/63 (Winter) Die mittlere Temperatur liegt im meteorologischen Winter vom 1. Dezember 1962 bis zum 28. Februar 1963 extreme 5,48 Grad Celsius unter dem vieljährigen Mittel in Westdeutschland bzw. im Deutschen Reich (bis 1945). Damit ist der **Winter 1962/63 der kälteste seit Beginn der regelmäßigen Aufzeichnungen** im Jahr 1881.[21] In Frankenberg (Eder) friert es zwischen dem 1. November 1962 und dem 28. Februar 1963 an 80 aufeinanderfolgenden Tagen.[22] In Biedenkopf fällt die Temperatur bis auf −27,7 Grad Celsius.[23] Rhein, Donau und Bodensee sind vollständig gefroren. Autos fahren über den Bodensee, bei Lindau landen Kleinflugzeuge auf dem Eis. Am 12. Februar 1963 holt die bis heute letzte Eisprozession die Büste des Heiligen Johannes in Hagnau ab und trägt sie über den zugefrorenen Bodensee nach Münsterlingen (→ 1829/30).

1962 bis 1987 Der am Frankfurter Stadtwald gelegene **Flughafen Frankfurt/Main** befindet sich inmitten einer dicht besiedelten Agglomeration. Seit den 1960er-Jahren sind die Erweiterungen des Flughafens mit bedeutenden zivilgesellschaftlichen Protesten verbunden. Mehrere Faktoren haben sie ausgelöst:

---

[21] https://de.statista.com/infografik/amp/24111/das-waren-die-historisch-kaeltesten-winter-in-deutschland/ (letzter Zugriff: 04.07.2025).

[22] Zur Wetterlage vgl. Pfister und Wanner (2021): Klima und Gesellschaft in Europa. S. 258 f.

[23] Weder (2012): Erstellung einer Statistik über Extremereignisse und Klimaveränderungen in Hessen. S. 20 f.

- der Fluglärm,
- die Rodung der (freilich naturfernen) Forsten im Stadtwald,
- der Flächenverbrauch,
- der erhebliche Schadstoffausstoß der Flugzeuge sowie der Fahrzeuge der auf dem Landweg an- und abreisenden Passagiere und Beschäftigten.

Die Planung für die erste wesentliche Erweiterung des Frankfurter Flughafens nach dem Zweiten Weltkrieg beginnt 1962. Ein Jahr später gründen Umlandgemeinden die Schutzgemeinschaft gegen Fluglärm. Der in Mörfelden tätige Pfarrer Kurt Oeser[24] fordert am 9. November 1964 den hessischen Ministerpräsidenten Georg August Zinn schriftlich auf, keinen Flughafenausbau zulasten der Lebensqualität der Bevölkerung zuzulassen. Für Zinn überwiegt jedoch das gesamtstaatliche Interesse am Ausbau. Oeser gründet im April 1965 zusammen mit anderen Betroffenen die **Interessengemeinschaft zur Bekämpfung des Fluglärms**. Am 28. Dezember 1965 beantragt die Flughafen Frankfurt/ Main AG bei den zuständigen Behörden wesentliche Veränderungen der bestehenden Start- und Landebahnen sowie den Neubau der 4000 Meter langen **Startbahn 18 West**. Gegen das im August 1966 genehmigte Planfeststellungsverfahren gehen 3849 Einsprüche ein. Im März 1968 billigt das hessische Ministerium für Wirtschaft und Verkehr den Planfeststellungsbeschluss, der im November 1968 vom Verwaltungsgericht Darmstadt aufgehoben wird – die Stadt Offenbach ist in den Plänen nicht berücksichtigt. Neue Verfahren, Einsprüche und Klagen folgen; Demonstrationen beginnen im Sommer 1978. Im Dezember 1978 verkauft das Land Hessen 303 Hektar Land an die Flughafen Frankfurt/ Main AG. Lokale Bürgerbewegungen verbünden sich mit linksradikal-freiheitlichen Gruppen. Am 2. November 1980 demonstrieren ca. 15.000 Menschen am Flughafengelände gegen die Rodung von rund sieben Hektar Forst. Die Räumung eines Hüttendorfes durch die Polizei löst gewalttätige Proteste aus. Die Demonstrationen verlagern sich nun in das Flughafengebäude und in die Frankfurter Innenstadt. Der Hessische Verwaltungsgerichtshof entscheidet am 21. Oktober 1981 abschließend: Der Bau der Startbahn 18 West ist nicht anfechtbar. Rodungen und Bauarbeiten beginnen. Am 14. November 1981 demonstrieren über 100.000 Menschen in Wiesbaden gegen den Flughafenausbau. Der Hessische Staatsgerichtshof lehnt am 15. Januar 1982 einen formal korrekten Antrag auf ein Volksbegehren mit mehr als 220.000 Unterschriften gegen den Bau der Startbahn 18 West ab. Am 12. April 1984 geht die Startbahn 18 West in Betrieb. Am 6. Jahrestag der Hüttendorfräumung, dem 2. November 1987, protestieren militante Gruppen in Flughafennähe gegen die Startbahn 18 West. Molotowcocktails und Steine fliegen in Richtung Polizei. Nach der Auflösung der nicht genehmigten Versammlung schießt ein Autonomer auf Polizisten. Er tötet zwei Polizeibeamte und verletzt sieben weitere. Dieses Verbrechen ist eine Zäsur in der von ganz überwiegend friedlichen Protesten geprägten Demokratie der Bundesrepublik Deutschland. Die Proteste enden zunächst. Mit dem Bau der Landebahn Nord-West beginnen später neue, friedliche Demonstrationen; sie finden regelmäßig

---

[24] Vgl. Altner in Simonis (Hrsg.; 2014): Vordenker und Vorreiter der Ökobewegung. S. 117–120.

montags im Terminal 1 des Flughafens statt. Die Erweiterungen für die Startbahn 18 West und später die Landebahn Nord-West haben das Flughafengelände artenärmer gemacht, Wasser- und Stoffhaushalte signifikant verändert und zusätzlichen Lärm entlang neuer Ein- und Abflugschneisen erzeugt.[25]

Die Statistik des größten deutschen Flughafens Frankfurt/Main verzeichnet für das Jahr 2023 einschließlich der Airport City:[26]

- 59,4 Mio. Passagiere,
- 1,89 Mio. Tonnen Luftfracht,
- 430.000 Starts und Landungen sowie
- etwa 80.000 Beschäftigte aus 114 Nationen.

1964 Der in der DDR vielbeachtete Roman „**Spur der Steine**" des Schriftstellers **Erik Neutsch** handelt von der gesellschaftspolitischen Entwicklung des Zimmermannbrigadiers Hannes Balla, der am Bau eines fiktiven Chemiekombinates im mitteldeutschen Chemiedreieck bei Halle (Saale) beteiligt ist. Schonungslos realitätsnah beschreibt Neutsch die starke Luftverschmutzung in der Region: „Tag und Nacht wälzt sich der Qualm aus den sechzehn Essenschlünden, Tag und Nacht. Er schwärzt im Winter den Neuschnee auf den Äckern, rußt im Frühling über die weißen Blüten der Kirschbaumzeilen in den Chausseen, trübt sogar im Herbst noch die novemberdunklen Flüsse und umflort im Sommer die heiße gelbe Sonne."[27]

1964 (12.02.) Der Pflanzenchemiker Prof. Dr. **Hans-Günther Däßler** von der Abteilung **Rauchschadenforschung** des Instituts für Pflanzenchemie der TU Dresden sendet eine Denkschrift zur Situation im Osterzgebirge an das Zentralkomitee der SED, an Ministerien der DDR und die Staatliche Plankommission. Däßler charakterisiert darin ein neues Rauchschadensgebiet im Osterzgebirge; die dortigen Fichtenforsten seien in Gefahr. Er rechnet mit holzleeren Flächen in den Kammlagen von etwa 300 Hektar Ausdehnung im Jahr 1967 und von 400 Hektar im Jahr 1970. Ursächlich seien Emittenten von Schwefeldioxid in der Tschechoslowakei.[28]

1964 (28.09.) Die **Technische Anleitung zur Reinhaltung der Luft** (TA Luft) tritt auf der Grundlage der Gewerbeordnung in der BRD in Kraft. Sie legt Emissionsgrenzwerte für Industrieanlagen zum Schutz der Luftqualität fest.

1965 Der Mangel an Steinkohle, Erdöl und Erdgas führt in der DDR zu einem massiven Abbau und zur Verstromung von Braunkohle. Nach der Grundsteinlegung am 23. Oktober 1957 geht am 17. Dezember 1959 der erste Block und am 20. Juli 1964 der 16. und letzte Block des **Braunkohlekraftwerks Lübbenau** in der Lausitz in Betrieb. Mit einer Leistung von 1300 Megawatt ist es 1965 das **größte Dampfkraftwerk der DDR** und Europas. Die

[25] Bork (2020): Umweltgeschichte Deutschlands. S. 204 ff.

[26] 23219_D_Statistischer_Jahresbericht_2023_Final.pdf

[27] Neutsch, (1964): Spur der Steine.

[28] Huff (2005): Natur und Industrie im Sozialismus. Eine Umweltgeschichte der DDR. S. 108 f., 125 ff.

Veränderungen der Landschaft und damit der Wasser- und Stoffhaushalte durch den ausgedehnten Abbau sowie die Schadstoffemissionen durch das Kraftwerk sind gigantisch. 1992 bis 1996 geht es vom Netz; danach erfolgt der Rückbau.

1966 Der ADAC (→ 24.05.1903) befragt die Leserinnen und Leser der Mitgliedszeitschrift Motorwelt zum Tempolimit auf Autobahnen. Sieben von acht teilnehmenden Mitgliedern lehnen eine Geschwindigkeitsbegrenzung ab.[29] Der **ADAC** spricht sich bis heute gegen ein **Tempolimit auf Autobahnen** und gegen die Null-Promille-Grenze aus.

1966 (09.05.) In sehr kalten Wintern kann der Braunkohleabbau in der DDR zum Erliegen kommen und damit die Stromversorgung in einigen Regionen der DDR gefährdet sein. Einen Ausweg bietet die Sowjetunion. Sie liefert ein **Kernkraftwerk** mit einer Nennleistung von 70 Megawatt. Es wird im Nordwesten Brandenburgs bei Rheinsberg errichtet und am 9. Mai 1966 in Betrieb genommen. Es ist ein prestigeträchtiges Projekt der Partei- und Staatsführung der DDR. Am 12. November 1966 beginnt in Rheinsberg der Dauerbetrieb – noch vor dem ersten westdeutschen Kernkraftwerk im bayerischen Gundremmingen (abgesehen von dem bereits 1961 Strom liefernden Versuchsatomkraftwerk Kahl am Main), das fünf Monate später den Leistungsbetrieb aufnimmt.

1966 (14.12.) Der **Staatliche Forstwirtschaftsbetrieb Dübener Heide** im östlichen Sachsen-Anhalt stellt dem **VEB Elektrochemisches Kombinat Bitterfeld** und 13 weiteren Betrieben für Waldschäden des vergangenen Jahrzehnts 7.303.010 Mark der Deutschen Notenbank in Rechnung. Diese Schadenssumme hatte das fundiert gutachtende Institut für Pflanzenchemie der TU Dresden in Tharandt ermittelt. Die Emittenten argumentieren vor dem Staatlichen Vertragsgericht, die Schäden seien nicht rechtswidrig entstanden, vielmehr hätten sie auf Anweisung gehandelt. Außerdem seien die Kausalzusammenhänge zwischen ihren Emissionen und den Waldschäden nicht bewiesen. Das Schiedsgericht urteilt schließlich, dass die Emittenten aufgrund von Verjährungen nur 1.515.527 Mark zu zahlen haben. Auch die reduzierte Summe ist beachtlich. Für zukünftige Entschädigungsforderungen genügt in der DDR nun ein gutachterlicher Nachweis, dass **Schäden durch Immissionen** entstanden sind.

1967 Die **Rauchschadensfläche in der DDR** erhöht sich von etwa 85.000 Hektar im Jahr 1961 auf rund 200.000 Hektar im Jahr 1967. Die stärkste Zunahme vollzieht sich im Erzgebirge in der Nähe der Grenze zur Tschechoslowakei.[30]

1967 bis 1978 In der Schachtanlage **Asse II** im Braunschweiger Land wird von 1909 bis 1925 Kalisalz und von 1916 bis 1964 Steinsalz abgebaut. 1965 erwirbt der Bund das im Vorjahr stillgelegte Salzbergwerk. Beauftragt vom Bundesforschungsministerium, untersucht die Gesellschaft für Strahlen- und Umweltforschung GSF die Eignung des Forschungsbergwerkes als **Endlager für schwach und mittelradioaktive Abfälle**. Von 1967 bis 1978 verbringt man mehr als 125.787 Gebinde mit schwach radioaktiven Abfällen in Kammern in 750 Meter Tiefe. Viele Gebinde rosten, andere sind durch unsachgemäße Einlagerung

---

[29] https://www.adac.de/der-adac/verein/adac-geschichte/ (letzter Zugriff: 04.07.2025).

[30] Ebd. S. 162 f.

eingedrückt. Das scheinbare Forschungsbergwerk ist damit faktisch ein Endlager geworden. 1293 der von 1972 bis 1977 auf der 511-m-Sohle eingelagerten Fässer sollen mittelradioaktive Abfälle enthalten. Eine Inventur belegt 2010 jedoch, dass tatsächlich 16.100 Behälter mit mittelradioaktivem Abfall und statt der geschätzten sechs Kilogramm vielmehr rund 28 Kilogramm Plutonium deponiert worden sind. (→ 2008, 17.04.2020, 2013)

1967 (12.04.) Das **erste westdeutsche Großkernkraftwerk** entsteht bei **Gundremmingen** an der Donau im bayerischen Landkreis Günzburg. Block A mit einer Leistung von 237 Megawatt nimmt gut vier Monate nach der initialen Netzschaltung vom 1. Dezember 1966 den Dauerbetrieb auf – ohne atomrechtliche Genehmigung. (→ 13.01.1977)

1968 (08.04.) Der Erste Sekretär des ZK der SED **Walter Ulbricht** unterzeichnet die **neue Verfassung der DDR**. Artikel 15 verlangt 1. den Schutz und eine rationelle Nutzung der Böden und sieht 2. den Staat und die Gesellschaft in der Pflicht, die Natur zu schützen, die Reinhaltung der Gewässer und der Luft, den Schutz der Pflanzen- und Tierwelt sowie die landschaftliche Schönheit der Heimat durch die zuständigen Organe zu gewährleisten.[31] Für eine effektive Umsetzung fehlen jedoch die Finanzmittel und Techniken.

1968 (10.07., gegen 22 Uhr) Über den Süden **Pforzheims** rast ein **Tornado** der Stärke F4 auf der Fujita-Skala mit maximalen Windgeschwindigkeiten von wahrscheinlich 350 bis 400 Kilometern pro Stunde. Der Strom fällt in mehr als tausend Haushalten aus. In einer bis zu 500 Meter breiten Schneise beschädigt der Tornado etwa 3700 Gebäude und Hunderte Kraftfahrzeuge. Er wirft oder bricht zahllose Bäume und erzeugt 130.000 Festmeter Sturmholz. Der Schaden beläuft sich auf rund 65 Mio. Euro. Während des Ereignisses und bei den Aufräumarbeiten sterben drei Menschen, mehr als 300 werden verletzt.[32]

1968 (11.07.) Aufgrund von Lecks in Autoklaven der PVC-Produktion im **Elektrochemischen Kombinat Bitterfeld explodiert gasförmiges Vinylchlorid**. Im Anschluss wird der Brand- und Arbeitsschutz in der DDR verbessert.

1969 Die **Spanische Wegschnecke** *Arion vulgaris* wird erstmals in Westdeutschland nachgewiesen. In den folgenden Jahrzehnten breitet sie sich vom Süden Badens u. a. mit dem Transport von Pflanzen, Gemüse, Obst, Abfall und Kompost sowie an Fahrzeugen über Deutschland aus. Der Schädling frisst Pflanzen und Samen bevorzugt an Acker- und Grünlandrändern, in Gärten, auf Friedhöfen und Bahndämmen sowie zunehmend auch in naturnahen Ökosystemen wie kleinen Wäldern. Die invasive Spanische Wegschnecke hat damit einen negativen ökonomischen und ökologischen Einfluss.

1969 (Juni) Die illegale Einleitung von Chemikalien verursacht ein massives **Fischsterben im Mittel- und Niederrhein**. Der Verursacher bleibt unbekannt. Daraufhin werden Abwasserverordnung und Gewässerschutz in der BRD verbessert.

---

[31] Ebd. S. 167 f.

[32] https://www.dwd.de/DE/presse/pressemitteilungen/DE/2018/20180709_50jahretornado_pforzheim_news.html (letzter Zugriff: 04.07.2025).

1970 bis 1990: Gesetze gegen Luft- und Wasserverschmutzung in der BRD, Ölkrise, neuartige Waldschäden, Umweltverschmutzung im Chemiedreieck der DDR, Nationalparkprogramm der DDR

1970 Ein **Pockenausbruch** in Meschede fordert vier Todesopfer.

1970 In Gießen gründet sich die **wissenschaftliche Arbeitsgemeinschaft für Ökologie**. 1973 erfolgt die Umbenennung in **Gesellschaft für Ökologie** (GfÖ). Sie fördert interdisziplinäre ökologische Forschung.

1970 (07.10.) Im östlichen Bayerischen Wald beginnt Mitte der 1960er-Jahre eine Kontroverse: Soll das touristisch attraktive, bewaldete Gebiet an der Grenze zur Tschechoslowakei, in dem der Große Arber und der Große Rachel Höhen von 1456 m bzw. 1453 m Normalhöhennull erreichen, für den Wintersport entwickelt oder als Nationalpark gesichert werden? Die intensive Nutzung der vergangenen Jahrhunderte hat im Wald ihre Spuren hinterlassen: der Blei-, Kupfer-, Eisen- und Silbererzbergbau, die ebenfalls viel Holz verbrauchenden Glashütten, die Waldwirtschaft und der Waldackerbau, die Viehhaltung und die Jagd, die Holztrift mithilfe von Stauen über begradigte Bäche und durch Kanäle zur Donau, der verbreitete Anbau von sturmanfälligen Fichten im 19. und 20. Jahrhundert sowie der Tourismus. Nur wenige alte naturnahe Bergmischwälder haben überdauert. Am 11. Juni 1969 stimmt der Bayerische Landtag einstimmig für die Einrichtung des **Nationalparks Bayerischer Wald**, am 7. Oktober 1970 erfolgt die offizielle Eröffnung des ersten westdeutschen Nationalparks (Abb. 9.1 und 9.2).[1]

1970 (23.10.) Das bedeutende **UNESCO-Programm „Man and Biosphere"** („Der Mensch und die Biosphäre") hat die Errichtung repräsentativer Biosphärenreservate zur Demonstration nachhaltiger Wirtschafts- und Lebensweisen in charakteristischen Natur- und Kulturlandschaften zum Ziel. Ein wichtiger Aufgabenbereich ist die Bildung für Nachhaltige Entwicklung in diesen Modellregionen. Im Jahr 2025 gibt es in Deutschland bereits

---

[1] Bork (2020): Umweltgeschichte Deutschlands. S. 211 ff.

H.-R. Bork, *Denk ich an Deutschland …*, https://doi.org/10.1007/978-3-662-71613-7_9

Abb. 9.1 Natürliche Sukzession am Lusen im Nationalpark Bayerischer Wald, nachdem Stürme Fichten- und Tannenbestände gebrochen und geworfen hatten. (Foto: H. Bork, 22.04.2023)

Abb. 9.2 Spuren von Borkenkäfern im Nationalpark Bayerischer Wald. (Foto: H. Bork, 16.04.2023)

18 Biosphärenreservate – vom Berchtesgadener Land und dem Schwarzwald bis nach Südost-Rügen und zum Schleswig-Holsteinischen Wattenmeer mit den Halligen. Einige sind zugleich Nationalparke. Biosphärenreservate sind ein wichtiges Element der Deutschen Nachhaltigkeitsstrategie; sie bedecken 2025 jedoch nur vier Prozent der Staatsfläche.[2]

1971 (30.03.) Die von Bundeskanzler Willy Brandt geführte Regierung (das Kabinett Brandt I) reagiert mit verschiedenen Maßnahmen auf die gravierenden, vom Wirtschaftsaufschwung der vergangenen zwei Jahrzehnte in einigen Regionen Westdeutschlands verursachten Umweltbelastungen. So hat das **Gesetz zum Schutz gegen Fluglärm** zum Ziel, mit Schallschutzmaßnahmen und baulichen Nutzungsbeschränkungen in der Umgebung von westdeutschen Flugplätzen wohnende Menschen „vor Gefahren und erheblichen Nachteilen und erheblichen Belästigungen durch Fluglärm" zu schützen. In der einen Flughafen direkt umgebenden Schutzzone 1 mit Überschreitungen eines Dauerschallpegels von 75 dB(A) ist der Bau von Wohnungen verboten; für bestehende Wohnungen besteht ein Anrecht auf die Gewährung eines baulichen Schallschutzes. In Schutzzone 2 mit einem Dauerschallpegel von 67 dB(A) gelten Baubeschränkungen.[3] (→ 31.10.2007)

1971 Zwölf Bäuerinnen und Bauern gründen in Honau bei Reutlingen den „bio gemüse e. V.". Aus dem kleinen Verein entwickelt sich der heute größte deutsche ökologische Landbauverband **„Bioland** e. V.". Im Januar 2024 hat Bioland 8924 ordentliche Mitglieder bzw. landwirtschaftliche Betriebe, die auf zusammen 534.862 Hektar Fläche einen umweltschonenden organisch-biologischen Landbau nach den Richtlinien des Vereins durchführen. Ziele sind der Erhalt der natürlichen Lebensgrundlagen und der Bodenfruchtbarkeit, die gezielte Förderung des Tierwohls und der biologischen Vielfalt, der vollständige Verzicht auf gentechnisch veränderte Organismen und auf den Einsatz von Klärschlamm.[4] Ein Merkmal der Biolandwirtschaft ist – im Vergleich zum konventionellen Landbau – ein deutlich geringerer Ertrag und damit höherer Flächenbedarf (→ 1924).

1971 (08.08.) Das **Gesetz zur Verminderung von Luftverunreinigungen durch Bleiverbindungen** in Ottokraftstoffen für Kraftfahrzeugmotore tritt in der BRD in Kraft. Das Benzinbleigesetz senkt die zulässigen Gehalte an Bleizusätzen in Ottokraftstoffen in mehreren Stufen ab. Zum 1. Februar 1988 ergeht das vollständige Verbot von Bleizusätzen im Normalbenzin und zum 1. Januar 2000 in allen anderen Benzinsorten.

1971 (24.12.) Auf knapp einem Viertel der Fläche des Nationalparks Bayerischer Wald schädigt Rotwild hauptsächlich junge Bäume – die Wilddichte ist viel zu hoch. Die Leitung

---

2   Vgl. https://www.bfn.de/daten-und-fakten/biosphaerenreservate-deutschland (letzter Zugriff: 04.07.2025).

3   https://www.gesetze-im-internet.de/flul_rmg/ (letzter Zugriff: 04.07.2025) sowie Bork (2020): Umweltgeschichte Deutschlands, S. 213 f.

4   https://www.bioland.de/bioland-ev (letzter Zugriff: 04.07.2025); https://www.bioland.de/erzeuger/bioland-geschichte (letzter Zugriff: 04.07.2025).

des Nationalparks darf die Öffentlichkeit nicht über diese Fehlentwicklung informieren. So sendet die ARD an Heiligabend 1971 den Beitrag „**Bemerkungen über den Rothirsch**" des bekannten Filmemachers, Journalisten und Autor **Horst Stern**. Das Publikum ist völlig unvorbereitet, als Horst Stern die massiven Baumschäden thematisiert und visualisiert, die auf den viel zu hohen Rotwildbesatz, die dadurch ausbleibende Naturverjüngung und die unzureichende Bejagung im Nationalpark zurückzuführen sind – „Wild gehe vor Wald". Das Bild von der Jagd ändert sich bei vielen Zuschauenden. Im Nationalpark enden bald nach der Sendung die Rotwildfütterung und damit weitgehend auch die Schädigung junger Bäume.[5]

1971 (28.12.) Die Bundesregierung (das Kabinett Brandt I) richtet ein bedeutendes Beratungsgremium am Bundesinnenministerium ein: den **Rat von Sachverständigen für Umweltfragen** (ab 2005 „Sachverständigenrat für Umweltfragen" SRU). Mitglieder werden renommierte, unabhängige Wissenschaftlerinnen und Wissenschaftler. Ihre Aufgabe besteht in dem Verfassen von Umweltgutachten und Stellungnahmen zu wichtigen Umweltthemen. Die in den kommenden Jahren und Jahrzehnten verfassten Berichte identifizieren kompetent die Ursachen von Umweltproblemen. Sie warnen vor Fehlentwicklungen und geben rechtzeitig zielführende und realisierbare Handlungsempfehlungen, die die in Hinblick auf die Fürsorge für die Gesundheit der Bevölkerung und die Umwelt handlungsschwachen Bundesregierungen (Kabinette Brandt I und II, Schmidt I–III, Kohl I–V, Schröder I–II, Merkel I–IV und Scholz) und Parlamente indessen nur partiell umsetzen.

1972 Letztmals tritt in Westdeutschland ein **Pockenfall** auf.

1972 bis 2023 Die nordfriesischen Inseln agieren bei Sturmfluten als bedeutender natürlicher Wellenbrecher und Schutz für die sich östlich anschließende Festlandsküste Schleswig-Holsteins. Die Wellenenergie der Sturmfluten reißt an der Küste von **Sylt** viel Sand fort. Zur Kompensation lassen das Amt für ländliche Räume Husum von 1972 bis 2007 und der Landesbetrieb für Küstenschutz, Nationalpark und Meeresschutz des Landes Schleswig-Holstein von 2008 bis 2023 mit einem hohen finanziellen Aufwand insgesamt etwa 59,8 Mio. Kubikmeter Sand an der Küste von Sylt aufspülen und mit schweren Maschinen gleichmäßig verteilen. Dadurch entstehen wellenbrechende Vordünen, die dahinter liegende Kliffs und Dünen besser vor Küstenerosion schützen. Schiffspumpen saugen den Sand westlich von Sylt vom Meeresboden ab und in das Transportschiff. Die **Sandaufspülungen** verändern das Küstenökosystem von Sylt und das Meeresökosystem in den Absauggebieten stark.[6]

1972 (01.01.) Die DDR richtet das **Ministerium für Umweltschutz und Wasserwirtschaft** ein – als zweiter Staat in Europa, zweieinhalb Jahre vor der Gründung des bundesdeutschen Umweltbundesamtes in West-Berlin und vierzehneinhalb Jahre bevor die BRD ein entsprechendes Ministerium etabliert. Dr. Hans Reichelt, der bereits von 1955

---

[5]   Bork (2020): Umweltgeschichte Deutschlands. S. 214.

[6]   https://www.schleswig-holstein.de/DE/fachinhalte/K/kuestenschutz_fachplaene/2_Sylt/3_bishKuestenschutz/Downloads/Flyer_Aufspuelungen_Sylt_2024.pdf?__blob=publicationFile&v=1 (letzter Zugriff: 04.07.2025).

bis 1963 das Ministerium für Land- und Forstwirtschaft der DDR leitete, wird am 9. März 1972 zum ersten Umweltminister der DDR ernannt. Umweltdaten bleiben in der DDR unter Verschluss und unterliegen ab 1982 der Geheimhaltung. Staat und SED berichten nicht öffentlich über die tatsächliche, teilweise dramatische Umweltverschmutzung in der DDR. Unmut in Teilen der Bevölkerung über die Umweltpolitik veranlasst die SED 1980, die Gesellschaft für Natur und Umwelt (GNU) im staatlichen Kulturbund zu gründen. Die GNU befasst sich vorrangig mit Natur- und Artenschutz, nicht jedoch mit den lokal oder regional dramatischen Luft-, Boden- und Gewässerbelastungen. So bleibt es kleinen illegalen, vorwiegend unter dem Dach der evangelischen Kirche agierenden Umweltgruppen vorbehalten, den wahren Umweltzustand zu beobachten und zu diskutieren.[7]

1972 (21.02 bis 06.06.) Der Amtstierarzt des Landkreises Wesermarsch teilt mit, dass 77 Rinder von Weiden in der Umgebung des **Hüttenwerks Nordenham** an der Unterweser eine akute **Bleivergiftung** und weitere fünf eine chronische Bleivergiftung haben. Notschlachtungen der Tiere sind unvermeidbar, sie erfolgen vom 21. Februar bis zum 6. Juni 1972. Weitere zwanzig Rinder verenden, wohl aufgrund einer Bleivergiftung. Ein undichter Filter in der Sinteranlage des Hüttenwerks soll für die monatelangen Bleiemissionen verantwortlich sein. Diese Befunde geben Anlass für eine Bleivorsorgeuntersuchung durch den Ärzteverein Butjadingen an Kindern im Alter von ein bis acht Jahren, die im Umfeld des Hüttenwerks leben. Bestimmt werden der Bleigehalt der Kopfhaarproben von 1560 Kindern und die Bleibelastung der Knochen von 1489 Kindern mithilfe von Röntgenbildern. Wahrscheinlich von erhöhten Bleigehalten verursachte Veränderungen an Knochen zeigen die Röntgenbilder von 33 Kindern, fragliche Veränderungen die Bilder von 415 Kindern. 194 oder 12,5 Prozent der Kinderhaarproben haben Bleigehalte über 50 ppm (*parts per million*), 39 davon über 100 ppm und 7 davon über 200 ppm. Die Bleigehalte in den Kinderhaaren und die Stärke der Bleibefunde an den Kinderknochen nehmen mit der Entfernung des Wohnortes der Kinder zum Hüttenwerk ab.[8] (→ 1973/75)

1972 (07.06.) Das **Gesetz über die Beseitigung von Abfall** regelt erstmals rechtlich einheitlich für die BRD das Einsammeln, Befördern, Behandeln, Lagern und Ablagern von Abfällen. Das Abfallbeseitigungsgesetz fördert die Wiederverwertung eines Teils des Abfalls und führt zur Aufgabe wilder sowie unsicherer kommunaler Müllablagen, zur Einrichtung sicherer Deponien und zum Bau von Abfallverbrennungsanlagen. Es wird 1986 novelliert.[9]

1972 (15.08., 15:40–16:00 Uhr) Von Tübingen kommend, verwüstet ein **Hagelunwetter** in **Stuttgart** eine vier bis neun Kilometer breite Schneise. In nur 20 Minuten fallen 63 Mil-

---

[7]   Ebd., S. 167 ff. sowie Informationen des Bundesumweltministeriums (https://www.bmuv.de/30jahrenaturschutz/natur-und-umweltengagement-in-der-ddr) (letzter Zugriff: 04.07.2025) und der Bundesstiftung Aufarbeitung (https://www.bundesstiftung-aufarbeitung.de/de/recherche/dossiers/umweltverschmutzung-und-umweltbewegung-der-ddr/historischer-hintergrund) (letzter Zugriff: 04.07.2025).

[8]   Schübel et al. (1973): Feldstudie über die Bleibelastung von Kindern.

[9]   https://www.bgbl.de/xaver/bgbl/start.xav#__bgbl__%2F%2F*%5B%40attr_id%3D%27bgbl172s0873.pdf%27%5D__1731786960721 (letzter Zugriff: 04.07.2025).

limeter Niederschlag. Hagelkörner zerbeulen Kraftfahrzeuge, zerschlagen Gewächshäuser, Fenster und Rollläden. Schlammreiches Wasser zerstört Teile des Buchbestandes der Universitätsbibliothek. Sechs Menschen sterben.

1973/75 Blei- und Zinkhütten in und um Stolberg östlich von Aachen deponieren seit vielen Jahren schwermetallhaltigen Abfall auf benachbarten Halden. Kräftige Winde wehen bleihaltigen Staub von den Halden in die Orte und auf die landwirtschaftlichen Nutzflächen in der Umgebung. In den frühen 1970er-Jahren ist der Bleiniederschlag in und um Stolberg annähernd zehnmal höher als in anderen westdeutschen Ballungsräumen. Die Bleigehalte der Feldfrüchte, des Viehfutters und der Böden um Stolberg sind deutlich erhöht. Rinder, die von der Mitte der 1960er-Jahre bis Anfang der 1980er-Jahre kontaminiertes Futter fressen, erkranken vermehrt an der Gressenicher Krankheit, die von einer **Bleivergiftung** verursacht und nach einem Stadtteil von Stolberg benannt wird. Die Rindersterblichkeit steigt deutlich. 1973 misst die Landesanstalt für Immissionsschutz bodennah Bleikonzentrationen von 1,3 bis 7,6 Mikrogramm pro Kubikmeter Luft. Im selben Jahr veranlasst der Umweltausschuss der Stadt Stolberg ein Umweltschutzprogramm. Um 1975 emittieren Hüttenwerke in und um Stolberg jährlich noch 430 Tonnen Blei, 7 Tonnen Zink, 250 Kilogramm Arsentrioxid und 170 Kilogramm Kadmium. Bald greifen Maßnahmen zur Minderung der Emissionen insbesondere durch die Bleihütte Binsfeldhammer. Bis 1980 nehmen die Bleikonzentrationen auf 0,4 bis 2,0 Mikrogramm pro Kubikmeter Luft ab.

Nicht nur Rinder sind um Stolberg mit Blei belastet. In der Nähe von Hütten und Halden lebende Kinder weisen deutlich erhöhte Bleigehalte in den Milchschneidezähnen, im Blut und im Urin auf. Die Blutbleispiegel der untersuchten Kinder erreichen Werte von bis zu 88 Mikrogramm pro Deziliter. Die Verwehung bleihaltiger Stäube von Halden sowie die Nutzung einer mit Blei kontaminierten Halde als Spielort haben sie offenbar verursacht. Nach der in der zweiten Hälfte der 1970er-Jahre beginnenden Abnahme der Bleiemissionen gehen auch die Bleibelastungen im Blut der Kinder allmählich zurück. 1989 sind sie noch signifikant erhöht. Danach sinken die Belastungen der Kinder so weit, dass die zuständigen Behörden eine weitere Untersuchung nicht mehr als notwendig ansehen.[10]

1973 (15.04) Das Fernsehspiel Smog des Drehbuchautors **Wolfgang Menge** schockiert Menschen in Westdeutschland mit bewusstlosen Autofahrern, Säuglingen in Atemnot und ratlosen Behörden.

1973 (19.07.) Die baden-württembergische Landesregierung (das Kabinett Filbinger III) plant als Voraussetzung für eine umfassende Industrialisierung des Oberrheingebietes die Errichtung eines **Kernkraftwerks** im südlichen Baden. Lokale Proteste verhindern den zunächst vorgesehenen Standort bei Breisach. Zweite Wahl ist die Gemeinde **Wyhl** nördlich des Kaiserstuhls am Rhein. Dies erfährt die Bevölkerung am 19. Juli 1973 beiläufig aus dem Rundfunk. Bürgerinitiativen entstehen. In einer Petition an den Landkreis Emmendingen sprechen sich im April 1974 etwa 96.000 Menschen gegen den Bau aus. Im Juli

---

[10] BMG und BMU (1999; Hrsg.): Dokumentation zum Aktionsprogramm Umwelt und Gesundheit. S. 92. Sowie: Winneke (1985): Blei in der Umwelt.

1974 geben die Kernkraftwerksbetreiber ihre Pläne bekannt. Im August schließen sich badische und elsässische **Bürgerinitiativen** zusammen. Gespräche von Anwohnerinnen und Anwohnern mit der Landesregierung scheitern im Dezember. Am 12. Januar 1975 stimmt eine knappe Mehrheit der Wählerinnen und Wähler von Wyhl für den Verkauf von Land an die Kernkraftwerksbetreiber. Zehn Tage später erfolgt die Teilerrichtungsgenehmigung. Gegen diese klagen umgehend vier Gemeinden und zehn Bürger. Schon am 17. Februar beginnen die Bauarbeiten. Am Folgetag besetzen Menschen aus der Region den Bauplatz. Zwei Tage später räumt Polizei das Gelände, das nun eingezäunt wird. Der Protest nimmt zu. Rund 28.000 Menschen protestieren gegen das Kernkraftwerk. Es folgt eine neunmonatige Besetzung. Am 21. März 1975 erlässt das zuständige Verwaltungsgericht einen Baustopp; am 14. Oktober gestattet der Verwaltungsgerichtshof Baden-Württemberg den Bau von Nebengebäuden. Anfang 1976 vereinbaren Landesregierung, Betreibergesellschaft und Bürgerinitiativen die Offenburger Vereinbarung. Aus dieser resultiert der Baustopp, die Beendigung der Besetzung und die Einstellung von Strafverfahren gegen Kernkraftgegner. Das Verwaltungsgericht Freiburg hebt am 14. März 1977 aufgrund des in der Planung nicht berücksichtigten Berstschutzes die Baugenehmigung für das Kernkraftwerk Wyhl auf (→ 30.03.1982).[11] Die badischen Bürgerinitiativen stärken und prägen die Anti-Atomkraft- und Umweltschutzbewegung in der BRD wesentlich (→ 13.01.1980).

1973 (14.10.) Der Börsenverein des Deutschen Buchhandels verleiht in der Paulskirche in Frankfurt a. M. den Friedenspreis des Deutschen Buchhandels an den **Club of Rome**. Der 1968 gegründete Verband ist der Überzeugung, dass die Zukunft der Menschheit von der Gewährung der Menschenrechte, globaler sozialer Gerechtigkeit und der Harmonie zwischen Menschen und ihrer Umwelt abhängt. 1972 erscheint der Bericht „**Die Grenzen des Wachstums**" des Club of Rome. Er beeinflusst das Umweltbewusstsein sehr vieler Menschen. Der Schweizer Bundesrat Nello Celio preist in der Verleihung des Friedenspreises das große Verdienst des Club of Rome, „die Aufmerksamkeit auf eine mögliche fatale Entwicklung der Menschheit gelenkt zu haben, zu einem Zeitpunkt, in welchem breite Bevölkerungskreise beunruhigt und überzeugt sind, daß die heutigen Tendenzen im hektischen Leben unserer Industriegesellschaft nicht weiter bestehen können."

1973 (13.11.) Der Zoodirektor, Verhaltensforscher und Tierschützer **Bernhard Grzimek** beklagt in der 113. Ausgabe von „Ein Platz für Tiere" (ARD) „**Massentierhaltung**", „grausame Tierquälerei" und „niederträchtige KZ-Käfighaltung" in westdeutschen Betrieben.

1973 (25.11., 02.12., 09.12. und 16.12.) Die Bundesregierung (das Kabinett Brandt II) verhängt ein bundesweites **Autofahrverbot**, das an vier aufeinanderfolgenden Sonntagen gilt. Für sechs Monate begrenzt sie die Höchstgeschwindigkeit für Autobahnen auf 100 Kilometer pro Stunde und für Landstraßen auf 80 Kilometer pro Stunde. Der ADAC (→ 24.05.1903) kritisiert das angeordnete „unrealistische Kriechtempo" in der Mitglieder-

---

[11] Bork (2020): Umweltgeschichte Deutschlands. S. 218 f.

Abb. 9.3 Stillgelegtes Kernkraftwerk Lubmin bei Greifswald. (Foto: H.-R. Bork, 21.02.2023)

zeitschrift Motorwelt scharf.[12] Ursächlich für die Fahrverbote und das drastische Tempolimit ist der Jom-Kippur-Krieg im Oktober 1973, der die Organisation der Arabischen ölexportierenden Staaten (OAPEC) veranlasst, die Ölexporte zu senken. Daraufhin explodieren die Ölpreise (Ölkrise), die Arbeitslosigkeit in der BRD steigt und in der Bevölkerung beginnt eine Diskussion über den Diesel- und Benzinverbrauch von PKW.

1973 (17.12.) Die DDR errichtet nach dem Kernkraftwerk Rheinsberg ein zweites in der Lubminer Heide am Greifswalder Bodden in Vorpommern. Bau und Betrieb unterliegen der Geheimhaltung; Proteste gegen die Anlage gibt es nicht. Im Gegenteil: Die meisten Menschen in der peripheren Region begrüßen die rund 5000 neuen Arbeitsplätze. Am 17. Dezember 1973 wird der erste, aus der Sowjetunion stammende Druckwasserreaktorblock des **Kernkraftwerks Lubmin** in Betrieb genommen (Abb. 9.3). Die Blöcke 2 bis 4 folgen 1974, 1977 und 1979. Block 5 geht 1989 in den Probebetrieb. Zur Kühlung fließen stündlich bis zu 320.000 Kubikmeter Wasser aus der Bucht Spandowerhagener Wiek am Peenestrom durch einen Zulaufkanal zum Kernkraftwerk und um sechs bis acht Grad Celsius erwärmt durch einen Ablaufkanal in den Greifswalder Bodden. Das erwärmte Kühlwasser verändert das Ökosystem des Boddens gravierend: Salz- und Sauerstoffgehalte nehmen ab, Schwebstoffe fließen aus dem Auslaufkanal in den Bodden, invasive Arten breiten sich aus, einheimische Arten werden verdrängt. Nicht gereinigte Spülflüssigkeiten presst man in ein Sandsteinpaket, das etwa 500 Meter unter dem Kernkraftwerk ansteht. 1985 entsteht ein Zwischenlager für abgebrannte Kernelemente am Kernkraftwerk Lubmin. (→ 18.12.1990)

1974 Neue Steinkohlekraftwerke müssen in der BRD ab sofort mit einer **Rauchgasentschwefelungsanlage** ausgestattet sein.

---

[12] https://www.adac.de/der-adac/verein/adac-geschichte/ (letzter Zugriff: 04.07.2025).

1974 (22.03.) Das Gesetz zum Schutz vor schädlichen Umwelteinwirkungen durch Luftverunreinigungen, Geräusche, Erschütterungen und ähnliche Vorgänge – kurz **Bundes-Immissionsschutzgesetz** – tritt in Kraft. Es soll die Bevölkerung Westdeutschlands vor Erkrankungen u. a. durch Smog schützen.

1974 (18.06.) Der Bundestag beschließt eine umfassende **Reform des Lebensmittelrechts** und schützt damit Verbraucherinnen und Verbraucher besser vor Täuschungen und Gesundheitsschäden. Hierunter fällt auch ein Verbot der Werbung für Tabakerzeugnisse in Rundfunk und Fernsehen.

1974 (22.07.) Das **Gesetz über die Errichtung eines Umweltbundesamtes** (UBA) tritt in Kraft. Sitz wird West-Berlin und Heinrich Freiherr von Lesner erster Präsident des UBA.

1975 Wissensdefizite um die Klimadynamik und Sorgen um den menschengemachten Klimawandels führen zur Gründung des **Max-Planck-Instituts für Meteorologie** in **Hamburg**. Unter Verwendung ausgereifter numerischer Modelle wird z. B. untersucht, wie das Verhalten von Menschen zu regionalen oder globalen Klimaänderungen führt.

1975 (01.01.) In West-Berlin fehlen Flächen zur ordnungsgemäßen Deponierung von Bauschutt, Haus- und Industrieabfall. Daher vereinbaren DDR und BRD die Deponierung von Abfällen aus dem eingemauerten Westen Berlins auf vier **Müllkippen im Bezirk Potsdam** gegen eine Bezahlung in begehrten Devisen.

1975 (31.01.) Die erste Verordnung über Trinkwasser und über Brauchwasser für Lebensmittelbetriebe (**Trinkwasserverordnung**) der BRD wird am 31. Januar 1975 verkündet und tritt ein Jahr später in Kraft. Sie definiert u. a. die notwendige Beschaffenheit des Trinkwassers sowie die Pflichten der Wasserversorgungsunternehmer.

1975 (08. bis 18.08.) Im trockenen Sommer brechen durch Vorsatz oder Fahrlässigkeit **Brände in der Lüneburger Heide** aus. An rund 80 Orten verbrennen 8213 Hektar Kiefernmonokulturen sowie Heiden und Moore. Unklare Kompetenzen bei der Brandbekämpfung, fehlende Kommunikationsmittel, ein überlastetes Funknetz und zu wenig Löschwasser behindern die Löscharbeiten. Niemand hat mit einem derart komplexen Brandgeschehen gerechnet. Durch den Einsatz zahlreicher Feuerwehren, 200 britischer und 7600 deutscher Soldaten mit schwerem Gerät und vieler Hilfsorganisationen gelingt es bis zum 18. August – u. a. durch das Schlagen breiter Schneisen, den Einsatz französischer Löschflugzeuge und von Wasserwerfern – die Feuer zu löschen. Sieben Menschen sterben. Danach werden in Niedersachsen die Katastrophenschutz-, Brandschutz- und Landeswaldgesetze novelliert und der Katastrophenschutz reorganisiert.

1976 (02./03.01.) Der **Orkan Capella** wirft in der Nordsee bis zu 17 Meter hohe Wellen auf und drückt große Wassermassen an die deutsche Nordseeküste, die auf Sylt und Amrum Teile der Dünen fortreißen. Deiche brechen u. a. an der Haseldorfer Marsch und dem Kehdinger Land an der Unterelbe. Am Pegel St. Pauli im Hamburger Hafen läuft die schwere **Sturmflut** 75 Zentimeter höher auf als am → 16./17.02.1962 – auch infolge der seit 1962 an der Unterelbe ergriffenen Schutzmaßnahmen. Containerterminals, Lager und Industrieanlagen stehen im Hamburger Hafen unter Wasser. Am 20./21. Januar 1976 folgt eine weitere schwere Sturmflut.

1976 (11.03.) Nach einer für die Bevölkerung überaus unangenehmen Stechmückenplage am Oberrhein im **Sommer 1975** gründen Kreise und Kommunen in Philippsburg die **Kommunale Aktionsgemeinschaft zur Bekämpfung der Schnakenplage** e. V. (KABS). Ihr Ziel ist eine deutliche Reduzierung der Belästigungen durch Stechmücken mit umweltschonenden Methoden. Von 1976 bis 1981 bringt die KABS eine Mischung aus Paraffinöl und Sojalezithin als dünnen Oberflächenfilm auf stehenden Gewässern aus. Seit 1981 sprühen Hubschrauber nur noch den ökologisch unbedenklichen und hochwirksamen *Bacillus thuringiensis israelensis* (Bti) auf Gewässer am Oberrhein mit hohen Larvendichten.

1976 (Juni und Juli) Hitzetage oder **Heiße Tage** sind Tage mit einem Maximum der Lufttemperatur über 30 Grad Celsius. Im Juni und Juli 1976 folgen in **Koblenz** 17 Hitzetage aufeinander, in Köln sind es 16 und in Freiburg i. B. 15. Im Mittel über Deutschland verzeichnet der Deutsche Wetterdienst im Jahr 1976 zehn Hitzetage (→ 2024). Anhaltende Hitze reißt im trockenen Sommer die Beton- und Asphaltdecken der Autobahnen auf. Züge fahren mit verminderter Geschwindigkeit, da die hohen Temperaturen Gleise verdrücken können. Besonders kranke und ältere Menschen leiden unter der Hitze, ebenso das Vieh in den Ställen und auf den Weiden. Es fehlt an Heu. Die Getreideernte fällt schlecht aus. Hunderte Brände lodern in Wäldern, im Grünland, an Böschungen, auf Abraumhalden in den Kohlerevieren.

1976 (20.12.) Das erste **Naturschutzgesetz der BRD** tritt in Kraft. Bis dahin galten die meisten Regeln des Reichsnaturschutzgesetzes als Landesrecht fort. Mit Eingriffsregelung, Landschaftsplanung und Verbandsklage bringt das neue Gesetz überaus wirksame Regelungen für den Naturschutz.

1977 Die **erste kommerzielle Rauchgasentschwefelungsanlage** der BRD geht im **Steinkohlekraftwerk Wilhelmshaven** in Betrieb.

1977 (13.01.) Zwei von Raureif ausgelöste Kurzschlüsse in Hochspannungsleitungen bewirken Fehlsteuerungen und eine zu starke Zufuhr von Kühlwasser in den Reaktordruckbehälter während der Schnellabschaltung des Blocks A des **Kernkraftwerks Gundremmingen** an der Donau (→ 12.04.1967) und damit einen ökonomischen Totalschaden. Der Betrieb von Block A endet; der Rückbau beginnt 1983. Die Blöcke B und C werden von 1976 bis 1984 errichtet. Proteste von Bürgerinitiativen gegen den Bau des größten westdeutschen Kernkraftwerks, wie z. B. am 24. Juni 1979 in Gundelfingen, enden vor der Fertigstellung. Auf der Grundlage des Atomgesetzes von 2011 werden Block B am 31. Dezember 2017 und Block C am 31. Dezember 2021 abgeschaltet.

1977 (22.02.) Die von Ministerpräsident Dr. Ernst Albrecht geführte niedersächsische Landesregierung (das Kabinett Albrecht II) bietet den Standort **Gorleben** im Hannoverschen Wendland für ein **Nukleares Entsorgungszentrum** an. Das Wendland ist im Nordosten,

Osten und Süden von der DDR umgeben. Die Bundesanstalt für Geowissenschaften und das Niedersächsische Landesamt für Bodenforschung sehen Gorleben aus geologischer Sicht nicht unter den sieben in Niedersachsen infrage kommenden Standorten für ein Nukleares Entsorgungszentrum. Die Bundesregierung (das Kabinett Schmidt II) lehnt den geostrategisch exponiert gelegenen Standort Gorleben aus Sicherheitsgründen zunächst ab. Am 5. Juli 1977 akzeptiert die Bundesregierung schließlich die Vorauswahl des Standorts Gorleben. ($\rightarrow$ 03.05.1980)

1978 (03.09., 06:08 Uhr) In Albstadt auf der Schwäbischen Alb rennen kurz nach sechs Uhr morgens verängstigte Menschen auf die Straßen. Ein **Erdbeben** unter **Albstadt** mit einer Magnitude von 5,7 hat etwa 6850 hauptsächlich ältere Gebäude beschädigt. Hunderte müssen abgestützt, Dutzende abgerissen werden. Herabstürzende Trümmer verletzen 25 Menschen und zerstören zahlreiche Kraftfahrzeuge. Auf Burg Hohenzollern stürzen Türmchen ein, fällt Putz ab. Die Schäden belaufen sich auf fast 140 Mio. Euro.

1978 (28.12.) bis 1979 (Januar) Arktische Polarluft bringt **extreme Kälte und starken Schneefall** in den Norden von BRD und DDR. Hohe Schneewehen und vereiste Weichen behindern den Straßen- und Bahnverkehr. Es kommt zu Stromausfällen in Schleswig-Holstein und auf Rügen. In der BRD sterben 17 Menschen, in der DDR mindestens fünf. In der DDR belaufen sich die wirtschaftlichen Schäden überschlägig auf 8 Mrd. Mark der DDR, in der BRD auf 146 Mio. DM.

1979 Der Bodenkundler Prof. Dr. **Bernhard Ulrich** legt der Öffentlichkeit aus Sorge um den Wald neue Forschungsergebnisse vor: Demnach haben schwefelhaltige Luftschadstoffe im industriefernen südniedersächsischen Solling zu einer schnellen, dramatischen Versauerung der Waldböden geführt. Die Feinwurzeln von Fichten und Buchen sind durch Säuren abgestorben. Diese neuartigen Waldschäden sind auf die Emissionen aus den neuen hohen Schornsteinen von Kraftwerken und Industriebetrieben zurückzuführen. Betroffen sind auch andere Mittelgebirge. 1981 titelt der Spiegel „Saurer Regen über Deutschland. Der Wald stirbt." Menschen sind verängstigt, demonstrieren gegen das erwartete **Waldsterben**. Obschon ein erheblicher Teil der Bäume erkrankt ist, bleibt das Waldsterben bis zum Trockenjahr 2018 aus.

1979 (17.01.) Am frühen Morgen lösen Behörden im **Ruhrgebiet** den **ersten Smogalarm** der Vorwarnstufe I in Westdeutschland aus. Noch kommt es zu keinen Einschränkungen des Verkehrs.

1979 (06.02.) Ein Kabelbrand löst eine kolossale **Mehlstaubexplosion** in der Rolandmühle in **Bremen** aus. Gebäude stürzen ein oder stehen in Flammen. 14 Menschen verlieren ihr Leben. Der Schaden wird auf mehr als 50 Mio. Euro geschätzt.

1979 (30.01.) Kommunen wie Hamburg und Lübeck suchen Standorte zur günstigen Lagerung von Abfällen. Westdeutsche Entsorger und Deponien verlangen höhere Preise als die DDR. Das Politbüro der DDR stimmt der „Vorbereitung eines langfristigen Vertrages über die Beseitigung von Abfallstoffen aus der BRD (Lübecker und Hamburger Raum) auf dem Terri-

Abb. 9.4 Sondermülldeponie am Ihlenberg bei Schönberg. (Foto: B. Bork, 10.04.2019)

torium der DDR […]" zu. In der Nähe zur innerdeutschen Grenze, am Ihlenberg bei Schönberg in Mecklenburg, richtet die DDR zügig eine Deponie ein. Ab Juli 1979 bringen LKW u. a. Flugaschen und Schlacken aus Westdeutschland nach Schönberg. Das Umweltministerium der DDR genehmigt 1981 nachträglich die Müllablage am Ihlenberg, woraufhin sie offiziell in Betrieb geht. In Schleswig-Holstein wird die Nutzung der DDR als preisgünstiger Ort für die Entsorgung von Sondermüll bei zugleich ungenügendem Umweltschutz öffentlich und im Parlament kritisch diskutiert. Die Staatssicherheit der DDR interessiert sich 1989 für Umweltbelastungen durch die **Sondermülldeponie am Ihlenberg,** da nach starken Niederschlägen kontaminiertes Wasser aus einigen Auffangbecken in benachbarte Oberflächengewässer geflossen ist. Mit der Herstellung der deutschen Einheit gelangt die Sondermülldeponie am Ihlenberg in den Zuständigkeitsbereich der BRD, deren Abfall- und Umweltrecht seitdem gilt (Abb. 9.4). Die Entsorgung von industriellen Filterstäuben und Aschen, von Asbest-, Boden-, und Brandschadensanierungen sowie von Haushaltsmüll kann noch einige Jahre in einer der größten Sondermülldeponien Europas fortgesetzt werden. Die Behandlung des Sickerwassers, das beständig aus der Müllablage austritt, ist eine teure Ewigkeitsaufgabe.[13]

1980 (13.01.) Proteste u. a. gegen die Luftverschmutzung im Ruhrgebiet, gegen den Bau des Kernkraftwerks Wyhl und gegen den Bau der Startbahn 18 West auf dem Gelände des Flughafens Frankfurt am Main lösen die Gründung partizipativ organisierter Bürgerinitiativen aus. Viele zeichnen sich durch friedliche und zugleich kraftvolle, effektive und

---

[13] Bork (2020): Umweltgeschichte Deutschlands. S. 227 ff.

sachverständige Diskurs- und Widerstandskulturen aus. Manche sind, auch begünstigt durch sich wandelnde Rahmenbedingungen, langfristig erfolgreich, wie in Wyhl, andere nicht, wie am Frankfurter Flughafen. Eines ist allen gemein: Sie sind außerparlamentarisch und sie finden mit ihren Anliegen kaum Gehör bei den im Bundestag vertretenen Parteien. Letzteren sind wirtschaftliche Prosperität und die Schaffung von Arbeitsplätzen offenbar wichtiger als die Gesundheit und Lebensqualität vieler Menschen. Ab 1977 kandidieren grüne und bunte Listen zunehmend erfolgreich für Mandate in Stadtverordnetenversammlungen und Gemeinderäten. Aus sehr unterschiedlichen, konservativen wie progressiven gesellschaftlichen Gruppen stammende Delegierte konstituieren am 17./18. März 1979 in Frankfurt am Main die „Sonstige Politische Vereinigung Die Grünen" (SPV). Bei der Europawahl am 10. Juni 1979 erreicht die SPV 3,2 Prozent der Stimmen. Die SPV gründet am 13. Januar 1980 in Karlsruhe die **Bundespartei „Die Grünen".**

1980 (03.05.) Mit Tiefbohrungen soll die Eignung des Salzstocks **Gorleben** im Hannoverschen Wendland als **Endlager für hochradioaktive Abfälle** geprüft werden. Daraufhin besetzen Tausende Kernkraftgegner das Bohrgelände. Die Anti-Atomkraft-Bewegung ruft

Abb. 9.5 Gelbes Kreuz als Zeichen des Widerstandes gegen das Endlager Gorleben und die Castortransporte am Protestort in der Nähe des Erkundungsbergwerkes Gorleben. (Foto: H.-R. Bork, 15.02.2022)

Abb. 9.6 Das sechs Meter lange Holzkreuz wurde im Frühjahr 1988 vom Protestort Wiederaufarbeitungsanlage Wackersdorf nach Gorleben getragen und am Gedenkort in der Nähe des Erkundungsbergwerkes Gorleben errichtet; seit 1989 treffen sich jeden Sonntag um 14 Uhr Menschen als Zeichen des Widerstands gegen das Endlager Gorleben und die Castortransporte am Kreuz zum halbstündigen Gorlebener Gebet. (Foto: H.-R. Bork, 15.02.2022)

am 3. Mai 1980 die Freie Republik Wendland aus. Sympathisanten bauen Hütten, leben in diesen und verzögern damit die Bohrungen (Abb. 9.5 und 9.6).

1980 (04.06.) Auf Anordnung der Bundesregierung (des Kabinetts Schmidt II) räumen Polizei und Grenzschutz am 4. Juni 1980 das **Hüttendorf in Gorleben**. Bauarbeiten für das Abfalllager Gorleben, in dem radioaktiver Abfall zwischengelagert werden soll, beginnen 1982 (Abb. 9.7 und 9.8). Ab 1986 teuft man die Schächte Gorleben 1 und 2 ab. (→ 08.10.1984)

1980 (ab 05.06.) Im **Ökologischen Arbeitskreis (ÖAK) der Dresdner Kirchenbezirke** diskutieren Arbeitsgruppen unter Mitwirkung von Experten u. a. in der Dresdner Versöhnungskirche über Umweltthemen. Teilnehmende erhalten hier Informationen, die ihnen der Staat verheimlicht.

1980 (13.10.) Das Tankschiff Kronos der Leverkusener **Kronos Titan GmbH** verklappt mit Genehmigung der zuständigen Behörden nordwestlich von Helgoland in der Nord-

Abb. 9.7 Stillgelegtes Erkundungsbergwerk Gorleben im Wendland. (Foto: H.-R. Bork, 16.02.2022)

Abb. 9.8 Gorleben: nicht in Betrieb genommene Pilotkonditionierungsanlage (hohes Gebäude links mit Schornstein); Fasslager für schwach und mittelradioaktive Abfälle (hohes Gebäude in der Mitte); Transportbehälterlager für Castoren (niedriges Gebäude rechts). (Foto: H.-R. Bork, 16.02.2022)

see Dünnsäure – Abfälle der Titanoxidproduktion der Bayer AG. Sie enthalten verdünnte Schwefelsäure, teilweise auch Schwermetalle. Bereits 1978 verweist der Rat von Sachverständigen für Umweltfragen der Bundesregierung auf mögliche Schäden für die Meeresumwelt durch das Ablassen der Säure in die Nordsee. Am 13. Oktober 1980 soll die mit Dünnsäure beladene Kronos wieder in Nordenham an der Unterweser auslaufen. Frühmorgens befestigen Aktivisten u. a. des „Kölner Arbeitskreises Chemische Industrie" zwei Rettungsinseln an der Kronos und verhindern so das Auslaufen des Tankers. Tagsüber ketten sich Aktivisten an den Schiffsanleger der Kronos Titan AG. Andere werfen Fische mit Missbildungen u. a. vor ein Werk der Bayer AG im schleswig-holsteinischen Brunsbüttel. Die Wasserschutzpolizei beendet die überaus medienwirksamen Aktionen in Nordenham am folgenden Tag. Die **Verklappung von Dünnsäure in der Nordsee** ist ab dem 1. Januar 1990 endlich verboten.

1981 Im **regenreichsten Jahr des 20. Jahrhunderts** fallen gemittelt über Deutschland 995,5 mm Niederschlag (zum Vergleich: im Zeitraum von 1901 bis 2000 sind es im Mittel 774,1 mm im Jahr).[14]

1981 Monika Maron, Stieftochter des Kommunisten und Innenministers der DDR Karl Maron, wächst in der DDR auf, wird Regieassistentin, Journalistin und freie Schriftstellerin. In dem **gesellschaftskritischen Roman „Flugasche"** prangert **Monika Maron** die katastrophalen, die Menschen und ihre Umwelt belastenden Emissionen in Bitterfeld an. In „Flugasche" schreibt die Journalistin Josefa Nadler für die Zeitschrift Illustrierte Woche eine Reportage über ein veraltetes Kohlekraftwerk in „B.": „Diese Schornsteine, die wie Kanonenrohre in den Himmel zielen und ihre Dreckladung Tag für Tag und Nacht für Nacht auf die Stadt schießen, nicht mit Gedröhn, nein, sachte wie Schnee, der langsam und sanft fällt, der die Regenrinnen verstopft, die Dächer bedeckt, in den der Wind kleine Wellen weht. Im Sommer wirbelt er durch die Luft, trockener, schwarzer Staub, der Dir in die Augen fliegt, […]. Und diese Dünste, die als Wegweiser dienen könnten. Bitte gehen Sie geradeaus bis zum Ammoniak, dann links bis zur Salpetersäure. Wenn Sie einen stechenden Schmerz in Hals und Bronchien verspüren, kehren Sie um und rufen den Arzt, das war dann Schwefeldioxyd. […] Wenn Du die Zwerge aus dem Kindergarten in Reih und Glied auf der Straße triffst, mußt du daran denken, wie viele von ihnen wohl Bronchitis haben. Du wunderst dich über jeden Baum, der nicht eingegangen ist."[15] Die Reportage ist zu realistisch, eine Veröffentlichung nicht gestattet. Dagegen protestiert Josefa Nadler vergeblich. Ähnlich ergeht es der Romanautorin Monika Maron. Selbst nach Streichungen darf der Roman „Flugasche" nicht in der DDR erscheinen. 1981 publiziert der S. Fischer Verlag in Frankfurt a. M. „Flugasche".

1981 (Oktober) Gerüchte verdichten sich, dass die von Ministerpräsident Franz Josef Strauß geführte Bayerische Staatsregierung (das Kabinett Strauß I) den Bau einer Anlage zur **Wiederaufarbeitung von Kernbrennstoffen im oberpfälzischen Wackersdorf** plant, das rund 50 Kilometer westlich der Grenze zur Tschechoslowakei liegt. Hier soll verwertbares Uran zu neuen Brennstäben verarbeitet und zugleich die Möglichkeit der Endlagerung abgebrannter Kernbrennstoffe geprüft werden. Obgleich die Staatsregierung die Gerüchte dementiert, gründet sich im benachbarten Schwandorf die „Bürgerinitiative gegen die Errichtung einer atomaren Wiederaufarbeitungsanlage e. V.". In Regensburg demonstrieren am 14. November 1981 viele Menschen gegen das mögliche Bauprojekt in Wackersdorf – sie befürchten Strahlungsschäden. Im folgenden Jahr zeigt sich, dass die Gerüchte nicht unbegründet waren. Die für das Projekt zuständige „Deutsche Gesellschaft für die Wiederaufarbeitung von Kernbrennstoffen" beantragt am 18. Februar 1982 bei der Regierung der Oberpfalz die Einleitung des Raumordnungsverfahrens für die Wiederaufarbeitungsanlage in dem vorwiegend staatlichen Taxöldener Forst bei Wackersdorf. Die Staatsregierung sieht in dem Projekt eine Chance, die strukturschwache Region mit zahlreichen neuen Arbeitsplätzen und Investitionen in Höhe von ca. fünf Milliarden Euro zu

---

[14] Bissolli et al. (2001): Extreme Wetter- und Witterungsereignisse im 20. Jahrhundert. S. 28.
[15] Maron (1991): Flugasche, S. 16–17.

Abb. 9.9 Standort des ehemaligen Uranerzbergwerkes Menzenschwand. (Foto: H.-R. Bork, 23.07.2020)

stärken. Jedoch werden im Herbst 1983 mehr als 53.000 Einsprüche gegen das Großprojekt bei der zuständigen Behörde eingereicht. Die CSU verliert im März 1984 die Mehrheit im Kreistag Schwandorf. ($\rightarrow$ 04.02.1985)[16]

1982 Die Gewerkschaft Brunhilde aus Uetze besitzt nur eine Schürfgenehmigung im Krunkelbachtal bei Menzenschwand im Schwarzwald zur Untersuchung von Uranerz. Dennoch baut sie dort Uranerz ab und bringt dieses zur Aufbereitung zu Yellow Cake (Urankonzentrat) nach Ellweiler im Hunsrück. Nach starken Protesten lehnt die Landesregierung Baden-Württembergs (das Kabinett Späth II) einen Antrag der Gewerkschaft Brunhilde auf kommerziellen **Uranerzabbau im Krunkelbachtal** ab. Klagen gegen den ablehnenden Bescheid scheitern in den ersten beiden Instanzen. Mittlerweile ist der Weltmarktpreis für Yellow Cake so weit gesunken, dass der Abbau von Uranerz im Krunkelbachtal nicht mehr rentabel ist. Am 19. Juli 1991 wird ein Konkursverfahren gegen die Gewerkschaft Brunhilde eröffnet. Bis zum Ende des Abbaus im Jahr 1991 hat sie über 100.000 Tonnen Uranerz im Krunkelbachtal gefördert. Sanierung und Rekultivierung der Abbauhalde muss das Land Baden-Württemberg finanzieren (Abb. 9.9).[17]

1982 (30.03.) Der Verwaltungsgerichtshof Baden-Württemberg erteilt eine Teilerrichtungsgenehmigung für das **Kernkraftwerk Wyhl**. Erneut setzen starke Proteste ein. Dann gewinnen Bürgerinitiativen in zahlreichen Gemeinden am Kaiserstuhl die Kommunalwahlen. Im August 1983 verzichtet die Landesregierung Baden-Württembergs (das Kabinett Späth II) vorläufig auf den Kernkraftwerksbau bei Wyhl. Es dauert weitere elf Jahre, bis die Betreiber das Vorhaben endgültig beenden. 1995 wird das frühere Baugelände als Naturschutzgebiet ausgewiesen. Die friedlich, effektiv, fachlich kompetent, beharrlich und partizipativ arbeitenden badischen Bürgerinitiativen haben das Kernkraftwerk Wyhl verhindert (Abb. 9.10).

---

[16] Duschinger und von Zech-Kleber (2021): Wiederaufarbeitungsanlage Wackersdorf.

[17] Vgl. Deutscher Bundestag (1984).

Abb. 9.10 Der Gedenkstein „Nai hämmer gsait!" erinnert an den erfolgreichen Widerstand Einheimischer gegen das Kernkraftwerk Wyhl. (Foto: H.-R. Bork, 24.07.2020)

1982 (April) Tanklaster bringen im Kreis Kleve am Niederrhein über zwei Wochen Trinkwasser von Straelen nach **Wachtendonk**, wo jeder Bewohner zwischen 16 und 19 Uhr täglich bis zu zwei Liter an Abgabestellen abholen kann. Das zuständige Gesundheitsamt rät dringend von einer Nutzung des Leitungswassers in Wachtendonk als Lebensmittel ab; es eigne sich lediglich zum Waschen und Duschen. Denn das **Leitungswasser enthält mehr als hundert Milligramm Nitrat pro Liter** – der Grenzwert der Trinkwasserverordnung von 1975 liegt in der BRD bei 90 Milligramm pro Liter. Und die EG-Richtlinie über die Qualität von Wasser für den menschlichen Gebrauch vom 15. Juli 1980 verlangt eine Absenkung des Grenzwertes auf 50 Milligramm Nitrat pro Liter Trinkwasser bis zum 15. August 1985. Der US-Regierungsbericht Global 2000 empfiehlt gar eine Obergrenze von nur zehn Milligramm Nitrat pro Liter Trinkwasser. Schon 1981 und davor waren in Westdeutschland lokal erhebliche Überschreitungen des Nitratgrenzwertes gemessen worden, so in Müden (Mosel) mit maximal 260 Milligramm Nitrat pro Liter Trinkwasser.

1982 (28.10.) Der **Bundestag** diskutiert kontrovers „Tendenzen globaler Entwicklung" auf der Grundlage des **US-Regierungsberichts Global 2000** zu den Perspektiven der

Menschheit. US-Präsident Jimmy Carter hatte am 23. Mai 1977 den Council on Environmental Quality und das Außenministerium beauftragt, erwartbare globale Entwicklungen von Bevölkerung, Ressourcenverfügbarkeit und Umwelt zu analysieren und schriftlich vorzulegen. Am 23. Juli 1980 nahm er den 1293 Seiten starken Bericht Global 2000 mit den Resultaten entgegen. Er prognostiziert Überbevölkerung, bedrohliche Verknappungen von Trinkwasser und anderen Ressourcen, Hunger und Klimawandel.

1983 Die **Ausstellung „Grün kaputt – Landschaft und Gärten der Deutschen" von Dieter Wieland, Peter M. Bode, Rüdiger Disko und dem Bund Naturschutz Bayern** visualisiert eindrücklich die Folgen der Ausräumung von Landschaften und die Zerstörung von artenreichen Biotopen u. a. durch Flurbereinigungsmaßnahmen. Zu sehen ist die Ausstellung in München, Wien, Brandenburg und Dresden.

1983 Die **erste große Photovoltaikanlage Westdeutschlands** versorgt das Kurzentrum der nordfriesischen Insel **Pellworm** mit Strom.

1983 (06.03.) Nach dem Scheitern bei der Bundestagswahl am 5. Oktober 1980 erreichen **Die Grünen** bei der Bundestagswahl am 6. März 1983 mit 5,6 Prozent der Zweitstimmen 28 Mandate. Im Fokus ihrer Politik stehen sozialökologische und basisdemokratische Themen.

1983 (01.07.) Die **Großfeuerungsanlagenverordnung** tritt in der BRD in Kraft. Sie legt Grenzwerte für Emissionen von Feuerungsanlagen fest, die feste oder flüssige Brennstoffe verbrennen. Innerhalb weniger Jahre sinkt der Schwefelausstoß in die Atmosphäre deutlich. Wahrscheinlich bleibt (auch) dadurch das Waldsterben bis 2018 aus.

1983 (06.07.) Das Bundesforschungsministerium kofinanziert seit 1978 den Bau der ersten **Großen Windenergie-Anlage (Growian)** Westdeutschlands bei **Marne** im windreichen Südwesten Schleswig-Holsteins – wenngleich Bundesforschungsminister Hans Matthöfer 1982 meint, „daß es uns nichts bringt". Das RWE-Vorstandsmitglied Günther Klätte hatte schon 1981 auf der Hauptversammlung von RWE angemerkt: „Wir brauchen Growian, um zu beweisen, daß es nicht geht." Die großtechnische Windkraft-Versuchsanlage sei „so etwas wie ein pädagogisches Modell [...], um Kernkraftgegner zum wahren Glauben zu bekehren." Am 6. Juli 1983 nimmt die mit einer Rotorblattlänge von ca. hundert Metern und einer Leistung von drei Megawatt weltgrößte Windenergieanlage den Probebetrieb auf. Risse am Pendelrahmen führen zum Scheitern des Projektes.[18]

1983 (27.07.) In **Gärmersdorf** in der Oberpfalz misst der Deutsche Wetterdienst mit **40,2 Grad Celsius** einen neuen Hitzerekord in Deutschland.[19]

---

[18]   Bork (2020): Umweltgeschichte Deutschlands. S. 239 f.
[19]   Bissolli et al. (2001): Extreme Wetter- und Witterungsereignisse im 20. Jahrhundert. S. 28.

1983 (07.11.) Die **erste gewerbliche Zapfsäule für bleifreies Benzin** geht in der Tankstelle der Allguth-Filiale in der Münchner Von-Kahr-Straße in Betrieb. Aufgrund des intensiv geführten öffentlichen Diskurses zu den Ursachen des Waldsterbens hatte die Bundesregierung (das Kabinett Kohl II) die Einführung von bleifreiem Benzin beschlossen. Bereits zum 1. Januar 1972 und zum 1. Januar 1976 waren die zulässigen Bleigehalte im Benzin stufenweise reduziert worden, um die Gesundheit der Menschen zu schützen. Erst 1996 verbietet die Bundesregierung (das Kabinett Kohl V) die Zugabe von Blei in Benzin.

1984 (12.07., gegen 20 Uhr) Tennisballgroße Hagelkörner erschlagen in wenigen Minuten Vögel und Katzen, verletzen mehr als 300 Menschen, zerschmettern Dachziegel und Verkleidungen an ca. 70.000 Gebäuden, verbeulen rund 230.000 Kraftfahrzeuge, beschädigen etwa 150 Flugzeuge, zerstören Feldfrüchte auf geschätzt 20.000 Hektar Fläche. Das Gewittersystem, bekannt unter der Bezeichnung **Münchner Hagelsturm**, verursacht in und um München einen Schaden in Höhe von ca. 1,5 Mrd. Euro.

1984 (08.10.) Tieflader bringen, gesichert von Polizei und Bundesgrenzschutz, erstmals 210 Fässer mit **radioaktivem Abfall vom Kernkraftwerk Stade zum Abfalllager Gorleben**. Kernkraftgegner bezweifeln die offiziellen Angaben, nach denen der Abfall nur schwach radioaktiv sei. Unmittelbar vor dem Abfalllager gelingt es Aktivisten, die Tieflader kurzzeitig aufzuhalten. (→ 23.07.2013)

1985 Die **Pazifische Auster** *Crassostrea gigas* ist im nordwestlichen Pazifik heimisch. Im Jahr 1985 wird sie erstmals in deutschen Gewässern kommerziell gehalten: in Drahtkörben in der **Blidselbucht bei List** (Sylt). Einige Jahre später beginnt sie sich im nordfriesischen Watt auszubreiten. Nach dem nutzungsbedingten Aussterben der Europäischen Auster (→ 1928/29) ist die Ausbreitung der invasiven Pazifischen Auster für den Küstenschutz von großem Vorteil. Die stabilen Riffe erweisen sich als wichtige Wellenbrecher.[20] (→ 1928/29)

Ab 1985 Das deutsche Wattenmeer erstreckt sich von der niederländisch-deutschen bis zur deutsch-dänischen Grenze. Trotz Tourismus, Fischerei, Schiffsverkehr, Erdölförderung und Sandentnahme ist es der heute am wenigsten von menschlichen Eingriffen beeinträchtigte und zugleich vogelreichste Raum in Deutschland. Der Schleswig-Holsteinische Landtag richtet den Nationalpark Schleswig-Holsteinisches Wattenmeer zum 1. Oktober 1985 ein (Fläche 2025: 4415 Quadratkilometer). Die Gründung des Nationalparks Niedersächsisches Wattenmeer folgt zum 1. Januar 1986 (Fläche 2025: 3450 Quadratkilometer). Schließlich etabliert die Stadt Hamburg zum 9. April 1990 den Nationalpark Hamburger Wattenmeer (Fläche 2025: 137,5 Quadratkilometer). Am 26. Juni 2009 erkennt die UNESCO das Niedersächsische und das Schleswig-Holsteinische Wattenmeer als Weltnaturerbe an, 2011 folgt das Hamburger Wattenmeer. Die drei deutschen **Wattenmeernationalparke** umfas-

---

[20] Kollbaum-Weber (2007): Historische Jagd- und Fangmethoden auf der Insel Föhr und in den Uthlanden. S. 50 f.

sen 2025 mit 8002,5 Quadratkilometern mehr als drei Viertel der Fläche der 16 deutschen Nationalparke.[21]

1985 (18.01.) Der Grenzwert für die höchste Smog-Warnstufe wird erstmals in Westdeutschland überschritten. In Teilen des **Ruhrgebietes** schließen Schulen, ergehen Fahrverbote, reduzieren Industriebetriebe die Produktion. Es ist zugleich der **letzte Smogalarm an der Ruhr.**

1985 (04.02.) Die „Deutsche Gesellschaft für die Wiederaufarbeitung von Kernbrennstoffen" (DWK) entscheidet sich – trotz starker lokaler und regionaler Widerstände – am 4. Februar 1985 für den Bau einer **Wiederaufarbeitungsanlage (WAA) im oberpfälzischen Wackersdorf** und somit nicht im niedersächsischen Wendland bei Gorleben. Ein entschiedener Gegner der WAA ist inzwischen der Schorndorfer Landrat Hans Schuierer – ausschlaggebend für seinen Widerstand ist die Information der Betreiber an ihn, über den rund 200 Meter hohen Schornstein der WAA würden die austretenden radioaktiven Stoffe möglichst breit verteilt und die Bevölkerung in und um Wackersdorf kaum belastet. Das Schorndorfer Landratsamt erteilt daher nicht die zwingend erforderliche wasser- und baurechtliche Genehmigung für die WAA. Daraufhin wird am 23. Juli 1985 das bayerische Verwaltungsverfahrensgesetz abgeändert. Nun kann die Regierung der Oberpfalz die erforderlichen Genehmigungen verfügen. Am 27. Oktober 1985 erteilt das bayerische Umweltministerium eine Teilerrichtungsgenehmigung für Waldrodung, Einzäunung sowie Bau des Brennelementelagers. Am 11. Dezember 1985 beginnen die Bauarbeiten und kurz darauf Besetzungen der Baustelle durch Gegner der WAA. Es folgen Räumungen und Großdemonstrationen. Ostern 1986 protestieren etwa einhunderttausend vorwiegend in der Oberpfalz lebende, unterschiedlichen gesellschaftlichen und Altersgruppen angehörende Menschen vor Ort ganz überwiegend friedlich gegen die WAA. Unter den Demonstrierenden sind auch Mitglieder der jungen Partei Die Grünen wie Petra Kelly und der hessische Umweltminister Joschka Fischer. Einige radikale WAA-Gegner versuchen, den sehr gut gesicherten Bauzaun zu überwinden, woraufhin Einsatzkräfte Reizgas einsetzen. Katholische und evangelische Pfarrer halten – gegen kirchliche und staatliche Widerstände – jeden Sonntag Andachten am Franziskus-Marterl ab, einem Kapellen-Bildstock südöstlich der geplanten WAA.[22] (→ 29.01.1988)

1985 (Juni) Die **Chemische Fabrik Marktredwitz** (CFM) in Oberfranken leitet schon lange quecksilberhaltige Abwässer in den Bach Kössein (→ 24.07.1788). Böden in der Aue der Kössein sind ebenfalls stark mit Quecksilber belastet. Nach dem Anschluss der CFM Anfang der 1980er-Jahre an die kommunale Kanalisation und die Kläranlage sind nun auch die Klärschlämme stark mit Quecksilber kontaminiert. Belastbare Informationen zu den dramatischen Umweltbelastungen in und um Marktredwitz durch die CFM gelangen nach

---

[21] Vgl. https://www.nationalpark-wattenmeer.de/schuetzen/nationalpark/geschichte/ (letzter Zugriff: 04.07.2025).

[22] Duschinger und von Zech-Kleber (2021): Wiederaufarbeitungsanlage Wackersdorf.

und nach an die Öffentlichkeit. Im Juni 1985 verbieten Behörden endlich die Einleitung schadstoffhaltiger Abwässer durch die CFM. Ein Untersuchungsausschuss des Bayerischen Landtages befasst sich mit dem Umweltweltskandal.

1985 (12.12.) Der ehemalige linke Aktivist und Künstler **Joschka Fischer** tritt 1982 in die Partei Die Grünen ein, ist von 1983 bis 1985 Bundestagsabgeordneter und wird am 12. Dezember 1985 als **Staatsminister für Umwelt und Energie** in das Kabinett des hessischen Ministerpräsidenten Holger Börner berufen. Joschka Fischer ist das erste Mitglied der Partei Die Grünen, das einen Ministerposten bekleidet.

1985/86 Der **Verbrauch an Mineraldünger** hat sich seit dem frühen 20. Jahrhundert drastisch erhöht:[23]

- die Stickstoffdüngung steigt von sechs Kilogramm pro Hektar landwirtschaftlicher Nutzfläche (LNF) und Jahr 1913/14 (Bezug: Deutsches Reich DR) auf 121 Kilogramm 1985/86 (Bezug: BRD),
- die Kalidüngung steigt von 17 Kilogramm pro Hektar LNF und Jahr 1913/14 (DR) auf 79 Kilogramm 1985/86 (BRD),
- die Phosphatdüngung steigt von 19 Kilogramm pro Hektar LNF und Jahr 1913/14 (DR) auf 63 Kilogramm 1985/86 (BRD),
- die Kalkgaben steigen von 62 Kilogramm pro Hektar LNF und Jahr 1913/14 (DR) auf 108 Kilogramm 1985/86 (BRD).

1986 (Ende April/Mai) „Darf ich Gemüse aus meinem Garten noch essen?" „Müssen meine Kinder Jodtabletten einnehmen?"[24] Fragen über Fragen. Am 26. April 1986 ereignet sich der weltweit schwerste **Reaktorunfall im sowjetischen Tschernobyl**. Der Reaktor explodiert und beginnt zu brennen; überschlägig acht Tonnen radioaktiver Brennstoff gelangen in die Umwelt. Nur drei Tage später, am 29. April 1976, beginnt radioaktiver Niederschlag in unterschiedlichen Mengen über den beiden deutschen Staaten niederzugehen. Er wirft in der west- wie in der ostdeutschen Bevölkerung viele drängende Fragen auf. In der Sowjetunion und der DDR vertuschen Regierungen, Behörden und Staatsmedien zunächst die Geschehnisse. Sie negieren mögliche Gefährdungen, wohl auch, um Panik zu vermeiden. Auch Bundesinnenminister Friedrich Zimmermann schließt noch am 29. April 1986 eine Gefährdung der Bevölkerung der BRD absolut aus. Rasch erweist sich, dass die Behörden der BRD nicht genügend auf einen großen Kernkraftunfall im Ausland vorbereitet sind. Die Zuständigkeiten sind unklar; es herrscht ein Informationschaos mit widersprüchlichen Aussagen. Daraufhin pflügen manche Landwirtschaftsbetriebe ihr Gemüse unter, andere entsorgen Milch von Kühen, die unmittelbar nach dem Fallout frisches Gras gefressen hatten. Am 14. Mai 1986 kritisiert die Opposition im Bundestag die Informationspolitik der Bundesregierung (des Kabinetts Kohl II). In der DDR fordern besorgte Menschen verlässliche Informationen vom Staat.

---

[23] Ditt (2001): Zwischen Markt, Agrarpolitik und Umweltschutz. S. 103.

[24] Arndt (2016): Auswirkungen der Katastrophe von Tschernobyl auf Deutschland.

Die Tschernobyl-Katastrophe hat bedeutende gesellschaftliche und energiepolitische Folgen: In der DDR stärkt sie die oppositionelle Bürgerrechtsbewegung. Auch in der BRD sensibilisiert sie die Bevölkerung und führt zusammen mit der nuklearen Katastrophe am 11. März 2011 im japanischen Fukushima-Daiichi schließlich im vereinigten Deutschland zum Ausstieg aus der zivilen Nutzung der Kernenergie bis 2023. Die Strahlenbelastung durch den Reaktorunfall von Tschernobyl hat nach späteren Untersuchungen des Bundesumweltministeriums keine messbaren gesundheitlichen Auswirkungen für die Menschen in DDR und BRD. Hingegen ist die Radioaktivität von wild wachsenden Pilzen und Wildschweinfleisch in einigen Gebieten Süddeutschlands bis heute deutlich erhöht.

1986 (06.06.) Das **Bundesministerium für Umwelt, Naturschutz und Reaktorsicherheit** wird in der BRD gegründet und der Jurist und Politiker Walter Wallmann zum ersten Bundesumweltminister ernannt. Am 23. April 1987 übernimmt er das Amt des Ministerpräsidenten des Landes Hessen.

1986 (ab 01.11.) Das Chemieunternehmen Sandoz im Basler Industriegebiet Schweizerhalle verursacht die **Sandoz-Katastrophe** in Basel und am Oberrhein. Durch die Löschung eines Brandes in einer Lagerhalle fließt Löschwasser mitsamt Insektiziden in den Rhein. Im Oberrhein sterben die Fische. Als Konsequenz entwickelt Sandoz ein Nachhaltigkeitsmanagementsystem und die Internationale Kommission zum Schutz des Rheins erlässt das Aktionsprogramm Rhein („Rheinalarm").

1987 Die DDR-Schriftstellerin **Christa Wolf** beschreibt in der Erzählung „**Störfall: Nachrichten eines Tages**" ihre Empfindungen zur Tschernobyl-Katastrophe: „Woher kommt bloß die Lust an Spaltung, an Zertrümmerung, an Feuer und Explosionen! […] Woher nur der moderne Zwang zu Spaltungen in immer kleinere Teile, zu Abspaltungen ganzer Persönlichkeiten von jener altertümlichen, als unteilbar gedachten Person – […]."

1987 (07.05.) Der Volkswirt und Politiker **Klaus Töpfer** wird zum **Bundesminister für Umwelt, Naturschutz und Reaktorsicherheit** der BRD ernannt.

1987 (24.08.) Der **erste deutsche Windpark mit 32 Windkraftanlagen** nimmt auf dem Growian-Gelände bei Marne im Südwesten Schleswig-Holsteins den Betrieb auf.

1988 Der wohl seit 1982 vom Ministerium für Staatssicherheit verfolgte Umweltaktivist und Mitbegründer der DDR-Umweltbewegung **Michael Beleites** veröffentlicht die auf eigenen heimlichen Recherchen beruhende Dokumentation „**Pechblende – Der Uranbergbau in der DDR und seine Folgen**". Sie stellt eindrücklich die bis dahin kaum in der Öffentlichkeit bekannten, katastrophalen Auswirkungen des Uranerzbergbaus der SDAG Wismut in Sachsen und Thüringen für die Gesundheit der Menschen und die Umwelt vor. Das Kirchliche Forschungsheim Wittenberg und der Arbeitskreis „Ärzte für den Frieden – Berlin" beim Landespfarrer für Krankenseelsorge der Evangelischen Kirche Berlin-

Brandenburg geben die 64-seitige Schrift offiziell „Nur für den innerkirchlichen Dienstgebrauch" heraus.[25] (→ 1946 bis 1991)

1988 Sechs westdeutsche Bioanbauverbände schließen sich im Dachverband **Arbeitsgemeinschaft Ökologischer Landbau** (AGÖL) zusammen. Darunter sind der Demeter-Bund e. V. (→ 1924), Bioland (→ 1971) und der Naturland-Verband für naturgemäßen Landbau e. V. Aufgaben der AGÖL umfassen u. a. die Erarbeitung von Rahmenrichtlinien für Mindeststandards ökologisch erzeugter Lebensmittel, die Vergabe von Prüfzeichen sowie die Überprüfung der Mitgliedsverbände. 2002 löst sich die AGÖL auf. Nachfolgeorganisation ist der 2002 gegründete Bund Ökologische Lebensmittelwirtschaft (BÖLW), der neben den Anbauverbänden auch ökologische Verarbeitungs- und Handelsverbände vertritt.

1988 (22.08.) Der SPD-Bundestagsabgeordnete und Umweltschützer Dr. **Herrmann Scheer** gründet mit weiteren Interessierten **EUROSOLAR** – die Europäische Vereinigung für Erneuerbare Energien e. V. Sie entwickelt innovative Konzepte für die Substitution des fossil-nuklearen Energiesystems durch eine globale Wirtschaft mit erneuerbaren Energien. Hermann Scheer erhält 1998 den Right Livelihood Award (Alternativer Nobelpreis) für „seinen unermüdlichen Einsatz für die weltweite Förderung der Solarenergie".

1988 (Januar) Bundesumweltminister **Klaus Töpfer** fordert eine **Zukunft ohne Kernenergie** und mit immer weniger fossiler Energie.

1988 (27.09.) Das ARD-Magazin Monitor sendet den illegal im Chemiedreieck bei Leipzig und Halle (Saale) vom Grün-Ökologischen Netzwerk Arche aufgenommenen Dokumentarfilm „**Bitteres aus Bitterfeld. Eine Bestandsaufnahme**". Ein Protokollauszug: „Freiheit III heißt diese Kippe. […] Per LKW und per Eisenbahn transportiert das Chemiekombinat Bitterfeld seine Abfälle hierher. Es wimmelt von Kanistern mit den Aufklebern ‚Vorsicht giftig‘, ‚Vorsicht feuergefährlich!‘, ‚Vorsicht leicht brennbar!‘, ‚Vorsicht bienengefährlich!‘. Es sind Transportbehälter mit den Resten der Schädlingsbekämpfungsmittel gegen Pilze, Insekten, Unkräuter. […] Reste laufen aus den Kanistern aus und bilden schillernde Pfützen."[26]

1988 (17.12.) Stuttgarts Gehwege sind nur noch bei Bedarf und nicht mehr wöchentlich zu reinigen – die auf das Jahr 1492 zurückgehende **Kehrpflicht endet**. Stuttgarts Oberbürgermeister Manfred Rommel begründet den Traditionsbruch später in einer Büttenrede: „Wir haben die Kehrwoche abgeschafft, um der Isolation zu entrinnen".

1989 In den Bezirken Potsdam und Frankfurt/Oder werden 1989 an 45 Lagerstätten zusammen 1.112.000 Tonnen **Torf und Mudde** vornehmlich für balneologische Anwendungen abgebaut. Im Jahr 1985 hatte die Jahresfördermenge noch bei 885.000 Tonnen Torf und Mudde gelegen.[27]

---

[25] Beleites (1988): Pechblende – Der Uranbergbau in der DDR und seine Folgen.

[26] Bork (2020): Umweltgeschichte Deutschlands. S. 243 f.

[27] Lehrkamp und Zeitz (2018): Landnutzung und Moore in der Region bis Anfang der 1990er Jahre. S. 99.

1989 Rund 15 Prozent der weltweiten Braunkohleförderung erfolgt durch das **Braunkohlekombinat Senftenberg** in der Lausitz.

1989 In der **DDR** werden im Jahr 1989 insgesamt 1337 Mio. Tonnen Abraum bewegt, um 301 Mio. Tonnen Braunkohle abzubauen. Braunkohle deckt etwa 70 Prozent des Primärenergiebedarfs der DDR. Die **Braunkohletagebaue** beanspruchen in der DDR eine Fläche von rund 1200 Quadratkilometern. Dies entspricht fast der gemeinsamen Fläche von Berlin (891 km^2) und Dresden (328 km^2).

1989 (31.05.) Ein Wendepunkt für den Bau der **Wiederaufarbeitungsanlage (WAA) im oberpfälzischen Wackersdorf** sind die Ängste der Menschen und die Ratlosigkeit der Behörden in Bayern und Westdeutschland, die der dramatische Reaktorunfall von Tschernobyl am 26. April 1986 auslöst: Die Konflikte zwischen Einsatzkräften und mittlerweile Hunderten gewaltbereiten unter Zehntausenden friedlichen Demonstrierenden verschärfen sich. Zugleich werben die Polizei mit Informationsständen für ein Ende der Gewalt und die „Deutsche Gesellschaft für die Wiederaufarbeitung von Kernbrennstoffen" (DWK) mit der Förderung sozialer und sportlicher Einrichtungen für die WAA. Der Bayerische Verwaltungsgerichtshof hebt am 29. Januar 1988 den Bebauungsplan für die Wiederaufarbeitungsanlage auf – nuklearspezifische Risiken seien unzureichend berücksichtigt worden. Gegen die zweite, am 22. Februar 1988 ausgelegte Teilerrichtungsgenehmigung gehen etwa 880.000 Einsprüche ein. Der Nachfolger des am 3. Oktober 1988 verstorbenen bayerischen Ministerpräsidenten Franz Josef Strauß, Ministerpräsident Max Streibl, unterstützt das Großprojekt Wiederaufarbeitungsanlage Wackersdorf nicht. Mit einer ökonomischen Begründung zieht sich die DWK aus Wackersdorf zurück – die Wiederaufarbeitung von Kernbrennstäben im französischen La Hague sei jetzt günstiger. Am 31. Mai 1989 enden die Bauarbeiten in Wackersdorf; auf dem Gelände entsteht ein Industriegebiet. Bund, Land und DWK entrichten Entschädigungszahlungen in Höhe von etwa 750 Mio. Euro.[28] Die weitgehende Verschleierung der exakten staatlichen Absichten und der mit dem Vorhaben Wiederaufarbeitungsanlage möglicherweise verbundenen Gefahren für Menschen und ihre Umwelt haben Vertrauen verspielt, massive Widerstände hervorgerufen und damit wesentlich zum Scheitern des Megaprojektes beigetragen. Die endgültige Einstellung der Bauarbeiten ist ein maßgeblicher Erfolg der regionalen, nationalen und internationalen Anti-Atomkraft-Bewegung. Jedoch verloren drei Menschen im Zusammenhang mit den Protesten ihr Leben.

1989 (06.06.) Bundesumweltminister Klaus Töpfer und der französische Industrieminister Roger Fauroux unterzeichnen in Bonn ein Abkommen, das die **Aufarbeitung von Brennelementen westdeutscher Kernkraftwerke im französischen La Hague** regelt. Damit erlöschen die staatlichen bundesdeutschen und bayerischen Interessen am Bau einer Wiederaufarbeitungsanlage in Wackersdorf.

---

[28] Duschinger und von Zech-Kleber (2021): Wiederaufarbeitungsanlage Wackersdorf; vgl. auch: https://dserver.bundestag.de/btd/11/029/1102938.pdf (letzter Zugriff: 04.07.2025).

1989 (01.11.) Das **Bundesamt für Strahlenschutz** wird in Salzgitter gegründet. Es ist eine Reaktion auf die Reaktorkatastrophe von Tschernobyl am 26. April 1986 und auf Störfälle in bundesdeutschen Kernkraftwerken.

1989 (09.11.) Massenproteste und eine Ausreisewelle setzen das SED-Regime unter Druck. Am 9. November 1989 verkündet das Mitglied des SED-Politbüros Günter Schabowski in einer Pressekonferenz überraschend Reiseerleichterungen. Tausende Ostdeutsche nutzen noch am selben Abend und in der Nacht die Gelegenheit, West-Berlin und Westdeutschland zu besuchen. Nach dem „**Mauerfall**" beschleunigt sich der politische Umbruch in der DDR, der am → 03.10.1990 zur deutschen Einheit führt.[29] Die Einstellung des Uranerzbergbaus, der Niedergang des Braunkohlebergbaus, die Abwicklung oder privatrechtliche Reorganisation staatlicher Landwirtschafts-, Handwerks- und Industriebetriebe sowie der Lehr- und Forschungseinrichtungen der DDR werden bald folgen. Die Luft-, Gewässer- und teilweise auch Bodenbelastungen werden nach Sanierungsmaßnahmen stark abnehmen. Die Aufgabe vieler Truppenübungsplätze sowie Rekultivierungsmaßnahmen im Bergbau ermöglicht die Schaffung neuer Naturschutz- und auch Naherholungsgebiete.

1989 (21.11., 21:00 Uhr) Das **Fernsehen der DDR** sendet überraschend eine Wissenschafts- und Umweltsendung mit dem Titel „**Luft zum Atmen**". Moderiert vom Wissenschaftsjournalisten Dr. Harro Hess, diskutieren der Ingenieur für Kommunalhygiene Matthias Platzeck aus Potsdam, der Schriftsteller und Umweltaktivist Rainer Gilsenbach aus (dem späteren Ökodorf) Brodowin, der Dresdner Umweltmediziner Prof. Dr. Hans-Georg Knoch und das Mitglied der Umweltgruppe Oase der Evangelischen Kirche in Erfurt Sigrid Rothe jahrelang vom Politbüro verschwiegene dramatische Umweltverschmutzung in Teilen der DDR, besonders die so häufig zu Asthma und Bronchitis führende, erschreckend hohe Luftverschmutzung. Aus der ersten Sendung entwickelt sich die bis 2016 vom Rundfunk Berlin-Brandenburg (rbb) ausgestrahlte, eminent wichtige und erfolgreiche Umweltreihe OZON.

1990 Mit dem Fall der Mauer am → 09.11.1989 beginnt für Naturschützende und Naturschutzinstitutionen in DDR und BRD eine ereignisreiche Zeit. Bereits im Januar 1990 veranstaltet der Deutsche Naturschutzring einen großen deutsch-deutschen Naturschutzkongress in Berlin. Kurz danach diskutieren Verantwortliche des westdeutschen Deutschen Bundes für Vogelschutz (DBV) hauptsächlich mit Mitarbeitenden der Fachgruppe Ornithologie in der Gesellschaft für Natur und Umwelt der DDR auf Gut Sunder in Niedersachsen Kooperationsmöglichkeiten. Rasch zeigt sich, dass zum Schutz der Naturschätze der DDR ein starker, gesamtdeutscher Naturschutzverband unabdingbar ist. Eine Umbenennung des DBV soll die Attraktivität des Verbands für den gesamten Naturschutz schon im Namen sichtbar zu machen. So beschließt die Bundesvertreterversammlung des DBV am 6. Mai 1990 in Worms die Namensänderung in Naturschutzbund Deutschland

---

[29] Vgl. https://www.hdg.de/lemo/kapitel/deutsche-einheit/friedliche-revolution/fall-der-mauer.html (letzter Zugriff: 04.07.2025).

Abb. 9.11 Blick vom Königsstuhl im Nationalpark Jasmund (Rügen) auf den Feuerregenfelsen. (Foto: H.-R. Bork, 22.02.2023)

(NABU). Er übernimmt damit die Bezeichnung des kurz zuvor gegründeten Naturschutzbundes der DDR. Am 18. November 1990 schließen sich die Naturschutzbünde von DDR und BRD zum gesamtdeutschen **Naturschutzbund Deutschland** (NABU) zusammen. Im Jahr 2025 ist der NABU der mitgliederstärkste Naturschutz- und Umweltschutzverband Deutschlands.[30]

1990 (25.01. bis 01.03.) Die schweren **Stürme oder Orkane Daria, Herta, Judith, Nana, Ottilie, Polly, Vivian und Wiebke** verursachen zahlreiche Sturmfluten und Milliardenschäden im Binnenland. Vivian und Wiebke werfen vom 26. Februar bis zum 1. März allein in Baden-Württemberg rund 15 Mio. Festmeter Holz, vornehmlich Fichten. Mehr als 50 Menschen sterben in Deutschland, einige bei den gefährlichen Aufräumarbeiten in den Wäldern mit abgebrochenen, entwurzelten und übereinander geworfenen Bäumen.[31]

1990 (September) Das Bundesforschungsministerium fördert über das **1000-Dächer-Programm** den Einbau von Photovoltaik-Anlagen mit kleiner Leistung und Stromnetz-

---

[30]   Vgl. https://www.nabu.de/wir-ueber-uns/organisation/geschichte/00349.html#8 (letzter Zugriff: 04.07.2025).

[31]   Übel (2022): Die Orkanserie im Jahre 1990 – ein Vergleich mit Februar 2022.

Abb. 9.12 Biosphärenreservat Mittelelbe bei Boitzenburg. (Foto: H.-R. Bork, 11.02.2022)

kopplung auf den Dächern von Ein- und Zweifamilienhäusern, zunächst in West- und ab 1992 auch in Ostdeutschland. Das erfolgreiche Programm führt zu bedeutenden technischen Entwicklungen und der Gründung zahlreicher Solarunternehmen, darunter Solon AG, Q-Cells AG und Solarworld AG.

1990 (12.09.) Das vom Ministerrat der DDR auf seiner letzten Sitzung verabschiedete **Nationalparkprogramm der DDR** umfasst 14 Großschutzgebiete (Abb. 9.11 und 9.12):
- die Nationalparke Jasmund, Vorpommersche Boddenlandschaft, Müritz, Hochharz und Sächsische Schweiz,
- die Biosphärenreservate Südost-Rügen, Schorfheide-Chorin, Mittlere Elbe, Spreewald und Vessertal,
- die Naturparke Schaalsee, Drömling und Märkische Schweiz.

Der Schutzstatus beginnt am 01. Oktober 1990. Gegen den Widerstand der bundesdeutschen Verkehrs- und Landwirtschaftsministerien erfolgt die Aufnahme in den Einigungsvertrag – ein exzeptioneller Gewinn für das vereinigte Deutschland![32]

----

[32] Vgl. Succow et al. (2012; Hrsg.): Naturschutz in Deutschland. Rückblicke – Einblicke – Ausblicke. S. 53 ff. Sowie: Eckert in: Stiftung Deutsches Historisches Museum (2024): Historische Urteilskraft.

1990 bis 2014: Clofibrinsäure im Berliner Grundwasser, neue Klima- und Umweltforschungszentren in Ostdeutschland, Nachweis des anthropogenen Klimawandels, Hochwasser und Orkane

10

1990 (03.10.) Die Herstellung der deutschen Einheit zum 3. Oktober 1990 ist auch für die **Natur- und Umweltentwicklung** in den neu gegründeten Ländern Mecklenburg-Vorpommern, Brandenburg, Sachsen-Anhalt, Thüringen und Sachsen eine Zäsur.

Der Bund wird in den kommenden Jahren stark belastete Flächen in **Ostdeutschland** für viele Milliarden Euro erfolgreich sanieren lassen, darunter

- die strahlenden Relikte des Abbaus und der Verarbeitung von Uranerzen durch die Sowjetisch-Deutsche Aktiengesellschaft Wismut in Sachsen und Thüringen ($\rightarrow$ 1946 bis 1991, 1988) und
- die Schönberger Deponie im Westen Mecklenburgs, in der u. a. Hamburg und Lübeck preisgünstig Sondermüll zu weitaus weniger strengen Umweltauflagen als in der Bundesrepublik entsorgen ließen ($\rightarrow$ 30.01.1979).

Die nach dem Beschluss des Ministerrates der DDR vom $\rightarrow$ 12.09.1990 in den Einigungsvertrag aufgenommenen Nationalparke, Biosphärenreservate und Naturparke werden einer überaus positiven naturnahen Entwicklung unterliegen – ungeachtet der Belastungen durch Naturtourismus und den menschengemachten Klimawandel.

Der Bau neuer Straßen, Bahnlinien, Flughäfen, Wohn-, Gewerbe- und Industriegebiete verursacht im neuen Osten der Bundesrepublik Deutschland neue Umweltbelastungen. Baumaßnahmen zerstören dort Vegetation und Böden mit der Bodenfauna, versiegeln Oberflächen und modifizieren den Wasserhaushalt. Neue Autobahnen, Bundes- und Landstraßen zerschneiden Landschaften und gefährden Tiere. Immer mehr Menschen arbeiten und wohnen in hochwassergefährdeten Talauen ($\rightarrow$ Juli 1997, ab 12.08.2002, ab 31.05.2013).

1990 (18.12.) Das am $\rightarrow$ 17.12.1973 in Betrieb gegangene **Kernkraftwerk Lubmin** bei Greifswald genügt nicht modernen Sicherheitsstandards; es geht am 18. Dezember 1990 in den fünfjährigen Nachbetrieb zur Abführung der Nachzerfallswärme. 1995 beginnt mit

H.-R. Bork, *Denk ich an Deutschland ...*, https://doi.org/10.1007/978-3-662-71613-7_10

der Entfernung und Zwischenlagerung des radioaktiven Brennstoffs der Abbau der Reaktorblöcke 1 bis 5. Die aufwendige und langwierige Dekontamination und Demontage des Kernkraftwerks Lubmin verursacht hohe Kosten: Schätzungen gehen 2013 von 3,2 Mrd. Euro, 2018 von 6,6 Mrd. Euro und 2025 von einem noch höheren einstelligen Milliardenbetrag aus.

1990 In Deutschland werden im Jahr 1990 nach Untersuchungen des Umweltbundesamtes 85,9 Tonnen **Arsen**, 1899,3 Tonnen **Blei**, 29,1 Tonnen **Kadmium**, 165,7 Tonnen **Chrom**, 619,9 Tonnen **Kupfer**, 332,7 Tonnen **Nickel**, 35,5 Tonnen **Quecksilber** und 474,2 Tonnen **Zink** in die Atmosphäre **emittiert**. Diese anorganischen Schadstoffe stammen aus unterschiedlichsten Produktions- und fast allen Verbrennungsprozessen. Bedeutende Quellen sind Feuerungsanlagen, die Eisen- und Stahlindustrie sowie die Nichteisen-Metallindustrie, die Zement- und die Glasindustrie, Müllverbrennungsanlagen sowie der Kraftfahrzeugverkehr.[1] ($\rightarrow$ 2022)

1991 Die Lebensmittelchemiker Hans-Jürgen Stan und Manfred Linkerhägner von der Technischen Universität Berlin weisen erstmals **Clofibrinsäure im Berliner Grundwasser** nach, einen Metaboliten von Cholesterinspiegelsenkern. Über menschliche Ausscheidungen oder die ungeeignete Entsorgung in Toiletten gelangt Clofibrinsäure durch die Kanalisation in Kläranlagen, die sie nur partiell eliminieren können. Über den Ablauf der Kläranlagen, Oberflächengewässer und Böden erreicht Clofibrinsäure schließlich das Grundwasser. Zwar sind die Gehalte an Clofibrinsäure im Grundwasser gering und für Menschen wohl unschädlich. Unbekannt sind die Wirkungen auf Organismen in den Ökosystemen.

1991 (01.01.) Das **Gesetz über die Einspeisung von Strom aus erneuerbaren Energien** regelt Abnahme und Vergütung „von Strom, der ausschließlich aus Wasserkraft, Windkraft, Sonnenenergie, Deponiegas, Klärgas oder aus Produkten oder biologischen Rest- und Abfallstoffen der Land- und Forstwirtschaft gewonnen wird, durch öffentliche Elektrizitätsunternehmen“.[2] Elektrizitätsversorgungsunternehmen (EVU) müssen regenerativen Strom zu festgelegten Preisen ankaufen. Klagen der EVU gegen das Gesetz scheitern 1996 vor dem Bundesverfassungsgericht und 2001 vor dem Europäischen Gerichtshof (Abb. 10.1). Das international Maßstäbe setzende Stromeinspeisegesetz bewirkt eine Verzehnfachung der Zahl der Windenergieanlagen in Deutschland über zehn Jahre.

1991 (11.04.) Trotz der umfangreichen Meliorationsmaßnahmen ($\rightarrow$ 1958 bis 1965) und der Einleitung von Sümpfungswasser (abgepumptem Grundwasser) aus den Braunkohletagebauen sind Teile des **Spreewaldes** weiterhin artenreich und seit dem 11. April 1991 von der UNESCO als **Biosphärenreservat** anerkannt. Das Brandenburger Landesamt für

---

[1]   https://www.umweltbundesamt.de/themen/luft/emissionen-von-luftschadstoffen (letzter Zugriff: 04.07.2025).

[2]   Bundesgesetzblatt 1990, I, S. 2633.

Abb. 10.1 Widerstand gegen Windenergieanlagen im Odenwald. (Foto: H.-R. Bork, 18.07.2020)

Umwelt zählt im Biosphärenreservat mehr als 1200 wild wachsende und teilweise gefährdete Pflanzenarten sowie zahlreiche seltene geschützte Tierarten, darunter Wiedehopf, Eisvogel, Schwarz- und Weißstorch, Fisch- und Seeadler, Biber und Fischotter.[3]

1991 (12.12.) Das **UFZ-Umweltforschungszentrum Leipzig-Halle** GmbH (heute Helmholtz-Zentrum für Umweltforschung GmbH) wird an den Standorten Leipzig, Halle (Saale) und Magdeburg gegründet. Gesellschafter sind der Bund, der Freistaat Sachsen und das Land Sachsen-Anhalt. Das UFZ untersucht den komplexen Einfluss von Menschen auf die terrestrische Umwelt mit den Schwerpunkten Biodiversität und Ökosystemdienstleistungen, Qualität und Quantität von Wasserressourcen, Klimaschutz- und Klimaanpassungsforschung, Landnutzungskonflikte, Energiewende, Bioökonomie sowie Wirkung von Chemikalien auf Menschen und ihre Umwelt.

1992 Das **Potsdam-Institut für Klimafolgenforschung** e. V. (PIK) wird als Blaue-Liste-Institut (heute Leibniz-Gemeinschaft) gegründet. Das PIK erweitert fächerübergreifend die wissenschaftlichen Grenzen der Klimaforschung für globale Nachhaltigkeit und identifiziert Lösungen für eine sichere und gerechte Klimazukunft. Der Physiker und Klimaforscher Prof. Dr. Hans Joachim Schellnhuber leitet das PIK von der Gründung bis 2018 ungemein erfolgreich.

1992 Das **Zentrum für Agrarlandschafts- und Landnutzungsforschung** e. V. (ZALF) wird in der Nachfolge des Forschungszentrums für Bodenfruchtbarkeit der DDR im ostbrandenburgischen Müncheberg als Blaue-Liste-Institut (heute Leibniz-Gemeinschaft) eingerichtet. Das ZALF forscht praxisnah und interdisziplinär für eine ökonomisch, ökologisch und sozial nachhaltige Landwirtschaft der Zukunft.

1992 bis 2020 Der Bund und die Länder Brandenburg, Sachsen, Sachsen-Anhalt und Thüringen investieren mehr als 10 Mrd. Euro in die **Sanierung des Lausitzer und des Mitteldeutschen Braunkohlereviers**.

1992 (08.04.) Die Bundesregierung (das Kabinett Kohl IV) richtet den **Wissenschaftlichen Beirat Globale Umweltveränderungen** (WBGU) ein. Das hochrangige Beratungs-

---

[3]   https://www.spreewald-biosphaerenreservat.de/biosphaerenreservat/natur-landschaft/landschafts-entstehung/ (letzter Zugriff: 04.07.2025).

gremium verfasst Jahres- und Sondergutachten mit wichtigen handlungsorientierten Empfehlungen zur nachhaltigen Verbesserung der Lebens- und Umweltqualität.[4]

1992 (13.04., 03:20 Uhr) Ein **Erdbeben** mit einer Stärke von 5,9 auf der Richter-Skala, dessen Epizentrum unter der südniederländischen Stadt **Roermond** liegt, verursacht auch in Nordrhein-Westfalen Schäden. Herabfallende Ziegel verletzen hier mehr als 30 Menschen. Die Erschütterungen lassen eine rund 400 Kilogramm schwere Kreuzblume durch das Dach eines Seitenschiffs des Kölner Doms stürzen. Das Beben beschädigt ca. 1300 Gebäude.[5]

1992 (31.12.) 5,0 Prozent oder **17.839 Quadratkilometer** der Oberfläche Deutschlands sind vornehmlich durch Gebäude und Verkehrswege **versiegelt**.[6] (→ 31.12.2011, 31.12.2022)

1993 Die leidenschaftlich engagierten ehrenamtlichen DDR-Naturschutzpioniere **Kurt und Erna Kretschmann** aus Bad Freienwalde erhalten den **Europäischen Umweltpreis**. Beide etablierten ab 1960 in Bad Freienwalde das Haus der Naturpflege, in dem sie lebten. Kurt Kretschmann wird 1993 Ehrenpräsident des Naturschutzbundes Deutschland.[7]

1993 Die **Gemeine Rosskastanie** (*Aesculus hippocastanum*) ist in Deutschland überaus beliebt. Sie wird bis zu 25 Meter hoch und hat attraktive, breit ausladende Kronen. Ab dem späten 16. Jahrhundert wird die in Nordgriechenland, Mazedonien und Albanien heimische Baumart in Mitteleuropa häufig gepflanzt – vorzugsweise auf innerörtlichen Plätzen, in Biergärten, Parks, Gärten und Alleen. Wie die Rosskastanie ist die etwa fünf Millimeter lange Rosskastanien-Miniermotte *Cameraria ohridella* im Norden Griechenlands, in Albanien und Mazedonien beheimatet. Sie wird 1993 erstmals in Deutschland bei Passau nachgewiesen. Von Bayern breitet sie sich rasch über Baden-Württemberg (ab 1996), Rheinland-Pfalz (ab 1997), Sachsen-Anhalt (ab 1997), Brandenburg (ab 1998) und Niedersachen (ab 2000) in Deutschland aus. Die invasive Schmetterlingsart schädigt weißblütige Rosskastanien. Bereits im Juni färben sich befallene Blätter auffällig braun. Sie welken und fallen schon im August oder September ab. Miniermotten können zusammen mit sekundären Schaderregern wie Pilzen zum Absterben von Rosskastanien führen.[8]

1993 (22.02., ab 04:14 Uhr) Etwa 11,8 Tonnen Chemikalien entweichen aus dem **Chemiewerk Frankfurt-Griesheim der Hoechst AG** in die Atmosphäre. Nach dem Störfall klagen Menschen in der Umgebung über Atemwegs- und Hautreizungen. Die Hoechst AG

---

[4]   Vgl. WBGU (2011): Welt im Wandel. Sowie: Winiwarter & Bork (2019): Geschichte unserer Umwelt. S. 176 f.

[5]   Pelzing (2008): Erdbeben in Nordrhein-Westfalen. S. 29 f.

[6]   https://www.umweltbundesamt.de/daten/flaeche-boden-land-oekosysteme/boden/bodenversiegelung#bodenversiegelung-in-deutschland (letzter Zugriff: 04.07.2025).

[7]   Vgl. Succow et al. (2012; Hrsg.): Naturschutz in Deutschland. Rückblicke – Einblicke – Ausblicke. S. 39 f.

[8]   Backhaus et al. (2002): Die Rosskastanien-Miniermotte (*Cameraria ohridella*) – Biologie, Verbreitung und Gegenmaßnahmen.

bewertet die ausgetretenen Chemikalien als mindergiftig und nicht bedeutend gesundheitsgefährdend. Beschäftigte der Hoechst AG reinigen die Umgebung hingegen mit Schutzanzügen und Atemmasken.

1993 (01.11.) Die **Verordnung zur Novellierung der Gefahrstoffverordnung** verbietet die mit hohen Gesundheitsrisiken verbundene Nutzung von Asbest.

1993 bis 2012 Die Erderwärmung lässt auch die **Gletscher an der Zugspitze** schwinden. Beschäftigte der Bayerischen Zugspitzbergbahn AG versuchen, dem Abschmelzen entgegenzuwirken. Sie decken über zwei Jahrzehnte nach dem jeweiligen Ende der Wintersportsaison einen Teil des nördlichen Schneeferners bis zum Ende des Sommers mit LKW-Planen aus Kunststoff ab. Das gutgemeinte Experiment scheitert.

1994 In das **Grundgesetz der Bundesrepublik Deutschland** werden **Umweltschutz** (27. Oktober 1994) und **Tierschutz** (1. August 2002) als Staatsziel aufgenommen. Artikel 20a lautet seit 2002: „Der Staat schützt auch in Verantwortung für die künftigen Generationen die natürlichen Lebensgrundlagen und die Tiere im Rahmen der verfassungsmäßigen Ordnung durch die Gesetzgebung und nach Maßgabe von Gesetz und Recht durch die vollziehende Gewalt und die Rechtsprechung." Umwelt- und Tierschutz bleiben ein Ziel. Es ist nicht einklagbar (Abb. 10.2).

1994 (14.06.) Der Leitende Forstdirektor Dr. **Lutz Fähser** verantwortet den Bereich Stadtwald der Hansestadt Lübeck. Am 14. Juni 1994 stellt er das Konzept „**Naturnahe Waldnutzung des Stadtwaldes Lübeck**" vor. Am 30. November 1995 beschließt die Bürgerschaft einstimmig das ökologische Nutzungskonzept für den etwa 5000 Hektar großen Stadtwald. Forstliche Eingriffe sind zu minimieren, um eine hohe Naturnähe zu erreichen. Kahlschläge, Düngung, Entwässerung, das Füttern von Wild und das Pflanzen nicht ein

Abb. 10.2 Tierschützer stellen fest: „kein tier ist egal". (Foto: H.-R. Bork, 20.07.2020)

heimischer Arten sind verboten. Ein Zehntel der Waldfläche darf sich ohne jedwede Eingriffe über Naturverjüngung regenerieren. Das Lübecker Waldnutzungskonzept erregt in den folgenden Jahren national wie international großes Aufsehen. Traditionell geprägte Forstverwaltungen und -verbände, bei denen die konventionelle Waldbeherrschung zur Maximierung des Holzertrages nach wie vor das Handeln vorgibt, äußern wie zu erwarten Kritik am Lübecker Konzept. Bürgerschaft, Umwelt- und Naturschutzverbände setzen sich weiterhin intensiv für die Naturwaldentwicklung ein. Heute ist der Stadtwald Lübecks naturnäher, klimaresistenter, kühler und feuchter als der frühere Wirtschaftswald – und längst nicht mehr der einzige naturnahe Wald in Deutschland.[9]

1994 (16.07.) Das **Umweltinformationsgesetz** verpflichtet hoheitliche Institutionen, die dort verfügbaren Umweltinformationen frei und anlasslos für alle Menschen in Deutschland zugänglich zu machen. Einige der wenigen verbliebenen Restriktionen akzeptiert der Europäische Gerichtshof nicht. Die Bundesrepublik bessert am 22. Dezember 2004 nach.

1994 (ab 17.11.) Die neue Bundesregierung (Kabinett Kohl V) fokussiert ihre Politik auf Strategien zur Minderung der Arbeitslosigkeit; die vergleichsweise **hohe Priorität der Umweltpolitik endet** mit dem Ausscheiden von Klaus Töpfer als Bundesumweltminister.

1995 Die **Produktion von landwirtschaftlichen Produkten** hat sich in Deutschland seit 1900 gravierend erhöht:

- bei Weizen von 1,87 Tonnen pro Hektar im Jahr 1900 auf 6,92 Tonnen pro Hektar im Jahr 1995,
- bei Kartoffeln von 12,61 Tonnen pro Hektar im Jahr 1900 auf 31,41 Tonnen pro Hektar im Jahr 1995.

Die stärksten Anstiege sind seit den 1950er-Jahren eingetreten. Ursächlich sind neue wissenschaftliche Erkenntnisse, Erhöhungen der Mineraldüngung, verbessertes Saatgut und auch der Einsatz von Pestiziden sowie allgemein die stark gewachsene Mechanisierung und Industrialisierung der Landwirtschaft. Die ursprüngliche Bodenfruchtbarkeit hat immer mehr an Bedeutung verloren, der Einsatz von Mineraldünger immer mehr an Bedeutung gewonnen.[10]

1995 Der **Fleischkonsum** ist in Deutschland – abgesehen von vorübergehenden kriegs- und krisenbedingten Einbrüchen – seit dem Jahr 1900 stark gestiegen: Im frühen 19. Jahrhundert isst ein Mensch im Mittel etwa 14 Kilogramm Fleisch und Wurst im Jahr, im frühen 20. Jahrhundert sind es rund 47 Kilogramm im Jahr und Mitte der 1990er-Jahre 91 Kilogramm im Jahr. Besonders stark steigt der Verzehr an Schweine- und Geflügelfleisch in der zweiten Hälfte des 20. Jahrhunderts.[11]

---

[9] Fähser (2024): Ein besonderer Geburtstag: Das Lübecker Waldkonzept wird 30 Jahre alt.

[10] Ditt (2001): Zwischen Markt, Agrarpolitik und Umweltschutz. S. 106.

[11] Ebd. S. 90.

1995 (März) Der Klimawissenschaftler und Direktor des Max-Planck-Instituts für Meteorologie in Hamburg Prof. Dr. Klaus Hasselmann stellt im Bericht des Weltklimarats fest, dass die **Belege für den Einfluss des Menschen auf das globale Klima wissenschaftlich erbracht** sind. ($\rightarrow$ 10.12.2021)

1995 (23.09., 06 Uhr) Die **Breitachklamm** liegt bei Oberstdorf an der deutsch-österreichischen Grenze (Abb. 10.3). Sie ist 1600 Meter lang und an der schmalsten Stelle kaum zwei Meter breit. Steine, die die Breitach mitführte, haben die Klamm nach dem Abschmelzen des Breitachgletschers in den vergangenen 11.000 Jahren bis zu 87 Meter tief in Kalkstein eingeschnitten. Am 23. September 1995 lösen sich durch natürliche Verwitterungsprozesse überschlägig 50.000 Kubikmeter Gestein an einer Felswand. Sie stürzen in die Breitachklamm und blockieren sie mehrere Meter hoch. Oberhalb des Damms staut sich Abfluss der Breitach.

1996 (23.03., gegen 11:30 Uhr) Sechs Monate später, am späten Vormittag des 23. März 1996, bricht die Barriere des **Felssturzes** in der Breitachklamm unvermittelt während der Schneeschmelze. Rund 300.000 Kubikmeter Wasser schießen in einer bis zu 35 Meter hohen **Flutwelle** klammabwärts. Sie verwüstet den in den Jahren 1904 und 1905 mehr als fünf Meter über dem Klammboden errichteten Wanderweg mitsamt den Brücken.

1996 (12.09. und 09.10.) **Beschleunigungsgesetze** schränken die Bürgerbeteiligung bei Genehmigungsverfahren ein.

1996 (06.10.) Das 1994 beschlossene **Kreislaufwirtschafts- und Abfallgesetz** tritt in Kraft.

Ab 1996 Das größte Teichgebiet Deutschlands liegt in der sorbischen Oberlausitz nordöstlich von Dresden ($\rightarrow$ ab 1248). Im Jahr 1996 erkennt die UNESCO die **Oberlausitzer Heide- und Teichlandschaft** mit einer Fläche von 301 Quadratkilometern und 59 Dörfern als **Biosphärenreservat** an. Zahlreiche bedrohte Pflanzen- und Tierarten, darunter Wiesen-Gladiole und Moorveilchen, Seeadler, Kranich, Wiedehopf, Rohrdommel, Ziegenmelker, Fischotter und Wolf, leben in, an und auf den Teichen, Niedermooren, Flussauen, dem renaturierten und revitalisierten Oberlauf der Spree, in Heiden und Kiefernwäldern des Biosphärenreservates (Abb. 10.4). Bildung für nachhaltige Entwicklung, die Förderung der sorbischen Kultur, eine nachhaltige wirtschaftliche, natur- und sozialverträgliche Nutzung sind bedeutende Elemente des Entwicklungskonzeptes.[12]

1997 Der Biologe, Bodenkundler, Moorforscher, Naturschützer und Umweltaktivist Prof. Dr. **Michael Succow** erhält für sein Engagement zum Schutz natürlicher Ökosysteme den **Right Livelihood Award** (Alternativer Nobelpreis). Michael Succow hat ab März 1990 als Stellvertreter Minister für Natur-, Umweltschutz und Wasserwirtschaft der DDR

---

[12] Vgl. https://www.unesco.de/staette/oberlausitzer-heide-und-teichlandschaft/ (letzter Zugriff: 04.07.2025); https://www.haus-der-tausend-teiche.de (letzter Zugriff: 04.07.2025).

Abb. 10.3 Ein Felssturz staut die Breitach bei Oberstdorf im Oberallgäu; ein halbes Jahr später bricht der Damm und eine Flutwelle schießt durch die Breitachklamm. (Foto: H.-R. Bork, 15.09.2021)

Abb. 10.4 Teich im Biosphärenreservat Oberlausitzer Heide- und Teichlandschaft. (Foto: H. Bork, 29.05.2025)

das Nationalparkprogramm initiiert und danach in Osteuropa und Asien zahlreiche große Naturschutzprojekte geleitet, die oft zu bedeutenden Unterschutzstellungen führten.

1997 Rund 4100 **Großtrappen** (*Otis tarda*) leben 1939/40 noch in Deutschland, vorwiegend in Brandenburg. Die schweren Vögel sind auf ausgedehnte trockene Graslandflächen angewiesen. Sie ernähren sich vorwiegend von Großinsekten. In der zweiten Hälfte des 20. Jahrhunderts intensivieren Landwirtschaftsbetriebe die Nutzung der Lebensräume der Großtrappen. Großinsekten werden seltener. Viele Großtrappenküken verhungern. In den späten 1990er-Jahren ist die Art vom Aussterben bedroht. 1997 leben nur noch 57 Großtrappen in Deutschland, die meisten in Brandenburg. Durch erfolgreiche Schutzmaßnahmen wächst der Bestand auf etwa 350 Tiere im Jahr 2021; danach sinkt er leicht auf 302 Tiere im Jahr 2024. Infolge der starken Zerschneidung und der intensiven Nutzung der Offenlandschaften sowie der Zunahme von Beutegreifern und Raubsäugetieren in jüngster Zeit ist nicht zu erwarten, dass die Population in Deutschland wieder auf mehrere Tausend Großtrappen anwächst.[13]

---

[13] Watzke (2024): Deutschlands letzte Großtrappen.

1997 (22.01.) Das Bundesverfassungsgericht weist Verfassungsbeschwerden von tabak-
verarbeitenden Industriebetrieben gegen die **Verordnung über die Kennzeichnung von
Tabakerzeugnissen** und über Höchstmengen von Teer im Zigarettenrauch zurück. Das
Gericht stellt fest, dass Rauchen krank macht und ein besonderer Warnhinweis auf jeder
Zigarettenpackung erforderlich ist: „Rauchen verursacht Krebs" oder „Rauchen verursacht
Herz- und Gefäßkrankheiten".

1997 (Juli) Feucht-warme Luftmassen ziehen aus dem Mittelmeerraum nach Tschechien
und Polen. Sie bringen außergewöhnlich hohe Niederschläge und lösen an der oberen
Oder und ihren Nebenflüssen **extreme Hochwasser** aus. Am 17. Juli 1997 erreicht die
Hochwasserwelle bei Ratzdorf Deutschland. Der Oderdeich bricht am 23. Juli 1997 bei
Brieskow-Finkenheerd und am 25. Juli 1997 bei Aurith. Das Oderwasser flutet 5500 Hektar
der Ziltendorfer Niederung. Anfängliche Koordinationsprobleme lösen Verzögerungen aus.
Ungefähr 50.000 Fachkräfte evakuieren jedoch erfolgreich Tausende, sichern mit 8,8 Mio.
Sandsäcken Deiche, reparieren Deichbrüche – intensiv unterstützt von der lokalen Bevölke-
rung. In Deutschland sind keine Todesopfer zu beklagen, in Polen und Tschechien hingegen
114. Effektive Hochwasserschutzmaßnahmen und lokale, nationale, und internationale
Organisationsstrukturen resultieren aus der Katastrophe an der Oder.

1998 (07.01.) Einige der größten deutschen Lebensmittelhandelsunternehmen bieten in
den 1990er-Jahren Milch zu Niedrigpreisen an. Zeitgleich erwägt die Europäischen Union
eine Abschaffung der Milchquote. Viele der Milch erzeugenden Betriebe sehen einen drin-
genden Handlungsbedarf; aber der Aufbau einer eigenständigen Interessenvertretung der
Milchbäuerinnen und -bauern im Deutschen Bauernverband scheitert. Am 7. Januar 1998
erfolgt die Gründung des „**Bundesverbandes Deutscher Milchviehhalter** BDM e. V.".
Bis in die jüngste Zeit treten Milchkrisen auf, in denen die Milchpreise extrem niedrig und
die Kosten der Milch erzeugenden Betriebe nicht gedeckt sind. So demonstrieren Vertre-
terinnen und Vertreter des BDM während Agrarministerkonferenzen, auf zentralen Plätzen
in Großstädten, vor Molkereien oder Auslieferungslagern von Lebensmittelhandelsunternehmen. Der hohe Preisdruck, den Lebensmittelhändler ausüben, minimiert die Erträge der
Milchbetriebe, ist damit schädlich für das Tierwohl und hat auch negative Umweltwirkungen. Tausende Betriebe müssen die Milchproduktion schließlich einstellen.[14]

1998 (25.10.) Das mit Holz beladene **Motorschiff Pallas** gerät auf dem Weg von Schweden nach Marokko vor der dänischen Nordseeküste in Brand. Stürmisches Wetter verhindert die Einfahrt in den Hafen von Esbjerg. Rettungshubschrauber bergen die Besatzung;
ein Seemann erleidet einen Herzinfarkt. Das führerlose Schiff fährt mit laufendem Motor
nach Südwesten. Intensive Lösch- und Abschleppversuche scheitern angesichts der rauen
See. Am 29. Oktober 1998 läuft das brennende Schiff im Watt vor Amrum mit 760 Kubikmetern Betriebsstoffen an Bord auf Grund. Öl tritt aus und treibt auf Strände von Föhr. Am
7. November 1998 zerbricht das Schiff. Es gelingt, das noch nicht ausgelaufene oder ver-

---

[14] Vgl. https://www.bdm-verband.de/wp-content/uploads/2020/08/Chronik_final_low2020.pdf (letzter Zugriff: 04.07.2025).

brannte Öl abzusaugen. Viele Seehunde und etwa 16.000 Seevögel – hauptsächlich Eiderenten – verölen und sterben qualvoll. Eine unabhängige Expertenkommission, das Seeamt Kiel und die Christian-Albrechts-Universität zu Kiel untersuchen die Havarie der Pallas und geben Empfehlungen für eine verbesserte Schadensbekämpfung von Schiffsunfällen sowie zu einem verbesserten Informationsaustausch zwischen den Beteiligten. Der Bund und die fünf deutschen Küstenländer etablieren zum 1. Januar 2003 das Havariekommando für Nord- und Ostsee als gemeinsame Einrichtung.[15]

1998 (27.10.) bis 2005 (22.11.) In den beiden von SPD und Bündnis 90/Die Grünen unter Bundeskanzler Gerhard Schröder gebildeten Bundesregierungen besitzt die **Umweltpolitik** wieder einen höheren Stellenwert – auch wenn sie dringende Erfordernisse des Natur- und Umweltschutzes nur partiell umsetzen. Die Kabinette Schröder I und II beschließen u. a. das 100.000-Dächer-Programm, die ökologische Steuerreform, das Erneuerbare-Energien-Gesetz und das Atomausstiegsgesetz. Sie modifizieren oder beendigen Projekte zur Kanalisierung der Donau (2000) und zum Ausbau der Elbe (2002).

1998 (November) Die Zerschneidung der Landschaften Deutschlands durch Fernstraßen, durch stark befahrene mehrgleisige Bahnlinien und von Menschen angelegte Bundeswasserstraßen hat zur Verinselung einst durchgängiger Lebensräume gesorgt. Wild kann nicht mehr ohne Lebensgefahr von einem Biotop über die Verkehrswege in das nächste wechseln. Je kleiner ein Biotop zwischen stark frequentierten Verkehrswegen ist, desto weniger Arten können dort (über)leben. Im Jahr 2010 existieren in Deutschland nur noch 471 nicht durch Fernstraßen oder mehrgleisige Bahnstrecken zerschnittene Lebensräume mit einer Ausdehnung von mehr als hundert Quadratkilometern. Wild- oder Grünbrücken vermögen abgetrennte Lebensrauminseln jedoch wieder zu verbinden.[16] Die Autobahn A13 verbindet Berlin mit Dresden. Bei Barzig, einem Ortsteil der Stadt Großräschen im Südosten Brandenburgs, führt ein Wirtschaftsweg über die A13. Das Brandenburger Autobahnamt veranlasst die Umwidmung der acht Meter breiten Wirtschaftsbrücke in Brandenburgs erste **Wildbrücke**, lässt sie in Zusammenarbeit mit Naturschutzbehörden durch Findlinge für den Kraftfahrzeugverkehr sperren, Schall- und Sichtschutzwände errichten, Boden auftragen und Gehölze pflanzen. Im November 1998 ist die Wildbrücke fertiggestellt. Erstmals seit dem Autobahnbau verbinden sich zwei benachbarte Lebensrauminseln. Die umgewidmete Brücke wird gut angenommen.

▶ Im Jahr 2025 gibt es in Deutschland bereits mehr als einhundert vorwiegend über fünfzig Meter breite Grünbrücken mit effektiven Verbindungen der Lebensräume auf beiden Seiten von Fernstraßen oder Bahnlinien (Abb. 10.5). Oftmals dauert es Jahre, bis manche Tierarten, darunter seltene Käferarten, sie finden. Daher ist die Nutzung einer neuen Grünbrücke erst nach einem langen

---

[15] https://www.msz-cuxhaven.de/DE/MSZ/Meilensteine/Meilensteine_1998_Pallas.html (letzter Zugriff: 04.07.2025).

[16] https://lbm.rlp.de/fileadmin/lbm/Themen/Landespflege/Dokumente/2019-05_Gruenbruecken_RLP.pdf (letzter Zugriff: 04.07.2025).

Abb. 10.5 Wildbrücke bei Großenrode südwestlich von Northeim über die A7. (Foto: H. Bork, 14.06.2025)

und intensiven Monitoring verlässlich zu beurteilen. Ist dieses erfolgt, zeigt sich zumeist der große Erfolg der teuren Grünbrücken. Mittlerweile werden sie zunehmend in ausgedehnte Wildtierkorridore eingebunden. Vernetzte Grünbrücken gehören zu den ökologischen Erfolgsgeschichten.[17]

1999 (01.01.) Das **100.000-Dächer-Programm** tritt in Kraft und bewirkt zusammen mit dem Erneuerbare-Energien-Gesetz eine Verzehnfachung des Solarmarktvolumens.

1999 (01.03.) Intensive Nutzungen und umweltgefährdende Abfälle belasten oder zerstören seit langem Böden. Die Interministerielle Arbeitsgruppe Bodenschutz unterbreitet 1985 eine fundierte Konzeption zum Schutz der Böden Westdeutschlands. Sie identifiziert geeignete Maßnahmen für eine Reduzierung von Flächenverbrauch, Schadstoffbelastung, Bodenerosion, Bodenverdichtung, -versiegelung und -verschlämmung. Interessenverbände der Agrarwirtschaft verhindern über Jahre die Verabschiedung eines Gesetzes. Am 1. März 1999 tritt endlich eine stark abgeschwächte Variante der Bodenschutzkonzeption von 1985 als **Bundesbodenschutzgesetz** (BBodSchG) in Kraft. Es verpflichtet alle Bodennutzer zu einem schonenden Umgang mit dem bedeutenden und empfindlichen Naturgut, die Landwirtschaft zu einer guten fachlichen Praxis, der Erhaltung von Fruchtbarkeit und Leistungsfähigkeit des Bodens. Es sind weitgehend symbolische Forderungen, die im Verwaltungsvollzug kaum Wirkung entfalten. So bleibt ein wirkungsvoller Bodenschutz auch nach einigen Novellierungen des BBodSchG eine essenzielle und dringende Zukunftsaufgabe.

1999 (01.04.) Das **Gesetz zum Einstieg in die ökologische Steuerreform** tritt in Kraft. Einnahmen aus der neuen Stromsteuer und der Erhöhung der Mineralölsteuer sollen die Senkung der Arbeitgeberbeiträge zur Rentenversicherung finanzieren und über die Förderung erneuerbarer Energien zu einer höheren Energieeffizienz beitragen. Die Nichtbesteuerung von Kerosin sowie von Brennstoffen aus Stein- und Braunkohle ist inkonsequent. Angesichts der bescheidenen Steuererhöhungen bleibt die Klimawirksamkeit gering.

1999 (Mai) In den Nordalpen, am Alpenrand und im Alpenvorland ist die erste Maihälfte regenreich; vom 10. bis zum 14. Mai fallen in Oberstdorf 154 Millimeter und in Kempten

---

[17] https://www.spektrum.de/news/eine-autobahn-fuer-tiere/1432765 (letzter Zugriff: 04.07.2025).

135 Millimeter Niederschlag. Die Böden sind wassergesättigt. Vom 20. bis zum 22. Mai messen die meteorologischen Stationen erneut hohe Niederschläge – in Wallgau-Obernach im Landkreis Garmisch-Partenkirchen 277 Millimeter in nur 48 Stunden. Sie lösen zusammen mit der Schneeschmelze das **Pfingsthochwasser** aus. Der Bodensee erreicht am 24. Mai den höchsten Pegelstand seit 1898. In Südbayern überfluten die Wassermassen rund 40.000 Hektar Fläche mit Wohngebäuden, Gewerbe- und Industrieanlagen. Bei Neustadt a. d. Donau bricht am 24. Mai der Donauhauptdeich; etwa 22,7 Mio. Kubikmeter Wasser setzen ausgedehnte Siedlungsbereiche unter Wasser. Fünf Menschen sterben. Vereinzelt ist das Trinkwasser mikrobiologisch belastet. Der wirtschaftliche Schaden wird auf 345 Mio. Euro geschätzt. Hoch ist er entlang von Iller, Loisach und Donau. Nach dem Pfingsthochwasser verbessern Bayern und Baden-Württemberg den Hochwasserschutz.

1999 (26.12.) Der **Orkan Lothar** wirft allein in Baden-Württemberg Bäume auf einer Fläche von rund 400 Quadratkilometern, vor allem Fichtenmonokulturen (Abb. 10.6). Nur 650 Mio. Euro der Gesamtschadenssumme von 1,6 Mrd. Euro sind versichert. Die Holzpreise brechen ein; 4,6 Mio. Kubikmeter Sturmholz müssen eingelagert werden. Dreizehn Menschen sterben durch den Orkan. (→ 28.11.2013)

Abb. 10.6 Natürliche Sukzession nach dem Orkan Lothar im Nationalpark Nordschwarzwald. (Foto: H.-R. Bork, 03.08.2020)

21. Jahrhundert Die milliardenfache Herstellung und Nutzung von **Computern** – vom Handy über das Tablett, das Notebook, den Personal Computer und den Industrie Computer bis zum Hochleistungsrechner – führt zu einem hohen Ressourcen- und Energieverbrauch. Rasant gewachsene Tech-Unternehmen wie Alphabet und Microsoft haben nicht nur eine global bedeutende Marktmacht gewonnen, ihre Produkte bestimmen über **digitale und soziale Medien** auch die Lebenswelt und das Verhalten der Menschen in Deutschland, in Europa und der gesamten Welt. Der digitale, virtuelle Raum verändert sich unfassbar schnell. Forschungen zu den Inhalten und Wirkungen digitaler und sozialer Medien sowie die erforderlichen politischen Maßnahmen zur Begrenzung problematischer, ja gefährlicher Entwicklungen benötigen dagegen (zu) viel Zeit.[18]

▶   Die stark gewachsenen Leistungen von Großrechnern ermöglichen heute in vielen Bereichen verlässliche Modellanwendungen. Das Wetter kann einschließlich der Extreme immer präziser vorhergesagt und die Entwicklung des komplexen Erdsystems einschließlich des Klimas immer differenzierter modelliert und bewertet werden (insbesondere über Szenarioanalysen).

2000 Mit einer **mittleren Jahrestemperatur von 9,9 Grad Celsius** ist es das wärmste in Deutschland seit dem Beginn regelmäßiger Temperaturaufzeichnungen (1881) gemessene Jahr. Im Vergleich zum Mittelwert der 30-jährigen Referenzperiode von 1961 bis 1990 (8,2 Grad Celsius) ist es im Jahr 2000 auffallende 1,7 Grad Celsius wärmer. (→ 2014 bis 2017)

2000 In **ostdeutschen Braunkohletagebauen** verlagert man im Jahr 2000 insgesamt 287 Mio. Tonnen Abraum, um 72 Mio. Tonnen Braunkohle zu gewinnen. Im Vergleich zum Jahr → 1989 ist der Abbau von Braunkohle in Ostdeutschland um 76 Prozent zurückgegangen.

2000 Sieben **Nandus** (*Rhea americana*) gelingt die Flucht aus einem privaten Gehege in Groß Grönau bei Lübeck. Sie wandern nach Osten in das westmecklenburgische Biosphärenreservat Schalsee-Elbe, wo sie auf Feldern bevorzugt Weizen, Raps und Mais fressen und sich vermehren (Abb. 10.7). Seit 2018 bekämpft man die ursprünglich aus Südamerika stammenden Vögel. Zählungen der frei im Biosphärenreservat lebenden Nandus zeigen jagdbedingt einen deutlichen Populationsrückgang: 15. April 2019: 362 Nandus, 28. Oktober 2022: 144 Nandus, Frühjahr 2024: 70 Nandus.[19]

2000 (01.04.) Das **Erneuerbare-Energien-Gesetz** (EEG) löst das Stromeinspeisungsgesetz ab. Finanziert über die variable EEG-Umlage für Strom Verbrauchende, intendiert es eine nachhaltige Energieversorgung und eine Verzweifachung des Anteils regenerativer Energien am deutschen Bruttostromverbrauch. Die EEG-Umlage wächst von 1,17 Eurocent pro Kilowattstunde im Jahr 2008 auf 6,405 Eurocent pro Kilowattstunde im Jahr 2019 und

---

[18] Vgl. Bork-Hüffer und Strüver (2021; Hrsg.): Digitale Geographien. Sowie: Bork-Hüffer et al. (2021): Handbuch Digitale Geographien.

[19] Bork (2020): Umweltgeschichte Deutschlands. S. 296 ff.

Abb. 10.7 Nandu im westlichen Mecklenburg. (Foto: H.-R. Bork, 22.04.2019)

sinkt dann bis kurz vor dem Wegfall der Umlage zum 1. Juli 2022 auf 3,723 Eurocent pro Kilowattstunde. Eine besondere Ausgleichsregelung ermöglicht stromkostenintensiven Unternehmen, ab 2012 Reduzierungen der EEG-Umlage zu beantragen.

2000 (26.11.) Die **Bovine spongiforme Enzephalopathie BSE** ist eine Erkrankung des zentralen Nervensystems von Wiederkäuern; sie verläuft tödlich. In Tierfutter gelangte Prionen aus Gehirn und Rückenmark übertragen sie. Am 26. November 2000 weist die Bundesforschungsanstalt für Viruskrankheiten der Tiere erstmals an einem in Deutschland geborenen Rind BSE nach. Umgehend wird die Verfütterung von Wiederkäuerfett und -mehl verboten. Menschen können sich mit einer Variante der Creutzfeldt-Jacob-Krankheit (vCJK) anstecken, die nach mehreren Jahren zum Tod führt, wenn sie Rinderprodukte verzehren, die Prionen enthalten. Bis heute ist kein Fall von vCJK in Deutschland aufgetreten. Der Verkauf von Rindfleischprodukten bricht ein. Prüfungen auf Prionen nach der Schlachtung an mindestens zwei Jahre alten Rindern erbringen bis 2015 Nachweise von BSE an 414 Rindern. 2007 beginnt die Zahl der Infektionen stark zurückzugehen. Der Rindfleischkonsum nimmt wieder zu.

2001 bis 2020 Die Unwetterdatenbank des European Severe Storms Laboratory (ESSL) verzeichnet über den 20-jährigen Zeitraum von 2001 bis 2020 im Mittel jährlich **32 Tornados** und **17 Wasserhosen** für Deutschland.[20] (→ 05.05.2015)

2002 Die Mandschurische Esche *Fraxinus mandshurica* ist in Ostasien heimisch und lebt dort in Symbiose mit dem Falschen Weißen Stengelbecherchen *Hymenoscyphus fraxineus*, einem Pilz. Wohl mit dem Holz der Mandschurischen Esche kommt der Pilz Anfang der 1990er-Jahre nach Europa, wo sich seine Sporen rasch verbreiten und Blätter sowie junge Triebe der nicht angepassten **Gemeinen Esche** *Fraxinus excelsior* infizieren. 2002 ster-

---

[20] https://www.dwd.de/DE/wetter/thema_des_tages/2022/5/30.html (letzter Zugriff: 04.07.2025).

Abb. 10.8 Abgestorbene Eschen im Projensdorfer Gehölz in Kiel. (Foto: H.-R. Bork, 05.08.2019)

ben die ersten Eschen in Schleswig-Holstein, 2008 in Süddeutschland (Abb. 10.8). Das Eschentriebssterben hat mittlerweile ein dramatisches Ausmaß angenommen. Eschenholz ist wertvoll, Waldökosysteme mit zahlreichen Eschen sind artenreich. Zu hoffen ist, dass Züchtungen resistenter Gemeiner Eschen und andere Maßnahmen rechtzeitig gelingen. Bis dahin geht mit den Eschen ein ökologisch und ökonomisch wichtiger Teil bestimmter Eichen-Hainbuchen-Wälder und feuchterer Buchenwälder in Deutschland verloren.

2002 (Februar) In Basel gelingt dem Landesarchäologen von Sachsen-Anhalt Prof. Dr. Harald Meller mithilfe der Basler Polizei die Beschlagnahmung der frühbronzezeitlichen astronomischen **Himmelsscheibe von Nebra**. Sie war um 1600 v. Chr. auf dem Mittelberg bei Nebra deponiert und 1999 von Raubgräbern mit einer Sonde entdeckt, gestohlen und in Basel zum Verkauf angeboten worden. Die Himmelsscheibe von Nebra ist die weltweit älteste bekannte präzise Darstellung kosmischer Phänomene, ein rund 3600 Jahre alter kultischer Kalender.

2002 (27.04.) Die Bundesregierung (das Kabinett Schröder I) evaluiert die Risiken der weltweiten zivilen Kernenergienutzung einschließlich der Wiederaufbereitung von Kernbrennstoffen sowie der Zwischen- und Endlagerung radioaktiver Abfälle. Sie folgert, dass die gewerbliche Kernenergienutzung geordnet einzustellen ist. Schließlich erzielt die Bundesregierung am 11. Juni 2001 mit den Energieversorgungsunternehmen (EVU) einen

Konsens. Am 27. April 2002 tritt das Gesetz zur geordneten Beendigung der Kernenergienutzung zur gewerblichen Nutzung von Elektrizität, kurz **Atomausstiegsgesetz**, in Kraft. Es verbietet den Bau neuer Reaktoren und Wiederaufbereitungsanlagen für abgebrannte Brennstäbe. Die EVU haben Zwischenlager für abgebrannte Brennstäbe einzurichten und sämtliche Kernkraftwerke bis 2021 abzuschalten. Die CDU/CSU-Fraktion im Bundestag teilt mit, nach einer Regierungsübernahme das Gesetz zurückzunehmen.

2002 (ab 12.08.) Feucht-warme Luftmassen dringen von der Adria über die Schweiz und Süddeutschland langsam nach Sachsen, Österreich, Tschechien und Polen vor und lösen Extremniederschläge aus: Allein am 12. August fällt in Zinnwald-Georgenfeld auf dem Erzgebirgskamm die Rekordmenge von 312,0 Millimeter Niederschlag. Bald verzeichnen die Elbe und ihre Nebenflüsse Rekordpegelstände. Das **verheerende Sommerhochwasser** flutet und beschädigt zahlreiche, hauptsächlich seit der Herstellung der deutschen Einheit in Talauen errichtete Kläranlagen, Wohn- und Industriegebiete, aber auch kulturgeschichtlich bedeutende Gebäude in Innenstädten wie den Zwinger in Dresden (Abb. 10.9). Das Hochwasser nimmt aus überfluteten Heizöltanks und Tankstellen Heizöl, Diesel und Benzin auf, aus Industrieanlagen Metallverbindungen, von Landwirtschaftsbetrieben Pestizide, aus Kläranlagen mit Keimen belastete organische Stoffe. Einige der Elbe im Herbst 2002 entnommene Fische weisen erhöhte Gehalte an Quecksilber und Pestiziden auf. Auch an der Donau ist das Hochwasser ungewöhnlich hoch. Die Katastrophe fordert 21 Menschenleben. Der Gesamtschaden beläuft sich in Deutschland auf 11,6 Mrd. Euro. Erst jetzt und nicht bereits nach dem Oderhochwasser 1997 passen die Behörden Frühwarnsysteme und Hochwasserschutz auch für die Elbe an.

2002 (26.08. bis 04.09.) Die Bundesregierung (das Kabinett Schröder I) legt auf dem UN-Gipfel für nachhaltige Entwicklung in Johannesburg die **erste deutsche Nachhaltigkeitsstrategie** vor. Im Abstand von vier Jahren sind Fortschritte in 36 Indikatorbereichen zu evaluieren. Die Verabschiedung der Agenda 2030 durch die UN im Jahre 2015 erfordert eine Überarbeitung; sie wird am 11. Januar 2017 von der Bundesregierung (dem Kabinett Merkel III) vorgenommen. Das Managementsystem für eine nachhaltige Entwicklung enthält jetzt 63 zu erfassende und zu bewertende Indikatorbereiche.

2002 (November) Thermopapier, Bremsflüssigkeiten, Epoxidharze (verwendet z. B. in Bodenbelägen, Klebstoffen, Innenbeschichtungen von Dosen) und Polykarbonate (verwendet z. B. in Babyflaschen, weiteren Getränkeflaschen, Kunststoffbestecken, Nagellacken, Brillengläsern, Mobiltelefonen, Kaffeemaschinen und Wasserkochern) enthalten **Bisphenol A (BPA)**. Aus BPA verarbeitenden Betrieben kann die Industriechemikalie über das Abwasser in Kläranlagen gelangen. In diesen wird es nicht immer vollständig abgebaut und dann weiter in Oberflächengewässer geleitet. Auf mehr als 70 Grad Celsius erhitztes Wasser löst BPA aus beschichteten Wasserleitungen oder Polykarbonat-haltigen Behältern. Beschichtete Konservendosen geben BPA ab. Bisphenol A wird im Blut von Dialysepatienten, Neugeborenen auf Intensivstationen, Nabelschnüren und im November 2002 im Blut von Müttern gefunden. Einige Wissenschaftler und Institutionen bezweifeln die Probenahme- und Messmethodik für BPA. Die Weltgesundheitsorganisation und endokrino-

Abb. 10.9 Hochwassermarken der Elbe am Wasserpalais von Schloss Pillnitz in Dresden. Am 17.08.2002 erreicht die Elbe den bis dahin höchsten hier verzeichneten Wasserstand vom 31.03.1845; das nächste katastrophale Elbhochwasser läuft im Juni 2013 am Wasserpalais 130 Zentimeter höher auf als diejenigen von 2002 und 1845. (Foto: H.-R. Bork, 25.07.2006)

logische Fachgesellschaften, die sich mit Drüsen und Hormonen befassen, stufen dagegen BPA als Stoff mit hormonähnlicher Wirkung ein, der schon in geringen Konzentrationen hormonelle Erkrankungen beeinflussen kann. Die Europäische Chemikalienagentur ECHA bewertet 2017 BPA als besonders besorgniserregenden Stoff und die Europäische Behörde für Lebensmittelsicherheit EFSA erkennt 2023 potenziell schädliche Auswirkungen von BPA auf die Gesundheit des Immunsystems.

Ab 2002 (November) Ausgehend von der chinesischen Provinz Guangdong, breitet sich das sich in der Lunge festsetzende **SARS-CoV-1-Virus** rasch aus, vorwiegend in Ostasien und Kanada. Weltweit sterben etwa 800 Menschen an dem Schweren Akuten Atemwegssyndrom SARS. In Deutschland gibt es Infizierte, jedoch keine Todesopfer ($\rightarrow$ 2005).

Ab 2003 Die Wiederansiedlung des fast ausgestorbenen **Waldrapp** *Geronticus eremita* ($\rightarrow$ 17. Jahrhundert.) beginnt 2003 am nördlichen Alpenvorland. An Nachzuchtstationen erlernen in Zoologischen Gärten aufgewachsene Jungvögel das Fliegen. Eine Station liegt in Überlingen am Bodensee und eine weitere in Burghausen nahe der deutsch-österreichischen Grenze. Flugmaschinen mit den menschlichen Zieheltern führen die Waldrappen zu Winterquartieren in der Toskana und in Andalusien. Die seltenen Vögel haben sich das natürliche Zugverhalten über die Alpen erfolgreich angeeignet.[21]

2003 (Juli/August) Der Deutsche Wetterdienst verzeichnet im Jahr 2003 mit 19 Hitzetagen einen Rekord ($\rightarrow$ 2024). Im Sommer 2003 heizt das Hoch Michaela die Atmosphäre ungewöhnlich stark auf. Am 13. August 2003 erreicht die Temperatur in Freiburg i. B. und in Karlsruhe **40,2 Grad Celsius**. Damit wird der am 27. Juli 1983 in Gärmersdorf bei Amberg gemessene deutsche Hitzerekord eingestellt. In Karlsruhe überschreitet die Tageshöchsttemperatur im Sommer 2003 an 53 Tagen 35 Grad Celsius. Die Hitze führt in Deutschland zu Tausenden Sterbefällen.

2004 Die seit 1973 geschützten **Wallhecken (Knicks) Schleswig-Holsteins** haben 2004 eine Gesamtlänge von 68.281 Kilometern. Flurbereinigungsmaßnahmen haben davor mehrere Tausend Kilometer Knicks zerstört.

2005 Als Konsequenz aus der im $\rightarrow$ November 2002 ausgebrochenen SARS-Pandemie verabschiedet Deutschland 2005 den ersten **Nationalen Pandemieplan**. Das Bundesforschungsministerium fördert von 2007 bis 2014 den Forschungsverbund Ökologie und Pathogenese von SARS, der die Herkunft, den Übergang vom Tier auf den Menschen und die Gefährlichkeit von Corona-Viren untersucht.

2005 (24.02.) An einem Sonnentag strahlen die weißen Kreidefelsen im Nordosten Rügens und die blaue Ostsee, flankiert von den grünen Laubwäldern des Nationalparks Jasmund

---

[21] Vgl. https://www.waldrapp.eu/projektinfo/ (letzter Zugriff: 04.07.2025) sowie https://www.hellabrunn.de/newsdetailseite/waldrapp-erfolgreicher-auftakt-der-zweiten-menschengefuehrten-migration-nach-andalusien (letzter Zugriff: 04.07.2025).

oberhalb des Kliffs. Caspar David Friedrich ist wohl der bekannteste Maler, der dieses atemberaubende Naturschauspiel in grandiosen Gemälden festgehalten hat.

Allwinterlich wühlen aus nördlicher Richtung heranziehende Stürme die Ostsee auf. Die starke, hohe Brandung bewegt ufernah Sandkörner und Gerölle heftig, schlägt diese gegen den untersten Teil des Kreidekliffs, wodurch Hohlkehlen entstehen. Darüber mindern anhaltende Niederschläge und Frostwechsel die Stabilität der Kreidefelsen, bis schließlich kleine und große Blöcke abbrechen und bis in die Ostsee rollen. Am 24. Februar 2005 stürzen frühmorgens die beiden bis zu 20 Meter hohen Hauptzinnen der nordöstlich von Sassnitz gelegenen **Wissower Klinken** das Kreidekliff hinab bis in das Meer. Bei weiteren **Felsabbrüchen** an den Kreidekliffs im Norden und Nordosten von Rügen sterben am 26. Februar 2005 bei Göhren eine Frau und am 26. Dezember 2011 am Kap Arkona ein Kind. Natürliche Felsstürze sind an Steilküsten nach Stürmen oder längeren Niederschlägen häufig und stets gefährlich für Menschen, die sich unmittelbar ober- oder unterhalb von Steilküsten aufhalten. (→ um 1737)

2005 (August) Im Juni fallen um Rosenheim, im Allgäu und in Oberschwaben 150 bis 200 Millimeter und im Juli am Alpenrand und im Alpenvorland 150 bis über 300 Millimeter Niederschlag. Die Böden sind wassergesättigt. Vom 19. bis 24. August strömen wasserreiche Luftmassen von der Adria in das bayerische Alpenvorland. Am 22./23. August verzeichnen Messstationen im Allgäu über hundert Millimeter Niederschlag in nur 24 Stunden. Rasch schwellen die Flüsse an. Das **Alpenhochwasser** lässt Lech, Iller, Loisach, Isar, Inn und Donau über die Ufer treten. Am 23. August wird Katastrophenalarm in Neu-Ulm ausgelöst. Die Loisach überflutet nach einem Dammbruch Eschenlohe im Landkreis Garmisch-Partenkirchen. Murenabgänge blockieren Straßen, die nach Balderschwang und Garmisch-Partenkirchen führen.

2005 (November) Das **Grüne Band Deutschland**, das entlang der ehemaligen innerdeutschen Grenze von der Ostseeküste bis zur tschechischen Grenze verläuft, wird Deutsches Nationales Naturerbe.

2005 (Dezember) Nach der offiziellen Eröffnung am 30. Juni 2005 geht der bei Mühlhausen am Rhein-Main-Donau-Kanal in der Oberpfalz errichtete, mit 57.600 Modulen und einer Leistung von 6,3 MW damals **weltweit größte Solarpark Bavaria** an das Netz.

2006 (24.06.) Der **Braunbär JJ1** wird 2004 in einem Naturpark in den italienischen Alpen als erster Sohn von Mutter Jurka und Vater Joze geboren. Die an Menschen gewöhnte Mutter Jurka war 2001 ausgesetzt und danach auffällig geworden. JJ1 (vulgo Bruno) wandert in den Kreis Garmisch-Partenkirchen und ist damit der erste Braunbär in Deutschland seit mehr als 170 Jahren. Da er zahlreiche Schafe reißt und durch Kochel flaniert, stuft ihn die unvorbereitete bayerische Staatsregierung (das Kabinett Stoiber IV) zuerst als Schadbären und bald danach als Risikobären ein. Am 22. Juni 2006 gibt Umweltminister Werner Schnappauf JJ1 zum Abschuss frei; am 24. Juni erschießt ihn ein Jäger. Seit dem 26. März 2008 ist Bruno im Schloss Nymphenburg präpariert und Honig schleckend ausgestellt.

2007 Nachdem das Jahr 2006 mit einer mittleren Jahrestemperatur von 9,5 Grad Celsius bereits ungewöhnlich warm war, ist das Jahr 2007 **mit gemessenen 9,8 Grad Celsius**

das zweitwärmste in Deutschland seit dem Beginn der regelmäßigen Aufzeichnungen
($\rightarrow$ 2014 bis 2017).

2007 An der Autobahnraststätte bei Weil am Rhein wird, erstmals in Deutschland, die
ursprünglich im asiatisch-pazifischen Raum heimische **Asiatische Tigermücke** *Aedes al-bopictus* nachgewiesen. Passiv wurde sie mit Waren (vor allem in Gebrauchtreifen) und
Reisenden in den vergangenen Jahrzehnten u. a. nach Europa verschleppt. Vom Mittelmeer-raum breitete sie sich nach Norden aus. In Baden-Württemberg, im Süden von Hessen, im
Osten von Rheinland-Pfalz und in Berlin haben sich mittlerweile Populationen etabliert.
Die tagaktive, aggressive, anpassungsfähige kleine Tigermücke überträgt in tropisch-sub-tropischen Lebensräumen u. a. die humanpathogenen Dengue-, Zika- und Chikungunya-Viren. In Deutschland festgestellte Infektionen brachten bislang ausnahmslos Reisende
aus den Tropen und Subtropen mit. Vereinzelte lokale Infektionen durch Tigermücken in
Deutschland schließt das Robert Koch-Institut für Deutschland in den Sommermonaten
nicht aus.

2007 In der Landwirtschaft tätige Menschen unterliegen unterschiedlichen Gesundheitsge-fährdungen. Aus diesen können sich Erkrankungen entwickeln, die von Tieren auf Menschen
übergehen. Weiterhin sind Lärmschwerhörigkeit und Atemwegserkrankungen durch Staub,
allergisierende, chemisch-irritative oder toxische Stoffe häufig. Dr. Stefanie Goy hat 2007 in
ihrer Dissertation an der LMU München eine systematische Metaanalyse zur Häufigkeit von
chronischer Bronchitis bei Landwirtinnen und Landwirten in Deutschland durchgeführt.
Die Erkrankung trat bei 17 Prozent der in der agrarischen Tierhaltung, bei zwölf Prozent
der in agrarischen Mischbetrieben und bei zehn Prozent der in Pflanzenbaubetrieben tätigen
Menschen auf. Das Risiko, an chronischer Bronchitis zu erkranken, ist in der Landwirtschaft
im Mittel etwa doppelt so hoch wie im Mittel aller anderen Berufsgruppen.[22]

2007 (September) Die südwestlich von Freiburg im Breisgau gelegene Stadt Staufen
lässt im September 2007 sieben bis zu 140 Meter tiefe Bohrungen für die Installation von
Erdwärmesonden zur Beheizung und Kühlung der beiden Rathausgebäude abteufen. Zwei
Wochen nach der Installation der Sonden öffnen sich erste Risse am frisch renovierten his-torischen Rathaus und an Nachbargebäuden. Offenbar ist bei mindestens einer Sonde nicht
die Abdichtung zum umgebenden Gestein gelungen. Grundwasser fließt unter der Stadt
entlang der undichten Bohrung in Anhydrit, ein Gestein, das bei Wasserkontakt zu Gips
aufquillt. Dadurch heben sich über zwei Jahre bis Oktober 2009 mehr als 250 Gebäude um
dramatisch hohe fünf bis elf Millimeter im Monat (Abb. 10.10). Hinzu kommen seitliche
Bewegungen. Die Daten stammen von einhundert zur Beweissicherung eingerichteten
Messstellen. Ein umfangreiches, arbeitsintensives Krisenmanagement der Kommune mit
Entscheidungsträgern auf allen Verwaltungsebenen und **Rissgeschädigten** führt
- zu schadensbegrenzenden Maßnahmen wie Abdichtungen der Sonden und der Einrich-tung von Grundwasser entnehmenden Abwehrbrunnen sowie
- zu Schlichtungsverfahren, in denen die Stadt Staufen Entschädigungszahlungen regelt.

---

[22] Goy (2007): Chronische Bronchitis bei Landwirten – eine Metaanalyse.

Abb. 10.10 „Staufen darf nicht zerbrechen!" – Riss in der Fassade des Gasthauses zum Löwen in Staufen, entstanden durch die Hebung der Altstadt nach dem fehlerhaften Einbau von Erdwärmesonden. (Foto: H.-R. Bork, 23.07.2020)

Die Hebungsraten sinken im Sommer 2020 auf etwa einen Millimeter pro Monat.[23]

2007 (18./19.01.) Der **Orkan Kyrill** erreicht in Böen Windgeschwindigkeiten von 225 Kilometer pro Stunde, tötet 40 Menschen, bricht und wirft geschätzt 25 Mio. Bäume vor allem im Sauerland und Siegerland, verursacht einen Gesamtschaden von 4,7 Mrd. Euro, davon 1,9 Mrd. Euro in Forsten. Vom Sturmwurf betroffen sind hauptsächlich Fichtenmonokulturen.

2007 (31.10.) Das **novellierte Gesetz zum Schutz gegen Fluglärm** senkt die Schallschutzwerte in der unmittelbar um einen Flughafen ausgewiesenen Schutzzone 1 tagsüber auf 65 dB(A) und in Schutzzone 2 tagsüber auf 60 dB(A).[24] (→ 30.03.1971)

2007 (07.11.) Die Bundesregierung (das Kabinett Merkel I) verabschiedet die **Nationale Strategie zur biologischen Vielfalt**.

---

[23] https://www.staufen.de/unsere+stadt/hebungsrisse (letzter Zugriff: 04.07.2025); https://www.staufen.de/site/Staufen-2020/get/documents_E575224375/staufen/Objekte/Dateien/Unsere%20Stadt/Hebungsrisse/SUBSTANZ_5_Wenn_der_Boden_sich_hebt_Staufen_2.pdf (letzter Zugriff: 04.07.2025).
[24] https://www.gesetze-im-internet.de/flul_rmg/ (letzter Zugriff: 04.07.2025).

2007 (13.11.) Im Nationalpark Bayerischer Wald brechen 1972 und 1983 Stürme Tausende Fichten, die im Kerngebiet liegen bleiben dürfen (Abb. 9.1). Dort wächst ein Naturwald auf, eine neue Wildnis. Nach den Stürmen einsetzender **Borkenkäferbefall** erfasst auch benachbarte, nicht geschützte private Waldbestände (Abb. 9.2). Waldbesitzende protestieren gegen die Nichträumung des geworfenen Holzes. Nach dem Orkan Kyrill, der am 18./19. Januar 2007 Zehntausende Fichten bricht oder wirft, stellt sich erneut die Frage nach der Totholzräumung. Zur Vermeidung einer massiven Borkenkäferausbreitung erlaubt der zuständige Minister Werner Schnappauf im Mai 2007 die Entfernung eines Großteils des Totholzes mit bodenverdichtenden Harvestern, Rückemaschinen und mit Hubschraubern im Nationalpark. Gegner des Nationalparks erreichen schließlich, dass mit der am 13. November 2007 novellierten Nationalparkverordnung die Bekämpfung von Borkenkäfern außerhalb der Naturzonen für 20 Jahre erlaubt wird. Die Wandlung einer Kulturlandschaft in einen Nationalpark bleibt eine große Herausforderung – für die Menschen, nicht für die übrige Natur.

2008 Das Bundesforschungsministerium und die Umweltministerien von Bund und Land Niedersachsen handhaben die **Schachtanlage Asse II** jetzt wie ein Endlager, stellen sie unter Atomrecht, setzen das Bundesamt für Strahlenschutz BfS als Betreiber ein und beauftragen das BfS mit der Stilllegung. Damit gelten strengere Richtlinien, darunter die Verpflichtung zu einer Öffentlichkeitsbeteiligung am Stilllegungsverfahren. Später erweist sich, dass die erforderliche Langzeitsicherheit des Endlagers nur durch eine Rückholung der mehr als 125.000 Gebinde mit radioaktiven Abfällen zu gewährleisten ist ($\rightarrow$ 1967 bis 1978, 17.04.2020, 2013).

2009 (19.05.) Die RWE-DEA AG für Mineraloel und Chemie beabsichtigt, eine rund 530 Kilometer lange Pipeline von einem Braunkohlekraftwerk im nordrhein-westfälischen Hürth bis in den Norden Schleswig-Holsteins verlegen zu lassen. Etwa 2,6 Mio. Tonnen am Kraftwerk Hürth abgeschiedenes Kohlendioxid sollen jährlich durch die Pipeline in die westliche Umgebung von Flensburg strömen und dort in den tieferen Untergrund verpresst werden. Am 19. Mai 2009 gründet sich in Schleswig-Holstein die „Bürgerinitiative gegen CO₂-Endlager e. V.", um die **CO₂-Einlagerung** zu verhindern. Die Bürgerinitiative befürchtet ein Austreten des verpressten Gases und auch von Schadstoffen an den Bohrlöchern und durch Klüfte im Gestein.[25] Ein am 24. Januar 2014 vom Schleswig-Holsteinischen Landtag verabschiedetes Gesetz schließt die unterirdische Speicherung von Kohlendioxid im gesamten Land aus. ($\rightarrow$ 09.04.2025)

2009 (20.09.) In Dresden-Laubegast gibt die Niedrigwasser führende Elbe in einem trockengefallenen Flussbettabschnitt die Sicht auf **Hungersteine** mit den Jahreszahlen 1893, 1899 und 2003 frei. Sie erinnern an vorausgegangene Niedrigwasserstände.[26]

2010 In den vergangenen Jahrzehnten hat die **Luftverschmutzung** – trotz wachsenden Verkehrs und höherer industrieller Produktion – deutlich abgenommen; insbesondere der

---

[25] Vgl. https://keinco2endlager.de/ccs-fracking/ccs/was-ist-ccs/ (letzter Zugriff: 04.07.2025).
[26] Lange und Kaden (2018): Hungersteine und Untiefen.

Ausstoß von Schwefeldioxid, Kohlenmonoxid und Bleiverbindungen ging stark zurück. Problematisch sind weiterhin Stickstoffoxid- und Feinstaubemissionen. Die Zahl der Todesopfer, die auf Luftverschmutzung zurückzuführen sind, ist zwar ebenfalls rückläufig, jedoch weiterhin inakzeptabel hoch.

2011 (31.07.) Das 13. Gesetz zur Änderung des Atomgesetzes führt zur **Stilllegung der Kernkraftwerke in Deutschland bis 2022.**

2011 (31.12.) 5,8 Prozent oder **20.847 Quadratkilometer** der Oberfläche Deutschlands sind **versiegelt** – 3008 Quadratkilometer mehr als 19 Jahre zuvor.[27] Dieser Versiegelungszuwachs entspricht der Fläche der Städte Berlin (891 Quadratkilometer), Hamburg (755 Quadratkilometer), Köln (405 Quadratkilometer), Dresden (328 Quadratkilometer), Bremen (318 Quadratkilometer) und München (311 Quadratkilometer). (→ 31.12.2022)

2012 Das Bundesforschungsinstitut für Tiergesundheit (FLI) und das Leibniz-Zentrum für Agrarlandschaftsforschung (ZALF) gründen das erfolgreiche **Citizen-Science-Projekt Mückenatlas.** Wer Mücken sammelt, kann sie an die Projektträger senden und bestimmen lassen. Mehr als 37.000 Exemplare wurden von 2012 bis 2024 eingesandt und untersucht. Auf dieser für die Forschung außerordentlich bedeutsamen Datenbasis entstehen wichtige Verbreitungskarten für einzelne Mückenarten.

2012 Daten zur Tierhaltung und zum **Fleischverbrauch** zeigen, dass ein Mensch in Deutschland in seinem Leben im statistischen Mittel 1049 Tiere verzehrt: 945 Hühner, 46 Puten, 46 Schweine, 37 Enten, 12 Gänse, 4 Schafe und 4 Rinder.[28]

2013 Der Bundestag beschließt das Gesetz zur Beschleunigung der Rückholung radioaktiver Abfälle und der Stilllegung der **Schachtanlage Asse II.**[29] (→ 1967 bis 1978, 2008, 17.04.2020).

2013 (23.04., gegen 02:05 Uhr) Mit lautem Knall schlägt ein rund 1,3 Kilogramm wiegender Meteorit in ein Betonpflaster neben einem Wohnhaus in der Steinaustraße in Braunschweig-Melverode ein. Der **Meteorit von Braunschweig** besitzt ein Alter von zirka 4,5 Mrd. Jahren. Das 214 Gramm schwere Hauptbruchstück ist heute zusammen mit etwa hundert weiteren kleinen Fragmenten im Staatlichen Naturhistorischen Museum Braunschweig ausgestellt.

2013 (ab 31.05.) In Teilen Bayerns, Thüringens und Sachsens fallen vom 31. Mai bis zum 4. Juni 2013 bis zu 400 Millimeter Niederschlag. Donau, Elbe und ihre Nebenflüsse treten über die Ufer. Trotz der Flutung von Poldern an der Weißen Elster und an der Mittleren Elbe

---

[27] https://www.umweltbundesamt.de/daten/flaeche-boden-land-oekosysteme/boden/bodenversiegelung#bodenversiegelung-in-deutschland (letzter Zugriff: 04.07.2025).

[28] Heinrich-Böll-Stiftung et al. (2014): Fleischatlas 2013.

[29] https://www.bmuv.de/gesetz/gesetz-zur-beschleunigung-der-rueckholung-radioaktiver-abfaelle-und-der-stilllegung-der-schachtanlage-asse-ii (letzter Zugriff: 04.07.2025).

läuft das Hochwasser an einigen Elbpegeln höher auf als 2002. An einigen Donaupegeln übertrifft es gar den Rekordwert von 1501. Am 10. Juni 2013 brechen die Wassermassen den Elbdeich bei Tangermünde und fluten ca. 20.000 Hektar Fläche mit dem Dorf Fischbeck. Mit der Versenkung von Lastkähnen, Containern, Betonteilen und viel Sand gelingt schließlich der Deichschluss. Nach der Flut von 2003 ergriffene Hochwasserschutzmaßnahmen verhindern eine Überflutung der Dresdner Altstadt. Das **Junihochwasser 2013** hinterlässt in Deutschland und Nachbarstaaten dennoch einen Schaden von 11,7 Mrd. Euro, von denen nur 2,3 Mrd. Euro versichert sind.

2013 (23.07.) Das Gesetz zur Suche und Auswahl eines Standortes für ein Endlager für Wärme entwickelnde radioaktive Abfälle (**Standortauswahlgesetz**) führt zur Beendigung der Erkundungsarbeiten am Standort Gorleben im Hannoverschen Wendland und des atomrechtlichen Planfeststellungsverfahrens. Klagen gegen den nunmehr unwirksamen Rahmenbetriebsplan sind damit gegenstandslos. (→ 29.11.2024)

2013 (28.07.) Ein Gewittersystem schüttet über 15 bis 20 Minuten **tennisballgroße Hagelkörner** auf Reutlingen. Sie verletzten 75 Menschen, zerstören Dächer und Fenster, beschädigen Fassaden und Autos, entlauben Pflanzen, fluten Keller und Tiefgaragen. Zusammen mit Hagelschlägen am 27. Juli 2013 vom Münsterland bis Wolfsburg und am 6. August 2013 von Baden-Württemberg bis Sachsen belaufen sich die Hagelschäden im Jahr 2013 auf 3,9 Mrd. Euro, wovon 2,8 Mrd. versichert sind.

2013 (Oktober) Die **mangelhafte deutsche Düngeverordnung** von 2003 veranlasst die Europäische Kommission, im Oktober 2013 ein Vertragsverletzungsverfahren gegen Deutschland einzuleiten. Der Europäische Gerichtshof entscheidet am 21. Juni 2018 gegen Deutschland und damit für geringere Nährstoffbelastungen in den Agrarökosystemen und geringere Kosten für die Aufbereitung von Trinkwasser.

2013 (28.11.) Der Landtag von Baden-Württemberg stimmt für die Einrichtung des **Nationalparks Nordschwarzwald** um den Ruhestein und den Hohen Ochsenkopf zum 1. Januar 2014. Seine Fläche umfasst nur 100,62 Quadratkilometer. Es sind zwei stark von Sturmwürfen durch den Orkan Lothar (→ 26.12.1999) betroffene Gebiete, in denen sich die Natur nun ohne menschliche Eingriffe entwickeln darf. Dort ersetzen neu aufwachsende, vielfältige artenreiche Mischwälder die vom Orkan Lothar geworfenen monotonen, artenarmen geordneten Fichtenplantagen (Abb. 10.11). Das Fichtentotholz bietet wertvolle Lebensräume für viele Insekten- und Pilzarten.

2014 bis 2017 Der Deutsche Wetterdienst misst über vier Jahre **exzeptionell hohe mittlere Jahrestemperaturen** in Deutschland: 2014: 10,3 Grad Celsius, 2015: 9,9 Grad Celsius, 2016: 9,6 Grad Celsius und 2017: 9,6 Grad Celsius. Die mittlere Jahrestemperatur von 2014 bis 2017 beträgt 9,85 Grad Celsius. Das Jahr 2014 ist das wärmste seit dem Beginn regelmäßiger Temperaturaufzeichnungen im Jahr 1881. Es übertrifft das bisherige Rekordjahr 2000 (9,9 Grad Celsius) mit 0,4 Grad Celsius deutlich. Im Vergleich zum Mittelwert

Abb. 10.11 Protest gegen den am 01.01.2014 gegründeten Nationalpark Nordschwarzwald in Schwarzenberg, einem Ortsteil von Baiersbronn. (Foto: H.-R. Bork, 03.08.2020)

der 30-jährigen Referenzperiode von 1961 bis 1990 (8,2 Grad Celsius) ist es 2014 beachtliche 2,1 Grad Celsius wärmer.[30] (→ 2018 bis 2024)

2014 (15.09.) Hydraulische Pressen heben die durch den Einsturz von Bergwerkstollen einseitig **abgesunkene Gregorschule** in Bottrop-Kirchhellen in die Horizontale.

2014 (05.11.) Der hochpathogene Subtyp A(H5N8) der aviären Influenza – vulgo **Vogelgrippe** – wird in einem Putenmastbetrieb in Vorpommern und damit erstmals in Deutschland und Europa bei Geflügel nachgewiesen. Die Veterinärbehörden lassen die noch lebenden Mastputen des Betriebes keulen; sie weisen Sperr- und Risikogebiete aus. Das Landwirtschaftsministerium Mecklenburg-Vorpommers veranlasst die Unterbringung sämtlichen Geflügels in Ställen. Am 8. November 2016 erfolgt der Nachweis von A(H5N8) an verendeten Reiherenten vom Bodensee und zugleich vom Plöner See in Schleswig-Holstein sowie in den folgenden Monaten an zahlreichen weiteren wilden und gehaltenen Vögeln in 13 Bundesländern – der bislang schwerste in Deutschland registrierte Ausbruch. Das Bundesforschungsinstitut für Tiergesundheit FLI rät, auf die Freilandhaltung von Vögeln zu verzichten und Geflügel von Mastbetrieben medizinisch untersuchen zu lassen. Auch danach bricht die Virusinfektion wiederholt in Deutschland bei Wildvögeln und in Geflügelbetrieben aus.

---

[30] https://www.dwd.de/DE/presse/pressemitteilungen/DE/2014/20141230_Deutschlandwetter_Jahr_2014.pdf?__blob=publicationFile&v=7 (letzter Zugriff: 04.07.2025).

2015 bis 2046/2068: Dieselskandal, heiße und trockene Jahre, Waldschäden, Fridays for Future, COVID-19-Pandemie, Ausbreitung der Wölfe, Endlager

2015 (05.05) Zwei rasch von Westen nach Osten über Mecklenburg ziehende Gewitterzellen erzeugen zwischen 18 und 19 Uhr einen **Tornadoausbruch**: eine Serie von insgesamt sieben Tornados. Einer erreicht eine Stärke von IF 2,5 auf der für Europa angepassten Internationalen Fujita-Skala[1] und damit Windgeschwindigkeiten bis zu etwa 250 Kilometer pro Stunde über Groß Laasch, ein weiterer eine Stärke von IF 3 und Windgeschwindigkeiten bis zu etwa 290 Kilometer pro Stunde über Bützow. Dort verletzen herabstürzende Ziegel und Dachrinnen sowie herumfliegende Schilder, Dachlatten, Äste und Bäume 30 Menschen; der Sachschaden beträgt rund 40 Mio. Euro; Ziegelbruch bedeckt die Straßen. Das Ereignis gerät nicht in Vergessenheit – am 5. Mai 2025 finden eine Gedenkveranstaltung und eine Ausstellung mit dem Titel „Schock" zu dem Ereignis statt.[2]

2015 (18.09.) Die nationale Umweltbehörde der USA, EPA, informiert am 18. September 2015 die **Volkswagen Group of America** über einen Rechtsverstoß gegen das Luftreinhaltegesetz der USA. Von 2009 bis 2015 produzierte und in den USA zugelassene, mit Diesel betriebene Kraftfahrzeuge hätten den US-Grenzwert für den Ausstoß von Stickoxiden zwar nicht bei offiziellen Prüfungen, jedoch im Normalbetrieb um bis zu 4000 Prozent überschritten. Durch die gezielte **Manipulation von Fahrzeugsoftware** hätte Volkswagen die Gesundheit von Menschen und die Umwelt in den USA belastet (→ 04.01.2016, 26.05.2025).

2015 Etwa 150.000 Landwirtschaftsbetriebe verteilen im gesamten Jahr ca. 204 Mrd. Liter **Gülle aus der Stallhaltung und flüssige Gärreste** aus Biogasanlagen auf die Äcker, Weiden und Wiesen Deutschlands. Im selben Jahr geben fast 100.000 Landwirtschaftsbetriebe

---

[1] https://www.dwd.de/DE/wetter/thema_des_tages/2024/4/11.html (letzter Zugriff: 04.07.2025).

[2] https://www.dwd.de/DE/wetter/thema_des_tages/2025/5/4.html (letzter Zugriff: 04.07.2025).

H.-R. Bork, *Denk ich an Deutschland …*, https://doi.org/10.1007/978-3-662-71613-7_11

ca. 20 Mrd. Kilogramm Mist auf die von ihnen genutzten Flächen. Ein Mensch verursacht im Jahr 2015 in Deutschland im statistischen Mittel 245 Kilogramm tierischen Mist und 2500 Liter flüssigen tierischen Dünger – vornehmlich durch den Verzehr von Fleisch.

2015 Der Deutsche Wetterdienst misst im unterfränkischen Kitzingen am 5. Juli und am 7. August 2015 mit **40,3 Grad Celsius** einen neuen deutschen **Temperaturrekord**.

2016 Das Bundesforschungsinstitut für Tiergesundheit (FLI), das Robert Koch-Institut und das Umweltbundesamt gründen die **Nationale Expertenkommission Stechmücken** als Überträger von Krankheitserregern. Die Kommission befasst sich u. a. mit der Verbreitung und dem Umgang mit der Asiatischen Tigermücke und der Übertragung des West-Nil-Virus in Deutschland.

2016 Das Umweltinstitut München e. V. weist in allen 14 im Dezember 2015 und im Januar 2016 in Supermärkten erworbenen Biersorten das **Herbizid Glyphosat** nach. Der niedrigste gemessene Wert liegt bei knapp 0,5 Mikrogramm Glyphosat pro Liter Bier, der höchste gemessene bei 29,7 Mikrogramm pro Liter. Die Nachweisgrenze beträgt 0,1 Mikrogramm Glyphosat pro Liter Bier. Einen gesetzlich verbindlichen Schwellenwert gibt es für Trinkwasser (0,1 Mikrogramm Glyphosat pro Liter Trinkwasser), nicht jedoch für Bier. Nachmessungen bei denselben Biersorten durch das Umweltinstitut München im Jahr 2017 ergeben Werte zwischen 0,3 und 5,1 Mikrogramm Glyphosat pro Liter Bier.

2016 Deutschland ist weit entfernt von der Kreislaufwirtschaft, die bis über die Mitte des 19. Jahrhunderts die Wiederverwertung eines Großteils der damals vergleichsweise wenigen und homogenen Reststoffe ermöglichte. Organische Abfälle konnten an Schweine verfüttert oder im Ackerbau als wertvoller Dünger genutzt werden. Der Müll ist im frühen 21. Jahrhundert hinsichtlich Herkunft und Verwertbarkeit weitaus vielfältiger als noch im 19. Jahrhundert. Zahlreiche Verbundstoffe sind jetzt enthalten. Massenproduktion und -konsum haben die anfallenden Mengen seit den 1950er-Jahren stark erhöht. 2016 entstehen in Deutschland **412 Mio. Tonnen Abfall**. 54 Prozent dieser Menge sind Bau- und Abbruchabfälle, 13 Prozent Siedlungsabfälle, zwölf Prozent stammen aus Abfallbehandlungsanlagen, sieben Prozent fallen bei der Gewinnung und Behandlung von Bodenschätzen an. Hinzu kommen 14 Prozent andere Abfälle, darunter gesondert zu behandelnder und aufwendig zu deponierender Sondermüll. Dividiert man die Summe der in Deutschland im Jahr 2016 angefallenen Siedlungsabfälle (ohne Elektroaltgeräte) durch die Zahl der im Land lebenden Menschen, so entsteht im Mittel pro Person 170 Kilogramm Haus- und Sperrmüll, 123 Kilogramm Abfall aus der Biotonne, 34 Kilogramm Park- und Gartenabfall, 153 Kilogramm Wertstoffe und drei Kilogramm sonstiger Abfall.[3] Sehr hohe Wiederverwertungsquoten gibt es bei Altglas und Altpapier: Die 2016 in Altglascontainern gesammelten rund 2 Mio. Tonnen Glas werden vollständig recycelt. Auch wird der überwiegende Teil der im selben Jahr gesammelten etwa acht Millionen Tonnen Altpapier wiederverwertet. Die Sammlung von Bioabfall ist mittlerweile ebenfalls beachtlich. Dennoch ist der Weg zu einer nachhaltigen Kreislaufwirtschaft noch sehr lang.

---

[3]   Datenquellen: Landes & Abjar (2019): Die Abfallmeister; sowie: Umweltbundesamt.

2016 (04.01.) Wegen mutmaßlicher **Verstöße gegen das Luftreinhaltegesetz** ($\rightarrow$ 18.09.2015) verklagt das Justizministerium der USA die Volkswagen AG, die Audi AG, die Volkswagen Group of America, die Porsche AG und die Porsche Cars North America Inc. ($\rightarrow$ 11.01.2017, 26.05.2025).

2016 (Mai) Das Landesumweltamt Nordrhein-Westfalen untersucht den von Dezember 2014 bis Mai 2015 entnommenen Urin von 250 Kindern im Alter von zwei bis sechs Jahren. Über der Bestimmungsgrenze von 0,1 Mikrogramm **Glyphosat** pro Liter Urin liegen die Werte bei 158 Kindern, der Höchstwert liegt bei 3,7 Mikrogramm pro Liter. Gesundheitliche Auswirkungen erwartet das Landesumweltamt nicht.

2016 (29.05.) Der Orlacher Bach durchfließt die Gemarkung von Braunsbach bei Schwäbisch-Hall. Am Abend des 29. Mai 2016 erzeugen in 75 Minuten fallende 100 bis 140 Millimeter Niederschlag eine **dramatische Sturzflut**. Sie schneidet den Orlacher Bach bis zu vier Meter tief ein, löst Rutschungen aus, beschädigt Straßen und mehr als 130 Gebäude in Braunsbach.

2017 Die Deutsche Bahn bringt rund **1,2 Gramm Herbizid pro Meter Gleislänge** aus. In Deutschland sind es 2017 insgesamt 67 Tonnen Glyphosat, Flazasulfuron und Flumioxazin, 2018 zusammen 57 Tonnen.

2017 Landwirtschaftsbetriebe bringen in Deutschland im gesamten Jahr 1.498.000 Tonnen Stickstoff (N), 394.000 Tonnen Pottasche (K_2O), 327.000 Tonnen Kalium (K), 209.000 Tonnen Phosphat (P_2O_5) und 91.000 Tonnen Phosphor (P) aus. Die nicht von Kulturpflanzen aufgenommenen Mengen belasten Böden, Oberflächen- und Grundwasser.

2017 Zahllose Vögel sterben eines unnatürlichen Todes. Exakte Daten zum Ausmaß des **Vogelsterbens** in Deutschland gibt es nicht. Der Ornithologe und Artenschutzreferent des Naturschutzbundes Deutschland Lars Lachmann hat die Literatur ausgewertet und 2017 die nachstehenden überaus groben Schätzungen mitgeteilt. Demnach sterben jährlich in Deutschland durch Kollisionen mit Glasscheiben und Glasfassaden an Gebäuden (Glasanflugopfer) wohl rund 100 bis 115 Mio. Vögel, durch Kollisionen im Straßen- und Bahnverkehr (Verkehrsopfer) rund 70 Mio. Vögel, durch frei laufende Hauskatzen rund 20 bis 100 Mio. Vögel, durch Kollisionen mit Stromleitungen rund 1,5 bis 2,8 Mio. Vögel, durch legale Jagd rund 750.000 Vögel (vorwiegend Wildtauben, Wildenten, Wildgänse und Fasane) und durch Windenergieanlagen rund 100.000 Vögel. Windenergieanlagen töten prozentual mehr Greifvögel als die anderen Verursacher, unter ihnen könnten etwa 12.000 Mäusebussarde und 1500 Rotmilane sein.[4]

2017 Die Papierindustrie verbraucht sehr viel Energie. Der spezifische **Energieeinsatz der Papier- und Zellstoffindustrie** in Deutschland liegt 2017 im Mittel bei 2796 Kilowattstunden pro Tonne. Im Jahr 1955 lag der Energieeinsatz noch bei 8242 Kilowattstunden

---

[4]   Lachmann (2017): Das Große Vogelsterben: Faktum oder Fake? Sowie: https://www.jagdverband. de/jagd-und-wildunfallstatistik (letzter Zugriff: 04.07.2025).

pro Tonne. Danach sank er auf 5319 Kilowattstunden pro Tonne im Jahr 1975 und auf 3263 Kilowattstunden pro Tonne im Jahr 1995. Der Rückgang von 1955 bis 2017 um fast zwei Drittel ist beachtlich.[5]

2017 Der Betrieb des Flughafens Frankfurt/Main hat erhebliche Wirkungen auf die Menschen, die in der Umgebung leben, auf die Umwelt und das Klima. So erzeugt das Verbrennen von Kerosin beim Start, bei der Landung und beim Rollen erhebliche Schadstoffemissionen. Der Weltklimarat nennt folgende Emissionen für einen durchschnittlichen Start-Lande-Zyklus: 2,68 Tonnen Kohlendioxid (CO_2), 10,2 Kilogramm Stickoxide (NO_x), 8,1 Kilogramm Kohlenmonoxid (CO) und 2,6 Kilogramm flüchtige organische Verbindungen. 237.500 Start-Lande-Zyklen im Jahr 2017 auf dem Flughafen Frankfurt/Main ergeben: 636.500 Tonnen CO_2, 2433 Tonnen NO_x, 1924 Tonnen CO und 617 Tonnen flüchtige organische Verbindungen. **Fliegen ist die klimaschädlichste Fortbewegungsart.**[6]

2017 (11.01.) Die Volkswagen Group of America bekennt sich schuldig bei drei strafrechtlichen Vergehen gegen das Luftreinhaltegesetz der USA (**Dieselskandal**). Der Konzern zahlt 2,8 Mrd. US-Dollar Strafe sowie in zivilrechtlichen Vergleichen weitere 1,5 Mrd. US-Dollar.[7] ($\rightarrow$ 18.09.2015, 04.01.2016)

2017 (20.01.) bis 2021 (20.01) Nach Nordamerika ausgewanderte Deutsche haben seit dem frühen 18. Jahrhundert u. a. über die Landerschließung mit Rodungen und nachfolgenden, nicht nachhaltigen Nutzungen langfristig tiefgreifende Umweltveränderungen ausgelöst. Einzelne Nachkommen deutscher Auswanderer hinterlassen dramatische überregionale Umweltschäden. Exemplarisch zu nennen sind die von US-Präsident **Donald Trump** in seiner ersten Amtszeit veranlasste und zu verantwortende Abschaffung oder Verwässerung von mehr als einhundert US-Umwelt- und Klimaschutzgesetzen und -regeln, die Schwächung der nationalen Umweltbehörde EPA sowie die verstärkte Förderung von Erdgas durch Fracking und der Erdölgewinnung in den USA. Donald Trumps Großvater Frederick Trump und seine Großmutter Elisabeth Trump, geb. Christ, stammen aus Kallstadt an der Weinstraße in der Pfalz. ($\rightarrow$ ab 20.01.2025)

2017 (05.05.) Das novellierte „Gesetz zur Suche und Auswahl eines Standortes für ein Endlager für hochradioaktive Abfälle" (**Standortauswahlgesetz**) regelt die Auswahl eines geeigneten Ortes zur Deponierung hochradioaktiver Abfälle in Deutschland. Der Anspruch an das Endlager ist hoch: Es muss alle Menschen und ihre Umwelt für eine Million Jahre sicher schützen.

2017 (13.05.) Der in das Baugesetzbuch (BauGB) neu aufgenommene § 13b gestattet Gemeinden, im Außenbereich Wohngebiete mit einer Fläche unter 10.000 Quadratmetern ohne Flächennutzungsplan, ohne Umweltprüfung, ohne Ausgleich der Eingriffe in den Naturhaushalt und mit einer abgeschwächten Bürgerbeteiligung auszuweisen. Rund 8000

---

[5] Vgl. Dauerausstellung im Papiermuseum Düren.

[6] Bork (2020): Umweltgeschichte Deutschlands. S. 204 ff.

[7] Ebd. S. 214 ff.

Bebauungspläne werden auf der Grundlage von § 13b BauGB erlassen. Fünf Jahre später erklärt das Bundesverfassungsgericht § 13b als europarechtswidrig. Am 17.11.2023 beschließt der Bundestag ersatzweise § 215a BauGB; er hebt § 13b BauGB auf und verpflichtet Gemeinden zu einer umweltrechtlichen Vorprüfung.[8]

2017 (02.06.) Ein Vertragsverletzungsverfahren der Europäischen Kommission gegen die BRD (→ Oktober 2013) bewirkt eine **Novellierung der deutschen Düngeverordnung**, um die Luft- und Gewässerqualität endlich weiter zu verbessern. Jedoch bleibt auch die neue Düngeverordnung vom 2. Juni 2017 weit unter agrar- und umweltwissenschaftlichen Empfehlungen. Die Europäische Kommission veranlasst ein weiteres Vertragsverletzungsverfahren.

2017 (01.09.) Die zweite Verordnung zur Änderung der **Sportanlagenlärmschutzverordnung** tritt in Kraft und erlaubt mehr Lärm als zuvor, selbst in Ruhezeiten.

2017 (Oktober) Der Ökologe Dr. Caspar A. Hallmann von der Radboud University Nijmegen und elf Mitautoren identifizieren für 63 Naturschutzgebiete in Deutschland einen dramatischen Rückgang der Biomasse von Fluginsekten um durchschnittlich 76 Prozent in nur 27 Jahren. Die in der renommierten Wissenschaftszeitschrift PLOS One publizierten Befunde basieren auf den umfangreichen Erhebungen von ehrenamtlichen Insektenkundlern des Entomologischen Vereins Krefeld in den Jahren 1989 bis 2016.[9] Andere wissenschaftliche Untersuchungen belegen eine **deutliche Abnahme der Anzahl von Insektenarten** in Deutschland.

2018 Es ist ein Jahr der **Wetterrekorde:** Mit einer mittleren Jahrestemperatur von 10,5 Grad Celsius ist 2018 das wärmste Jahr in Deutschland seit dem Beginn der regelmäßigen Temperaturaufzeichnungen im Jahr 1881. Zwanzig Hitzetage stellen einen weiteren Rekord dar. Mit einer mittleren Sonnenscheindauer von 2015 Stunden ist 2018 das sonnigste Jahr in Deutschland seit dem Beginn der regelmäßigen Aufzeichnungen der Sonnenscheindauer im Jahr 1951. Und mit einem mittleren Jahresniederschlag von 586 Millimetern ist 2018 das vierttrockenste Jahr in Deutschland seit dem Beginn der regelmäßigen Niederschlagsmessungen im Jahr 1881.[10] (→ April bis November 2018, 2018 bis 2024, 2024)

2018 Die Europäische Umweltagentur führt ca. 76.000 der 954.874 Todesfälle des Jahres 2018 in Deutschland auf Erkrankungen zurück, die Luftverschmutzung (durch Feinstaub $PM_{2,5}$, Stickstoffdioxid NO_2 und Ozon O_3) ausgelöst hat. Im Mittel haben die Betroffenen demnach elf Lebensjahre verloren.[11] Eine im Oktober 2024 veröffentlichte Studie belegt, dass **Feinstaubpartikel ($PM_{2,5}$) das Gehirn von Menschen schädigen können**.[12]

---

8   Bronner und Fickert (2025): Flächenfraß in Deutschland – Der ungezügelte Hunger nach Raum.

9   https://doi.org/10.1371/journal.pone.0185809.

10   https://www.dwd.de/DE/presse/pressemitteilungen/DE/2018/20181228_deutschlandwetter_jahr2018.pdf?__blob=publicationFile&v=3 (letzter Zugriff: 04.07.2025).

11   European Environment Agency (2018): Air quality in Europe – 2018 report.

12   Aretz et al. (2024): The role of leukocytes in cognitive impairment due to long-term exposure to fine particle matter.

Abb. 11.1 Von Schafsrissen
durch Wölfe betroffene Weide-
tierhalter im Nordschwarzwald
protestieren. (Foto: H.-R. Bork,
03.08.2020)

2018 Die durch EU-Recht streng geschützten Wölfe haben sich in den vergangenen Jahren stark vermehrt (Abb. 11.1). Die jüngste Entwicklung der **Wolfspopulation in Deutschland** und ihre Folgen werden am 2. Februar 2018 im Plenum des Deutschen Bundestages, am 18. April 2018 in einer Expertenanhörung des Umweltausschusses und am 8. Oktober 2018 in einem Fachgespräch des Ausschusses für Ernährung und Landwirtschaft leidenschaftlich erörtert. ($\rightarrow$ 18.12.2019)

2018 Das Fraunhofer-Institut für Umwelt-, Sicherheits- und Energietechnik schätzt, dass die folgenden Mengen an primärem Mikroplastik in Deutschland im Mittel pro Mensch und Jahr anfallen: **1228 Gramm Reifenabrieb**, 303 Gramm Emissionen bei der Abfallentsorgung, 228 Gramm Asphaltabrieb, 132 Gramm Abwehungen von Spiel- und Sportplätzen, 117 Gramm Abwehungen von Baustellen, 109 Gramm Schuhsohlenabrieb, 99 Gramm Abrieb von Kunststoffverpackungen, 91 Gramm von Fahrbahnmarkierungen, 77 Gramm Faserabrieb von Textilwäschen usw.[13]

2018 Etwa 7400 vorwiegend **kleine Wasserkraftanlagen** mit einer Gesamtleistung von rund vier Gigawatt sind in Deutschland in Betrieb. Sie decken ca. zehn Prozent des deutschen Strombedarfs. Leistungssteigerungen sind nur durch Ersatzbauten möglich; für neue Wasserkraftwerke ist kein relevantes Potenzial vorhanden. Der Bau neuer Anlagen ist kostspielig und mit nicht mehr vertretbaren ökologischen Schäden verbunden. Wasserkraftwerke unterbinden die natürliche Flussdynamik, die mit ihr verknüpften Transporte von Ton, Schluff, Sand und Kies sowie Bewegungen von Lebewesen, darunter Fischen. Hilfsweise wurden in den vergangenen Jahrzehnten Fischaufstiegsanlagen wie Fischtreppen, Umgehungsgewässer und auch Fischlifte mit großem Aufwand errichtet.[14]

---

[13] https://www.umsicht.fraunhofer.de/content/dam/umsicht/de/dokumente/publikationen/2018/kunststoffe-id-umwelt-konsortialstudie-mikroplastik.pdf (letzter Zugriff: 04.07.2025).

[14] Vgl. Publikationen des Bundesverkehrsministeriums und Ausstellungen im Deutschen Museum München.

Abb. 11.2 Meeresarm Schlei, in den zahllose Plastikfetzen aus der Schleswiger Kläranlage gelangt
sind. (Foto: H.-R. Bork, 21.09.2020)

2018 (Januar) Eine Bewohnerin von Schaalby findet diverse kleine **Plastikreste am
Ufer der Schlei**, eines gut 42 Kilometer langen, bis Schleswig reichenden Ostseearms
(Abb. 11.2). Sie informiert im März 2016 die zuständige Untere Wasserbehörde über den
Fund; man geht von einer lokalen Verunreinigung aus. Eine andere Schleianwohnerin
informiert knapp zwei Jahre später dieselbe Behörde über zahllose Plastikschnipsel am
Schleiufer. Sie stammen von der Kläranlage Schleswig. Die Untere Wasserbehörde ordnet
am 12. Januar 2018 den Einbau besonderer Filter in die Kläranlage an. Nach der Umsetzung
dieser und weiterer technischer Maßnahmen endet der Kunststoffeintrag in den Meeresarm.
Er resultierte aus Speiseresten, die von der Firma ReFood in Kunststoff verpackt angeliefert
und zur Intensivierung der Gärung verschlossen in die Kläranlage gegeben worden waren.
Die von ReFood angelieferten Kunststoffmengen waren offenbar höher als angegeben und
zu hoch für eine Bearbeitung durch die Kläranlage. Die Untere Wasserbehörde verbietet
den Stadtwerken Schleswig als Betreiber der Kläranlage die Nutzung von Speiseresten,
dokumentiert die Verunreinigungen, beginnt mit der Entfernung der Kunststofffetzen, nutzt
dazu auch ein Siebschiff. Eine vollständige Beseitigung ist nicht annähernd möglich, sie
würde die wertvollen Uferökosysteme zu stark schädigen.

2018 (04.04.) Der vom Bundesumweltministerium am 4. April 2018 vorlegte Entwurf
eines Berichtes der Bundesregierung (des Kabinetts Merkel III) für den Bundestag mit
dem Titel „**Fluglärmschutz verbessern**" löst eine Kontroverse aus. Zwei Tage vor der

Befassung des Arbeitskreises Fluglärm des Deutschen Bundestages mit dem Berichtsentwurf demonstriert der Verein „Lebenswertes Mainz und Rheinhessen" am Montag dem 10. September 2018 unter dem Motto „Wehrt euch doch!" im Terminal 1 des Flughafens Frankfurt/Main gegen starken Fluglärm.[15]

2018 (April bis November) Hochdruckgebiete über Skandinavien lösen eine **extreme, langanhaltende Dürre** aus. Landwirtschaftsbetriebe erleiden Ertragseinbußen in Höhe von zwei bis drei Mrd. Euro. Die Trockenheit führt insbesondere bei Fichten- und Kiefermonokulturen zu starkem Stress, zur massenhaften Ausbreitung von Schädlingen wie Borkenkäfern und zum verstärkten Sturmwurf.

2018 (Sommer) Nach etwa 1600 hitzebedingten Sterbefällen in Deutschland im Jahr 2016 und etwa 1440 im Jahr 2017 führen die hohen Sommertemperaturen im Dürrejahr 2018 nach Untersuchungen des Robert Koch-Instituts zu etwa **8500 hitzebedingten Sterbefällen**. Über 75-jährige kranke Menschen sind besonders betroffen.[16]

2018 (Sommer) Begünstigt durch die Trockenheit breiten sich **Eichenprozessionsspinner** massenhaft in Brandenburg, Berlin, Sachsen-Anhalt, Nordrhein-Westfalen, Baden-Württemberg und Bayern aus. Die Brennhaare der Raupen enthalten das Eiweiß Thaumetopoein. Es kann bei Menschen allergische Reaktionen bis zu ausgesprochen selten auftretenden allergischen Schocks mit Atemnot hervorrufen.

2018 (August) Der Elbpegel fällt in Magdeburg auf 48 Zentimeter. Greenpeace-Aktivisten markieren dort mit einem **Hungerstein** den Niedrigwasserstand. Auf diesem steht: „Wenn du mich siehst, ist Klimakrise. August 2018. Greenpeace". Niedrige Wasserstände behindern im Herbst 2018 auf mehreren Flüssen die Schifffahrt.[17]

2018 (03.09. bis 10.10.) Erprobungen von Luft-Boden-Raketen durch die Bundeswehr lösen auf dem Schießplatz der Wehrtechnischen Dienststelle 91 bei Meppen im Emsland auf einer Fläche von zwölf Quadratkilometern einen **Moorbrand** aus. Die Vegetation und die außergewöhnlich trockenen oberen Moorhorizonte verbrennen.

2018 (05.09.) Ein bis zu 70 Meter mächtiges **Braunkohleflöz** liegt unter dem artenreichen **Hambacher Forst** bei Jülich, der bis 1978 mit einer Fläche von etwa 4100 Hektar der größte zusammenhängende Wald im Rheinland und im Besitz der umgebenden Gemeinden ist. Die Rheinischen Braunkohlenwerke AG (Rheinbraun) erwerben 1978 den Wald, um ihn zu roden und unter ihm Braunkohle abzubauen (Abb. 11.3). Der Braunkohletagebau Hambach schrumpft den Hambacher Forst, in dem wertvolle alte Stileichen und stark gefährdete Bechsteinfledermäuse (*Myotis bechsteinii*) leben, bis in den Sommer 2018 auf nur

---

[15] Bork (2020): Umweltgeschichte Deutschlands, S. 213 f.

[16] https://www.rki.de/DE/Aktuelles/Publikationen/Epidemiologisches-Bulletin/2025/19_25.pdf?__blob=publicationFile&v=4 (letzter Zugriff: 04.07.2025).

[17] Bauch (2023): „Wenn Du mich siehst, dann weine".

Abb. 11.3 Auf dem untersten Niveau des Tagebaus Hambach baut die RWE AG Braunkohle ab, die verstromt wird. (Foto: H.-R. Bork, 08.02.2025)

noch rund 200 Hektar – kaum fünf Prozent der ursprünglichen Ausdehnung – und wächst mit einer Betriebsfläche von mehr als 43 Quadratkilometern zur größten Grube Europas. Zum Ausgleich lässt Rheinbraun (seit 2003 RWE Power AG) rund elf Millionen Bäume auf Rekultivierungsflächen pflanzen. Schwerlastzüge bringen die Braunkohle zur Verbrennung in die benachbarten Kraftwerke Frimmersdorf, Goldenberg, Neurath und Niederaußem (Abb. 11.4). Letzteres meldet der Europäischen Union z. B. für das Jahr 2016 Emissionen in Höhe von 24,8 Mio. Tonnen CO_2, 309 Tonnen Feinstaub, 442 Kilogramm Quecksilber und Quecksilberverbindungen sowie 19 Kilogramm Kadmium und Kadmiumverbindungen. Die Europäische Umweltagentur schätzt die jährlichen Umwelt- und Gesundheitsschäden allein durch das Kraftwerk Niederaußem auf 1,13 bis 1,56 Mrd. Euro. Gegen die Zerstörung des verbliebenen Restes des einst ökologisch wertvollen Hambacher Forstes protestieren Umweltschützer, darunter auch gewaltbereite Aktivisten. Viele kampieren in Hütten und Baumhäusern (Abb. 11.5). Angeordnet von der nordrhein-westfälischen Landesregierung (Kabinett Laschet) und unterstützt von einem großen Polizeiaufgebot, beginnt die RWE Power AG am 5. September 2018 mit der Räumung des Protestcamps. Großdemonstrationen folgen. Ein polizeiliches Demonstrationsverbot hebt das Verwaltungsgericht Aachen auf. Der Bundestag beschließt am 3. Juli 2020 das Kohleausstiegsgesetz. Der Hambacher

Abb. 11.4 Braunkohlekraft-
werk Niederaußem in der
Jülicher Börde. (Foto: H.-R.
Bork, 08.02.2025)

Abb. 11.5 Baumhaus im
Hambacher Forst – ein Relikt
aus der Zeit der Besetzung.
(Foto: H. Bork, 08.02.2025)

Abb. 11.6 Seit 2018 abgestorbene Fichtenmonokultur im Westharz oberhalb von Goslar. (Foto: H.-R. Bork, 06.05.2022)

Forst wird gemäß einer das Gesetz begleitenden Vereinbarung u. a. mit der RWE Power AG entgegen der bisherigen Genehmigung nicht für den Tagebau Hambach gerodet. Damit verbleibt einzig der Tagebau Garzweiler II für die Versorgung der Braunkohlekraftwerke Neurath und Niederaußem.[18]

2018 (12.12.) Heißzeit ist das Wort des Jahres.

2018 (21.12.) Mit der Zeche Prosper-Haniel schließt das **letzte Steinkohlebergwerk im Ruhrgebiet**. Die seitdem in deutschen Kraftwerken verbrannte Steinkohle stammt vollständig aus dem Ausland. Sie wird über große Distanzen hauptsächlich aus den USA, Australien und Kolumbien zu den deutschen Steinkohlekraftwerken verbracht. Damit verschlechtert sich die Umweltbilanz der Steinkohlenutzung in Deutschland weiter.

2018 bis 2020 und 2022 Das → 1979 von Professor Bernhard Ulrich angesichts der Schwefeldioxidemissionen von Kraftwerken mit hohen Schornsteinen und dem resultierenden sauren Regen erwartete, jedoch vor allem infolge des gesetzlich verordneten Einbaus von Rauchgasentschwefelungsanlagen nicht eingetretene **Waldsterben** beginnt 2018. Bis 2020 und im Jahr 2022 verursachen nicht Schwefeldioxidemissionen, sondern ungewöhnlich geringe Niederschläge einen massiven, anhaltenden Mangel an Bodenwasser im Wurzelraum vieler Wälder und dadurch das Absterben von Millionen Bäumen. Besonders betroffen sind Kiefernmonokulturen auf grundwasserfernen sandigen Böden in Ost- und Norddeutschland sowie Fichtenmonokulturen auf steinreichen Böden in Mittelgebirgen. Im Jahr 2023 sind Teile des Westharzes nach dem Fällen und dem Abtransport der abgestorbenen Fichten baumlos – das nördlichste Mittelgebirge in Deutschland vermittelt ein ganz ungewohntes Landschaftsbild (Abb. 11.6).

---

[18] Bork (2020): Umweltgeschichte Deutschlands. S. 289 ff.

▶   Die kombinierte Wirkung von hohen mittleren Jahrestemperaturen, sommerlichen
    Hitzephasen und ausgeprägten Dürren führt zur Schädigung auch anderer Baum-
    arten und Waldgesellschaften. Darunter sind immer häufiger Buchen, Stiel- und
    Traubeneichen, die bis vor Kurzem noch als vergleichsweise resilient gegenüber
    der sich aufheizenden Erdatmosphäre und Witterungsextremen angesehen wur-
    den. Hinzu kommen Waldbrände und der vom Trockenstress begünstigte Befall
    mit Borkenkäfern, Eichenprozessionsspinnern und anderen Schadinsekten. Die
    Perspektive ist auch aus wirtschaftlicher Sicht zutiefst beunruhigend. Anders als
    in den frühen 1980er-Jahren bleibt der Aufschrei der Zivilgesellschaft bislang aus.

2018 bis 2024 Der Deutsche Wetterdienst misst über **sieben Jahre exzeptionell hohe
mittlere Jahrestemperaturen** für Deutschland: 2018 sind es 10,5 Grad Celsius, 2019: 10,3
Grad Celsius, 2020: 10,4 Grad Celsius, 2021: 10,4 Grad Celsius, 2022: 10,5 Grad Celsius,
2023: 10,6 Grad Celsius und 2024: 10,9 Grad Celsius. Die mittlere Jahrestemperatur in
Deutschland beläuft sich für den Zeitraum von 2018 bis 2024 auf rund 10,5 Grad Celsius.

▶   Von 1881 bis 2020 steigt die mittlere Temperatur in Deutschland im statistischen
    Mittel um beachtliche 0,12 Grad Celsius pro Dekade. Innerhalb des 140-jähri-
    gen Zeitraums erhöht sich die mittlere Jahrestemperatur am stärksten mit 0,38
    Grad Celsius pro Dekade in den letzten fünfzig Jahren (1971 bis 2020).[19]

2019 (Februar) Das mit einem Gesetzesentwurf verbundene bayerische Volksbegehren
„Artenvielfalt & Naturschönheit in Bayern", kurz **„Rettet die Bienen"**, strebt die Sicherung
der biologischen Vielfalt an. Der Bauernverband ist gegen, mehr als 160 Organisationen,
darunter Öko-Anbauverbände, sind für das basisdemokratische Vorhaben. Vom 31. Januar
bis zum 13. Februar 2019 geben 1.741.017 Wahlberechtigte ihre schriftliche Zustimmung –
weitaus mehr als notwendig. Der bayerische Landtag stimmt bereits am 17. Juli 2019 mit
überwältigender Mehrheit für den Gesetzentwurf des Volksbegehrens.

2019 (15.03.) Die (heute angesichts ihrer politischen Aktivitäten umstrittene) Schülerin
Greta Thunberg fordert von der schwedischen Regierung, das Erdklima entschieden zu
schützen. Zur Durchsetzung ihres Anliegens demonstriert sie ab August 2018 gewöhnlich
freitags in der Unterrichtszeit vor dem Regierungssitz in Stockholm. Thunbergs konse-
quentes Handeln begründet eine weltweite Bewegung von Schülerinnen und Schülern:
Fridays for Future. Auch am Freitag, d. 15. März 2019 demonstrieren wieder Jugendliche
an zahlreichen Standorten in Deutschland für die Implementierung rasch wirkender Maßnahmen gegen den anthropogenen Klimawandel – diesmal unterstützt durch die Petition
#Scientists4Future, die über 23.000 Wissenschaftlerinnen und Wissenschaftlern unterzeich-
net haben (Abb. 11.7 und 11.8).

---

[19] Verlässliche Informationen zu Wetter und Klima in Deutschland vermittelt die Homepage des
Deutschen Wetterdienstes, z. B. unter dem Stichwort „Deutschlandwetter", https://www.dwd.de/DE/
presse/pressemitteilungen/DE/2024/20241230_deutschlandwetter_jahr_2024.pdf?__blob=publicati-
onFile&v=3 (letzter Zugriff: 04.07.2025).

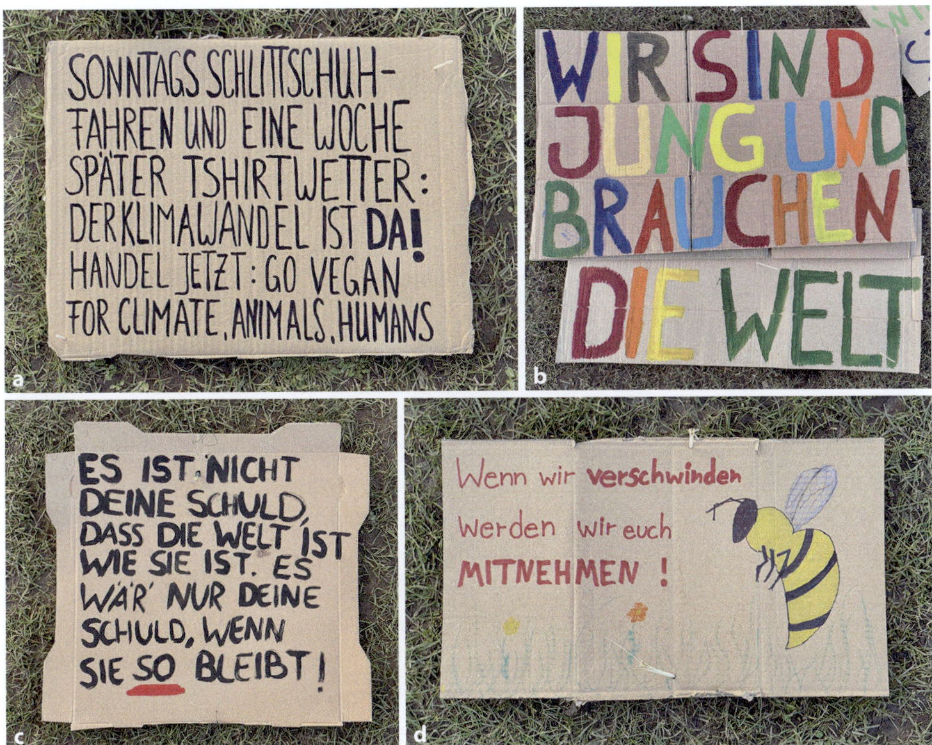

Abb. 11.7 a–d Vier während einer Demonstration von Fridays for Future in Kiel gezeigte Plakate. (Foto: H.-R. Bork, 18.03.2021)

Abb. 11.8 Fridays-for-Future-Demonstration in Heidelberg am 24.09.2021. (Foto: H.-R. Bork, 24.09.2021)

2019 (02.05.) Der Gemeinderat von **Konstanz** reagiert auf Forderungen von Fridays for Future und erklärt den **Klimanotstand**. Zu den vorgesehenen Beiträgen gegen den menschengemachten Klimawandel zählen ein verbessertes Mobilitätsmanagement, Anreize zur Sanierung von Gebäuden und eine klimaneutrale Energieversorgung für Neubauten auf Grundstücken der Stadt.

2019 (26.06. bis 08.07.) Der rund 1200 Hektar große, überwiegend bewaldete Truppenübungsplatz **Lübtheener Heide** im Westen Mecklenburgs wird 2013 geschlossen und 2015 als Naturschutzgebiet ausgewiesen. Im regenarmen Sommer 2019 ist die Nadelstreuschicht in den Kiefernmonokulturen ausgetrocknet. Am 26. Juni 2019 und an den darauffolgenden Tagen brechen mehrere Feuer aus. Starker Wind treibt die Glut rasch durch den trockenen Kiefernforst.

Nach dem Zweiten Weltkrieg hatte die Rote Armee auf dem Militärgelände zahlreiche Gebäude der Wehrmacht gesprengt, in denen Munition lagerte; dadurch verteilte sich Munition in der Umgebung der Sprengorte. Explodierende Munition begünstigt Ende Juni 2019 die Ausweitung zu einem **Großbrand** auf rund 1200 Hektar Fläche. Neben Kiefern, Gräsern und Kräutern verbrennt der wertvolle oberflächennahe Humushorizont mitsamt Bodentieren. Der Landkreis Ludwigslust-Parchim löst Katastrophenalarm aus; das Bundesamt für Bevölkerungsschutz und Katastrophenhilfe warnt vor den gesundheitlichen Folgen der starken Luftverschmutzung durch den Waldbrand; mehr als 600 Menschen werden evakuiert. Bundeswehr, Feuerwehr, Technischem Hilfswerk und Polizei gelingt es, unter Nutzung von Löschhubschraubern, Räumpanzern und Wasserwerfern am 8. Juli 2019 den größten Waldbrand in der Geschichte des Landes Mecklenburg-Vorpommern zu löschen (Abb. 11.9 und 11.10). Kiefernmonokulturen, Trockenheit und Hitze, verstreute Munition und ggf. Brandstiftung haben die Katastrophe verursacht, bei der große Mengen CO_2 freigesetzt werden.

2019 (Juni/Juli) Im Sommer 2019 brennt es auf weiteren ehemaligen Truppenübungsplätzen. Im Naturschutzgebiet Forst Zinna Jüterbog-Keilberg, dem früheren Truppenübungsplatz **Jüterbog West**, verbrennen im Juni 744 Hektar Vegetation mitsamt Tieren und dem Humushorizont. Es ist der größte **Flächenbrand** im Land Brandenburg seit 1990. Auch hier behindern militärische Altlasten die Löscharbeiten stark.[20]

2019 (25.07.) Der Deutsche Wetterdienst misst in Tönisvorst bei Krefeld und in Duisburg-Baerl mit jeweils **41,2 Grad Celsius** neue **Temperaturrekorde** in Deutschland. In Köln-Stammheim sind es 41,1 Grad Celsius.[21]

2019 (Sommer) Die sehr hohen Sommertemperaturen führen in Deutschland zu etwa **7000 hitzebedingten Sterbefällen**.[22]

---

[20] Vgl. https://www.teltow-flaeming.de/waldbrand-statistik (letzter Zugriff: 04.07.2025).

[21] Vgl. Fußnote 48.

[22] https://www.rki.de/DE/Aktuelles/Publikationen/Epidemiologisches-Bulletin/2025/19_25.pdf?__blob=publicationFile&v=4 (letzter Zugriff: 04.07.2025).

Abb. 11.9 Munitionswarnung an einem Waldweg auf dem ehemaligen Truppenübungsplatz Lübtheener Heide. (Foto: H.-R. Bork, 14.02.2022)

2019 (25.09.) Die Bundesregierung (das Kabinett Merkel IV) beschließt das **Klimaschutzprogramm 2030**. Einen Schwerpunkt bilden die Bepreisung von CO_2, das bei der Wärmeerzeugung und durch den Verkehr entsteht, und Anreize für die Einsparung von CO_2.

2019 (26.09.) Das Robert Koch Institut, das Bundesforschungsinstitut für Tiergesundheit FLI und das Bernhard-Nocht-Institut für Tropenmedizin geben die erste *in Deutschland* durch Mücken übertragene Infektion und Erkrankung eines Menschen mit dem **West-Nil-Virus** bekannt. Ein Monitoringprogramm erbringt die folgenden Fallzahlen für klinische Nachweise des West-Nil-Virus: 2019: 5 Infektionen, 2020: 22 Infektionen, 2021: 4 Infektionen, 2022: 17 Infektionen, 2023: 7 Infektionen, 2024: 26 Infektionen. Die meisten Infektionen mit Symptomen treten in Ostdeutschland auf.[23]

2019 (12.12.) Die nationalen Klimaschutzziele des am 12. Dezember 2019 ausgefertigten **Bundes-Klimaschutzgesetzes** (KSG) sollen die europäischen Zielvorgaben einhalten

---

[23] https://www.rki.de/DE/Themen/Infektionskrankheiten/Infektionskrankheiten-A-Z/W/West-Nil-Fieber/West-Nil-Fieber_Ueberblick.html (letzter Zugriff: 04.07.2025).

Abb. 11.10 Während des Waldbrandes im Sommer 2019 auf dem ehemaligen Truppenübungsplatz Lübtheener Heide gepflügte Waldbrandschneise. (Foto: H.-R. Bork, 14.02.2022)

und damit den Schutz vor den ökologischen, sozialen und ökonomischen Auswirkungen des menschengemachten Klimawandels gewährleisten helfen. „Grundlage bildet die Verpflichtung nach dem Übereinkommen von Paris aufgrund der Klimarahmenkonvention der Vereinten Nationen, wonach der Anstieg der globalen Durchschnittstemperatur auf deutlich unter zwei Grad Celsius und möglichst auf 1,5 Grad Celsius gegenüber dem vorindustriellen Niveau zu begrenzen ist, um die Auswirkungen des menschengemachten Klimawandels so gering wie möglich zu halten, sowie das Bekenntnis der Bundesrepublik Deutschland auf dem Klimagipfel der Vereinten Nationen am 23. September 2019 in New York, Treibhausgasneutralität bis 2050 als langfristiges Ziel zu verfolgen."[24] § 3 des KSG legt fest, dass die Treibhausgasemissionen in Deutschland – im Vergleich zu 1990 – bis 2030 um mindestens 55 Prozent zu mindern sind. (→ 15.07.2024)

2019 (18.12.) Der Deutsche Bundestag regelt mit einer Änderung des Bundesnaturschutzgesetzes „den zugelassenen **Abschuss von Wölfen**" neu. (→ 2023)

2020 (Januar) bis 2024 Im Januar 2020 breitet sich, ausgehend von China, das **SARS-CoV-2-Virus** aus. Forschende weisen rasch Mensch-zu-Mensch-Übertragungen nach.[25]

---

[24] https://www.bmuv.de/fileadmin/Daten_BMU/Download_PDF/Gesetze/191118_ksg_lesefassung_bf.pdf (letzter Zugriff: 04.07.2025).

[25] Zum Verlauf vgl. https://www.bundesgesundheitsministerium.de/coronavirus/chronik-coronavirus (letzter Zugriff: 04.07.2025).

Deutschland meldet am 27. Januar 2020 den ersten COVID-19-Infizierten. Die intensive Erforschung von Corona-Impfstoffen startet. Am 6. März 2020 sind in Deutschland mehr als 500 Infizierte registriert. Einen Tag später stirbt in Kairo erstmals ein Deutscher an einer Corona-Infektion. Die Börsenkurse brechen ein. Die Mehrzahl der Bundesländer schließt am 13. März 2020 Kitas und Schulen, Deutschland am 16. März weitgehend die Grenzen. Einige Bundesländer schränken ab dem 20. März 2020 die Bewegungsfreiheit der Bevölkerung ein (Abb. 11.11 und 11.12); Restaurants und Cafés müssen schließen. Am 22. März folgt ein bundesweites Kontaktverbot. Der Bundestag bewilligt am 25. März Nothilfen in Höhe von 156 Mrd. Euro. Ab dem 27. April gilt Maskenpflicht, in Schleswig-Holstein ab dem 29. April. Am 4. Mai endet die siebenwöchige Massenquarantäne (Lockdown); Schulen öffnen unter Auflagen wieder. Etliche von ca. 40.000 gegen Corona-Maßnahmen Demonstrierende durchbrechen am 28. August Absperrungen am Reichstag in Berlin.

Die zweite Infektionswelle bewirkt am 2. November 2020 einen teilweisen und im Dezember 2020 einen weitreichenden Lockdown. Noch vor Weihnachten erhalten erste Impfstoffe bedingte Marktzulassungen der EU. Ältere Menschen und Pflegekräfte werden prioritär geimpft. Im Frühjahr 2021 setzt die dritte Infektionswelle ein, im August 2021 die vierte und Ende Dezember die fünfte. Seit dem 16. März 2022 gilt die umstrittene einrichtungsbezogene Impfpflicht. Deren Erweiterung, eine allgemeine Corona-Impfpflicht für

Abb. 11.12 Corona-Schutz-
maßnahmen an einem Eingang
zum Tempelhofer Feld in
Berlin. (Foto: H.-R. Bork,
16.08.2020)

über 59-Jährige, scheitert am 7. April im Bundestag. Bayern hebt am 16. November 2022
die Isolationspflicht für Corona-Infizierte auf; weitere Länder folgen. Zum Jahresbeginn
2023 entfällt die einrichtungsbezogene Impfpflicht. Das Robert Koch-Institut mindert am
3. Februar 2023 die Gefährdungseinschätzung durch das SARS-CoV-2-Virus auf moderat.
Die Pandemie endet; die meisten Corona-Infektionen haben nun schwächere Verläufe.

Bis zum 8. April 2024 werden in Deutschland rund 38,8 Mio. Corona-Infektionen und
182.981 mit Corona-Infektionen zusammenhängende Todesfälle nachgewiesen.[26] Gemäß
der Studie eines Teams um Dr. Sara Ahmadi-Abhari vom Imperial College London gehen
durch die COVID-19-Pandemie in Deutschland in der Altersgruppe 35 Jahre und älter von
2020 bis 2022 direkt oder indirekt 2.351.000 Lebensjahre verloren.[27] In Deutschland treten
die höchsten Übersterblichkeiten in Thüringen und in Teilen von Brandenburg, Sachsen und
Sachsen-Anhalt auf. Geringere Anstiege der Übersterblichkeit werden – mit Ausnahme einiger bayerischer Regionen – in Westdeutschland registriert. Insgesamt bleibt die Übersterblichkeit in Deutschland mit sechs Prozent im Vergleich z. B. zu Polen oder Spanien gering.[28]

Soziale Spannungen beginnen mit den ersten staatlichen Restriktionen. Sie fördern das
Aufkommen von Verschwörungsmythen zu Herkunft und Ausbreitung der SARS-CoV-
2-Viren. Die Verschwörungserzählungen verbreiten sich rasch in sozialen Medien. Manche
Prominente und Pseudoexperten greifen sie auf und vermischen sie gelegentlich auch mit
anderen Verschwörungserzählungen (z. B. „Chemtrails" oder „die Erde ist eine Scheibe").

---

[26] https://de.statista.com/statistik/daten/studie/1102667/umfrage/erkrankungs-und-todesfaelle-auf-
grund-des-coronavirus-in-deutschland/ (letzter Zugriff: 04.07.2025).

[27] Ahmadi-Abhari et al. (2025): Direct and indirect impacts of the COVID-19 pandemic on life
expectancy and person-years of life lost with and without disability.

[28] Vgl. https://www.bib.bund.de/DE/Presse/Mitteilungen/2024/pdf/2024-07-31-Uebersterblichkeit-
waehrend-der-Coronapandemie-Grosse-regionale-Unterschiede-in-Europa.pdf?__blob=publication-
File&v=4 (letzter Zugriff: 04.07.2025); https://www.nature.com/articles/s41467-024-48689-0 (letzter
Zugriff: 04.07.2025).

Die Impfpflicht verursacht öffentlichkeitswirksamen Widerstand, besonders in Ostdeutschland. Der Druck auf Ungeimpfte nimmt zu und kulminiert in deren Ausgrenzung durch die im September 2021 eingeführte 3-G-Infektionsschutzregel (vollständig geimpft oder genesen oder negativ getestet).

Nach der folgenschweren Pandemie bewerten in Forschung[29] und Politik[30] Tätige die verordneten Maßnahmen: Demnach wurde die Wirkung der Impfstoffe überschätzt. Geimpfte waren zwar meist besser geschützt als Ungeimpfte; sie vermochten jedoch weiterhin andere Menschen zu infizieren. Selten traten unerwartete Impfschäden auf. Der zweite Lockdown kam sehr spät. Übertrieben waren wohl nächtliche Ausgangssperren. Die Schließung von Spielplätzen, Kindergärten und Schulen demoralisierte viele Kinder und Jugendliche stark und schränkte sie erheblich in ihren Lernmöglichkeiten und Freiheiten ein. Beengt lebende Eltern oder Alleinerziehende im Home-Office mit Kindern und ohne Gartenzugang unterlagen während der Lockdowns besonders hohen Belastungen. Infolge der Eilbedürftigkeit vieler Maßnahmen entschieden Kanzleramt, Ministerien und Ministerpräsidentenkonferenzen, die parlamentarische Kontrolle fehlte weitgehend. Schließlich verdrängte die COVID-19-Pandemie bedeutende akute Themen wie den menschengemachten Klimawandel aus öffentlicher Wahrnehmung und politischer Diskussion – trotz zeitlich parallel verlaufender Wetterextreme.

▶   **Pandemiebewertung**
Verbesserungsbedürftig sind die staatliche Kommunikation, die demokratische Kontrolle sowie das politische und administrative Management der Pandemie in Teilen (s. o.). Integrative und umfassende Pläne zur Handhabung zukünftiger Pandemien sollten bald im Bund und in den Landesregierungen, im Bundestag und in den Landesparlamenten unter angemessener Beteiligung der Öffentlichkeit vorgelegt, debattiert und verabschiedet werden.

Der volkswirtschaftliche Schaden durch die Pandemie ist immens. Nach einer Schätzung von Prof. Dr. Michael Grömling vom Institut der deutschen Wirtschaft belaufen sich die Wertschöpfungsverluste in Deutschland von 2020 bis 2023 auf gut 400 Mrd. Euro.[31] Dagegen stehen einige positive Umweltwirkungen: Flug- und Straßenlärm sowie Treibhausgasemissionen durch Verkehr, Industrie und Energieproduktion gehen vorübergehend zurück.

Ungeachtet der postpandemischen Kritik ist festzustellen, dass

- der naturwissenschaftlich-medizinisch-technische Fortschritt während und nach der Pandemie, vor allem die erfolgreiche Entwicklung, industrielle Produktion und breite Anwendung von Impfstoffen, exzeptionell war,

---

[29]   Zum Beispiel https://www.mpg.de/19873933/0213-bild-covid-19-massnahmen-149835-x (letzter Zugriff: 04.07.2025).

[30]   Zum Beispiel https://www.bmwk.de/Redaktion/DE/Downloads/C-D/Corona/ueberblickspapier-corona-hilfen.pdf?__blob=publicationFile&v=6 (letzter Zugriff: 04.07.2025).

[31]   Grömling (2024): Wirtschaftliche Auswirkungen der Krisen in Deutschland.

- zahlreiche staatliche Maßnahmen insbesondere während der ersten Infektionswelle gut wirkten,
- das herausragende Engagement der u. a. in Krankenhäusern, Arztpraxen, Apotheken, Pflegeeinrichtungen, öffentlichen Verwaltungen und fachnahen Forschungseinrichtungen Tätigen sehr vielen Menschen das Leben gerettet hat und
- die Gesellschaft trotz aller Fehler, Unsicherheiten, Widerstände und Friktionen eine großartige Leistung erbracht hat.

2020 (März) bis 2023 (Mai) Der Hersteller batterieelektrischer Fahrzeuge **Tesla** lässt für die Errichtung der **Gigafactory** in Grünheide bei Berlin ungeachtet der Proteste durch Anwohnerinnen und Anwohner 329 Hektar artenarme Kiefernplantagen roden; nach Satellitenbildauswertungen der Firma Kayrros sind es rund 500.000 Bäume. Als Ausgleichsmaßnahme veranlasst Tesla die Aufforstung von ca. 294 Hektar Agrarflächen mit ärmeren Böden bei Grunow in Ostbrandenburg. Gemäß einer Vorgabe der Unteren Naturschutzbehörde pflanzt man dort ab 2021 ausschließlich einheimische Gehölze, vornehmlich Birken und Eichen sowie Erlen, Hainbuchen, Spitzahorn, Buchen und Kiefern.

2020 (17.04.) Nachdem die Bundesgesellschaft für Endlagerung BGE 2017 die Verantwortung für das **Endlager für schwach und mittelradioaktive Abfälle Asse II** übernommen hat, präsentiert sie am 17. April 2020 der Öffentlichkeit den Rückholplan für die mehr als 125.000 Gebinde. Die BGE veranschlagt für die Vorbereitung der Rückholung, die 2033 beginnen soll, Kosten in Höhe von etwa 4,7 Mrd. Euro (→ 1967 bis 1978, 2008, 2013). Die zivile Kernenergienutzung in Deutschland verursacht unvorstellbar hohe Kosten – von der Einrichtung der Kernforschungseinrichtungen und Forschungsreaktoren u. a. in Karlsruhe und Jülich über die Errichtung, den Betrieb und den Rückbau von Kernkraftwerken bis zur Zwischenlagerung und der Ewigkeitsaufgabe der sicheren Endlagerung radioaktiver Abfälle. (→ 1955 bis 2022)

2020 (03.07.) Der Abbau der Steinkohle und Braunkohle und der Betrieb von Kohlekraftwerken führt zu erheblichen Umweltbelastungen, insbesondere zu gravierender Luftverschmutzung, und damit indirekt zu zahlreichen vorzeitigen Todesfällen. Das Gesetz zur Reduzierung und zur Beendigung der Kohleverstromung (**Kohleausstiegsgesetz**) setzt einen Teil der energiepolitischen Empfehlungen der Kommission Wachstum, Strukturwandel und Beschäftigung (Kohlekommission) um. Die Verstromung von Stein- bzw. Braunkohle ist schrittweise zu verringern: von zusammen etwa 40 Gigawatt im Jahr 2020 über 30 Gigawatt 2022 auf 17 Gigawatt 2030. (→ 2038)

2020 (31.07.) Gemäß der Neufassung des Naturschutzgesetzes Baden-Württemberg „ist darauf hinzuwirken, dass **Gartenanlagen insektenfreundlich** gestaltet werden und Gartenflächen vorwiegend begrünt werden. Schotterungen zur Gestaltung von privaten Gärten sind grundsätzlich" nicht zulässig (NatSchG BW § 21a).

Ab 2020 (10.09.) Nach der Entdeckung des ersten infizierten wild lebenden Wildschweins in Deutschland am 10. September 2020 im brandenburgischen Schenkendöbern melden

Abb. 11.13 Sicherheitszaun zum Schutz vor Afrikanischer Schweinepest bei Hirschhorn am Neckar. (Foto: H.-R. Bork, 14.09.2024)

Sachsen am 31. Oktober 2020, Mecklenburg-Vorpommern am 24. November 2021, Hessen am 15. Juni 2024, Rheinland-Pfalz am 9. Juli 2024, Baden-Württemberg am 9. August 2024 und Nordrhein-Westfalen am 14. Juni 2025 erste Nachweise der **Afrikanischen Schweinepest** an wild lebenden Wildschweinen (Abb. 11.13 und 11.14).[32]

Bei gehaltenen Schweinen gibt es vereinzelte Nachweise, so erstmals in Brandenburg am 15. Juli 2021, in Mecklenburg-Vorpommern am 15. November 2021, in Baden-Württemberg am 25. Mai 2022, in Niedersachsen am 2. Juli 2022, in Hessen am 8. Juli 2024 und in Rheinland-Pfalz am 15. August 2024.[33]

Die für Haus- und Wildschweine zumeist tödliche Afrikanische Schweinepest (ASP) erreicht von Osten kommend 2017 Tschechien und Polen. Ein totes, im September 2018 in Belgien gefundenes Wildschwein ist infiziert. Dänemark, ein bedeutender Exporteur von

---

[32] https://tsis.fli.de/cadenza/repositories/j-SlqCKELaTDy8RoFRCW/workbooks/Afrikanische-Schweinepest,_vyJ5cXVlrrbgd7FRCWp/worksheets/Auflistung-der-Einzelfaelle,pQFQa9VaAKBSsqiOhIck?workbookHash=mW530BfOs_aY-47-1sW3mFO1tSKE6NPTjWlOMCnzFG0ReGQ- (letzter Zugriff: 17.07.2025).

[33] Ebd.

Abb. 11.14 Information des Bundesministeriums für Ernährung und Landwirtschaft zur Afrikanischen Schweinepest, aufgenommen bei Baiersbronn im Nordschwarzwald. (Foto: H.-R. Bork, 03.08.2020)

Schweinen, befürchtet ein Vordringen der für Menschen ungefährlichen Tierseuche in das eigene Land. Die dänische Regierung lässt präventiv vom 28. Januar bis zum 2. Dezember 2019 an der Grenze zu Deutschland einen rund 70 Kilometer langen und 1,5 Meter hohen Stahlmattenzaun zur Abwehr aus Deutschland kommender, womöglich mit ASP infizierter Wildschweine errichten. Am 20. Dezember 2019 startet in Brandenburg der Bau eines 90 Zentimeter hohen mobilen Elektrozauns an der Grenze zu Polen. Sachsen und Mecklenburg-Vorpommern folgen.

▶ Die Seuche gefährdet die wirtschaftlich bedeutende Intensivschweinehaltung. Deutschland ist weltweit der drittgrößte Exporteur von Schweinefleisch. Zugleich sind die umfangreichen, Lebensräume trennenden Schutzmaßnahmen bedrohlich für einige Tierarten. So stört der **Wildschweinzaun** an der deutsch-polnischen Grenze die Wanderungen von Wild empfindlich; Rehe verenden am Zaun.[34] Die Jagdstrecke für Schwarzwild schwankt in den vergangenen Jahren zwischen 462.200 Wildschweinen im Jagdjahr 2022/23 und 836.865 im Jagdjahr 2017/18.[35] (→ 17.07.2025)

---

[34] https://www.jagdverband.de/afrikanische-schweinepest (letzter Zugriff: 17.07.2025).

[35] https://www.jagdverband.de/sites/default/files/2025-02/2025-02_Infografik_Jahresjagdstrecke_Schwarzwild_2023_2024.jpg (letzter Zugriff: 17.07.2025).

Abb. 11.15 Am viel befahrenen Theodor-Heuss-Ring in Kiel von Oktober 2020 bis Dezember 2024 zur Absenkung der verkehrsbedingt hohen NO$_2$-Konzentration genutzte Luftfilteranlage. (Foto: H. Bork, 28.12.2020)

2020 (Oktober) bis 2024 (Dezember) Am viel befahrenen Theodor-Heuss-Ring, einem Nadelöhr im Straßenverkehrssystem von Kiel, überschreitet die Stickstoffdioxidkonzentration (NO$_2$) den Grenzwert der Europäischen Union von 40 Mikrogramm pro Kubikmeter Luft im Jahresmittel; im Jahr 2019 liegt der Mittelwert bei 49 Mikrogramm NO$_2$ pro Kubikmeter Luft. Im Oktober 2020 lässt die Stadtverwaltung der Landeshauptstadt Kiel sechs **Luftfilteranlagen** im Abstand von 35 Metern auf dem Fahrradweg des Theodor-Heuss-Rings installieren und die zulässige Höchstgeschwindigkeit reduzieren, um die **NO$_2$-Konzentration** unter den Grenzwert abzusenken und damit ein Dieselfahrverbot zu verhindern (Abb. 11.15).[36] Von 2020 bis 2024 schwanken die Jahresmittel der NO$_2$-Konzentration zwischen 30 und 38 Mikrogramm pro Kubikmeter Luft. Daher veranlasst die Stadt Kiel im Dezember 2024 den Abbau der Luftfilteranlagen am Theodor-Heuss-Ring.

2020 (01.11.) Das Kabinett Merkel IV fördert eine nachhaltige Entwicklung der Energieversorgung. Das Gesetz zur Einsparung von Energie und zur Nutzung erneuerbarer Energien zur Wärme- und Kälteerzeugung in Gebäuden, kurz **Gebäudeenergiegesetz** (GEG), soll durch eine zunehmende Nutzung erneuerbarer Energien einen möglichst sparsamen Einsatz von Energie in Gebäuden gewährleisten. Es integriert die Regelungen des Energieeinsparungsgesetzes, des Erneuerbare-Energien-Wärmegesetzes und der Energieeinsparverordnung. Das am 8. August 2020 vom Bundestag beschlossene Gesetz tritt am 1. November 2020 in Kraft.[37]

2021 Die ursprünglich aus Ostasien stammenden **Japankäfer** (*Popillia japonica*) sind in Deutschland meldepflichtige gefräßige Schädlinge, die sich in kurzer Zeit massenhaft vermehren und an Wirtspflanzen wie Beeren- und Steinobst, Wein, Rosen und Mais erheb-

---

[36] Vgl. https://www.purevento.com/wp-content/uploads/2020/10/20201015-PM-Purevento-uebergibt-Luftfilteranlage-an-Stadt-Kiel.pdf (letzter Zugriff: 04.07.2025).

[37] https://www.bgbl.de/xaver/bgbl/start.xav?startbk=Bundesanzeiger_BGBl&jumpTo=bgbl120s1728.pdf#/text/bgbl120s1728.pdf?_ts=1744301165228 (letzter Zugriff: 04.07.2025).

liche Schäden anrichten können. Sie verbreiten sich von Norditalien aus zunächst in der
Schweiz. In Baden-Württemberg identifiziert man Japankäfer erstmals 2021 in der Nähe
der Schweizer Grenze. Vermutlich gelangten sie auf Fahrzeugen aus Norditalien oder der
Schweiz dorthin. Im August 2024 gehen mitgereiste Japankäfer in Fallen der Bayerischen
Landesanstalt für Landwirtwirtschaft bei Lindau und Kiefersfelden. 2024 beginnt Baden-
Württemberg mit Präventionsmaßnahmen gegen den Japankäferbefall.

2021 Die Bewegung **Letzte Generation** etabliert sich. Mitglieder der Widerstandsgruppe
treten in Berlin vor der Bundestagswahl am 26. September 2021 in den Hungerstreik,
um Maßnahmen für eine raschere Klimawende zu erreichen. Nach ergebnislosen Gesprä-
chen blockieren Mitglieder erstmals am 24. Januar 2022 in Berlin den Straßenverkehr,
indem sie ihre Handflächen mit Sekundenkleber auf dem Asphalt von Autobahnzufahrten
fixieren. Mit ihrem öffentlichkeitswirksamen zivilen Ungehorsam möchten die bald als
„Klimakleber" bezeichneten Mitglieder der Letzten Generation auf die hohe Dringlich-
keit a) der Bekämpfung des menschengemachten Klimawandels und b) der Beendigung
der Zerstörung der Lebensgrundlagen nachdrücklich aufmerksam machen. Die Zahl der
Straßenblockaden wächst bis 2024 auf weit mehr als eintausend an. Konsequenzen sind
lange Staus, verärgerte Autofahrende und starker Unmut in der Bevölkerung. Die Letzte
Generation ändert ihre Handlungsstrategie. Protestaktionen in Museen und auf Flughäfen
kommen hinzu. Mitglieder der Widerstandsgruppe besprühen im Juni 2023 auf Sylt u. a.
ein Privatflugzeug sowie am 17. September 2023 und erneut am 16. November 2023 in
Berlin Säulen des Brandenburger Tors mit Farbe. Der Einfluss der Letzten Generation auf
politische Entscheidungen bleibt gering, die Verärgerung in Teilen der Zivilgesellschaft
hoch. Im Dezember 2024 informiert Carla Hinrichs, die Sprecherin der Gruppe, über eine
bevorstehende Namensänderung und geplante neue Aktivitäten.[38]

2021 (24.03.) Der erste Senat des **Bundesverfassungsgerichts** urteilt in dem bahnbre-
chenden Beschluss Az. 1 BvR 2656/18 vom 24. März 2021:

1. „Der Schutz des Lebens und der körperlichen Unversehrtheit nach Art. 2 Abs. 2 Satz 1
   GG schließt den Schutz vor Beeinträchtigungen grundrechtlicher Schutzgüter durch
   Umweltbelastungen ein, gleich von wem und durch welche Umstände sie drohen. Die
   aus Art. 2 Abs. 2 Satz 1 GG folgende Schutzpflicht des Staates umfasst auch die Verpflichtung, Leben und Gesundheit vor den Gefahren des Klimawandels zu schützen.
   Sie kann eine objektivrechtliche Schutzverpflichtung auch in Bezug auf künftige Generationen begründen.
2. Art. 20a GG verpflichtet den Staat zum Klimaschutz. Dies zielt auch auf die Herstellung von Klimaneutralität. […]. d) In Wahrnehmung seines Konkretisierungsauftrags
   und seiner Konkretisierungsprärogative hat der Gesetzgeber das Klimaschutzziel des

---

[38] Vgl. https://www.bmi.bund.de/SharedDocs/downloads/DE/veroeffentlichungen/themen/sicher-
heit/bka-lagebild-letzte-generation-fortschreibung2.pdf?__blob=publicationFile&v=3 (letzter Zugriff: 04.07.2025) sowie https://letztegeneration.org/wer-wir-sind/ (letzter Zugriff: 04.07.2025).

Art. 20a GG aktuell verfassungsrechtlich zulässig dahingehend bestimmt, dass der Anstieg der globalen Durchschnittstemperatur auf deutlich unter 2 °C und möglichst auf
1,5 °C gegenüber dem vorindustriellen Niveau zu begrenzen ist.

3. Die Vereinbarkeit mit Art. 20a GG ist Voraussetzung für die verfassungsrechtliche
Rechtfertigung staatlicher Eingriffe in Grundrechte.

4. Das Grundgesetz verpflichtet unter bestimmten Voraussetzungen zur Sicherung grund-
rechtsgeschützter Freiheit über die Zeit und zur verhältnismäßigen Verteilung von Frei-
heitschancen über die Generationen. Subjektivrechtlich schützen die Grundrechte als
intertemporale Freiheitssicherung vor einer einseitigen Verlagerung der durch Art. 20a
GG aufgegebenen Treibhausminderungslast in die Zukunft. Auch der objektivrechtliche Schutzauftrag des Art. 20a GG schließt die Notwendigkeit ein, mit den natürlichen
Lebensgrundlagen so sorgsam umzugehen und sie der Nachwelt in solchem Zustand
zu hinterlassen, dass nachfolgende Generationen diese nicht nur um den Preis radikaler
eigener Enthaltsamkeit bewahren könnten. [...].“[39]

Demnach gibt es ein **Grundrecht auf Klimaschutz**, das die Freiheiten zukünftiger Generationen sichert. Die Ziele des Klimaabkommens von Paris[40] ($\rightarrow$ 10.01.2025) besitzen
Verfassungsrang.

2021 (Mitte Juli) Das Tiefdruckgebiet Bernd führt vom 12. bis 19. Juli 2021 warme und
sehr feuchte Luftmassen aus dem Mittelmeergebiet nach Mitteleuropa. Vom 13. bis 15. Juli
fallen außergewöhnlich ergiebige Niederschläge: in Hagen-Holthusen 241,3 Millimeter
in 22 Stunden, in Köln-Stammheim 144,6 Millimeter in zwölf Stunden und in Malsburg-
Marzell im südwestlichen Schwarzwald 171,8 Millimeter in 72 Stunden.[41] **Hochwasserkatastrophen** resultieren in Teilen von Nordrhein-Westfalen und Rheinland-Pfalz sowie
auch in Baden-Württemberg, Bayern und Sachsen. In Deutschland sterben 188 Menschen,
die meisten davon im Ahrtal ($\rightarrow$ 14./15.07.2021). Im Berchtesgadener Land zerstört eine
Mure Teile der Kunsteisbahn am Königssee. Der Rückversicherer Munich Re beziffert den
Gesamtschaden der Extremniederschläge und der nachfolgenden Sturzfluten und Hochwässer in Deutschland auf 33 Mrd. Euro.

2021 (14./15.07.) Der Deutsche Wetterdienst warnt am 13. Juli 2021 um 11:36 Uhr vor
höchsten Niederschlägen durch das Tiefdruckgebiet Bernd im Umfeld der Eifel. Am
14. Juli 2021 fallen im Ahrtal im Mittel 94,5 Millimeter Niederschlag. Die Wasserstände
der Ahr am Pegel Altenahr steigen am Nachmittag des 14. Juli 2021 zunächst langsam und
am Abend rasch auf extreme Höhen an:

---

[39] https://www.zjs-online.com/dat/artikel/2021_3_1519.pdf (letzter Zugriff: 04.07.2025).

[40] Vgl. Rahmsdorf und Schellnhuber (2019): Der Klimawandel. S. 119 ff.

[41] https://www.umweltministerkonferenz.de/umlbeschluesse/umlaufBericht2022_19.pdf (letzter Zugriff: 04.07.2025).

14.07.2021, 09:24 Uhr:	90 Zentimeter Höhe am Pegel Altenahr
14.07.2021, 14:30 Uhr:	138 Zentimeter
14.07.2021, 17:17 Uhr:	278 Zentimeter
14.07.2021, 20:45 Uhr:	575 Zentimeter; die Wassermassen reißen danach den Pegel fort
14.07.2021, 23:00 Uhr:	ca. 700 Zentimeter (Schätzung)
15.07.2021, 08:00 Uhr:	ca. 590 Zentimeter (Schätzung)
15.07.2021, 18:00 Uhr:	ca. 300 Zentimeter (Schätzung)*

* Haffke (2023a): Von unterschätzten Warnungen bis zur Katastrophe. S. 11–18

Der Hochwassermeldedienst des rheinland-pfälzischen Landesamtes für Umwelt erhöht am 14. Juli 2021 mehrfach die Hochwasserwarnstufe und den zu erwartenden maximalen Pegelstand. Am späten Nachmittag verzeichnen die Pegel an der Ahr bereits einen höheren Wasserstand als beim „Jahrhunderthochwasser" Anfang Juni 2016 (damals wurden am Pegel Altenahr 371 Zentimeter erreicht). Am 14. Juli 2021 klettern Menschen nach 18 Uhr am überfluteten Campingplatz Stahlhütte in Dorsel auf die Dächer ihrer Wohnwagen. Viele werden mit Helikoptern gerettet; für sieben kommt jede Hilfe zu spät, sie ertrinken. In einigen von der Außenwelt abgeschnittenen Ortsteilen steigt das Wasser nah am Fluss so hoch, dass Menschen auf die Dächer ihrer Häuser oder in Baumkronen flüchten. Nicht wenige verbringen unter Lebensgefahr dort die Nacht, da eine Rettung mit Hubschraubern im Dunklen kaum möglich ist. In Bad Neuenahr-Ahrweiler ertrinken viele Menschen bei dem Versuch, ihre Autos aus Tiefgaragen zu holen. Bäume, Wohnwagen, Haustrümmer und Hausrat treiben in der außergewöhnlich hohen und breiten **Ahrflut**. Das Treibgut reißt Brücken, Bahngleise und Häuser fort. Am Morgen des 15. Juli 2021 wird das ganze Ausmaß der Katastrophe sichtbar (Abb. 11.16, 11.17 und 11.18). 50 bis 60 Menschen werden vermisst, Tausende sind obdachlos. Trotz des aufopferungsvollen Einsatzes der Rettungskräfte sterben im Ahrtal 162 Menschen.[42]

Ein zentraler, früher Alarm für das gesamte Ahrtal unterblieb. In einigen Orten bereitete man sich auf ein starkes Hochwasser vor. Dort wurden Sandsäcke gefüllt und an gefährdeten Orten deponiert. Im Nachhinein zeigte sich, dass diese Maßnahmen vollkommen unzureichend und hohe Sachschäden schwerlich zu vermeiden waren. Rechtzeitige Evakuierungen hätten die meisten Menschen gerettet – die Extremwetterwarnung des Deutschen Wetterdienstes ging beizeiten ein. Kaum ein Verantwortlicher in den zuständigen Gemeinde-, Kreis- und Landesbehörden konnte sich jedoch ein derart verhängnisvolles **Hochwasser** vorstellen, obgleich ähnliche Desaster bereits am → 21.07.1804 und am → 12./13.06.1910 das Ahrtal verheerten. Die Erinnerung an diese Flutkatastrophen ist in der Bevölkerung im Jahr 2021 vollkommen verblasst, das Wissen um deren Ursachen in den Behörden nicht mehr gegenwärtig und in Archiven verborgen. Geschichtsvergessen-

---

[42] Haffke (2023a): Von unterschätzten Warnungen bis zur Katastrophe. S. 11–18.

Abb. 11.16 Rutschung bei Mülheim bei Blankenheim an der Ahr nach den hohen Niederschlägen Mitte Juli 2021, ermöglicht durch einen Wasserstau oberhalb einer stillgelegten Bahnlinie. (Foto: H.-R. Bork, 24.11.2021)

heit, fachliche Inkompetenz, Gleichgültigkeit und irrationaler Optimismus ermöglichten wohl die ausgedehnte Bebauung von Überflutungsräumen in den Tälern der Ahr und ihrer Nebenflüsse und die Arglosigkeit von Behörden und Bevölkerung im Juli 2021.

Verursacht werden die massive Abflussbildung und die hohe Flutwelle der Ahr und ihrer Nebenflüsse im Juli 2021 durch

- einen Extremniederschlag, dessen Ausmaß möglicherweise vom menschengemachten Klimawandel beeinflusst wurde,
- den vorausgegangenen anhaltenden Regen, der viele verdichtete Böden mit Wasser auffüllte und damit deren Wasseraufnahmevermögen stark reduzierte,
- die Folgen der spezifischen Landnutzung im westlichen Ahreinzugsgebiet,
- die Einengung der Ahr und ihrer Nebenflüsse in zu schmale Betten,
- die weitreichende Versiegelung der engen Täler durch Straßen, Wohnorte und Gewerbegebiete sowie
- vollkommen unzureichende Hochwasserschutzmaßnahmen.

Die höchsten Niederschläge fallen am 14. Juli 2021 im westlichen Ahreinzugsgebiet. Dort verdichten Landwirtschaftsbetriebe regelmäßig die Böden im Dauergrünland mit Walzen;

Abb. 11.17 Durch die Ahrflut Mitte Juli 2021 in Kreuzberg zerstörte Bahnstrecke. (Foto: H. Bork, 22.11.2021)

damit verringern sie das Wasseraufnahmevermögen der Böden sehr stark. Hier und auf den versiegelten Flächen entsteht der weit überwiegende Teil des Abflusses. Abseits von Waldwegen versickern die Regenmassen im Wald fast vollständig.

Den besten Hochwasserschutz bieten

- naturnahe Wälder auf den Hängen,
- großvolumige Retentionsräume in den Tälern,
- eine Minimierung der Bebauung überschwemmungsgefährdeter Flächen und
- eine Entsiegelung – wo immer sie vertretbar und finanzierbar ist.

Einzelne Hochwasserschutzmaßnahmen sind wirkungsarm. Nur ein integrierter, die Landnutzung im gesamten Wassereinzugsgebiet berücksichtigender Hochwasserschutz ermöglicht auch bei seltenen Extremniederschlägen einen ausreichenden Schutz – im Ahrtal und anderswo. Der Wiederaufbau vom Hochwasser geschädigter oder zerstörter Gebäude am selben Ort ist fahrlässig. Einzig eine langfristige Verlagerung hochwassergefährdeter Siedlungsbereiche an hochwassersichere Standorte bietet ausreichend Sicherheit. Ein wirksamer integrierter Hochwasserschutz kann nur mit großer finanzieller und mentaler staatlicher Unterstützung gelingen.

Abb. 11.18 Zerstörungen durch die Ahrflut Mitte Juli 2021 in Bad Neuenahr-Ahrweiler. (Foto: H.-R. Bork, 23.11.2021)

2021 (10.12.) Die Königlich Schwedische Akademie der Wissenschaften verleiht dem Klimawissenschaftler und Direktor des Max-Planck-Instituts für Meteorologie Prof. Dr. **Klaus Hasselmann** den **Physiknobelpreis** für „das physikalische Modellieren des Klimas der Erde, die quantitative Analyse von Variationen und die zuverlässige **Vorhersage der Erderwärmung**" ($\rightarrow$ März 1995).

2022 Das Bundesamt für Strahlenschutz teilt mit, dass die **UV-Strahlung** an der Messstation Dortmund von 1997 bis 2022 unerwartet deutlich um mehr als zehn Prozent zugenommen hat.[43] Ursache ist die gleichzeitige Abnahme der Bewölkung und damit das Anwachsen der Sonnenscheindauer – vermutlich infolge des menschengemachten Klimawandels.

2022 In Deutschland werden im Jahr 2022 nach Untersuchungen des Umweltbundesamtes 5,6 Tonnen **Arsen** (prozentuale Veränderung im Vergleich zu 1990: −93 Prozent), 151,7 Tonnen **Blei** (−92 Prozent), 10,3 Tonnen **Kadmium** (−65 Prozent), 70,0 Tonnen **Chrom** (−58 Prozent), 560,3 Tonnen **Kupfer** (−10 Prozent), 143,3 Tonnen **Nickel** (−57 Prozent),

---

[43] https://www.bfs.de/SharedDocs/Pressemitteilungen/BfS/DE/2024/017.html (letzter Zugriff: 04.07.2025).

Abb. 11.19 Das hohe Verkehrsaufkommen hat auch die Talbrücke Münchholzhausen der Sauerlandlinie A45 schneller altern lassen als erwartet; sie wird von 2014 bis 2019 ersetzt. (Foto: H.-R. Bork, 28.02.2016)

6,6 Tonnen **Quecksilber** (−81 Prozent) und 292,6 Tonnen **Zink** (−38 Prozent) in die Atmosphäre **emittiert**.[44] (→ 1990)

2022 (10.02) Die Erfassung der **SARS-CoV-2-Viruslast im Abwasser** beginnt. Das höchste Wochenmittel im Messzeitraum vom 10. Februar 2022 bis zum 15. Januar 2025 tritt vom 30. November bis zum 6. Dezember 2023 mit einer Viruslast von 558.000 Genkopien pro Liter Abwasser auf. Der Wert basiert auf den Daten von 143 Kläranlagen.[45]

2022 (März) Das Bundesverkehrsministerium lässt seit den 1960er-Jahren in Westdeutschland zahlreiche Autobahnen und Bundesfernstraßen mit vielen Brücken ausbauen oder neu errichten. Auf hochbelasteten Strecken verschleißen die Brückenbauwerke unerwartet stark. Im März 2022 gibt das Bundesverkehrsministerium bekannt, dass mehr als **ein Viertel der Autobahnbrücken bis 2032 zu verstärken oder zu ersetzen** sind (Abb. 11.19). Darunter ist die 1972 vollendete, knapp 1,5 Kilometer lange und 49 Meter hohe Rader Hochbrücke im Verlauf der A7 über den Nord-Ostsee-Kanal bei Rendsburg – ein Nadelöhr für den Verkehr nach Skandinavien. Brückensanierungen oder Brückenneubauten erfordern eine überaus energieintensive und ressourcenverzehrende Herstellung von Stahl und Beton.

2022 (20.05) Rechtzeitig warnt der Deutsche Wetterdienst für den 20. Mai 2022 vor schweren Gewittern und einer deutlich erhöhten Tornadowahrscheinlichkeit. Die Gewitterlage verursacht einen **Tornadoausbruch** mit insgesamt acht Tornados. Drei erreichen die Stärke IF2; sie treten über dem nordhessischen Merxhausen sowie über den westfälischen Städten Lippstadt und Paderborn auf. Die Windhosen reißen Dachziegel und hauptsächlich in Gewerbegebieten Fassadenteile und ganze Dächer fort, brechen und stürzen zahllose Bäume, verletzen viele Menschen und beschädigen Kraftfahrzeuge. Die Stadt Paderborn beziffert die Schäden auf fast 150 Mio. Euro. (→ 05.05.2015)

---

[44] https://www.umweltbundesamt.de/themen/luft/emissionen-von-luftschadstoffen (letzter Zugriff: 04.07.2025).

[45] https://infektionsradar.gesund.bund.de/de/covid/abwasser (letzter Zugriff: 04.07.2025).

2022 (09.08.) Angler bemerken ein **katastrophales Fischsterben in der Oder**. Von polnischen Kohlebergwerken in einen Nebenfluss der Oder geleitete salzhaltige Abwässer haben wohl eine massive Vermehrung der giftigen Goldalge *Prymnesium parvum* begünstigt. Die Herkunft der Brackwasseralge ist zwar unklar, ihre Wirkung jedoch bekannt: Sie bildet Toxine aus, die für Fische, Schnecken und Muscheln tödlich sind. Organische Mikroschadstoffe erhöhten die Wirksamkeit der Goldalge. Ebenfalls im Wasser der Oder identifizierte Herbizide hatten offenbar keine akut toxischen Effekte auf das Leben im Fluss. Der trockene und sehr warme Sommer des Jahres 2022 minderte den Abfluss der Oder und erhöhte dadurch dessen Salzkonzentration.[46]

2022 (31.12.) Am Stichtag 31. Dezember 2022 sind 6,5 Prozent oder **22.782 Quadratkilometer** der Oberfläche Deutschlands **versiegelt**. Dieser Wert entspricht in etwa der Ausdehnung des gesamten Landes Hessen. Die Versiegelung ist in den vergangenen 30 Jahren um 4943 Quadratkilometer angewachsen und damit um mehr als die addierten Flächen des Saarlandes, von Berlin, Hamburg, Bremen und Frankfurt am Main. Versiegelte Flächen heizen sich im Sommer stärker auf als vegetationsbedeckte Flächen. Der Abfluss von versiegelten Flächen trägt signifikant zur Bildung von Hochwasser durch Starkniederschläge bei. Die Zunahme der Versiegelung macht Deutschland vulnerabler.[47] ($\rightarrow$ 31.12.2011)

2023 Wölfe verletzen oder töten in Deutschland im gesamten Jahr mehr als 5000 Nutztiere, hauptsächlich Schafe und Ziegen, seltener Rinder (überwiegend Kälber). Während eines erfolgreichen Übergriffs töten Wölfe 2023 durchschnittlich vier bis fünf Nutztiere (Abb. 11.1). Die Ausgaben für Herdenschutzmaßnahmen belaufen sich im selben Jahr auf 21,3 Mio. Euro. Für die durch **Wolfsrisse** entstandenen Schäden leisten die Bundesländer 2023 Ausgleichszahlungen in Höhe von 638.000 Euro.[48] Nicht wenige Nutztierhalterinnen und Nutztierhalter geben nach der traumatischen Erfahrung eines Wolfsrisses die Tierhaltung auf. ($\rightarrow$ 01.05.2023 bis 30.04.2024)

2023 Im Jahr 1900 liegt die mittlere jährliche **Milchleistung einer Kuh** in Deutschland bei knapp 2200 Kilogramm. Bis 1950 erhöht sie sich um rund 15 Prozent auf fast 2500 Kilogramm. Im Jahr 2023 erreicht eine Kuh eine durchschnittliche Milchleistung von 8780 Kilogramm – eine Steigerung um etwa 400 Prozent in 123 Jahren bzw. um ca. 350 Prozent in 73 Jahren![49] In der gleichen Zeit geht die Lebenserwartung einer Milchkuh von im Mittel rund zwanzig Jahren auf nur noch fünf bis sechs Jahre zurück. Menschen, die Milch und Milchprodukte erwerben, wählen wie auch bei anderen Produkten gemeinhin günstige An-

---

[46]   Vgl. Nationale Expert*innengruppe zum Fischsterben in der Oder unter Leitung des Umweltbundesamtes (2022; Hrsg.): Fischsterben in der Oder.

[47]   https://www.umweltbundesamt.de/daten/flaeche-boden-land-oekosysteme/boden/bodenversiegelung#bodenversiegelung-in-deutschland (letzter Zugriff: 04.07.2025).

[48]   Dokumentations- und Beratungsstelle des Bundes zum Thema Wolf DBBW. https://www.dbb-wolf.de/wolfsmanagement/herdenschutz/schadensstatistik (letzter Zugriff: 04.07.2025).

[49]   Datenquelle: https://de.statista.com/statistik/daten/studie/153061/umfrage/durchschnittlicher-milchertrag-je-kuh-in-deutschland-seit-2000/ (letzter Zugriff: 04.07.2025).

gebote. Ein Unterbietungswettbewerb des Groß- und Einzelhandels resultiert. Die Gewinne der Produzenten sind oft (zu) gering. Milchvieh haltende Betriebe haben mit Züchtung und hohen Kraftfuttergaben auf diese Ansprüche reagiert, ja zum Überleben reagieren müssen. Auch zulasten des Tierwohls.

2023 (01.04.) bis 2024 (31.03.) In jüngster Zeit wächst die **Nutriapopulation** trotz Bejagung stark. Seit 2016 führt die Europäische Union den ursprünglich aus Südamerika stammenden Sumpfbiber auf der Liste gebietsfremder, invasiver Arten. Im Jagdjahr 2013/14 erlegen Jagdberechtigte nach Angaben des Deutschen Jagdverbandes in Deutschland 13.359 Nutrias und im Jagdjahr 2018/19 insgesamt 61.953 Nutrias. Fünf Jahre später, im Jagdjahr 2023/24, beträgt die Jagdstrecke bereits 116.585 Nutrias, davon 44.961 in Niedersachsen und 38.537 in Nordrhein-Westfalen.[50] ($\rightarrow$ 1880er-Jahre, ab 22.09.2024)

2023 (01.04.) bis 2024 (31.03.) Der Straßenverkehr verursacht viele **Kollisionen mit Wildtieren**. Durch Wildunfälle sterben nach Angaben des Deutschen Jagdverbandes vom 01.04.2023 bis zum 31.03.2024 in Deutschland rund 204.320 Stück Rehwild (*Capreolus capreolus*), 15.480 Stück Schwarzwild (Wildschwein, *Sus scrofa*), 4720 Stück Damwild (*Dama dama*) und 2750 Stück Rotwild (Rothirsch, *Cervus elaphus*).[51] In den Jahren davor lagen die Zahlen in einer ähnlichen Größenordnung.

2023 (01.05) bis 2024 (30.04.) Das Bundesamt für Naturschutz gibt bekannt, dass im Monitoringjahr 2023/24 insgesamt **1601 Wölfe und 209 Wolfsrudel** in Deutschland lebten, davon 58 Rudel in Brandenburg, 48 in Niedersachsen sowie 37 in Sachsen. Erstmals gelang der Nachweis je eines Rudels in Baden-Württemberg und Schleswig-Holstein. Sehr wahrscheinlich wurden nicht alle Wölfe und Rudel identifiziert, sodass die tatsächlichen Zahlen höher liegen dürften. 193 Wölfe wurden tot aufgefunden, 13 illegal und fünf im Rahmen von Maßnahmen des Wolfsmanagements getötet. 150 Wölfe starben bei Verkehrsunfällen.[52]

2023 (01.07.) bis 2024 (30.06.) Der zwölfmonatige Zeitraum ist der **niederschlagreichste in Deutschland seit dem Beginn der regelmäßigen Messungen** im Jahr 1881. Gemittelt über Deutschland fallen vom 1. Juli 2023 bis zum 30. Juni 2024 insgesamt 1070 Millimeter Niederschlag. Der Mittelwert der Referenzperiode 1961 bis 1990 liegt bei 789 Millimeter.[53]

2023 (08.09.) Fossiles Öl und Gas befeuern immer noch etwa drei Viertel der Heizungen in Deutschland. In den kommenden Jahren dürften sich Erdöl und Erdgas durch die zunehmende CO_2-Bepreisung deutlich verteuern. Um sich von dieser ökonomisch und ökologisch

---

[50] Deutscher Jagdverband (2022): Die Nutria breitet sich aus in Deutschland. Sowie: https://www.jagdverband.de/sites/default/files/2025-02/2025-02_Infografik_Jahresjagdstrecke_Nutria_2023_2024.jpg (letzter Zugriff: 04.07.2025).

[51] https://www.jagdverband.de/sites/default/files/2025-02/2025-02_Infografik_Wildunfall_Statistik_2023_2024.jpg (letzter Zugriff: 04.07.2025).

[52] https://www.bfn.de/pressemitteilungen/aktuelle-zahlen-und-daten-zum-wolf-deutschland-bundesweit-209-rudel-bestaetigt (letzter Zugriff: 04.07.2025).

[53] https://www.dwd.de/DE/presse/pressemitteilungen/DE/2024/20240703_die-zwoelf-nassesten-monaten-seit-messbegin.pdf?__blob=publicationFile&v=4 (letzter Zugriff: 04.07.2025).

Abb. 11.20 Schäden des Sturmhochwassers vom 20./21.10.2023 bei Drei am Ostufer der Halbinsel Holnis. (Foto: H.-R. Bork, 30.10.2023)

fatalen Abhängigkeit zu befreien, beschleunigt das Kabinett Scholz die Wärmewende. Nach äußerst kontroversen, vielfach polemischen Diskussionen in der Öffentlichkeit und im Parlament verabschiedet der Bundestag am 8. September 2023 das novellierte Gebäudeenergiegesetz (GEG), vulgo „**Heizungsgesetz**" ($\rightarrow$ 01.11.2020). Ab dem 1. Januar 2024 müssen Heizungen von Neubauten mindestens 65 Prozent klimafreundliche erneuerbare Energie nutzen. Das GEG legt weiterhin fest, dass spätestens ab dem 1. Juli 2028 in bestehenden Gebäuden zu installierende neue Heizungen ebenfalls mindestens 65 Prozent klimafreundliche erneuerbare Energie nutzen müssen.[54] Die Internationale Energieagentur IEA bewertet im April 2025 die klaren Ziele und die Zeitvorgaben des 2023 novellierten GEG als „großartige Leistung".[55] Der Koalitionsvertrag des Kabinetts Merz sieht hingegen die Verabschiedung eines erheblich abgeschwächten Gebäudeenergiegesetzes vor ($\rightarrow$ 09.04.2025).

2023 (20./21.10.) Das folgenschwerste **Sturmhochwasser** an der Ostseeküste seit dem 13. November 1872 läuft in Flensburg 227 Zentimeter, in Eckernförde 215 cm und in Greifswald 148 cm hoch über den mittleren Wasserstand der Ostsee auf. Das Hochwasser lässt Boote sinken, bricht Deiche, überflutet, beschädigt oder zerstört Anleger, Molen, Uferpromenaden, Wege, Wohn- und Gewerbegebäude, erodiert Sandstrände sowie Lehm, Sand und Steine an den Steilküsten (Abb. 11.20). Die Landesregierung Schleswig-Holstein (das Kabinett Günther II) schätzt den Sachschaden auf rund 200 Mio. Euro.

2023 (09.11.) Das Monitoring der **Influenza-A- und Influenza-B-Viruslast im Abwasser** beginnt. Die Influenza-Viruslast erreicht im Januar 2024 und im Januar 2025 Höchstwerte.[56]

---

[54] https://www.energiewechsel.de/KAENEF/Redaktion/DE/FAQ/GEG/faq-geg.html (letzter Zugriff: 04.07.2025).

[55] https://iea.blob.core.windows.net/assets/7fea0ad0-1cc1-45e9-810b-2d602e64642f/Germany2025. pdf (letzter Zugriff: 04.07.2025).

[56] https://infektionsradar.gesund.bund.de/de/influenza/abwasser (letzter Zugriff: 04.07.2025).

2023 (19.12.) bis 2024 (05.01.) Eine Serie von Tiefdruckgebieten bringt über Weihnachten und den Jahreswechsel ergiebige Niederschläge in Nord-, Mittel- und Westdeutschland. Die Flüsse Oker, Schunter, Fuhse, Aller, Rhume, Leine und Weser führen etwa ab dem 24. Dezember 2023 Hochwasser. Grundstücke und Straßen in und um Hannover, Celle, Hameln, Hildesheim und Braunschweig werden geflutet. Der anhaltende Regen füllt die Innerste- und Okertalsperren bis zum 26. Dezember 2023 vollständig; beide müssen daraufhin ihre Wasserabgaben erhöhen. Die Talsperre Kelbra in Thüringen überschreitet am 28. Dezember 2023 ihr Höchststauziel; flussabwärts kommt es zu Evakuierungen. Am 3. Januar 2024 überschwemmt das **Hochwasser** Wohngebiete in Oldenburg. Das **Weihnachtshochwasser** dauert ungewöhnlich lange. Aufgrund aufwendiger Sicherheitsmaßnahmen sind die Schäden mit überschlägig 200 Mio. Euro im Vergleich zu den Extremhochwässern 2002 und 2021 geringer.

2023/24 Waschbären haben sich nach ihrer Aussetzung am → 12.04.1934 südlich des Edersees und seit ihrer Flucht am Ende des Zweiten Weltkrieges → 1945 in Wolfshagen bei Berlin massenhaft vermehrt. Sie bedrohen mittlerweile Bestände von Amphibien und Reptilien. Daher dürfen sie heute in fast allen Bundesländern ganzjährig bejagt werden. Im Jagdjahr 2008/09 beläuft sich die Jagdstrecke auf 54.790, im Jagdjahr 2013/14 auf 96.165, im Jagdjahr 2018/19 auf 166.554 und im Jagdjahr 2023/24 auf 239.162 Waschbären, davon 36.889 in Hessen, 33.109 in Brandenburg, 30.023 in Nordrhein-Westfalen, 28.555 in Sachsen-Anhalt, 25.485 in Niedersachsen, 24.766 in Sachsen, 21.939 in Mecklenburg-Vorpommern und 15.364 in Thüringen.[57]

Bis 2024 Die Anzahl der **Hitzetage** mit Tageshöchsttemperaturen in der Luft über 30 Grad Celsius hat in den vergangenen Jahrzehnten in Deutschland stark zugenommen:

- von 1951 bis 1959 gab es im Mittel pro Jahr 3,8 Hitzetage,
- in den 1960er-Jahren im Mittel pro Jahr 3,9 Hitzetage,
- in den 1970er-Jahren im Mittel pro Jahr 4,5 Hitzetage,
- in den 1980er-Jahren im Mittel pro Jahr 3,9 Hitzetage,
- in den 1990er-Jahren im Mittel pro Jahr 7,0 Hitzetage,
- in den 2000er-Jahren im Mittel pro Jahr 8,2 Hitzetage,
- in den 2010er-Jahren im Mittel pro Jahr 10,3 Hitzetage,
- von 2020 bis 2024 im Mittel 11,4 Hitzetage pro Jahr.

Im Jahr 2024 treten gemittelt über Deutschland 12,5 Hitzetage auf.[58]

2024 Die mittlere Jahrestemperatur liegt in Deutschland im Jahr 2024 mit 10,9 Grad Celsius gravierende 2,7 Grad Celsius über dem Mittel von 8,2 Grad Celsius der 30-jährigen

---

[57] https://www.jagdverband.de/sites/default/files/2025-02/2025-02_Infografik_Jahresjagdstrecke_Waschbaer_2023_2024.jpg (letzter Zugriff: 04.07.2025); https://www.projekt-waschbaer.de/fileadmin/user_upload/Dissertation_BeritMichler_2017.pdf (letzter Zugriff: 04.07.2025).
[58] Vgl. Diagramm als Excel mit Daten in: https://www.umweltbundesamt.de/bild/anzahl-der-tage-einem-lufttemperatur-maximum-ueber (letzter Zugriff: 04.07.2025).

Referenzperiode von 1961 bis 1990. Es ist das **wärmste Jahr in Deutschland seit dem Messbeginn** im Jahr 1881.[59] Der wärmste Ort im Jahr 2024 ist Waghäusel-Kirrlach bei Karlsruhe mit einer mittleren Jahrestemperatur von 12,7 Grad Celsius, der kälteste die Zugspitze mit einer mittleren Jahrestemperatur von −2,2 Grad Celsius. Der regenreichste Ort im Jahr 2024 ist Baiersbronn-Ruhestein im Nordschwarzwald mit einem Jahresniederschlag von 2682,9 Millimetern, der trockenste Neutrebbin im Oderbruch mit 424,6 Millimetern.[60] (→ 2018 bis 2024, 01.04.2025)

2024 Die aus Nordafrika stammende **Große Drüsenameise** *Tapinoma magnum* breitet sich 2024 in Marlen, einem Stadtteil von Kehl am Oberrhein, und andernorts stark aus. Die unbeabsichtigt mit Pflanzentransporten eingeführte Ameisenart kann in städtischen Lebensräumen Superkolonien mit Millionen Individuen bilden und wie in Kehl Schäden an Gebäuden, technischen Außenanlagen und Wegen verursachen. Bekämpfungen mit maisstärkehaltigem Heißschaum, heißem Wasser oder Insektiziden mögen lokal wirken, eine weitere Ausbreitung der Ameisenart verhindern sie nicht. Nach einer Bewertung des Bundesamtes für Naturschutz vom 10. Mai 2023 gefährdet die erstmals 2009 in Deutschland nachgewiesene Große Drüsenameise heimische Arten in unseren Ökosystemen bislang nicht.

2024 Bei Gönnersdorf im Landkreis Vulkaneifel befindet sich eine bedeutende Fundstätte der **Magdalénien-Kultur**, konserviert unter Bimslagen des Laacher See Vulkans. Auf 406 Schieferplatten haben jungpaläolithische Menschen vor rund 15.800 Jahren abstrakt Venusfiguren und naturalistisch Tiere eingraviert, darunter Wölfe, Bären, Antilopen, Steinböcke, Mammuts, Pferde und Fische. Einem Team um Dr. Jérôme Robitaille vom Archäologischen Forschungszentrum und Museum für menschliche Verhaltensevolution Monrepos in Neuwied gelingt 2024 mit modernen hochauflösenden Bildanalyseverfahren ein bemerkenswerter Einblick in die jungpaläolithische Gesellschaft: Bislang nicht interpretierbare feine Liniengravuren auf den von 1968 bis 1976 entdeckten Schieferplatten erweisen sich als **Fischernetze**, in denen sich Fische befinden. Damit sind nicht nur im spätglazialen natürlichen Ökosystem lebende Tierarten künstlerisch visualisiert, sondern auch frühe Kulturtechniken.[61]

2024 Der **Anteil erneuerbarer Energien an der Nettostromerzeugung** in Deutschland erreicht im Jahr 2024 mit 62,7 Prozent einen neuen Höchstwert. Windkraftanlagen erzeugen 136,4 Terawattstunden Strom[62], Photovoltaikanlagen 72,2 Terawattstunden, Wasserkraftwerke 21,7 Terawattstunden und Biomasse nutzende Anlagen 36 Terawattstunden. Braunkohlekraftwerke erzeugen 71,1 Terawattstunden Strom und damit 8,4 Prozent weniger als 2023, Steinkohlekraftwerke 24,2 Terawattstunden und damit 27,6 Prozent weniger als

---

[59] https://www.dwd.de/DE/presse/pressemitteilungen/DE/2024/20241230_deutschlandwetter_jahr_2024.pdf?__blob=publicationFile&v=3 (letzter Zugriff: 04.07.2025).

[60] https://www.dwd.de/DE/presse/pressemitteilungen/DE/2025/20250401_pressemitteilung_klima-pk_news.html (letzter Zugriff: 04.07.2025).

[61] Robitaille et al. (2024): Upper Palaeolithic fishing techniques.

[62] 1 Terawattstunde (TWh) entspricht 10^{12} Wattstunden (Wh).

im Vorjahr. Die Treibhausgasemissionen der Kohlekraftwerke sinken somit weiter deutlich. Erdgaskraftwerke erzeugen 48,4 Terawattstunden und damit 9,5 Prozent mehr als 2023. Nach der Abschaltung der drei letzten Kernkraftwerke Isar 2, Neckarwestheim 2 und Emsland A im April 2023 erzeugt Deutschland im Jahr 2024 erstmals seit 1962 keinen Atomstrom.[63]

2024 (21.01., 01:32 Uhr) Über dem östlichen Havelland um Nauen westlich von Potsdam verglühen Teile des etwa einen Meter großen **Asteroiden 2024 BX₁**. Einige Tage später finden Forschende des Museums für Naturkunde Berlin und des Deutschen Zentrums für Luft- und Raumfahrt sowie Studierende Berliner Universitäten 22 Fragmente des Asteroiden bei Ribbeck, einem Ortsteil von Nauen. Einige Bruchstücke sind im Museum für Naturkunde in der Invalidenstraße 43 in Berlin ausgestellt und erläutert.

2024 (20.03.) Das Bundesministerium für Arbeit und Soziales gibt bekannt, dass sein Ärztlicher Sachverständigenbeirat Berufskrankheiten empfohlen hat, die neue Berufskrankheit **„Parkinson-Syndrom durch Pestizide"** in die Anlage 1 der Berufskrankheitenverordnung aufzunehmen. Denn bei der beruflichen Anwendung von Pestiziden kann es zu ihrer Aufnahme über die Haut oder die Atemwege und damit zu

- chronischem Stress und folglich zur Neurodegeneration, d. h. dem Verlust von Funktionen der Nervenzellen,
- einer Störung der mitochondrialen Funktion sowie
- einer direkten zelltoxischen Wirkung kommen.[64]

2024 (Juli) Ludwigshafen besitzt nach dem Hitze-Check der Deutschen Umwelthilfe mit 57,8 Prozent den höchsten, Detmold mit 35,5 Prozent den geringsten **Versiegelungsgrad** aller deutschen Städte mit mehr als 50.000 Einwohnern.

2024 (15.07.) Das am 15. Juli 2024 **novellierte Klimaschutzgesetz** verschärft die ursprünglichen Ziele vom → 12.12.2019 deutlich. § 3 des Gesetzes legt nunmehr fest, dass die Treibhausgasemissionen in Deutschland – im Vergleich zu 1990 – bis 2030 um mindestens 65 Prozent und bis 2040 um mindestens 88 Prozent zu mindern sind. Für den Sektor Landnutzung legt § 3a detaillierte Reduktionsziele fest.[65]

2024 (ab 22.09.) Graben Nutrias (→ 1880er-Jahre) ihre Bauten in Deichen, gefährden sie deren Hochwasserschutzfunktion und Standsicherheit. Der Niedersächsische Landesbetrieb für Küstenschutz (NLKWN) und die Hunte-Wasseracht senken ab dem 22. September 2024 kurzzeitig den Pegelstand der Hunte um etwa einen Meter, um **Bauten von Nutrias und**

---

[63] https://www.ise.fraunhofer.de/de/presse-und-medien/presseinformationen/2025/oeffentliche-stromerzeugung-2024-deutscher-strommix-so-sauber-wie-nie.html (letzter Zugriff: 04.07.2025).

[64] https://www.baua.de/DE/Themen/Praevention/Koerperliche-Gesundheit/Berufskrankheiten/pdf/Begruendung-Parkinson-Syndrom-Pestizide.pdf?__blob=publicationFile&v=2 (letzter Zugriff: 04.07.2025).

[65] https://www.gesetze-im-internet.de/ksg/BJNR251310019.html (letzter Zugriff: 04.07.2025).

Bibern – in Abstimmung mit den Naturschutzbehörden – am 13 Kilometer langen Deich aufzuspüren und mit Boden aufzufüllen.[66]

2024 (08.10.) Die **Bundeswaldinventur** 2024 belegt, dass rund 20.000 Quadratkilometer der 115.385 Quadratkilometer umfassenden Waldfläche Deutschlands geschädigt sind. Besonders stark betroffen sind Fichtenbestände. Bis 2017 nahmen die **Wälder** in Deutschland im Mittel mehr Kohlenstoff auf, als sie abgaben. Seitdem sind sie erstmals seit vielen Jahrzehnten zu einer **Kohlenstoffquelle** geworden: Von 2017 bis 2024 hat der Kohlenstoffvorrat deutscher Wälder um 41,5 Mio. Tonnen abgenommen. Sommertrockenheit hat verbreitet zur Schädigung oder zum Absterben von Bäumen geführt (→ April bis November 2018). Hinzu kamen zahlreiche von Winterstürmen gefällte oder abgebrochene Bäume. Borkenkäfer haben die geschädigten oder toten Bäume massenhaft befallen. Das Totholz wurde außerhalb der nutzungsfreien Schutzzone 1 der Nationalparke und der Naturschutzgebiete überwiegend entfernt. In der Bilanz wurde seit 2017 den Wäldern Deutschlands mehr Holz entnommen, als nachwuchs. Mittlerweile stocken auf 79 Prozent der Waldfläche Mischwälder. Der Umbau der noch bestehenden Monokulturen zu klimaresistenten, schädlingsresilienten und naturnahen Mischwäldern ist dringender denn je.[67]

2024 (11.10.) Ein nach Punta Arenas im Großen Süden Chiles ausgewanderter Deutscher schenkt 1914 dem damaligen **Völkerkundemuseum der Hansestadt Lübeck den Schädel eines Menschen**. Das mittlerweile in „Sammlung Kulturen der Welt" umbenannte Museum beherbergt 2022 sterbliche Überreste von 25 Menschen. Ein vom Deutschen Zentrum Kulturverluste finanziertes Forschungsprojekt ermittelt, dass die Überreste u. a. aus geplünderten Gräbern stammen. Am 11. Oktober 2024 findet im Lübecker Rathaus eine bedeutende Zeremonie statt: Der Schädel eines Mannes aus der Sammlung der Kulturen der Welt wird – autorisiert von der Lübecker Bürgerschaft – einer Delegation der fast ausgestorbenen indigenen Gemeinschaft Selk'nam aus Feuerland überreicht. Mit der Übergabe des Schädels wird aus dem Museumsobjekt wieder ein Mensch. Der Verstorbene erhält den Namen Hoshkó. Er wird mit Zustimmung der Selk'nam auf einem Lübecker Friedhof bestattet. *Die in der zweiten Hälfte des 19. und im frühen 20. Jahrhundert in vielen Fällen für anthropologische Studien deutscher Forscher geraubten Gebeine waren essenzielle Bestandteile indigener Umwelten.*[68]

2024 (29.11.) Die endgültige **Verfüllung des Bergwerks Gorleben** mit Salz beginnt. (→ 04.02.1985, 23.07.2013)

---

[66] NLKWN (2024): Nutria- und Biberbauten auf der Spur.

[67] Vgl. https://www.bmel.de/SharedDocs/Pressemitteilungen/DE/2024/108-bundeswaldinventur. html (letzter Zugriff: 04.07.2025); https://www.bmel.de/DE/themen/wald/wald-in-deutschland/bundeswaldinventur.html (letzter Zugriff: 04.07.2025).

[68] Frdl. schriftliche Mitteilung von Dr. Mieth, Kirchbarkau, der an der Zeremonie teilnahm, sowie eine Mitteilung des Deutschen Zentrums Kulturverluste vom 15.10.2024, https://kulturgutverluste. de/meldungen/luebecker-museen-uebergeben-sterbliche-ueberreste-eines-mannes-der-indigenen-gemeinschaft (letzter Zugriff: 04.07.2025).

2024 (05.12) Die 2007 vereinbarte Nationale Strategie zur biologischen Vielfalt hatte die Ausweisung von zwei Prozent der Staatsfläche der Bundesrepublik Deutschland als große **Wildnisgebiete** bis 2020 zum Ziel. Die Biodiversitätsstrategie der Europäischen Union fordert bis 2030 gar einen strikten Schutz auf zehn Prozent der Staatsflächen. Wo steht die Bundesrepublik 2024? Ein integratives Forschungsprojekt der Heinz Sielmann Stiftung, der Naturstiftung David des BUND Thüringen und der Zoologischen Gesellschaft Frankfurt gibt am 5. Dezember 2024 Antworten: Im November 2024 sind lediglich 0,62 Prozent der Fläche Deutschlands als bestehende Wildnisgebiete ausgewiesen. Kurz- und langfristig hinzu kommen sollen nur weitere 0,11 Prozent der Staatsfläche – wenngleich weitaus höhere Potenziale bestehen.[69]

▶   Möglichst viel „Natur Natur sein lassen[70]" – also ausgedehnte und miteinander verbundene Wildnisgebiete mit Naturentwicklung zuzulassen – ist eine bedeutende gesellschaftliche Aufgabe und ein wichtiges Ziel von Umweltinstitutionen. Wildnisgebiete besitzen viele Vorteile, wie

- eine große Biotop- und Artenvielfalt,
- Kühlwirkungen in Hitzeperioden,
- ein hohes Wasserspeichervermögen und damit zur Minderung von Hochwasserwellen sowie
- ein großartiges, für die Gesundheit der Menschen überaus wichtiges Naturerleben für sämtliche Altersgruppen.

2024 (23.12.) Am 8. April 1981 beginnt der Abbau von Braunkohle im Tagebau Cottbus-Nord. Vierunddreißig Jahre später, am 23. Dezember 2015, bringt der letzte Zug Braunkohle aus dem Tagebau Cottbus-Nord zum Kraftwerk Jänschwalde. Von 1981 bis 2015 wurden etwa 220 Mio. Tonnen Braunkohle gefördert und zur Energiegewinnung im Kraftwerk Jänschwalde verbrannt (Abb. 11.21). Am 12. April 2019 beginnt die Flutung des weitgehend mit Abraum verfüllten Tagebaus: In den folgenden Jahren lassen 173,7 Mio. Kubikmeter Spreewasser den Cottbuser Ostsee zum **größten menschengemachten See Deutschlands** mit einer Oberfläche von 18,8 Quadratkilometern anwachsen. Am 23. Dezember 2024 ist der Zielwasserstand von 62,5 Meter Normalhöhennull – Meter über dem mittleren Meeresspiegel in Amsterdam – erreicht. Da ein Teil des eingefüllten Wassers weiterhin versickert, sind Stützungsflutungen erforderlich, um den Zielwasserstand zu halten. Eine erste findet vom 24. April bis zum 08. Mai 2025 statt.[71] (Abb. 11.22)

---

[69]   https://wildnisindeutschland.de/wp-content/uploads/2024/12/Handout_Wildnisbilanzierung.pdf (letzter Zugriff: 04.07.2025).

[70]   Vgl. Bibelriether (2017): Natur Natur sein lassen.

[71]   Vgl. https://cottbuser-ostsee.de (letzter Zugriff: 04.07.2025); https://www.kuladig.de/Objektansicht/ BKM-32000474 (letzter Zugriff: 04.07.2025) sowie aktuelle Daten in den Schaukästen und Postern der LEAG am Cottbuser Ostsee.

Abb. 11.21 Braunkohletagebau und Braunkohlekraftwerk Jänschwalde in der Lausitz. (Foto: H.-R. Bork, 18.09.2010)

2024 Das Jahr 2024 ist nach einer Mitteilung der Weltorganisation für Meteorologie mit einer Temperatur von 15,1 Grad Celsius das **global gemittelt wärmste Jahr seit Beginn der Aufzeichnungen**. Die globale Jahrestemperatur liegt 1,55 Grad Celsius über der mittleren globalen Temperatur des Zeitraums von 1850 bis 1900. Die letzten zehn Jahre (2015 bis 2024) sind die wärmsten seit Aufzeichnungsbeginn. Ein Kernziel des 2015 beschlossenen Klimaabkommens von Paris, die Erderwärmung dauerhaft auf 1,5 Grad Celsius zu begrenzen, ist damit in großer Gefahr.[72] (→ 01.04.2025)

2025 Die Deutsche Hauptstelle für Suchtfragen e. V. (DHS) veröffentlicht das **DHS Jahrbuch Sucht 2025**. Es gibt den Pro-Kopf-Verbrauch alkoholischer Getränke im Jahr 2023 in Deutschland mit rund 88 Litern Bier, 19 Litern Wein, 3,2 Litern Schaumwein und 5,1 Litern Spirituosen an. Etwa 7,9 Mio. Menschen im Alter von 18 bis 64 Jahren konsumieren im Jahr 2020 in Deutschland Alkohol in einer gesundheitlich riskanten Form. Verzehren Frauen im Mittel täglich mehr als zwölf Gramm Reinalkohol und Männer im Mittel täg-

---

[72] https://wmo.int/news/media-centre/wmo-confirms-2024-warmest-year-record-about-155degc-above-pre-industrial-level (letzter Zugriff: 04.07.2025).

Abb. 11.22 Der Cottbuser Ostsee füllt den ehemaligen und teilweise verfüllten Braunkohletagebau Cottbus-Nord. (Foto: H. Bork, 23.05.2025)

lich mehr als 24 Gramm Reinalkohol, resultiert ein gesundheitliches Risiko. Im Jahr 2023 behandeln Krankenhäuser in Deutschland 232.737 Menschen wegen psychischer oder Verhaltensstörungen, die auf den Konsum von Alkohol zurückzuführen sind. Etwa 62.300 Menschen werden 2023 wegen akuter Alkoholvergiftungen stationär in Deutschland behandelt. Hoher Alkoholkonsum führt 2021 zum Tod von etwa 47.500 Menschen. Die direkten und indirekten Kosten des **Alkoholkonsums in Deutschland** schätzt man auf mehr als 50 Mrd. Euro jährlich. Die Einnahmen aus alkoholbezogenen Steuern betragen 2023 nur rund 2,9 Mrd. Euro.[73]

Der **Verbrauch an Tabakwaren** beläuft sich nach dem DHS Jahrbuch Sucht 2025 in Deutschland im Jahr 2024 auf

- 66,25 Mrd. Zigaretten (im Jahr 2000: 139,63 Mrd.) und demnach auf 784 Zigaretten pro Kopf (2000: 1699),
- 2,29 Mrd. Zigarren oder Zigarillos (2000: 2,56 Mrd.),
- 25.152 Tonnen Feinschnitttabak (2000: 12.758 Tonnen) sowie
- 314 Tonnen Pfeifentabak (2000: 909 Tonnen).

---

[73] https://www.dhs.de/fileadmin/user_upload/pdf/Jahrbuch_Sucht/JBSucht2025_komplett_WEB. pdf. S. 9–20 (letzter Zugriff: 04.07.2025).

Etwa 30 Prozent der Deutschen rauchen, Frauen weniger als Männer. Rund 4,4 Mio. der 18- bis 64-Jährigen sind im Jahr 2018 in Deutschland nikotinabhängig. Im Jahr 2021 sterben ungefähr 99.000 Menschen an den Folgen des legalen Rauchens oder des regelmäßigen Passivrauchens. Die gesamtwirtschaftlichen Kosten durch Rauchen liegen jährlich bei mehr als 90 Mrd. Euro, die Tabaksteuereinnahmen im Jahr 2024 bei 14,9 Mrd. Euro.[74]

An illegalen Drogen sterben 2024 in Deutschland 2137 Menschen; im Jahr 2005 waren es 1326 Menschen.[75]

2025 (01.01. bis 30.06.) Das erste Halbjahr 2025 ist in vielen Regionen Deutschlands **ungewöhnlich trocken.** An der Klimareferenzstation auf dem Telegrafenberg in **Potsdam** wird mit 146,8 Millimetern der geringste Niederschlag in einem ersten Halbjahr seit Aufzeichnungsbeginn im Jahr 1893 gemessen, deutlich weniger als im bisherigen Rekordhalbjahr 1942 (158,5 Millimeter Niederschlag).[76]

2025 (01.01.) Das Kraftfahrt-Bundesamt informiert, dass am 1. Januar 2025 in Deutschland **49.339.166 Personenkraftwagen** registriert sind, von denen 60,7 Prozent Benzinantriebe, 28,1 Prozent Dieselantriebe, 7,2 Prozent Hybridantriebe, 3,3 Prozent Elektroantriebe und 0,7 Prozent Gasantriebe besitzen. Das durchschnittliche Alter der Fahrzeuge liegt bei 10,6 Jahren. Im Jahr 2024 verbrennen PKW in Deutschland rund 40.000.000.000 Liter Benzin bzw. Diesel. Die Verbrennungsprodukte gelangen in die Umwelt und in die Atemwege von Menschen, darunter Kohlendioxid (CO_2), Stickstoffoxide (NO_x), Kohlenstoffmonoxid (CO), Kohlenwasserstoffe (HC) sowie Feinstaubpartikel.[77] Jeder Prozentpunkt, um den sich der Bestand an Elektrofahrzeugen am PKW-Bestand erhöht, mindert den Verbrauch und die Verbrennung von Kraftstoffen um etwa 400.000.000 Liter Benzin oder Diesel und damit die Belastung von Menschen, Luft, Böden und Wasser. Voraussetzung ist, dass Elektroautos vollständig mit Strom aus regenerativer Energie angetrieben werden.

2025 (07.01.) Der politisch einflussreiche Thinktank „Agora Energiewende" teilt mit, dass nach vorläufigen Berechnungen im Jahr 2024 in Deutschland 656 Mio. Tonnen CO_2-Äquivalente (CO_2-Äq) ausgestoßen wurden. Im Vergleich zum Referenzjahr 1990 **sank der CO_2-Ausstoß um beachtliche 48 Prozent.** Im Vergleich zu 2023 ging der CO_2-Ausstoß um 18 Mio. Tonnen CO_2-Äq oder drei Prozent zurück. Die Abnahme von 2023 auf 2024 beruhte auf dem starken Anwachsen der Stromerzeugung aus erneuerbaren Energien bei einem gleichzeitigen Rückgang der Kohleverstromung um 6,1 Gigawatt durch die Stilllegung von Kohlekraftwerken. Die Emissionen der Industrie stiegen 2024 im Vergleich zu 2023 um rund drei Mio. Tonnen CO_2-Äq. Die Emissionen des Gebäudesektors sanken

---

[74] Ebd., S. 20–27.

[75] Ebd., S. 30 f.

[76] https://www.pik-potsdam.de/de/aktuelles/nachrichten/klimareferenzstation-in-potsdam-zeigt-trockenstes-erstes-halbjahr-seit-messbeginn-vor-ueber-130-jahren (letzter Zugriff: 04.07.2025).

[77] https://www.kba.de/DE/Presse/Pressemitteilungen/Fahrzeugbestand/2025/pm10_fz_bestand_pm_komplett.html (letzter Zugriff: 04.07.2025); https://de.statista.com/statistik/daten/studie/484054/umfrage/durchschnittsverbrauch-pkw-in-privaten-haushalten-in-deutschland/ (letzter Zugriff: 04.07.2025).

aufgrund milder Temperaturen um etwa zwei Mio. Tonnen CO_2-Äq und diejenigen des Verkehrs um zirka 1,5 Mio. Tonnen CO_2-Äq. Damit verfehlt die Bundesrepublik Deutschland die im deutschen Klimaschutzgesetz vorgegebenen Emissionsziele sowie die Emissionsvorgaben der Europäischen Union für Gebäude und Verkehr deutlich.[78]

Ab 2025 (20.01.) Neben europäischen und internationalen Abkommen und Institutionen beeinflussen politische Entscheidungen in anderen Staaten auch die Klima-, Natur- und Umweltentwicklung in Deutschland und Europa. Zuvorderst ist hier die Politik von US-Präsident **Donald Trump** ($\rightarrow$ 20.01.2017 bis 20.01.2021) in seiner zweiten Amtszeit zu nennen. Trump ordnet eine dramatische Schwächung nationaler und internationaler Institutionen an, die sich mit dem Klimawandel, der Wetterbeobachtung und -vorhersage, dem Naturzustand und dem Naturschutz, dem Bodenzustand und der Bodennutzung sowie dem Umweltmonitoring und -management befassen. So veranlasst er bereits in den ersten Monaten seiner zweiten Amtszeit per Dekret (Executive Order)

- für die USA:
    - die Ausrufung eines „Energienotstands",
    - die Aushöhlung oder Aufhebung nationaler Klima- und Umweltschutzauflagen,
    - die Beendigung der Förderung erneuerbarer Energien und klimafreundlicher Technologien,
    - Erleichterungen der Förderung von Erdöl und Erdgas (Trump-Slogan: „Drill, baby, drill"),
    - die Entlassung zahlreicher in den Bereichen Klima, Wetter, Naturschutz, Bodenschutz, Gewässerschutz, Umweltschutz und öffentliche Gesundheit tätiger Beamtinnen und Beamte,
    - die Minderung der Förderung von Klima- und Umweltforschungsprojekten an US-Universitäten, etc.,
- den erneuten Austritt aus dem Klimaabkommen von Paris (wirksam ab Januar 2026),
- den Austritt aus der Weltgesundheitsorganisation WHO, etc.

Die Direktiven Trumps

- schaden internationalen Institutionen,
- wirken in einem derzeit noch nicht abschätzbaren Ausmaß negativ auf das Erdklima und die globale öffentliche Gesundheit,
- beeinflussen den Zustand von kritischer Infrastruktur, Wissenschaft, Natur und Umwelt in Deutschland und Europa,
- zeigen nachdrücklich, dass Deutschland und Europa unabhängiger von den USA werden müssen, auch in Hinblick auf
    - das international oft arbeitsteilige und stark verflochtene Wissenschaftssystem sowie
    - die international abgestimmte Erhebung, Prüfung, Sicherung, Weitergabe, Auswertung und Publikation von lebensnotwendigen Gesundheits-, Wetter- und Umweltdaten.

---

[78] Agora Energiewende (2025): Die Energiewende in Deutschland.

2025 (03.02.) Greenpeace veröffentlicht am 3. Februar 2025 eine erste Studie zur **Belastung des Meeresschaums** an deutschen Nord- und Ostseestränden mit **per- und polyfluorierten Alkylsubstanzen (PFAS)**. Untersucht wurden im November 2024 einige an Stränden von Sankt Peter-Ording und Sylt an der schleswig-holsteinischen Nordseeküste sowie im Januar 2025 bei Boltenhagen und Kühlungsborn an der mecklenburgischen Ostseeküste entnommene Proben. Die vom Greenpeace-Ökotoxikologen Julios Kontchou publizierten Resultate zeigen hohe Konzentrationen von PFAS im untersuchten Meeresschaum – die Messwerte der Stichprobe variieren zwischen 12.327 und 161.350 Nanogramm pro Liter Meeresschaum für Gesamt-PFAS. Da in Deutschland kein Grenzwert für Meerwasser existiert, kann ein in Dänemark gültiger Grenzwert für Badegewässer zum Vergleich herangezogen werden. Er liegt bei 40 Nanogramm Gesamt-PFAS pro Liter Badewasser. Diesen dänischen Grenzwert überschreiten die deutschen Meeresschaumproben etwa um das 300- bis 4000-Fache.[79]

> ▶ Aufgrund der wasser-, fett- und schmutzabweisenden Eigenschaften und der Hitzebeständigkeit finden PFAS Verwendung in zahlreichen Produkten, so in Kosmetika, fettabweisenden beschichteten Pfannen und Töpfen, wasserabweisenden Textilien, schmutzabweisenden Teppichen, Skiwachs, Feuerlöschmitteln und Pestiziden. PFAS sind in der Umwelt nicht abbaubar; einige sind toxisch. Sie reichern sich in Lebewesen an. Menschen nehmen sie über Lebensmittel und das Trinkwasser auf. PFAS können über Flüsse in das Meer und von dort wieder an die Küste gelangen. Seit 2011 erfolgt in Deutschland ein systematisches Monitoring von PFAS in Lebensmitteln.[80]

2025 (27.02.) Der Deutsche Wetterdienst informiert, dass der meteorologische Winter 2024/25 vom 01.12.2024 bis zum 28.02.2025 der **vierzehnte milde Winter in Folge** ist.[81]

2025 (01.04.) Der Deutsche Wetterdienst hat den Anstieg der mittleren Temperaturen bislang mit einem linearen Verfahren berechnet. Dieses weist vom Beginn der Aufzeichnungen im Jahr 1881 bis zum Allzeitrekord 2024 einen Temperaturanstieg um 1,9 Grad Celsius aus; die beschleunigte Erwärmung der letzten Jahrzehnte wird dabei unterschätzt. Eine neue, am 1. April 2025 der Öffentlichkeit vorgestellte Klimatrendlinie des DWD bildet den jüngsten nichtlinearen Temperaturanstieg besser ab. Demnach hat sich die **mittlere**

---

[79] https://www.greenpeace.de/biodiversitaet/meere/meeresschutz/pfas-umweltproblem-mit-ewig-keitswert (letzter Zugriff: 04.07.2025); https://www.greenpeace.de/publikationen/PFAS_Meeresschaum_Bericht.pdf (letzter Zugriff: 04.07.2025).

[80] Vgl. https://www.bmuv.de/themen/gesundheit/lebensmittelsicherheit/verbraucherschutz/ueberblick-verbraucherschutz/per-und-polyfluorierte-alkylsubstanzen-pfas-in-lebensmitteln-hintergrundinformationen (letzter Zugriff: 04.07.2025); https://www.ufz.de/index.php?de=52069 (letzter Zugriff: 04.07.2025).

[81] https://www.dwd.de/DE/presse/pressemitteilungen/DE/2025/20250227_pm_winter.pdf?__blob=publicationFile&v=2 (letzter Zugriff: 04.07.2025).

Jahrestemperatur in Deutschland von 1881 bis 2024 bereits **um 2,5 Grad Celsius erhöht** – eine dramatische Erwärmung.[82]

2025 (09.04.) Der Koalitionsvertrag des Kabinetts Merz vom 9. April 2025 schreibt einen bedeutenden Eckpunkt der bisherigen deutschen Klimastrategie grundsätzlich fort, das Erreichen der **Klimaneutralität für Deutschland** bis zum Jahr 2045. Dafür sollen die Emissionen weiter gemindert, Negativemissionen angerechnet, die erneuerbaren Energien weiter ausgebaut werden. „Die erreichbare CO_2-Vermeidung soll zur zentralen Steuerungsgröße werden".[83] Derzeit kaum vermeidbare Emissionen an Kohlendioxid bei der Müllverbrennung und der Zementproduktion, aber auch das abgeschiedene Kohlendioxid von Gaskraftwerken sollen über eine Pipeline unter die deutsche Nordsee geleitet und dort in großer Tiefe in das Festgestein gepresst werden – ein kostspieliges, energieaufwendiges und in Hinblick auf lokale Umweltbelastungen am Meeresgrund risikobehaftetes Verfahren. Ein neues Gesetz, das bereits vom Kabinett Scholz vorbereitet, aber nicht mehr zur Abstimmung im Bundestag gebracht wurde, soll die bislang verbotene CO_2-Einlagerung ermöglichen. In der Bevölkerung regt sich Widerstand. In Schleswig-Holstein gibt es bereits seit dem → 19.05.2009 eine „Bürgerinitiative gegen CO_2-Endlager e. V.". Sie befürchtet Undichtigkeiten und Kohlendioxid-Austritte am Meeresboden, die z. B. Austernriffe stark schädigen könnten.[84]

2025 (09.04.) Das geplante neue **Gebäudeenergiegesetz** (GEG) des Kabinetts Merz soll gemäß des Koalitionsvertrages vom 9. April 2025 „technologieoffener, flexibler und einfacher" als das bisherige GEG werden.[85] Zu erwarten ist, dass das neue GEG im Vergleich zu dem am → 08.09.2023 novellierten GEG den hohen Verbrauch fossiler Energie im Gebäudesektor unnötig verlängern wird – ein Rückschritt in Hinblick auf die mögliche Verbesserung der Luftqualität und die Minderung des deutschen Beitrags zur Erderwärmung.

2025 (11.04.) Der **Deutsche Wetterdienst** schaltet das neue **Naturgefahrenportal NGP** live: https://www.naturgefahrenportal.de/de[86]. Die Warnplattform informiert deutschlandweit über

- aktuelle Warnungen zu Extremwetterlagen, wie Orkanen oder Starkniederschlägen,
- die resultierenden Naturgefahren, wie Sturmfluten oder Hochwasser, und
- Handlungsoptionen.[87]

---

[82] https://www.dwd.de/DE/presse/pressemitteilungen/DE/2025/20250401_pressemitteilung_klima-pk_news.html (letzter Zugriff: 04.07.2025).

[83] https://www.koalitionsvertrag2025.de (letzter Zugriff: 04.07.2025).

[84] https://keinco2endlager.de (letzter Zugriff: 04.07.2025); https://keinco2endlager.de/ccs-fracking/ccs/verbotsgruende-fuer-ccs/ (letzter Zugriff: 04.07.2025).

[85] https://www.koalitionsvertrag2025.de (letzter Zugriff: 04.07.2025).

[86] Letzter Zugriff: 05.07.2025.

[87] https://www.dwd.de/DE/presse/pressemitteilungen/DE/2025/20250411_pm_naturgefahrenportal_news.html (letzter Zugriff: 04.07.2025).

2025 (07.05) Das Kabinett Merz beschließt auf seiner ersten Sitzung die Streichung von 25 Positionen für Beauftragte, Bevollmächtigte und Koordinatoren. Darunter sind die Positionen der **Sonderbeauftragten für die internationale Klimapolitik** und des **Meeresbeauftragten**. Dieser Beschluss mindert das internationale Ansehen und die Sichtbarkeit der Bundesrepublik Deutschland in den Bereichen Klimapolitik und Meeresschutz.

2025 (19. bis 21.05.) Der **Goldschakal** (*Canis aureus*) lebt in kleinen Familienverbänden in Asien, Ost- und Südeuropa. In jüngster Zeit erweitert der Allesfresser sein Verbreitungsgebiet. Der erste Nachweis eines Goldschakals in Deutschland gelingt 1997 in Brandenburg, der erste Reproduktionsnachweis in Deutschland 2021 in Baden-Württemberg. 2025 erreicht ein Goldschakal **Sylt**. Auf dem Nössedeich bei Keitum reißt er vom 19. bis zum 21. Mai 2025 nachweislich 78 Schafe, vor allem Lämmer. Wenige Tage später soll er weitere 15 Lämmer in der Umgebung von List im Norden der Insel getötet haben. Schafe sind für die Deichsicherheit an der Nordseeküste unverzichtbar. Die Tierrechtsorganisation PETA fordert eine Umsiedlung des verhaltensauffälligen Sylter Goldschakals. Der schleswig-holsteinische Umweltminister Tobias Goldschmidt, die Sylter Naturschutzverbände Sölring Foriining und Naturschutzgemeinschaft e. V. sowie der NABU Schleswig-Holstein und der BUND Schleswig-Holstein befürworten dagegen eine Tötung. Ein nordrhein-westfälischer Naturschutzverband klagt gegen die am 4. Juni 2025 vom schleswig-holsteinischen Landesamt für Umwelt erteilte Abschussgenehmigung. Das zuständige Verwaltungsgericht in Schleswig erlaubt am 19. Juni 2025 den Abschuss. Eine Beschwerde gegen dieses Urteil beim Oberverwaltungsgericht in Schleswig scheitert am 3. Juli 2025 (Az. 5 MB 8/25); der Abschuss des Sylter Goldschakals ist endgültig erlaubt.[88] Bereits seit Ende Mai 2025 ist der Goldschakal nicht mehr auffällig.

2025 (26.05.) Die sechste Strafkammer des Landgerichts Braunschweig fällt die Urteile im sogenannten **NO_x-Verfahren** (Az. 6KLs 411 Js 49032/15 [23/19]) gegen vier wegen des Vorwurfs des banden- und gewerbsmäßigen Betruges angeklagte ehemalige Manager der **Volkswagen AG**. Das Gericht verurteilt den ehemaligen Leiter des Bereiches Entwicklung von Dieselmotoren zu viereinhalb Jahren Haft, den ehemaligen Leiter des Bereiches Antriebselektronik zu zwei Jahren und sieben Monaten Haft sowie die beiden anderen Manager zu Bewährungsstrafen.[89] Es ist das erste Urteil zu dem vermutlich umweltschädlichsten Betrug, der im Industriesektor seit der Gründung der Bundesrepublik stattgefunden hat, dem „**Dieselskandal**". Publik wurde er am → 18.09.2015 durch eine Mitteilung der nationalen Umweltbehörde der USA (EPA). Auslöser war die Identifizierung von systematischen Unregelmäßigkeiten bei Abgastests durch die EPA. Millionen Fahrzeuge der Volkswagen-AG stoßen beim Regelbetrieb auf der Straße erheblich mehr Schadstoffe aus als bei Abgastests. Beim Landgericht Braunschweig sind im Rahmen des Dieselskandals Verfahren gegen weitere einunddreißig Angeklagte anhängig.

---

[88] https://www.schleswig-holstein.de/DE/justiz/gerichte-und-justizbehoerden/OVG/Presse/PI_OVG/2025_07_03_Goldschakal_Beschwerde_zurueckgewiesen?nn=0ce697cf-665d-4197-a8a1-98a6c61c800f (letzter Zugriff: 04.07.2025).

[89] Vgl. https://landgericht-braunschweig.niedersachsen.de/startseite/ (letzter Zugriff: 04.07.2025).

2025 (Juni/Juli) Die Konturen der **klima- und umweltrelevanten Politik des Kabinetts Merz** für die laufende Legislaturperiode zeichnen sich nun deutlicher ab:

- zahlreiche Gaskraftwerke sollen errichtet werden (auch solche, die nicht auf Wasserstoff umgerüstet werden können),
- Erdgas soll durch Subventionierung günstiger werden (ein fataler Rückschritt in das fossile Zeitalter),
- vor Borkum soll nach Erdgas gebohrt werden dürfen,
- bei der Ausweisung neuer Baugebiete müssen Kommunen weniger Rücksicht auf die Belange des Arten- und Naturschutzes nehmen (der verheerende Flächenfraß wird nicht begrenzt, sondern begünstigt),
- die Förderung der Dekarbonatisierung der Industrie soll gekürzt werden,
- die geplante Erhöhung der Luftverkehrssteuer soll entfallen,
- auf Autobahnen soll kein Tempolimit eingeführt werden (einfach und kostengünstig umzusetzende und wirksame Emissionsminderungen wie eine Geschwindigkeitsbegrenzung für PKW mit Diesel- oder Benzinmotoren werden nicht genutzt),
- Landwirtschaftsbetriebe müssen nicht länger eine Stoffstrombilanz erstellen (die zur Vermeidung der Eutrophierung von Oberflächengewässern wichtige Kontrolle des Mineraldünger- und Gülleeinsatzes wird erschwert),
- Agrardiesel soll weiterhin subventioniert werden,
- Rinder dürfen entgegen den Planungen der Vorgängerregierung weiter in Ställen angebunden werden (ein fatales Signal gegen das Tierwohl) usw.

Manche dieser Maßnahmen werden mit Bürokratieabbau begründet, andere mit der gewachsenen Skepsis in Teilen der Bevölkerung in Hinblick auf den Umwelt- und Klimaschutz. Tatsächlich sind massive Verschlechterungen der Lebensqualität für Menschen und alle anderen Lebewesen in Deutschland zu erwarten. Einen vergleichbaren Rückschritt in der Umwelt-, Naturschutz- und Klimapolitik hat es seit dem Kabinett Kohl V nicht mehr gegeben (→ 17.11.1994) – ein verheerendes Signal für die Bevölkerung in Deutschland, die Europäische Union und internationale Institutionen.[90] (→ 09.04.2025)

2025 (24.06.) Nach Untersuchungen der Europäischen Umweltagentur sind in Deutschland im Mittel nachts 18 Prozent der Bevölkerung und damit etwa 14,88 Mio. Menschen **schädlichem Lärm durch Verkehr** ausgesetzt, darunter 11,78 Mio. Menschen schädlichem Straßenlärm, 2,83 Mio. schädlichem Bahnlärm und 274.000 schädlichem Fluglärm.[91]

2025 (17.07.) Die Anzahl der in Deutschland vom Bundesforschungsinstitut für Tiergesundheit FLI bestätigten Fälle der **Afrikanischen Schweinepest** steigt bis zum Rechercheschluss für dieses Buch am 17. Juli 2025 auf 8240 Wildschweine.[92] (→ 10.09.2020)

---

[90] Vgl. Pinzler & Ulrich: Wie ausgestorben. DIE ZEIT Nr. 28/2025. https://www.zeit.de/2025/28/klimapolitik-bundesregierung-koalitionsvertrag-spd-cdu (letzter Zugriff: 04.07.2025).

[91] EEA Report 05/2025, S. 23; https://www.eea.europa.eu/en/analysis/publications/environmental-noise-in-europe-2025 (letzter Zugriff: 04.07.2025).

[92] https://www.jagdverband.de/afrikanische-schweinepest (letzter Zugriff: 04.07.2025).

Ab 2030 Die Europäische Union beabsichtigt, den **Grenzwert für Stickstoffdioxid** ab dem Jahr 2030 auf 20 Mikrogramm NO_2 pro Kubikmeter Luft im Jahresmittel abzusenken, um die Gesundheitsbelastungen der Menschen, die an verkehrsreichen Orten mit hoher Luftverschmutzung leben oder arbeiten, weiter zu reduzieren. Nur durch einen raschen Umstieg auf Elektro- und Wasserstoffmobilität dürfte der neue Grenzwert einzuhalten sein.

2035 Als erstes deutsches Energieunternehmen kündigt MVV Energie im Dezember 2024 an, das **kommunale Gasnetz von Mannheim im Jahr 2035 stilllegen** und damit die Belieferung der Mannheimer Haushalte mit Erdgas einstellen zu wollen. Fernwärme und Wärmepumpen sollen Erdgas ersetzen.[93]

2038 Das Gesetz zur Reduzierung und zur Beendigung der Kohleverstromung (**Kohleausstiegsgesetz**) vom → 03.07.2020 legt fest, dass die letzten Kohlekraftwerke spätestens 2038 vom Netz gehen müssen. In den Jahren 2026, 2029 und 2032 ist zu prüfen, ob ein früherer Ausstieg aus der Kohleverstromung umsetzbar ist. Im Gegenzug schafft die Verlängerung des Kraft-Wärme-Kopplungsgesetzes Anreize, verstärkt Wärme aus erneuerbaren Energien zu produzieren. Die Stilllegung der Kohlekraftwerke dürfte mehr als 50 Mrd. Euro kosten. Die Kraftwerksbetreiber erhalten hohe Entschädigungen in Höhe von zusammen bis zu 4,35 Mrd. Euro für die vorzeitigen Stilllegungen. Politische und gesellschaftliche Diskussionen über den Zeitpunkt der Abschaltung der letzten Kohlekraftwerke können noch Jahre andauern.

2045 Das Gesetz zur Änderung des Grundgesetzes vom 24. März 2025 ergänzt u. a. Artikel 143h (→ Synthese in Kap. 12). Dieser legt fest, dass die Bundesrepublik Deutschland bis zum Jahr 2045 **Klimaneutralität** erreichen soll, präziser: Netto-Treibhausgasneutralität. Demnach dürfen spätestens 2045 nicht mehr Treibhausgase in Deutschland emittiert werden, als über natürliche oder technische CO_2-Senken wieder aus der Atmosphäre verschwinden. Die Europäische Union strebt an, die Netto-Treibhausgasneutralität im Jahr 2050 zu erreichen.

2046 bis 2068 Die Bundesgesellschaft für Endlagerung BGE mbH geht davon aus, dass die Entscheidung für den **endgültigen Standort für das Endlager hochradioaktiver Stoffe** in Deutschland nach optimistischen Annahmen im Jahr 2046 und nach pessimistischen Annahmen im Jahr 2068 fällt.[94] Vollkommen unklar ist, wann der Bau des Endlagers abgeschlossen sein wird. Bis dahin müssen hochradioaktive Stoffe in weitaus weniger sicheren Zwischenlagern obertägig aufbewahrt werden.

---

[93] https://www.staatsanzeiger.de/nachrichten/wirtschaft/in-mannheim-soll-es-ab-2035-kein-erdgas-mehr-geben/ (letzter Zugriff: 04.07.2025).

[94] https://www.endlagersuche-infoplattform.de/webs/Endlagersuche/DE/Endlagersuche/Der-Suchprozess/zeithorizonte/suchverfahren.info.html (letzter Zugriff: 04.07.2025).

Eineinhalb Jahrtausende Klima-, Natur- und Umweltwandel – Wie geht es weiter?

Im zwölften Kapitel werden zunächst einzelne Bereiche der Klima-, Wetter-, Natur- und Umweltgeschichte Deutschlands zusammenfassend vorgestellt, bewertet und kurz die Perspektiven aufgezeigt – von natürlichen extraterrestrischen und erdbürtigen Ereignissen über natürliche oder von Menschen beeinflusste Klimaphasen und Witterungsextreme bis hin zu menschengemachten Umweltereignissen. Eine Synthese mit einem kurzen Ausblick beschließen das zwölfte Kapitel und den Textteil dieses Buches.

A Natürliche extraterrestrische Ereignisse

Meteorite und Asteroiden, die in den vergangenen eineinhalbtausend Jahren über Mitteleuropa niedergingen, verursachten nur sehr selten und kleinräumig Veränderungen der Topografie und der Böden – wie der 130 Kilogramm schwere **Meteorit** von Ensisheim, der am → 07.11.1492 auf einem Acker in der Nähe der elsässischen Stadt Ensisheim einschlug, der 1,3 Kilogramm wiegende Meteorit von Braunschweig, der am → 23.04.2013 im Braunschweiger Stadtteil Melverode niederging, oder der **Asteroid** 2024 BX$_1$, der am → 21.01.2024 über dem Havelland verglühte und dessen Fragmente sich bei Ribbeck fanden. Die von kleineren Meteoriten und Asteroiden ausgehenden Gefahren sind nur lokal bedeutsam.

B Natürliche erdbürtige Ereignisse

Erdbeben lösten in Mitteleuropa mehrfach gravierende Infrastrukturschäden aus. Am → 03.09.1978 beschädigte ein Erdstoß etwa 6850 Gebäude auf der Schwäbischen Alb. Da Gebäude mittlerweile hohe Werte repräsentierten, belief sich der Schaden auf annähernd 140 Mio. Euro. Erdbeben versetzten zu allen Zeiten Menschen in Angst und Schrecken, besonders, wenn sie in kurzer Zeit aufeinander folgten, wie vom → 26.09.1755 bis zum

19.11.1756 im Rheinland. Am → 18.10.1356 ereignete sich das stärkste Erdbeben zwischen Alpen und Nordsee, zumindest seit dem Hochmittelalter. Es hatte eine Magnitude von etwa 6,6 und erschütterte Basel und Umgebung; herabstürzende Kerzen und Fackeln verursachten verheerende Brände in Basel. Erdbeben mit Stärken bis etwa 6,5 auf der Richter-Skala können auch zukünftig insbesondere vom Ober- bis zum Niederrhein, in der Hessischen Senke und auf der Schwäbischen Alb erhebliche Schäden an der Infrastruktur verursachen. Orte und Zeitpunkte der nächsten stärkeren Erdbeben in Deutschland sind nicht vorhersagbar.

Vulkanausbrüche waren in Deutschland wesentlich raumwirksamer und folgenreicher als Erdbeben. Starke Eruptionen ereigneten sich in den vergangenen eineinhalb Jahrtausenden zwar nicht in Kontinentaleuropa, sondern hauptsächlich auf Island, in Nord- oder Mittelamerika, in Ost- oder Südostasien. Sie führten jedoch indirekt über ausgestoßene Aschen und Aerosole zu massiven, viele Monate oder gar mehrere Jahre anhaltenden Abkühlungen und höheren Niederschlägen in Mitteleuropa – mit dramatischen Konsequenzen für die dort lebenden Menschen. Ernteausfälle, Notschlachtungen von Haustieren, Teuerungen, Hunger und Massensterben resultierten – oftmals begleitet von Seuchen. Vulkanausbrüche initiierten → ab 536 n. Chr. die Spätantike Kleine Eiszeit, → 1783/84 einen extrem kalten Winter und anschließend schlechte Ernten sowie ab 1815 mehrere kühl-feuchte Jahre, darunter „Achtzehnhundertunderfroren", das berüchtigte Jahr 1816 ohne Sommer.

Nicht erloschene Vulkane stellen eine latente Gefahr dar. Wenn sie ausbrechen und riesige Mengen an Aschen und Aerosolen über Monate in große Höhen ausstoßen, kühlt sich nicht nur die bodennahe Atmosphäre längere Zeit deutlich ab. Heute können Aschen in der Atmosphäre den Flugverkehr während der Eruptionszeit großräumig zum Erliegen bringen. Die volkswirtschaftlichen Schäden und die sozialen Folgen sind dramatisch hoch. Der Zeitpunkt der nächsten Megaeruption in der Nordhemisphäre mit massiven Veränderungen des Wetters in Deutschland ist nicht prognostizierbar.

C Natürliche und von Menschen beeinflusste Klimaphasen von der Spätantiken Kleinen Eiszeit bis zur heutigen Heißphase

Die klimatische Entwicklung seit der ersten Hälfte des sechsten Jahrhunderts lässt sich vereinfacht in vier Phasen gliedern:

I.   die → 536 n. Chr. beginnende, gut ein Jahrhundert währende extrem kalte und nasse **Spätantike Kleine Eiszeit**,

II. das klimatisch vorwiegend **kühle bis gemäßigte frühe Mittelalter und das im Sommer gemäßigte bis warme hohe Mittelalter** von der Mitte des 7. Jahrhunderts bis etwa 1300, mehrfach unterbrochen von kühlen und feuchten Jahren,

III. die insgesamt kühle **Spätmittelalterlich-frühneuzeitliche Kleine Eiszeit** mit mehrjährigen kalt-feuchten Abschnitten und sehr wenigen besonders warmen und trockenen Jahren vom frühen 14. Jahrhundert bis in die erste Hälfte des 19. Jahrhunderts sowie

IV. die noch kurze, mit der Hochindustrialisierung Mitte des 19. Jahrhunderts einsetzende, stark vom menschengemachten Klimawandel beeinflusste, zuerst warme und jüngst **heiße Zeit** mit vermehrt außergewöhnlich trockenen und auch einigen sehr nassen Jahren sowie seltener werdenden kalten und schneereichen Wintern.

Ernteausfälle, Nahrungsmittelmangel, Hunger und Seuchen prägten viele der kühlen und feuchten Jahre der Spätantiken Kleinen Eiszeit und der Spätmittelalterlich-frühneuzeitlichen Kleinen Eiszeit. Die Folgen der extremen Witterung versetzten wahrscheinlich sehr viele Menschen in Angst und Schrecken.[1]

Heute plagen Menschen und Natur in Deutschland zunehmend entgegengesetzte Klimaentwicklungen, besonders sommerliche Hitze und anhaltende Trockenheit, die Ängste und Depressionen auszulösen vermögen. Denn vor dem Hintergrund national und international vollkommen unzureichender Maßnahmen gegen den menschengemachten Klimawandel und der verzögerten Reaktion des Klima-Meer-Systems ist eine weitere Zunahme der Anzahl und wohl auch der Intensität von Extremereignissen und Extremjahren in den kommenden Jahrzehnten wahrscheinlich. Neben den Emissionen durch Industrie, Gewerbe und Verkehr (Verbrennung von Diesel, Benzin, Holz und Kerosin), private Haushalte und staatliche Institutionen (Verbrennung von Öl, Gas und Holz) hat die nicht angepasste Landnutzung (Verbrennung von Diesel in der Land- und Forstwirtschaft, Tierhaltung, Bodenverdichtung, Düngung, Zerstörung natürlicher Kohlenstoffspeicher wie Mooren etc.) folgenschwere Klimawirkungen. Eine weitere Zunahme der hitzebedingten Sterbefälle ist zu erwarten.

In Landschaften mit sandigen Böden, die sich in Heißjahren sehr erhitzen und in denen während Trockenphasen starker Wassermangel herrscht, ist eine dauerhafte Fortsetzung des Ackerbaus langfristig gefährdet – auch aufgrund sinkender Grundwasserspiegel, die eine ausreichende Bewässerung von Kulturpflanzen dann dauerhaft verhindern.

Seit den 1970er-Jahren erhöht sich die globale mittlere Oberflächentemperatur pro Dekade durchschnittlich um etwa 0,2 Grad Celsius und im letzten Jahrzehnt von 2015 bis 2024 sogar um 0,4 Grad Celsius ($\rightarrow$ 10.01.2025). Eine Fortsetzung der Erderwärmung im Umfang von 0,2 Grad Celsius pro Dekade hätte im Jahr 2050 eine mittlere globale Oberflächentemperatur von knapp zwei Grad Celsius und im Jahr 2075 von knapp 2,5 Grad Celsius über dem vorindustriellen Niveau zur Folge. Eine Erwärmung wie im vergangenen Jahrzehnt von 0,4 Grad Celsius pro Dekade ergibt für das Jahr 2050 eine mittlere globale Oberflächentemperatur von knapp 2,5 Grad Celsius und für das Jahr 2075 von knapp 3,5 Grad Celsius über dem vorindustriellen Niveau.[2]

Der im 19. Jahrhundert einsetzende menschengemachte Klimawandel entwickelt sich damit unaufhaltsam in Deutschland, in Europa und global zu einer menschengemachten Klimakatastrophe. Gelingt keine umgehende erhebliche Minderung des Anstiegs der mittleren globalen Oberflächentemperatur, werden die Folgen verheerend für die Menschheit sein. Einige der heute dicht besiedelten und intensiv genutzten Regionen der Erde werden wohl weitgehend unbewohnbar. Dramatische Veränderungen der Lebensräume und Lebensbedingungen, Massensterben und Migrationswellen sind dann wahrscheinlich. Derzeit steuern wir nahezu ungebremst auf dieses Szenario zu.

---

[1] Vgl. Behringer (2007): Kulturgeschichte des Klimas. S. 156 ff.

[2] Vgl. https://assets-eu.researchsquare.com/files/rs-6079807/v1_covered_209e5182-d9a5-4305-a4e0-70204151d2b3.pdf?c=1744822997 (letzter Zugriff: 04.07.2025).

D Natürliche und zunehmend von Menschen beeinflusste extreme Wetterereignisse

Orkane brachen und fällten u. a. in den Jahren → 1872, 1962, 1976, 1990, 1999, 2000 und 2007 millionenfach Bäume, hauptsächlich Fichten. Vom → 25.01. bis zum 01.03.1990 traten Starkwindereignisse ungewöhnlich häufig auf: Acht Stürme und Orkane forderten mehr als 50 Menschenleben in Deutschland. Sie verursachten Schäden in Milliardenhöhe.

Tornados wohl der maximalen Stärke F5 verheerten am → 29.06.1764 einen Streifen bei Woldegk südöstlich von Neubrandenburg in Mecklenburg und am → 23.04.1800 das Mulde-Lösshügelland um Hainichen nördlich von Chemnitz. Ein Tornado der Stärke F4 traf am → 10.07.1968 den Süden von Pforzheim schwer. Schwächere Wirbelstürme verursachten Schäden am → 12.05.1912 um das sächsische Taucha, am → 17.06.1931 im Sauerland und am → 05.05.2015 im mecklenburgischen Bützow.

Sturmfluten brachen Deiche an der Nordseeküste u. a. in den Jahren → 1164, 1287, 1334, 1362, 1509, 1634, 1717, 1721, 1824, 1962 und 1976. Hunderttausende starben. Dörfer, Städte und sehr viel fruchtbares Ackerland gingen in den Marschen verloren. In den Jahren und Jahrzehnten danach gelang es Menschen unter großen Entbehrungen, manche Köge wieder einzudeichen.

Außergewöhnliche **Ostseehochwasser** riefen → 1872 und → 2023 Zerstörungen in Küstenstädten Mecklenburgs und Schleswig-Holsteins hervor.

Von Tiefdruckgebieten ausgelöste **Sturzfluten** treten in Deutschland außerhalb der Alpen fast nur in intensiv genutzten Kulturlandschaften auf. Die natürlichen Wälder der frühen Nacheiszeit verzögerten den Abfluss extremer Starkniederschläge so stark, dass keine Sturzfluten auftraten. In den letzten Jahren hatten Sturzfluten gravierende Folgen in intensiv genutzten Landschaften: So beschädigte am → 29.05.2016 eine Sturzflut des Braunsbachs im gleichnamigen Ort im Nordosten von Baden-Württemberg zahlreiche Gebäude und Straßen.

Während Sturzfluten vorwiegend kleinere Flussauen verheerten, lösten feuchte Luftmassen, die im Hochsommer aus dem Mediterranraum nach Deutschland einströmten, häufig schwere **Sommerhochwasser** auch an großen Flüssen wie Donau, Elbe, Weser oder Rhein aus, etwa in den Jahren → 1342, 1501, 1613, 1755, 1785, 1910, 1911, 1997, 2002, 2013, 2021 und 2024. Verheerend wirkten auch die regionalen Extremniederschläge, die am → 14./15.07.2021 von Nordrhein-Westfalen bis Bayern und Sachsen niedergingen. An der Ahr tötete die Hochwasserwelle 162 Menschen, riss Gebäude, Straßen und Bahnlinien fort. Der Rückversicherer Munich Re schätzt die deutschlandweiten Schäden dieses einen Extremereignisses auf 33 Mrd. Euro.

Anders wirkten schwere **Winterhochwasser**, die teilweise mit Eisgang und Eisstau verbunden waren, wie in den schneereichen Wintern → 1431/32, 1434/35, 1465, 1470, 1565, 1709, 1784 und 1947. Warmlufteinbrüche ließen Schnee schmelzen und Eis antauen. Flussabwärts schwimmende Eisschollen stauten sich an Brücken, in Flussengen oder -bögen, ließen die Wasserhöhen lokal gewaltig anschwellen und setzten zahlreiche Städte und Dörfer unter Wasser. Ludwig van Beethoven entging mit seiner Familie am → 27./28.02.1784 in Bonn knapp dem Eishochwasser des Rheins.

Die sich gegenwärtig unerwartet stark beschleunigende menschengemachte Erderwärmung wird wahrscheinlich die Häufigkeit von Orkanen, Tornados, Sturzfluten und Sommerhochwassern im Binnenland, starken Sturmfluten an der Nordseeküste und Sturmhochwassern an der Ostseeküste weiter erhöhen. Schwere Winterhochwasser mit Eisgang werden wohl viel seltener auftreten.

Die Aktivitäten der Menschen beeinflussen wesentlich die Wirkungen von Wetterextremen und des jeweiligen Klimas. So verändert die **Nutzung** der Erdoberfläche die **Energie-, Wasser- und Stoffhaushalte** erheblich.[3] Eine geschlossene Walddecke dämpft die Unterschiede zwischen Tageshöchst- und Tagestiefsttemperaturen, Offenland mit wenig Vegetation erhöht sie. Im Mittel sind Wälder im Sommer kühler und im Winter wärmer als intensiv genutzte ländliche und städtische Räume. Die Landnutzung beeinflusst ebenso den mittleren Wasserhaushalt eines Gebietes – Waldlandschaften unterscheiden sich grundlegend von Agrar- und Stadtlandschaften. In urbanen Räumen

- verdunstet aufgrund der wesentlich geringeren Biomasse weitaus weniger Wasser,
- fließt aufgrund der Versiegelung mehr Wasser oberflächlich ab, was zu höheren Wassermengen und Wasserständen in Bächen und Flüssen beiträgt, in denen es aufgrund von Begradigungen und Kanalisierungen rasch abfließt.

Weiterhin sind die von Menschen verursachten **Emissionen von Treibhausgasen** klimawirksam. Sie erwärmen die Atmosphäre, infolgedessen auch die Böden, die oberflächennahen Gewässer und auch die Vegetation. In den noch vergleichsweise emissionsschwachen ersten Jahrzehnten der Industrialisierung war die Klimawirkung der Verbrennung von Kohle noch vergleichsweise gering. Seit den 1950er-Jahren ist sie durch die kumulierte Wirkung der Verbrennung exorbitanter Mengen an Stein- und Braunkohle, Erdöl und Erdgas in beiden deutschen Staaten, in Europa und weltweit ausgesprochen stark geworden. Die Emissionen lassen nicht nur die mittleren Temperaturen ansteigen. Sie beeinflussen indirekt Häufigkeit, Dauer und Intensität einiger extremer Wetterlagen. Vermehrt und verstärkt zu erwarten sind in den kommenden Jahrzehnten

- Wetterlagen, die im Sommer anhaltend hohe Niederschläge, verheerende Sturzfluten und große Hochwasser bringen,
- anhaltend außergewöhnlich hohe Temperaturen im Sommer, die zu überdurchschnittlich vielen hitzebedingten Sterbefällen führen, hauptsächlich in den sich besonders stark aufheizenden, vegetationsarmen und stark versiegelten Innenstädten sowie in Regionen an Ober- und Niederrhein, in der Lausitz und in einigen süd- und mitteldeutschen Beckenlandschaften,

---

[3]   Vgl. WBGU (2011): Welt im Wandel. Rahmsdorf und Schellnhuber (2019): Der Klimawandel. S. 101 ff.

- stärkere Stürme sowie vermehrt Gewitter und Tornados,
- mit dem steigenden Meeresspiegel und stärkeren Stürmen immer höher auflaufende Sturmfluten an der Nordseeküste und Sturmhochwasser an der Ostseeküste,
- längere Trockenphasen mit gravierenden Ernteeinbußen und dem Absterben von Gehölzen, besonders in Landschaften mit sandigen Böden und ohnehin geringen mittleren Niederschlägen, z. B. im Osten Brandenburgs.

E Menschenbeeinflusste Umweltereignisse

Land-, Forst- und Parkwirtschaft und ihre Folgen

Die Gewinnung von Kulturland durch Waldrodungen
Nach der waldreichen Spätantiken Kleinen Eiszeit (536–650er-Jahre) schrumpften die Wälder bis in das 13. Jahrhundert sehr stark durch Rodungen für die Gewinnung von Ackerland und Holz. Schließlich verblieben nur vergleichsweise kleine, intensive genutzte Waldreste auf wenig fruchtbaren Böden. Die starken Bevölkerungsverluste während der Dante-Anomalie (1310–21) und durch den Schwarzen Tod (1348 bis 1351) verursachten die Aufgabe Tausender Siedlungen und zahlloser Äcker sowie danach eine starke Ausdehnung der Wälder in Mitteleuropa. Zum Ende des Spätmittelalters und in der Frühen Neuzeit wurden auch die neuen Wälder intensiv beweidet und dann zunehmend gerodet.

Die Gewinnung von Kulturland durch Trockenlegungen
Im Hoch- und Spätmittelalter ermöglichten innovative Entwässerungs- und Deichbautechniken die Urbarmachung etwa der Elbmarschen zwischen Hamburg und Stade ($\rightarrow$ ab 1140) und der Brinkumer Marsch bei Bremen ($\rightarrow$ ab 1201) durch niederländische Experten und Kolonisten. Die eingedeichten fruchtbaren Marschböden brachten hohe Ernten. Im 18. und 19. Jahrhundert versuchten Herrschaften durch Peuplierung ihre Macht zu erweitern – durch die gezielte Anwerbung von Menschen für die aufwendige Inkulturnahme und agrarische Nutzung ausgedehnter, aus heutiger Sicht ökologisch ungemein wertvoller naturnaher Moore und Talauen wie dem Havelländischen Luch ($\rightarrow$ von 1718 bis 1724), dem Niederoderbruch (ab 1746), dem Teufelsmoor bei Bremen ($\rightarrow$ von 1751 bis 1790), dem altbayerischen Donaumoos ($\rightarrow$ ab 1778) und den Auen des Oberrheins ($\rightarrow$ von 1817 bis 1879). Die Gewinnung neuen ertragreichen Kulturlandes gelang in Talauen. Hochmoore sind jedoch ausgesprochen nährstoffarm und die Erträge blieben dort bis zur Einführung der Mineraldüngung gering. Der Abbau und der Verkauf von Torf erleichterten das Überleben in den Mooren.

Rund 99 Prozent der Hoch- und Niedermoore, die im Frühmittelalter noch mehr als eine Million Hektar Fläche zwischen Alpen, Nord- und Ostsee einnahmen, wurden bis heute entwässert oder abgebaut und damit zerstört. Die verbliebenen entwässerten Moorreste und die übrigen ehemaligen Moorflächen nehmen gegenwärtig zwar nur etwa sieben Prozent der landwirtschaftlichen Nutzfläche Deutschlands ein. Jedoch tragen die genutzten ehemaligen Moore derzeit zu mehr als einem Drittel der Treibhausgasemissionen der Landwirtschaft in Deutschland bei.[4]

---

[4]   Vgl. https://www.moorwissen.de/problematik-der-nutzung.html (letzter Zugriff: 04.07.2025).

Zur Bindung großer Mengen an Kohlenstoff sowie zur ökologischen Regeneration ist eine umfassende Wiedervernässung der Restmoore und ehemaliger Moorflächen in Wäldern und Agrarlandschaften sowie weiterer ehemaliger Feuchtgebiete in Talauen dringend geboten.[5] Eine Minderung des anthropogenen Klimawandels sowie ein erfolgreicher Lebensraum- und Artenschutz erfordern diese großflächigen Wiedervernässungsmaßnahmen. Desgleichen müssen die Nährstoffeinträge durch Landwirtschaft, Verkehr und Industrie in die zu renaturierenden und zu revitalisierenden Feuchtgebiete umgehend drastisch reduziert werden.[6]

Innovationen in der Landwirtschaft

Die starren mittelalterlichen und frühneuzeitlichen Fluraufteilungen und Landnutzungssysteme veränderten sich ab dem 18. Jahrhundert stark. In vielen Regionen ordneten die Obrigkeiten die Besitzverhältnisse durch die Zusammenlegung von Äckern neu. Neue Ackergeräte und Feldfrüchte wurden eingeführt, Fruchtfolgen verändert und damit die Produktivität erhöht. In Norddeutschland überführte man beweidete Heiden und sandiges Ödland in Ackerland oder neue Wälder.

Mit der Adaption und pädagogischen Vermittlung moderner englischer agrarwissenschaftlicher Erkenntnisse sowie mit eigenen Forschungen modernisierte Albrecht Daniel Thaer (→ 1798 bis 1804) die Landwirtschaft in Preußen. Philipp Carl Sprengel (→ 1828) und Justus von Liebig (→ 1840) erkannten die Bedeutung der Mineraldüngung. Ihre Forschungsergebnisse und Publikationen revolutionierten die Agrarwirtschaft. Guano wurde an der Pazifikküste der Atacama (→ 1840er/50er-Jahre), Phosphat u. a. auf der pazifischen Insel Nauru (→ ab 1900), Kalisalz hauptsächlich in den Kalirevieren Werra-Fulda, Saale-Unstrut, Südharz, Nordharz, Südhannover und Nordhannover abgebaut (→ 1857). Die Landwirtschaftsbetriebe vermochten Nahrungsmittel für immer mehr Menschen zu erzeugen. Salpeter kam aus der Atacama in das Deutsche Reich (→ 1840er/50er-Jahre) und wurde in Friedenszeiten vorwiegend als Stickstoffdünger, in Kriegszeiten als Schießpulver genutzt.

Ein massiver Mangel an Schießpulver drohte dem Deutschen Reich zu Beginn des Ersten Weltkriegs. Die Forschungen von Fritz Haber zur Stickstoffsynthese und die industrielle Produktion von Ammoniak bei der BASF sowie durch das Kalkstickstoffwerk in Piesteritz bei Wittenberg verlängerten den Ersten Weltkrieg wohl um zwei bis drei Jahre (→ 1904 bis 1911, 24.12.1915).

Die Ertragsexplosion der Landwirtschaft ermöglichte ab dem späten 19. Jahrhundert die arbeitsintensive Hochindustrialisierung. Sie schuf eine neue Arbeitswelt und rief gravierende Umweltbelastungen besonders in den schnell wachsenden Industrie- und Ballungszentren hervor (→ 1804, ab 07.12.1835, 1840, 1861, ab 1882, 1884, 1904 bis 1911, 1911,

---

[5] Vgl. Luthardt und Zeitz (2018; Hrsg.): Moore in Berlin und Brandenburg.

[6] Vgl. Succow und Jeschke (2023): Deutschlands Moore.

April 1915, 24.12.1915). Sie veranlasste nur wenige Menschen, die Städte zu verlassen und in ländlichen Räumen alternative Lebensweisen zu erproben, darunter Vegetarismus und ökologischen Gartenbau (→ 28.05.1893).

Im späten 19. Jahrhundert weitete sich die Landnutzung durch Deutsche auf die neuen Kolonien in Afrika und im Pazifischen Raum aus. Kolonialschulen bereiteten Deutsche auf eine Plantagenwirtschaft mithilfe der Ausbeutung einheimischer Menschen und der Umwelt vor (→ 23.05.1898).

Die agrarische Landnutzung mit ihrer Tierhaltung und ihren Feldfrüchten und Fruchtfolgen, die Flurneuordnungen, die zunehmenden gesetzlichen Regularien und jüngst die massive Chemisierung und Mechanisierung der Landwirtschaft haben die Agrarlandschaften Mitteleuropas entscheidend verändert. Flurbereinigungen und die Kollektivierung haben große Schläge geschaffen (Abb. 8.3) und viele Geotope und Biotope wie Feuchtgebiete, Hecken, Gehölzgruppen, Terrassen und Hohlwege zerstört (→ 24.02.1953 bis 1978, 01.01.1954, 1952/53, 1959/60). Die Böden sind durch schwere Fahrzeuge stark verdichtet und aufgrund der Düngung monotoner geworden. Das Bodenleben hat sich stark verändert. Früher aus Tonröhren und seit einigen Jahrzehnten aus Plastikschläuchen bestehende Dränagen führen das Bodenwasser rasch in die Vorfluter ab. Sie ermöglichten den Umbruch von zuvor feuchten Wiesen und Weiden in Äcker.

Vom Neolithikum bis in die frühe Neuzeit hat die Wandlung der natürlichen Wälder in Nutzwälder, Äcker, Wiesen, Weiden und Siedlungen zahllose neue Biotope geschaffen. Neue Tier- und Pflanzenarten wurden zunächst vorwiegend aus Osteuropa und dem Nahen Osten, nach 1492 u. a. auch aus Nord-, Mittel- und Südamerika nach (Mittel-)Europa eingeführt. **Im 20. und 21. Jahrhundert haben die Industrialisierung und Chemisierung der Landwirtschaft, die Flurbereinigungen in der BRD und die Kollektivierung in der DDR die Agrarlandschaften ökologisch stark verarmen lassen.**

Waldnutzung und Forstwirtschaft
Umfangreiche Waldrodungen dezimierten im frühen und hohen Mittelalter zunehmend die Lebensräume von Prädatoren wie Braunbär und Wolf. Auf immer kleiner werdende Wälder zurückgedrängte Wölfe rissen immer mehr Wild und im Wald weidendes Vieh. Bereits → um 800 veranlasste Karl der Große die systematische Tötung von Wölfen – mit geringem Erfolg. Bis zu ihrer Ausrottung im 19. Jahrhundert (→ 1480 bis 1502, 1639 bis 1678, 1817, 1835 bis 1888, 1856/66) versetzten Wölfe viele Menschen in Angst und Schrecken, auch wenn die Raubtiere nur in sehr seltenen Extremsituationen Kinder und noch seltener Erwachsene anfielen. Menschen jagende, gefräßige Wölfe fanden Eingang in die frühneuzeitliche verschriftlichte Volksliteratur, darunter Märchen wie „Rotkäppchen" oder „Der Wolf und der Mensch".

Der Holzbedarf war vom Frühmittelalter bis in das 20. Jahrhundert immens hoch, abgesehen von kurzen Phasen nach großen Menschenverlusten wie im 14. Jahrhundert durch Hungersnöte und die Pest oder im 17. Jahrhundert durch den Dreißigjährigen Krieg. Köhlereien, Glasereien, Töpfereien, Salzsiedereien und Bergbaubetriebe benötigten viel Holz (→ ab 696, um 1300, 1520 bis 1867, 06.03.1532, 17.12.1582, 21.07.1804). Das Fraßverhalten bäuerlicher Ziegen devastierte die Wälder weiter. Daher ergingen zahlreiche

Erlasse zur Regulierung der bäuerlichen Viehhaltung und der gewerblichen Nutzung von Wäldern (→ 1532, 1681, 1748). Vorrangiges Ziel der frühneuzeitlichen Verordnungen war die Schonung des jagdbaren Wildes.

Peter Stromer pflanzte schon → 1368 Bäume im übernutzten Nürnberger Reichswald. Hannß Carl von Carlowitz forderte → 1713 eine nachhaltige Waldnutzung. Der anhaltend hohe Holzbedarf förderte jedoch bis in die zweite Hälfte des 20. Jahrhunderts den engständigen Anbau schnellwüchsiger Baumarten wie Fichten und Kiefern. Diese artenarmen Nadelholz-Monokulturen brannten leicht (→ 08. bis 18.08.1975), wurden in Stürmen gebrochen und geworfen (→ 26.12.1999, 18./19.01.2007) sowie von Schadinsekten wie Borkenkäfern oder Nonnen befallen (→ 1787, 1888). Johann Friedrich Gmelin empfahl schon → 1787, Spechte nicht länger zu bejagen, da sie Borkenkäfer verzehren. Bald danach begann der Schutz von Spechten. Fichtenmonokulturen in geschützten Gebieten wie im Nationalpark Bayerischer Wald (→ 07.10.1970) lösten nach Sturmwurf und Schadinsektenbefall Konflikte aus, da sich aufgrund der ausbleibenden Räumung von Schadholz in streng geschützten Zonen Borkenkäfer bis in die benachbarten Privatwälder ausbreiteten (→ 13.11.2007).

Im 19. und 20. Jahrhundert lösten die Schadstoffemissionen von Industrie- und Gewerbebetrieben mehrfach das Absterben von Waldbeständen in der näheren Umgebung aus. In den 1970er-Jahren versauerten Böden u. a. im industrie- und gewerbefernen südniedersächsischen Solling durch Schwefeldioxidemissionen unerwartet rasch (→ 1979). Das von Bernhard Ulrich daraufhin für Mittelgebirge erwartete Waldsterben blieb (auch) aufgrund der Großfeuerungsanlagenverordnung vom → 01.07.1983 und der nachfolgenden Installation wirksamer Entschwefelungsanlagen aus. Dann setzte die anhaltende Trockenheit der Jahre → 2018 bis 2020 und 2022 nicht nur den Monokulturen mit engständigen und flach wurzelnden Fichten stark zu. Besonders seit den 1980er-Jahren verstärken Stickstoffemissionen das Wachstum der Gehölze. Mit dem erhöhten Zuwachs sind viele Bäume instabiler und sturmwurfanfälliger geworden. Diese Destabilisierung und die jüngsten Trockenjahre haben die Wälder in Deutschland erstmals seit sehr langer Zeit zu einer Kohlenstoffquelle werden lassen (→ 08.10.2024).

Trotz der vielfältigen Waldschäden in den vergangenen Jahrhunderten und besonders seit 2018: Wälder werden weiterhin in Deutschland existieren. Viele gepflanzte Forste haben jedoch bei fortgesetzter Erderwärmung langfristig nur eine geringe Überlebenschance. Wo, wann und wie auch immer Menschen in der Vergangenheit Forste gepflanzt haben: Sie waren nicht nachhaltig, zu artenarm, viel zu dicht gepflanzt, nicht ausreichend angepasst an die räumlich sehr stark variierenden Standortbedingungen, und sie besaßen zunächst nur ein Baumalter.

Verantwortliche in der Forstwirtschaft mögen die nachstehende Forderung als falsch oder zumindest überzogen ansehen. Jedoch ist der Autor dieses Buches überzeugt, dass sie die einzige Möglichkeit bietet, zukünftig das Gedeihen stabiler Wälder zu ermöglichen, die auch Nutzholz liefern. Das Absterben einzelner Baumarten oder ganzer Waldbestände heute und vermutlich auch in kommenden Trockenperioden bietet diese große Chance:

Staatliche forstwirtschaftliche Institutionen sollten beauftragt werden, sämtliche Bundes-, Landes- und kommunalen Wälder sich selbst entwickeln zu lassen, weitgehend ohne menschliches Zutun und damit auch ohne die Einbringung regionsfremder Baumarten. Zwar wird dann zunächst weniger Kohlenstoff in der Biomasse gebunden als in Nutzforsten, jedoch sind natürliche Wälder langfristig wesentlich stabiler als gepflanzte, sturmwurf- und kalamitätsgefährdete Wirtschaftswälder. Beispielgebend sind die deutschen Nationalparke mit naturnahen Wilddichten, in denen sich der Wandel von Kultur- in Naturwälder bereits erfolgreich vollzieht. Voraussetzungen für eine dauerhaft erfolgreiche Entwicklung stabiler und resilienter naturnaher Wälder sind naturnahe Wilddichten und eine rasche Begrenzung der Erderwärmung durch stark reduzierte Emissionen von Treibhausgasen.

Anlage und Nutzung von Gärten und Parks

Im Verlauf der Neuzeit entstanden botanische und zoologische Gärten, Lustgärten und Landschaftsparke. Allen war die vollkommene Veränderung von Vegetation, Fauna, Böden und Kleinrelief der ursprünglichen Landschaft gemein. Sie wurden zu ästhetisch attraktiven Lebensräumen vorwiegend für den Adel und beherbergten in Deutschland seltene Pflanzen- und Tierarten aus vielen biogeografischen Zonen der Erde. Die ersten deutschen Botanischen Gärten eröffneten → 1580 in Leipzig, 1586 in Jena und 1593 in Heidelberg. Fürstbischof Johann Conrad von Gemmingen ließ von → 1592 bis 1597 in Eichstätt den ersten botanischen Lustgarten Deutschlands anlegen. Von → 1616 bis 1619 entstand in Heidelberg der Schlossgarten Hortus Palatinus. Landgraf Carl von Hessen gestaltete bei Kassel einen barocken Bergpark mit faszinierenden Wasserkünsten (→ 1689 bis 1717). Eine grandiose Landschaftskomposition gelang Fürst Leopold III. Friedrich Franz von Anhalt-Dessau in Anlehnung an englische Vorbilder mit den Wörlitzer Anlagen in den Elbauen bei Dessau (→ 1765 bis 1813). Fürst Franz nutzte sie als philosophische, agrarische und ökologische Bildungseinrichtung für die Bevölkerung seines Kleinstaates. Baron Caspar von Voght entwickelte einen Landschaftspark mit Baumschule um sein Gut Klein Flottbek bei Hamburg (→ 1795). Fürst Herrmann von Pückler-Muskau komponierte heute weltberühmte Landschaftskunstwerke in Muskau und Branitz in der Lausitz (→ ab 1815, 1834). Peter Joseph Lenné prägte die Potsdam-Berliner Gartenlandschaft und Gärten in Rheinpreußen (→ 1818). Die ältesten, heute noch existierenden deutschen Zoologischen Gärten eröffneten → 1844 in Berlin und 1858 in Frankfurt am Main. Sie wenden sich in jüngster Zeit verstärkt dem Artenschutz zu; problematisch bleiben die beengten und unnatürlichen Lebensbedingungen für viele Tierarten.

Wald- und Moorbrände

Die meisten Brände wurden in Mitteleuropa nicht von Blitzen, sondern von Menschen aus Sorglosigkeit, Fahrlässigkeit oder absichtlich ausgelöst. In Trockenphasen vernichteten sie wertvolle Vegetation, wie die Waldbrände → 1482 und 1483 im Schwarzwald und vom → 08. bis zum 18. August 1975 in der Lüneburger Heide oder die Moorbrände im Jahr 1800 im Donaumoos und vom → 03.09. bis zum 10.10.2018 auf einem Schießplatz bei Meppen im Emsland belegen. Traten aufgrund der anthropogenen Erderwärmung längere niederschlagsarme Phasen auf, trocknete die Bodenvegetation stärker aus. Von Menschen gelegte oder durch Munition, die in heißen und trockenen Sommern auf ehemaligen Truppenübungsplätzen explodierte, ausgelöste Feuer weiteten sich dann öfter zu Großbränden aus, so vom → 26.06. bis zum 08.07.2019 auf dem ehemaligen Truppenübungsplatz Lübtheener Heide und im → Juni/Juli 2019 auf dem ehemaligen Truppenübungsplatz Jüterbog West. Die Vegetation und der viel Kohlenstoff speichernde Humushorizont mit den Bodentieren verbrannten. Unter ihnen waren auch seltene Käfer.

Der Abbau von Rohstoffen und seine Folgen

Steinkohlebergbau, der im Aachener Revier seit → 1113 und im Ruhrgebiet seit → 1296 urkundlich belegt ist, schuf unterirdisch riesige Hohlräume, die nach dem Ende des Abbaus langsam einstürzten und im Ruhrgebiet die Geländeoberfläche großflächig um Meter bis Zehnermeter absinken ließ und viele Gebäude beschädigte (→ 15.09.2014). Hieraus erwuchs eine Ewigkeitsaufgabe: Unbefristet muss Oberflächen- und Grundwasser in die über das Niveau des Vorfluters Rhein hochgelegte kanalisierte Emscher gepumpt werden, um große Teile des Ruhrgebietes vor einer Überflutung zu bewahren (→ 1904).

In den **Braunkohlerevieren** im Rheinland, um Leipzig und in der Lausitz verblieben nach dem abgeschlossenen obertägigen Abbau riesige Halden und Hohlformen. Sind letztere vollständig mit Grund- und Oberflächenwasser gefüllt, dienen sie Naturschutz, Fischhaltung und Naherholung (→ 1815, 1885, 1892, 1911, 24.12.1915, 26.09.1924, Sommer 1961, 1965, 1989, 05.09.2018, Dezember 2024). Der großflächige Abbau und die Verstromung von Braunkohle werden wohl erst in den 2030er-Jahren enden.

Vom Erzgebirge bis zur Eifel, vom Harz bis zum Schwarzwald wurden untertage Silber (→ 1168), Blei (→ 04.09.1790, 08.08.1971, 21.02. bis 06.06.1972), Eisen, Kupfer, Zink, Zinn, Kobalt, Wismut, Nickel, Wolfram, Molybdän und Uran (s. u.) abgebaut. Je tiefer die Schächte und Strecken vordrangen, umso mehr einströmendes Wasser musste aus den Bergwerken entfernt werden. Hohlräume, Halden, ober- und unterirdische Wasserzufuhr- und Wasserableitsysteme sind Hinterlassenschaften des **Metallerzbergbaus** in den Mittelgebirgen. Das ausgeklügelte, seit etwa → 1536 existierende Wasserbewirtschaftungssystem im Harz würdigte die UNESCO 2010 mit dem Weltkulturerbetitel.

Schwermetalle gelangten durch die Explosion von Granaten (→ 21.02. bis Dezember 1916), Emissionen von Industriebetrieben, Verwehungen von Halden oder über die Verbrennung von Kraftstoffen bis zum Verbot von Blei im Benzin (→ 07.11.1983) in die Atmosphäre und damit auf und in die Böden. Saugen Pflanzenwurzeln schwermetallhaltiges Wasser aus dem Boden auf, verbleiben die Schadstoffe in den Pflanzen. Verzehrt ein Mensch mit Blei oder Zink belastete Pflanzen, nimmt der Körper die Schwermetalle auf. Daher sollten signifikant schwermetallhaltige Böden nicht gartenbaulich oder landwirtschaftlich genutzt werden. Auch durch das regelmäßige Einatmen belasteter Stäube können Schwermetalle in den Körper von Menschen gelangen (→ 1973/75).

Kalisalze für die Mineraldüngung bauten Unternehmen untertage zunächst um Staßfurt im heutigen Sachsen-Anhalt, danach auch in Thüringen, Osthessen und Niedersachsen ab. Die Abwässer der Kaliindustrie verursachen bis heute erhebliche Salzbelastungen in Werra und Weser. Der **Phosphatabbau** hinterließ z. B. auf der westpazifischen Insel Nauru eine verheerte Landschaft. Die Gewinnung von **synthetischem Stickstoffdünger** durch die chemische Industrie ist bis heute sehr energieintensiv.

Industrieunternehmen benötigten besonders im späten 19. und frühen 20. Jahrhundert nicht nur viel Energie für den Betrieb, sondern auch große Massen an **Sand** und **Kies** (→ 1873), **Kalk** (→ 1254) und **Steinen** zur Errichtung der Gebäude für Produktionsanlagen und Verwaltungen sowie für wachsenden Arbeitersiedlungen. Tausende Sand- und Kiesgruben in den Talauen sowie Kalk-, Marmor-, Granit-, Basalt-, Tonschiefer- und Sandsteinbrüche in den Mittelgebirgen lieferten das Material.

Die Sowjetunion ließ von → 1946 bis 1991 in Sachsen und Thüringen **Uran** für die eigenen Atombomben und Kernkraftwerke durch deutsche Bergleute unter unsäglichen Arbeitsbedingungen abbauen. Tausende erkrankten. Von den Halden wehten radioaktive Stäube auf Äcker und in Siedlungen. Radioaktives Haldensubstrat wurde im Hoch- wie im Tiefbau eingesetzt. Die erfolgreiche Sanierung der Uranerzbergwerke, Halden, Betriebsgelände und Schlammteiche durch die Wismut GmbH ab 1991 kostete die Bundesrepublik Deutschland bis 2017 insgesamt 6,2 Mrd. Euro. Die kostspielige Behandlung der radioaktiven Bergwerksabwässer ist eine Ewigkeitsaufgabe.

Spuren des Bergbaus durch süddeutsche Unternehmen reichen schon in der ersten Hälfte des 16. Jahrhunderts über Mitteleuropa hinaus bis nach **Spanien**. Die Augsburger Kaufmannsfamilie der Fugger ließ bei Almadén **Zinnober und Quecksilber** abbauen – mit gravierenden lokalen Umweltbelastungen (→ 01.01.1525). Die Quecksilbergewinnung der Fugger in Spanien wirkte bis zu den spanischen Silberbergwerken in Lateinamerika, an denen das Quecksilber Verwendung fand – mit dramatischen Folgen für die Gesundheit der mit dem flüssigen Metall arbeitenden Menschen und ihre Umwelt.[7]

Industrialisierung und ihre Folgen

Die exzessive Förderung und Nutzung von Stein- und Braunkohle ermöglichte im 19. Jahrhundert die Industrialisierung und treibt sie seitdem zusammen mit Erdöl und Erdgas an. Sie ging einher mit der weitgehenden Loslösung von nachwachsenden Rohstoffen wie Holz oder Torf und einer massiven Hinwendung zu Waren aus Metallen und Kunststoffen, die Schiffe, Eisenbahnen, Kraftfahrzeuge und Flugzeuge bis heute scheinbar preiswert und über große Distanzen transportieren. Herstellung, Transport, Nutzung und Entsorgung dieser Waren verursachen nach wie vor vielfältige Umweltveränderungen, die oftmals mit gravierenden gesundheitlichen Belastungen von Menschen und Tieren verbunden sind. Die Industrialisierung trägt zu dem dramatischen Wandel von einem kühleren Klima mit markanten Kälteperioden zu einem wärmeren Klima mit inzwischen problematischen Heiß- und Trockenphasen sowie einer Häufung extremer Ereignisse bei, wie Stürmen, Starkniederschlägen, Sturzfluten, Hoch-

---

[7]   Vgl. Winiwarter und Bork (2019): Geschichte unserer Umwelt. S. 82 ff.

und Niedrigwasser. Das exzessive Verbrennen der fossilen Rohstoffe Kohle, Erdöl, Erdgas und die Industrialisierung haben uns in das Zeitalter der Menschen geführt, in das **Anthropozän**.[8]

Die Anlage von Wohnsiedlungen, Gewerbe- und Industriegebieten und ihre Folgen

Die Anlage von Wohnsiedlungen, Gewerbe- und Industriegebieten verursachte vielfältige Umweltveränderungen. Der Abbau, der Transport und die Verarbeitung großer Mengen an Rohstoffen wie Sand, Kies, Kalk und Steinen und Erdölprodukten (u. a. Asphalt) für den Bau von Gebäuden ist wie auch die anschließende Gebäudeunterhaltung energieaufwendig. Zunächst verwendete man besonders Torf und Holz zum Heizen und Kochen, danach Stein- und Braunkohle zur Strom- und Wärmeerzeugung und in den vergangenen Jahrzehnten vor allem Erdgas und Erdöl.

Regenerative Energien ermöglichen die Beendigung der fatalen gesundheits- und umweltschädigenden Verbrennung fossiler Brennstoffe. Der Übergang von der fossilen in die regenerative Wirtschaft verläuft allerdings viel zu langsam, zum Schaden aller Menschen. Solaranlagen auf allen Dächern und an südexponierten Fassaden würden zur lokalen Erzeugung regenerativer Energie beitragen. Mit ausreichenden Speicherkapazitäten könnte man winterliche „Dunkelflauten" (sonnen- und windarme Tage mit einem Mangel an regenerativer Energie und dadurch kurzzeitig sehr hohen Energiepreisen), mit smarten Technologien sommerliche „Hellbrisen" (sonnen- und windreiche Tage mit einem Überangebot an regenerativer Energie und kurzzeitig negativen Energiepreisen) überbrücken.

Die Verringerung des Kraftfahrzeugverkehrs durch die Anlage attraktiver Rad- und Fußwege sowie den Betrieb preiswerter, pünktlicher, häufig verkehrender, elektrischer Nahverkehrsmittel bis in die weitere Umgebung der städtischen Zentren würde Lärm und Emissionen reduzieren und die physische und psychische Gesundheit der Bevölkerung fördern.

Versiegelte vegetationsarme Siedlungsgebiete heizen sich im Sommer stärker auf, bilden bei Starkniederschlägen viel Oberflächenabfluss. Eine umfassende Begrünung von Straßen, Plätzen sowie Gebäudefassaden würde die nachmittäglichen Spitzentemperaturen bei sommerlichen Hochdruckwetterlagen deutlich mindern. Die Gesamtheit der Maßnahmen würde in Städten weitaus mehr Pflanzen-, Insekten- und Vogelarten einen attraktiven Lebensraum bieten, als es heute der Fall ist.

Die Kanalisierung von Flüssen und ihre Folgen

Die Begradigung und Kanalisierung des Oberrheins von → 1817 bis 1879 fixierte den davor bei Hochwasser seine Lage stark verändernden Fluss, schuf neues Ackerland und trug zur Sicherung der Staatsgrenze zwischen Frankreich und Baden bzw. dem Deutschen Reich bei. Für den Transport von Rohstoffen und Waren wurden Flüsse wie Ruhr (→ 1770er-Jahre), Main (→ 01.07.1834, 1897 bis 1962, 1959 bis 1992) und Neckar (→ 1921 bis 1935), begradigt und schiffbar gemacht. Wertvolle Flussökosysteme wurden zu Ketten riesiger läng-

---

[8] Vgl. Crutzen (2002): Geology of mankind. Sowie: Kersten (2025): Governance im Anthropozän.

licher Wannen mit angrenzenden gewaltigen Schleusen. Neben den Schleusen installierte Wasserkraftwerke gewinnen regenerative Energie. Erst in jüngerer Zeit an Schleusen angelegte Aufstiegshilfen schaffen für einige Fischarten wieder eine Verbindung zwischen den Wannen. Trotz erfolgreicher Naturschutzmaßnahmen wie der aufwendigen Renaturierung und Revitalisierung von Altarmen bleiben die Arten- und Biotopverluste durch Kanalisierungen kolossal. Diese Maßnahmen sind irreversibel. Renaturierungsmaßnahmen in Kanalumgebungen mit schwerem Gerät unter Verwendung von viel Beton sind keine Lösung.

F Plagen und Seuchen und ihre Folgen

Seit Jahrtausenden ängstigt eine biblische Plage die Menschen: **Heuschreckenschwärme** (→ 873, 1337/39, 1693, 1730er-Jahre, 1749, 1750/51). Die verheerenden Ernteausfälle entlang der Zugbahnen trafen jeweils vergleichsweise wenige Familien. Mit der Vernichtung der Lebensräume der Heuschrecken durch die Inkulturnahme der Steppen in der Ukraine und im Süden Russlands hat die Plage in Mitteleuropa bis heute ihren Schrecken verloren. Auch in kommenden Jahren und Jahrzehnten dürften keine großen Heuschreckenschwärme über Deutschland ziehen.

Krankheitserreger peinigen Menschen seit jeher. Unzureichende medizinische Fachkenntnisse verhinderten bis in das 19. Jahrhundert geeignete Maßnahmen zur Eindämmung der meisten Seuchen. Sie wurden als Gottes Strafe angesehen, einzelne Menschen („Hexen") oder Minderheiten (Menschen jüdischen Glaubens) verantwortlich gemacht, gefoltert und ermordet (→ 1337 bis 1339, 1348 bis 1351). Handel und Migration förderten die Ausbreitung bestimmter Erreger. Vom 6. bis in das 18. Jahrhundert töteten **Pestepidemien** Millionen Menschen in Mitteleuropa (→ 543, 1313, 1348 bis 1351, 1356, ab 1358 in mehreren Wellen, 1564/65, 1632/33, 1634–38, 1666/67, 1708 bis 1711, 1712/13). Dem Pestbakterium *Yersinia pestis* fiel Mitte des 14. Jahrhunderts ein Viertel bis ein Drittel der Bevölkerung zwischen Alpen und Nordsee zum Opfer. Das Massensterben veränderte die Umwelt gewaltig: Menschen fehlten für die Bewirtschaftung von Äckern und in der Viehhaltung. Zahllose Felder und Dörfer fielen wüst; neue Wälder wuchsen auf; die Energie-, Wasser- und Stoffhaushalte veränderten sich erheblich.

Typhus (→ 1570 bis 1575, 1813/14, 1901, 1946/47), **Ruhr** (→ 1570 bis 1575, 1709, 1796) und **Pocken** (→ 1570 bis 1575, 1796) suchten besonders unterernährte und kranke Menschen heim. König Max I. Joseph von Bayern verordnete → 1807 als weltweit Erster in seinem Staat **kostenlose Pockenimpfungen**. In dem vom Norddeutschen Bund unter der Führung Preußens 1870/71 gegen Frankreich geführten Krieg waren nur bayerische und württembergische Soldaten doppelt gegen Pocken geimpft. Andere Kriegsteilnehmer, Geflüchtete und Zivilisten infizierten sich dagegen häufig. Im Deutschen Reich forderte die Pockenepidemie von → 1870 bis 1873 insgesamt 181.000 Menschenleben. Trotz des starken Widerstands von Impfgegnern wurde die Pockenimpfung 1875 im Deutschen Reich für die gesamte Bevölkerung zur Pflicht und damit eine erneute Pockenepidemie verhindert.

In den Nordseemarschen und in häufiger überfluteten Talauen lebende Anophelesmücken verbreiteten bis in die Mitte des 20. Jahrhunderts das Wechselfieber – die **Malaria** –, besonders in warmen Sommern (→ 1718, 1719, 1783, 1826, 1945 bis 1950). Theodor Storm schildert in dem → 1888 erschienenen Roman „Der Schimmelreiter", wie eine Malariainfektion die Deichaufsicht schwächen und so Deichbrüche durch Sturmfluten begünstigen kann. Erst durch den Einsatz des Insektizids **DDT** verschwand Malaria in Mitteleuropa.

Von Russland wanderte im Jahr → 1831 eine **Choleraepidemie** über Kongresspolen und Ostpreußen bis in die Städte an der Elbe. Im Jahr → 1892 tötete der Choleraerreger 8605 Menschen in Hamburg und Altona. Robert Koch identifizierte den Choleraerreger und seine Ausbreitungswege. Er war entsetzt über die unhygienischen Zustände in einigen Hamburger Stadtteilen. Von ihm empfohlene Sofortmaßnahmen verhinderten höhere Opferzahlen.

Obgleich die erstmals in Kansas in den USA aufgetretene **Spanische Grippe** in den Jahren → 1918 und 1919 weltweit mehr Opfer forderte als der gesamte Erste Weltkrieg, fand sie in Deutschland nicht Eingang in das kollektive Gedächtnis. Anders könnte es sich mit der **COVID-19-Pandemie** (→ 2020 bis 2022) verhalten, die eine saturierte Wohlstandsgesellschaft weitgehend unvorbereitet traf und sehr starke, politisch verordnete Einschränkungen im Wirtschafts- und Alltagsleben mit sich brachte.

Seit dem 19. Jahrhundert gewonnene wissenschaftliche Erkenntnisse zu den Ursachen und der Ausbreitung von Seuchen sowie die Entwicklung und Nutzung wirksamer Impfstoffe haben zahlreiche früher zurecht gefürchtete, sich epidemisch oder gar pandemisch ausbreitende Krankheitserreger entscheidend zurückgedrängt.

In der heutigen hochmobilen globalisierten Gesellschaft wandern Krankheitserreger noch schneller über die Kontinente als früher. Die Tierhaltung begünstigt das Überspringen von Erregern auf Menschen. Neue Pandemien sind daher nicht unwahrscheinlich. Gerade nach der COVID-19-Pandemie ist eine umfassende staatliche und gesellschaftliche Vorbereitung auf potenzielle Seuchen eine wichtige Aufgabe.

Drogenkonsum

In Deutschland dürfen bestimmte gesundheitsgefährdende Drogen legal angebaut, verarbeitet und konsumiert werden: seit jeher Alkoholika, seit dem 17. Jahrhundert Tabakwaren sowie seit 2024 bestimmte Cannabisprodukte. Für Menschen, die Alkohol trinken, baut man in Deutschland insbesondere Reben, Hopfen und Getreide (u. a. Braugerste) an, für Menschen, die rauchen, Tabak. Im Jahr 2024 wurde Weinbau auf einer Fläche von 101.560 Hektar (0,6 Prozent der landwirtschaftlich genutzten Fläche) und Hopfenanbau auf einer Fläche von 16.820 Hektar betrieben. Tabakpflanzen wuchsen im Jahr 2020 nur noch auf einer Fläche von 1457 Hektar (1917: mehr als 30.000 Hektar; 1963: etwa 8910 Hektar). Im Jahr 2021 starben in Deutschland durch Tabakrauch etwa 99.000 und durch Alkohol etwa 47.500 Menschen.

In Deutschland forderte der Konsum der legalen Drogen Alkohol und Nikotin z. B. während der etwa vier Jahre andauernden COVID-19-Pandemie mehr als eine halbe Million Todesopfer, ein Mehrfaches aller Todesopfer der COVID-19-Pandemie vom 07.03.2020 bis zum 08.04.2024 mit insgesamt 182.981 Toten. (→ Januar 2020 bis 2024, 2025)

G Politik und Recht

Juristische Entscheidungen mit Umweltbezug und Umweltgesetze

Proteste und Klagen gegen die Etablierung von Betrieben, die die Luft stark verschmutzen, die Gesundheit der Menschen und die Vegetation schädigen könnten, waren gelegentlich erfolgreich. So erging ein Entscheid vor dem Reichskammergericht in Wetzlar gegen die Errichtung einer steinkohlebetriebenen Glashütte am Stadtrand von Bamberg (→ 1802/03). Schließlich wurde die Glashütte stadtfern gebaut. Manchmal ahndeten Gerichte die bewusste Verschmutzung von Umweltmedien wie Luft, Boden und Wasser. In Gelsenkirchen hatte die gezielte Beimischung von verunreinigtem Wasser in die Trinkwasserversorgung durch ein Wasserwerk 1901 eine Typhusepidemie ausgelöst. Drei Jahre später verurteilte ein Essener Gericht die Direktoren und einen Ingenieur des Wasserwerks. In der DDR fällte am 14. Dezember 1966 ein Schiedsgericht ein aufsehenerregendes Urteil: Der VEB Elektrochemisches Kombinat Bitterfeld und 13 weitere Betriebe mussten Entschädigungen in Höhe von 1.515.527 Mark für Waldschäden an den Staatlichen Forstwirtschaftsbetrieb Dübener Heide zahlen.

Seit den 1970er-Jahren schützen zahlreiche Gesetze die Bevölkerung der Bundesrepublik besser vor gesundheitlichen Gefahren und die Umwelt vor Belastungen. Exemplarisch zu nennen sind das Gesetz zum Schutz gegen Fluglärm (1971), das Bundes-Immissionsschutzgesetz (1974), die Großfeuerungsanlagenverordnung (01.07.1983) sowie nach der deutschen Vereinigung das Umweltinformationsgesetz (→ 16.07.1994), das Bundesbodenschutzgesetz (→ 01.03.1999), das Gesetz zum Einstieg in die ökologische Steuerreform (→ 01.04.1999), das Erneuerbare-Energien-Gesetz (→ 01.04.2000), das Kohleausstiegsgesetz (→ 03.07.2020), das Gebäudeenergiegesetz (→ 01.11.2020, 08.09.2023) und Ergänzungen des Grundgesetzes der Bundesrepublik Deutschland um den Umweltschutz (→ 27.10.1994) und den Tierschutz (→ 01.08.2002).

Naturschutzpolitik und -gesetze

Ästhetische Wahrnehmungen leiteten den frühen Naturschutz ein, etwa die Enteignung des Drachenfels im Siebengebirge am → 03.12.1830 und dessen spätere Unterschutzstellung durch den preußischen Staat. Nach gescheiterten Bemühungen in der Kaiserzeit und in der Weimarer Republik um eine gesetzliche Regelung bedurfte es einer Diktatur, um ein erstes, überhastet formuliertes und daher fehlerbehaftetes Reichsnaturschutzgesetz am → 02.07.1935 zu verabschieden und bald darauf mehrfach zu novellieren. Die Volkskammer der DDR verabschiedete am 4. August 1954 das Gesetz zur Erhaltung und Pflege der heimatlichen Natur. Es ersetzte das Reichsnaturschutzgesetz. Das erste Naturschutzgesetz der BRD trat am 20. Dezember 1976 in Kraft und wurde mehrfach novelliert. Seit der Herstellung der deutschen Einheit gilt es im vereinigten Deutschland.

Im Dezember 2022 nehmen die 9006 deutschen Naturschutzgebiete (NSG) einschließlich der Meeresschutzgebiete in der Ausschließlichen Wirtschaftszone in Nord- und Ostsee und der 12-Seemeilen-Zone in Nord- und Ostsee sowie im Bodensee eine Fläche von

2.713.980 Hektar oder 6,5 Prozent der Gesamtfläche Deutschlands ein. Alleine die NSG in der Ausschließlichen Wirtschaftszone in der Deutschen Bucht und der Pommerschen Bucht besitzen eine Fläche von rund einer Million Hektar. Die terrestrischen NSG umfassen 1.466.143 Hektar oder 4,1 Prozent der Landfläche Deutschlands. 58 Prozent der NSG besitzen Flächen unter 50 Hektar – besonders der Einsatz von Pestiziden, intensiver Düngung, Entwässerungsanlagen und Verkehrsemissionen in der unmittelbaren Umgebung können das Leben in diesen kleinen NSG stark beeinträchtigen.[9]

Im Januar 2022 gibt es in Deutschland 16 Nationalparke mit einer Fläche von insgesamt 1.050.442 Hektar. Davon liegen nur 208.238 Hektar im Binnenland. Nationalparke erfordern eine ungestörte natürliche Entwicklung, die in den geschützten ehemaligen Kulturlandschaften nicht einfach zu gewährleisten ist (→ 07.10.1970, 24.12.1971, 13.11.2007).

Naturschutz lediglich auf zumeist abgelegenen, kaum anderweitig nutzbaren Flächen zu betreiben, ist nicht zielführend. Langfristig erforderlich ist ein flächendeckender Natur- und zugleich Umweltschutz im gesamten Land und in der gesamten Europäischen Union. Flächendeckender Natur- und Umweltschutz ist nicht nur essenziell für funktionierende Lebensräume, sondern ebenso für die Gesundheit der Menschen, für eine naturgerechte und nachhaltige Entwicklung von Gesellschaft und Umwelt.[10]

H Wissenstransfer

Bedeutende Anstöße für gesellschaftliche, ökonomische und technische Entwicklungen mit Umweltwirkungen in deutschen Territorien und seit 1871 im Deutschen Reich kamen in der Vergangenheit oftmals aus Nachbarstaaten:

- Entwicklungen seit dem 17. Jahrhundert in **Frankreich**, wie
  - die Gründung von Akademien und gelehrten Gesellschaften,
  - die Aufklärung, die das absolutistische Herrschaftssystem ablehnt, Frauen und Männern gleiche Menschen- und Bürgerrechte einräumt,
  - die Demokratieentwicklung durch die Französische Revolution,
  - liberale Rechtsordnungen (u. a. Code civil) durch Napoleon Bonaparte,
  - bedeutende medizinische und andere wissenschaftliche Innovationen.
- Entwicklungen seit dem späten 18. Jahrhundert in **Großbritannien**, wie
  - die moderne Landwirtschaft, die eine Überschussproduktion von Lebensmitteln ermöglicht,
  - die moderne Landschafts- und Parkgestaltung,
  - die vom massiven Mangel an Holz initiierte oder begünstigte

---

[9] https://www.bfn.de/naturschutzgebiete (letzter Zugriff: 04.07.2025).

[10] https://www.bfn.de/nationalparke (letzter Zugriff: 04.07.2025).

- Herstellung von Koks aus Steinkohle als Holzkohleersatz und die Produktion von Stahl,
- Erfindung der Dampfmaschine, um Grubenwasser aus Erzbergwerken heben und damit den Erzabbau in größerer Tiefe durchführen zu können; aber auch als Dampflokomotiven und Dampfschiffe zum Transport von Gütern,
- Entwicklung von Spinnmaschinen mit Tausenden Spindeln, die von Dampfmaschinen bewegt werden, zur effektiven Bearbeitung großer Mengen von indischer Baumwolle,
- die aus der Industrialisierung resultierende Landflucht und Urbanisierung, die eine Beseitigung wertvoller Habitate für den Bau von Industrieanlagen und Wohnsiedlungen, Straßen und Bahnlinien bedingt,
- die zunächst katastrophalen hygienischen und sozialen Lebensbedingungen der Arbeiterschicht, die Cholera- und Typhusausbrüche begünstigen,
- danach die Einrichtung von Gesundheitsbehörden, Stadtentwässerung, Trinkwasserversorgung, Nahverkehrssystemen, Stadtreinigung usw.[11]
- Entwicklungen seit dem späten 19. Jahrhundert in den **USA**, wie
  - das elektrische Licht und der Elektromotor, das Telefon, die Erdölindustrie, der Motorflug,
  - die hochproduktive Wirtschaft, sichtbar am Einsatz von Fließbändern zur Massenproduktion von Kraftfahrzeugen in den Werken von Henry Ford,
  - die Mechanisierung der Landwirtschaft,
  - die Produktion von Kunststoffen,
  - die moderne Massenkonsumgesellschaft,
  - jüngst die Digitalisierung.

Die Adaption insbesondere französischer, englischer und US-amerikanischer Innovationen regten in Deutschland Wissenschaft und Forschung an. Nach der Ausrufung des Deutschen Reiches am 18. Januar 1871 bis zum Beginn des Ersten Weltkrieges wurden zahlreiche moderne Forschungseinrichtungen eingerichtet. Am 11. Januar 1911 konstituierte sich die Kaiser-Wilhelm-Gesellschaft, die heutige Max-Planck-Gesellschaft. Chemische Industrieunternehmen erreichten Weltgeltung. Motoren und Kraftfahrzeuge wurden erfunden. Das Haber-Bosch-Verfahren revolutionierte die Düngung, gestattete eine wesentliche Erhöhung der Ernteerträge und damit der Nahrungsmittelproduktion. Nach 1945 kamen entscheidende Impulse für die Demokratisierung, für eine westlich orientierte Industrie- und Konsumgesellschaft und für eine weitgehend freie Medien- und Kulturlandschaft aus den USA nach Westdeutschland.

Forschung
Manche Produktentwicklungen führen zu Belastungen von Menschen und ihrer Umwelt, etwa durch den Ausstoß von Schwermetallen wie Blei in die Atmosphäre ($\rightarrow$ 08.08.1971, 21.02. bis 06.06.1972, 1973/75, 07.11.1983), schadstoffbelastete Abwässer ($\rightarrow$ 24.07.1788,

---

[11] Vgl. https://www.erih.de/wie-alles-begann/industriegeschichte-europaeischer-laender/vereinigteskoenigreich (letzter Zugriff: 04.07.2025).

Juni 1985), die Ausbringung von Pestiziden (→ 20.03.2024) oder Kunststoffprodukte (→ November 2002, 2018, Januar 2018, 03.02.2025). Die Massenproduktion von Erfindungen z. B. in der Kraftfahrzeugindustrie wirken über den Lärm (→ 01.11.1908, 1910, 1962 bis 1987, 30.03.1971, 31.10.2007, 01.09.2017) und die Schadstoffemissionen belastend für Menschen und ihre Umwelt. Pharmazeutische und technische Forschungsunternehmen haben zahlreiche Produkte zum Schutz von Menschen entwickelt. Zuvorderst sind Medikamente (besonders Impfstoffe) und medizinisch-technische Geräte zu nennen, die z. B. bei Operationen zum Einsatz kommen. Gelangen Medikamente über die Ausscheidung oder die Entsorgung in die Umwelt, können sie Böden und Gewässer belasten (→ 1991).

Die Umsetzung fundierter Ergebnisse der Klima-, Umwelt- und Naturschutzforschung seit den 1960er-Jahren durch die jeweiligen Bundesregierungen, Landesregierungen und die nachgeordneten Behörden ist – wider besseres Wissen – bis heute ungenügend. Verheerende Beispiele sind der vollkommen unzureichende Boden-, Klima-, Arten- und Lebensraumschutz.

Zwischenfazit

Lokale oder regionale Daten nehmen in diesem Buch breiten Raum ein. Sie dokumentieren beispielhaft die ungeheure Vielfalt der Ursachen und Wirkungen von Wetter-, Klima-, Natur- und Umweltereignissen.

Nur wenige natürliche oder menschengemachte Ereignisse haben in der Vergangenheit massive großräumige Veränderungen von Gesellschaft und Umwelt bewirkt. Dazu zählen die Spätantike Kleine Eiszeit, die Kaltphasen der Spätmittelalterlich-frühneuzeitlichen Kleinen Eiszeit, der Dreißigjährige Krieg, der Erste Weltkrieg (vorwiegend außerhalb des Deutschen Reiches) und der Zweite Weltkrieg. Sie lösten Massensterben und Migrationen aus, förderten die Ausbreitung von Seuchen, veränderten Atmosphäre, Gewässer, Böden, Gesteine und den Lebensraum von Pflanzen und Tieren.

Medizinisch-technische Entwicklungen haben die Lebensbedingungen in Deutschland wesentlich verbessert. So stieg die Lebenserwartung bei Geburt von 46,5 Jahren im Zeitraum von 1901 bis 1910 auf 80,6 Jahre im Zeitraum von 2021 bis 2023.[12] Die Bevölkerungszahl Deutschlands erhöhte sich von etwa 54,3 Mio. Menschen im Jahr 1900 auf knapp 83,6 Mio. Menschen im Jahr 2024.

Die exzessive Nutzung von Kohle, Erdöl und Erdgas belastet die Menschen und ihre Umwelt seit der Mitte des 19. Jahrhunderts stark. Der durchschnittliche klimatische und ökologische Fußabdruck eines in Deutschland lebenden Menschen wuchs erheblich durch die Produktion und Nutzung von Haushaltsgeräten, Kraftfahrzeugen, Flugzeugen, die Anlage von Verkehrswegen, die Stickstoffsynthese und damit die Nahrungsmittelproduktion oder den Bau und die Nutzung von Computern.

---

[12] https://www.destatis.de/DE/Themen/Gesellschaft-Umwelt/Bevoelkerung/Sterbefaelle-Lebenserwartung/sterbetafel.html (letzter Zugriff: 04.07.2025).

Der interkontinentale Artentausch wandelt die Ökosysteme Deutschlands seit dem Neolithikum, verstärkt seit dem Beginn des Kolonialismus im 15. Jahrhundert und besonders intensiv durch die globale Mobilität seit dem Zweiten Weltkrieg. Computerhardware und -software erzeugen im 21. Jahrhundert mit dem nahezu unkontrollierten digitalen Raum ganz erhebliche gesundheitliche, Natur-, Umwelt- und Klimabelastungen; der Ressourcen- und der Energieverbrauch sind enorm. Digitale und soziale Medien, jüngst besonders der Einsatz künstlicher Intelligenz, verändern die Gesellschaft in nahezu allen Bereichen drastisch.

J Synthese und Ausblick

Viele Menschen haben Verständnis für die begonnene Energiewende, für den Naturschutz, für verbindliche Schritte gegen den menschengemachten Klimawandel. Jedoch besitzt die Liebe für Natur und die Einsicht, dass Klimaschutz-, Naturschutz- und Umweltschutzmaßnahmen dringend sind, oftmals eine klare Grenze: **„Not in my backyard"** – nicht in meinem Hinterhof, nicht vor meiner Haustür. Häufig möchten dieselben Menschen um ihre Wohn-, Arbeits- und Freizeitorte

- keine Windenergieanlagen,
- keine großen Solarfelder,
- keine Strom-, Erdöl- oder Erdgasleitungen,
- keine Steinbrüche, Kies-, Sand- oder Tongruben,
- keine Kernkraftwerke, Braunkohlekraftwerke, Steinkohlekraftwerke oder Gaskraftwerke,
- keine Mobilfunkanlagen und Sendemasten,
- keine Siedlungsabfall- oder gar Sondermülldeponien,
- keine Müllverbrennungsanlagen,
- keine Endlager für schwach, mittel- oder hochradioaktive Abfälle,
- keine neuen Straßen,
- keine neuen Bahnstrecken,
- keine Erweiterungen von Flughäfen,
- keine Industrieanlagen, auch keine LNG-Terminals für Flüssiggas,
- keine größeren Gewerbegebiete,
- keine Gebäude für Geflüchtete,
- keine Sportanlagen, ja gelegentlich sogar
- keine Kindergärten, Schulen oder Spielplätze.

So seien Windenergieanlagen deutlich hörbar (rhythmische Schallemissionen) und hässlich (Landschaftsverschandelung). Im Wald errichtete Windkraftanlagen erforderten inakzeptable Rodungen (lokal negative CO_2-Bilanz), würfen bewegliche Schatten (Beeinträchtigung der Lebensqualität) und erschlügen Vögel (Förderung des Artenschwunds). Solarfelder benötigten viel fruchtbares Acker- oder Dauergrünland und seien umweltbelastend. Der Rohstoffabbau und die Verbringung von Abfall zu Deponien würde (zu) viel lauten

Abb. 12.1 Protest gegen den früher geplanten Nationalpark Ostsee an einem Fischkutter im Hafen von Strande bei Kiel. (Foto: H.-R Bork, 26.02.2025)

Schwerlastverkehr verursachen, das Verbrennen fossiler Energieträger durch Kraftwerke unerwünschte Emissionen. Neue Bahnstrecken, Straßen und Landebahnen würden ebenfalls Lärm und Emissionen erzeugen und wertvolle Ökosysteme zerstören. Ein Endlager möchte vermutlich niemand vor seiner Haustür. Sobald ein Bauprojekt in Planung ist, regt sich Widerstand.

Selbst gegen Nationalparkpläne in der weiteren Wohnumgebung gibt es oft erbitterten Widerstand. Initiativen zur Einrichtung u. a. der folgenden Nationalparke scheiterten (zumindest vorerst): Ostsee (Abb. 12.1), Rhön, Spessart, Teutoburger Wald, Reichswald bei Kleve, Hürtgenwald bei Düren, Rothaarkamm, Arnsberger Wald, Ebbegebirge, Eggegebirge, Siebengebirge. Die Ablehnung wird zumeist mit wirtschaftlichen Nachteilen (hauptsächlich für die Forstwirtschaft) begründet. So bleibt es z. B. im Land Nordrhein-Westfalen bei nur einem kleinen Nationalpark und im Freistaat Bayern, dem größten Land der Bundesrepublik Deutschland, bei nur zwei kleinen Nationalparken. Menschen votieren offenbar häufig gegen eine Verbesserung der eigenen Gesundheit, gegen eine höhere Artenvielfalt und gegen eine höhere ökologische Stabilität von Landschaften. Wünschenswert sind intensive, offene Diskurse in der Planungsphase von Schutzgebieten, die keine Polemiken und Fake News einbeziehen, sondern auf Fachinformationen beruhen.

Notwendig ist die Einführung einer neuen Kategorie von Großschutzgebieten, die auf dem Konzept der Biosphärenreservate (nachhaltig bewirtschafteten Zukunftsräumen) fußt, verstärkt größere, vernetzte Totalreservate und gezielt Mischwaldinseln zur nachhaltigen Holzproduktion integriert und dauerhaft ausreichend mit Finanzmitteln ausgestattet wird.

Kaum Beschwerden gibt es über

- den Lärm, die Emissionen und den Flächenbedarf des eigenen Autos,
- Umweltbelastungen durch die Herstellung und Entsorgung des eigenen Autos,
- Umweltbelastungen durch die Gewinnung und den Transport von Erdöl sowie dessen Verarbeitung zu Kraftstoffen und deren schadstoffreiche Verbrennung durch das eigene Auto,
- die Emissionen der Öl- oder Gasheizung zu Hause,

- die Umweltbelastungen durch die Gewinnung, den Transport und die Verarbeitung des Erdöls oder des Erdgases für die Heizung zu Hause,
- Feinstaub erzeugende eigene Kaminöfen, Pelletheizungen, Autoreifen oder Bremsbeläge,
- die Ausbringung von Pestiziden auf wohnortnahen Äckern und Gärten,
- die nicht artgerechte Haltung von Haustieren, die dem eigenen Verzehr dienen,
- die Belastungen von Haustieren für den eigenen Verzehr mit Schadstoffen,
- die anhaltende Überdüngung der Böden und damit oft der Oberflächengewässer,
- millionenfach arglos weggeworfene Zigarettenkippen, die gefährliche Chemiecocktails enthalten,

Abb. 12.2 Kunststoff in der Landschaft 1: Die Folienhüllen dienen der Konservierung von Heu und Stroh in den Hüttener Bergen nördlich von Rendsburg; bei der Entnahme des verpackten Gutes gelangen manchmal Plastikfetzen in die Landschaft. (Foto: H. Bork, 14.06.2020)

Abb. 12.3 Kunststoff in der Landschaft 2: Die großflächige Abdeckung von Erdbeerpflanzen mit Kunststofffolie bei Warleberg westlich von Kiel ermöglicht eine frühere Ernte; beim Einrollen der Folien verbleiben gelegentlich Plastikfetzen auf dem Feld, die fortgeweht oder beim nächsten Pflügen in den Boden eingearbeitet werden. (Foto: H.-R. Bork, 02.03.2021)

- die Belastung z. B. der Straßenränder in Ortschaften sowie außerorts der Straßen begleitenden Entwässerungsgräben mit Müll,
- Zwischenlager für radioaktiven Abfall an wohnortnahen ehemaligen Kernkraftwerksstandorten,
- Plastik in der Landschaft, darunter
  - Plastikplanen um Heu- und Strohballen (Abb. 12.2),
  - Plastikfolie über Erdbeer- und Spargelfeldern (Abb. 12.3),
  - Plastikröhren um neu gepflanzte Weinstöcke als Schutz vor Verbiss (Abb. 12.4),
  - Plastikplanen als Wetterschutz auf Holzstapeln im Wald (Abb. 12.5) – oft bleiben bei den genannten Verwendungen Plastikfetzen in der Landschaft –,
- winzige Plastikfragmente in Gewässern, am Strand (Abb. 12.6), in Menschen und Tieren.

Abb. 12.4 Kunststoff in der Landschaft 3: Plastikröhren schützen neu gepflanzte Weinstöcke vor Verbiss bei Bad Neuenahr-Ahrweiler; Fragmente der Kunststoffröhren verbeiben bisweilen auf dem Weinberg; sie zersetzen sich nicht. (Foto: H. Bork, 23.11.2021)

Abb. 12.5 Kunststoff in der Landschaft 4: Spröde Reste der Plastikabdeckung eines Holzstapels sind im Wald bei Odenheim im Kraichgau verblieben. (Foto: H.-R. Bork, 21.07.2020)

Abb. 12.6 Kunststoff in der Landschaft 5: Angespülter Kunststoffmüll auf dem Kniepsand vor Amrum. (Foto: H. Bork, 20.03.2025)

Viele Menschen möchten

- mit dem eigenen, mit Diesel oder Benzin angetriebenen Auto zur Arbeit, zum Einkaufen und in den Urlaub fahren, obgleich sie dann zusammengenommen
  - weitaus mehr Vögel und Insekten töten als Windenergieanlagen ($\rightarrow$ 2017) und
  - beständig in großem Umfang Wertstoffe wie verarbeitetes Erdöl verbrennen und damit ihre eigene Gesundheit und die zahlreicher Tiere und Pflanzen schädigen,
- Flugreisen unternehmen, obwohl sie dann vermehrt
  - in den Einflugschneisen erheblichen Lärm erzeugen,
  - in großem Umfang Schadstoffe emittieren und
  - Ressourcen verschwenden.

Verpönt im eigenen Garten sind bei vielen Menschen Maulwürfe, Nacktschnecken, Wespennester, viele Ameisen und Hornissen, sowie Giersch, Quecke, Löwenzahn, Brennnessel, Spitzwegerich oder Ackerwinde. Beliebt sind bei manchen Menschen pflegeleichte Kiesflächen, ausgedehnte gepflasterte Flächen, Thujahecken oder Lorbeerkirschen (bekannter als Kirschlorbeer).

Die Listen lassen sich fast beliebig fortsetzen.

Aus den Augen, aus dem Sinn…

In den vergangenen Jahrzehnten hat eine massive räumliche Verlagerung (Externalisierung) der von uns erzeugten sozialen, ökonomischen und ökologischen Belastungen stattgefunden. Wir leben immer mehr auf Kosten von Menschen, die weit entfernt von uns für uns arbeiten. In Deutschland genutzte Rohstoffe und Produkte kommen immer häufiger aus

Asien, Afrika und Lateinamerika. Dort verursachen Abbau, Verarbeitung und Transport oft erhebliche soziale und gesundheitliche Belastungen für die Menschen und Umweltschäden. Sie bleiben für uns in Deutschland weitgehend unsichtbar.[13]

Wissenschaftliche Erkenntnisse versus „alternative Fakten"

Bevorstehende oder auch nur angedachte Veränderungen „bewährter" Alltagsroutinen verunsichern, ja verängstigen viele Menschen. Sie befürchten Einschränkungen persönlicher Freiheiten und Wohlstandsverluste. **Die meisten möchten gerne alles so belassen, wie es heute ist. Gleichzeitig nutzen sie zum Heizen, Kochen, Arbeiten, Fahren und Fliegen zumeist unbewusst zu viel Erdöl, Erdgas oder Kohle. Gerade dadurch erzeugen sie die unerwünschten Veränderungen ihrer Umwelt, des Klimas und ihrer Lebensqualität.**

Wer wissenschaftlich anerkannte Zusammenhänge nicht wahrhaben möchte, versucht sie zu verdrängen oder zu leugnen. So werden heute „alternative Fakten" und „Fake News", also falsche Behauptungen und gefälschte Nachrichten, immer häufiger unverhohlen als glaubwürdig dargeboten. Desinformationen durchdringen nicht erst seit der COVID-19-Pandemie die Gesellschaft. Das Vermischen von Falschaussagen und Fakten, das Relativieren oder Verdrehen bekannter Tatsachen sind weitere Elemente dieser fatalen Entwicklung. In erschreckender Weise sichtbar werden Unwahrheiten, Verschwörungsmythen, Angstmacherei, Häme, ja Hetze und Hass Tag für Tag in den sozialen Medien, zunehmend beeinflusst und multipliziert von Routinen der künstlichen Intelligenz.

Davon stark betroffen ist seit Jahren die Deutung des menschengemachten Klimawandels, der seit Jahrzehnten fundiert nachgewiesen ist. Manche behaupten, im Hochmittelalter sei es ähnlich warm gewesen wie heute. Wetterextreme wie ungewöhnlich warme oder trockene Jahre hätte es schon immer gegeben. Diese Aussagen sind grundsätzlich richtig. Vergleicht man den Verlauf einzelner Wetterereignisse früher und heute, so gibt es fraglos große Ähnlichkeiten. Denn die grundlegenden physikalischen Prozesse in der Atmosphäre und ihre Verknüpfungen mit Vorgängen an der Landoberfläche und im Meer haben sich nicht verändert. Die heutigen Variationen des Wetters und die Erderwärmung seien vollkommen normal und lediglich auf natürliche Prozesse zurückzuführen, nicht auf Einflüsse und Eingriffe von Menschen, ist eine weitere Behauptung. Sie ist wissenschaftlich widerlegt. Das Verbrennen unvorstellbar großer Mengen fossiler Brennstoffe ist neben der großräumigen und massiven Intensivierung der Landnutzung die Hauptursache der weiter voranschreitenden Erwärmung der Erdatmosphäre, der Landoberflächen und der Meere.[14]

Mit der drastischen menschengemachten Erderwärmung ändern sich offenbar auch die Häufigkeit, die Intensität und die Dauer bestimmter Wetterlagen. Das Mittelmeer ist heute im Sommer mitunter deutlich wärmer als in vorausgegangenen Jahrzehnten. Dann bringen besonders wasserreiche und warme, von der Adria um die Alpen ziehende Luftmassen öfter

---

[13] Vgl. Kersten (2025): Governance im Anthropozän.

[14] Rahmsdorf und Schellnhuber (2019): Der Klimawandel. S. 79 ff.

außergewöhnlich lang anhaltende Starkniederschläge nach Mitteleuropa. Die Vulnerabilität der Küstenräume nimmt ebenfalls zu: Mit steigendem Meeresspiegel laufen bei gleichen Windgeschwindigkeiten von Orkanen Sturmfluten immer höher auf. Gewachsen sind desgleichen die negativen ökonomischen Auswirkungen extremen Wetters, auch infolge der im Vergleich zur ersten Hälfte des 20. Jahrhunderts stark veränderten Landnutzung und der hohen ökonomischen Werte, die sich heute in unmittelbarer Nachbarschaft zu stark eingeengten Flüssen und an den Küsten befinden. Im Hochgebirge taut der Permafrost; vermehrte Bergstürze sind eine Folge.

Menschen und ihr Handeln sind natürlich und ein Teil der Natur

Homo sapiens sapiens ist die einzige Art in der gesamten Erdgeschichte, die

- die globalen Energie-, Wasser- und Stoffkreisläufe, das Klima und die Böden wesentlich verändert,
- die Lebensräume auf allen Kontinenten und in allen Meeren erheblich überformt,
- Pflanzen- und Tierarten, Krankheitserreger, riesige Mengen an fossilen Rohstoffen (u. a. Metallerze, Steinkohle, Erdöl, Erdgas, Seltene Erden) und Nahrungsmitteln von Kontinent zu Kontinent gebracht,
- neue Arten gezüchtet,
- die Populationen vieler Arten stark reduziert und nicht wenige ausrottet hat.[15]

Menschen unterliegen beständig natürlichen Prozessen und Strukturen. Sie besitzen trotz ihrer Wirkungen auf die Umwelt keine Sonderstellung in der Natur; ihre Kulturen, Gesellschaften und Technologien sind Subsysteme der Natur.

Bestrebungen von Menschen und Gesellschaften, die sie umgebende Natur zu beherrschen, sind gescheitert, wie die frühen Landnahmen oder die Industrialisierung, die auf der Lebensraum zerstörenden Förderung und rücksichtslosen Nutzung fossiler Brennstoffe beruht. Bestrebungen, sich die Natur untertan zu machen, misslangen mal schnell, mal so langsam, dass viele Menschen die Folgen gar nicht wahrnehmen konnten oder wollten, wie den verheerenden aktuellen menschengemachten Klimawandel oder den auch für die Menschheit dramatischen Lebensraum- und Artenschwund.[16]

Wie können wir eine natur- und menschengerechte Zukunft erreichen?

Hat sich bei einem Menschen Angst vor einer ungewissen, unsicheren, womöglich schlechteren Zukunft entwickelt, ist ein Entrinnen aus dieser misslichen Lage ohne Hilfe kaum möglich. Ereignisse wie die COVID-19-Pandemie, das Schwächeln einiger jahrzehntelang

---

[15] Radkau (2011): Die Ära der Ökologie: Eine Weltgeschichte.

[16] Thürigen und Suchy (2024): I. Beherrschung. S. 33. Glaubrecht (2025): Das stille Leben der Natur: Wie wir die Artenvielfalt und uns selbst retten. Simonis (Hrsg.; 2014): Vordenker und Vorreiter der Ökobewegung.

stabiler Demokratien in Europa und in den USA, die zunehmende Macht von Autokraten sowie nahe und ferne Kriege geben keinen Anlass für Zuversicht. Pandemien, Autokraten und Kriege gibt es seit Jahrtausenden. Die Gefährdung von Demokratien durch die explodierende Macht gesteuerter sozialer Medien und der sich beständig verbessernden Routinen der künstlichen Intelligenz ist neu. Wir besitzen keine bewährten Routinen, um nur ihre Vorteile nutzen und die Gefahren ausreichend abwehren zu können. Eine Lösung dieses Kernproblems ist nicht absehbar.

Wie entrinnen wir zunächst einmal individuell diesem Strudel an belastenden Gedanken zu den gesellschaftlichen Fehlentwicklungen in der aktuellen Polykrise? Wie gelangen wir zu einer tragfähigen Zuversicht und zu Selbstvertrauen? Wie können wir die eigenen Möglichkeiten, die eigene Kraft nutzen und den eigenen Willen stärken, um die Gegenwart und eine positive Zukunft aktiver mitzugestalten – statt scheinbar verlorene Individuen in der riesigen globalen Gesellschaft zu sein? Wie gelingt es uns, unser Wissen sinnvoll einzusetzen sowie lokal oder gar regional, national und EU-weit wirkmächtig zu werden?

Blicken wir zunächst auf die gesetzlichen Rahmenbedingungen in der Bundesrepublik Deutschland.

Das Grundgesetz als Basis

Richtschnur, Anstoß und Perspektive für eine naturgerechte und nachhaltige Gesellschaftsentwicklung ist ein wunderbares, wenn auch aufgrund juristischer Formulierungen etwas trockenes und nicht durchgängig leicht lesbares Gesetzeswerk, die westdeutsche Verfassung von 1949 und gesamtdeutsche Verfassung von 1990. Das Grundgesetz der Bundesrepublik Deutschland ist das mit Abstand bedeutendste Werk, das je in deutscher Sprache, für unsere Gesellschaft und für jeden in unserem Land lebenden Menschen geschaffen wurde. Es garantiert großartige Freiheiten und bedeutende Pflichten, wie der folgende Auszug belegt:

Artikel 1, Absatz 1 GG: „Die Würde des Menschen ist unantastbar. Sie zu achten und zu schützen ist Verpflichtung aller staatlichen Gewalt."

Artikel 2, Absatz 1 GG: „Jeder hat das Recht auf die freie Entfaltung seiner Persönlichkeit, soweit er nicht die Rechte anderer verletzt und nicht gegen die verfassungsmäßige Ordnung oder das Sittengesetz verstößt."

Artikel 2, Absatz 2 GG: „Das Deutsche Volk bekennt sich darum zu unverletzlichen und unveräußerlichen Menschenrechten als Grundlage jeder menschlichen Gemeinschaft, des Friedens und der Gerechtigkeit in der Welt."

Artikel 2, Absatz 2 GG: „Jeder hat das Recht auf Leben und körperliche Unversehrtheit. Die Freiheit der Person ist unverletzlich. In diese Rechte darf nur auf Grund eines Gesetzes eingegriffen werden."

Artikel 3, Absatz 1 GG: „Alle Menschen sind vor dem Gesetz gleich."

Artikel 3, Absatz 2 GG: „Männer und Frauen sind gleichberechtigt. Der Staat fördert die tatsächliche Durchsetzung der Gleichberechtigung von Frauen und Männern und wirkt auf die Beseitigung bestehender Nachteile hin."

Artikel 5, Absatz 3 GG: „Kunst und Wissenschaft, Forschung und Lehre sind frei. Die Freiheit der Lehre entbindet nicht von der Treue zur Verfassung."

Artikel 14, Absatz 2 GG: „Eigentum verpflichtet. Sein Gebrauch soll zugleich dem Wohle der Allgemeinheit dienen."

Artikel 20, Absatz 1 GG: „Die Bundesrepublik Deutschland ist ein demokratischer und sozialer Bundesstaat."

Artikel 20, Absatz 3 GG: „Die Gesetzgebung ist an die verfassungsmäßige Ordnung, die vollziehende Gewalt und die Rechtsprechung sind an Gesetz und Recht gebunden."

Artikel 20, Absatz 4 GG: „Gegen jeden, der es unternimmt, diese Ordnung zu beseitigen, haben alle Deutschen das Recht zum Widerstand, wenn andere Abhilfe nicht möglich ist."

Artikel 20a: „Der Staat schützt auch in Verantwortung für die künftigen Generationen die natürlichen Lebensgrundlagen und die Tiere im Rahmen der verfassungsmäßigen Ordnung durch die Gesetzgebung und nach Maßgabe von Gesetz und Recht durch die vollziehende Gewalt und die Rechtsprechung."

Artikel 33, Absatz 2 GG: „Jeder Deutsche hat nach seiner Eignung, Befähigung und fachlichen Leistung gleichen Zugang zu jedem öffentlichen Amte."

Artikel 143h, Absatz 1 GG: „Der Bund kann ein Sondervermögen mit eigener Kreditermächtigung für zusätzliche Investitionen in die Infrastruktur und für zusätzliche Investitionen zur Erreichung der Klimaneutralität bis zum Jahr 2045 mit einem Volumen von bis zu 500 Milliarden Euro entrichten. […] Investitionen aus dem Sondervermögen können innerhalb einer Laufzeit von zwölf Jahren bewilligt werden. Zuführungen aus dem Sondervermögen in den Klima- und Transformationsfonds werden in Höhe von 100 Milliarden Euro vorgenommen. […]"[17]

Lediglich der jüngst aufgenommene Artikel 143h erwähnt das Klima; er bestimmt Investitionen zum Erreichen der Klimaneutralität – genauer: der Netto-Treibhausgasneutralität – in Deutschland bis zum Jahr 2045. Dieses Ziel ist ambitioniert und aus heutiger Sicht unter dauerhaft großen politischen, sozialen, ökonomischen, technischen und ökologischen Anstrengungen erreichbar. Das Ausmaß des Klimawandels und die internationalen politischen, militärischen, sozialen, ökonomischen und ökologischen Entwicklungen in den

---

[17] https://www.bundestag.de/parlament/aufgaben/rechtsgrundlagen/grundgesetz/gg-245216 (letzter Zugriff: 04.07.2025).

kommenden zwanzig Jahren werden zeigen, ob Klimaneutralität wie geplant in Deutschland bis 2045 und in der Europäischen Union bis 2050 erreichbar ist, oder ob sich dieses wichtige Ziel zum großen Nachteil für die Gesundheit der Menschen und der restlichen Lebewelt erst noch später verwirklichen lässt.

Ökologische und Tiere schützende Belange finden im Grundgesetz über den Schutz natürlicher Lebensgrundlagen und der Tiere in Artikel 20a Berücksichtigung. Die Formulierung ist sehr allgemein und unverbindlich.

Das Grundgesetz ordnet an, Belastungen der Gesundheit von Menschen durch Dritte und Schädigungen der Umwelt durch Gesetze und Verordnungen zu verhindern. Zudem verpflichtet Artikel 20a zu einem langfristigen Schutz unserer Umwelt und der Tiere und somit indirekt auch des Klimas. Somit besteht für jede Bundesregierung und jede Landesregierung die Verpflichtung, unsere Gesellschaft im Einklang mit der Natur in die Zukunft zu führen.

Viele staatliche Institutionen der Bundesrepublik Deutschland agieren jedoch nachsorgend statt vorsorgend. Sie sind zu ineffektiv, teuer und visionsarm. Sie ergreifen erforderliche Maßnahmen oft viel zu spät oder gar nicht. Damit verletzen sie die im Grundgesetz festgelegten Grundrechte von Menschen und Tieren.

Diese Misere muss schnellstmöglich mit dauerhaft gut wirkenden Maßnahmen durch effiziente und transparente **Good Governance**[18] beendet werden, zumal

- der sich gerade nochmals beschleunigende globale anthropogene Klimawandel,
- die extreme Lebensraumzerschneidung und der große Lebensraumverlust,
- der dramatische Artenschwund,
- die erhebliche Gefährdung der öffentlichen Gesundheit (u. a. durch Überkonsum, falsche Ernährung, Drogen und andere gesundheitsgefährdende Stoffe, Lärm, soziale Medien und künstliche Intelligenz) sowie
- die verheerende Müllproduktion und -verteilung über die Erde und die Meere

einen ungeheuren Handlungsdruck verursachen.

Es gilt,

- in Städten
    - die ausgedehnten Beton- und Asphaltflächen sowie die kanalisierten oder verrohrten Vorfluter zu entsiegeln und zu renaturieren,
    - Straßen, Plätze, Dächer und Fassaden zu begrünen (beispielgebend ist derzeit Paris),
    - Lärm und Flächenverbrauch durch Kraftfahrzeuge zu minimieren (durch die weitgehende Beendigung des motorisierten Individualverkehrs),
    - Niederschlags- und Abwasser zu speichern und zu nutzen (Schwammstadtkonzept),
    - ausgedehnte und vernetzte gesunde Erholungs- und Naturräume zu schaffen,

---

[18] „Good Governance ist transparent, effektiv und legt Rechenschaft ab. Sie beteiligt die gesamte Bevölkerung und berücksichtigt die Meinung und die Bedürfnisse von Minderheiten und Schwachen. Alle Bürgerinnen und Bürger werden mit den notwendigen öffentlichen Gütern und sozialen Dienstleistungen versorgt." Bundesministerium für wirtschaftliche Entwicklung und Zusammenarbeit. https://www.bmz.de/de/themen/good-governance (letzter Zugriff: 04.07.2025).

- im gesamten Land für saubere Luft, saubere Böden, saubere Oberflächengewässer und sauberes Grundwasser zu sorgen,
- gesunde und unbelastete Lebensmittel zu erzeugen (das Tierwohl berücksichtigend) und nicht zu vergeuden (Überschüsse und Abfall minimieren),
- fossile Wertstoffe wie Kohle, Erdöl und Erdgas nicht mehr zu verbrennen oder anderweitig zu verschwenden und damit vermeidbare Emissionen zu beenden,
- fundierte Forschung und ein umfassendes Monitoring in den Bereichen Gesellschaft, Klima, Umwelt und Natur dauerhaft ausreichend zu fördern und die geprüften Resultate in die gesellschaftlichen Debatten sowie in die Politikberatung einfließen zu lassen,
- dieses sich beständig erweiternde und erneuernde Wissen stärker in den Unterricht von Grundschulen, weiterführenden Schulen, Hochschulen und der Weiter- und Fortbildung von Erwachsenen aufzunehmen,
- Menschen und Institutionen, die diesen Wandel entschlossen vorantreiben, konsequent zu stärken und gegen politisch und wissenschaftlich unbegründete Widerstände zu schützen und entschieden zu verteidigen.

Der notwendige Druck auf die politischen Institutionen, diesen lebenserhaltenden Anforderungen gerecht zu werden, kann nur von engagierten Bürgerinnen und Bürgern ausgehen.[19]

Wege in eine natur- und menschengerechte Zukunft

Eine dauerhaft stabile, gut regierte, demokratische, menschen- und naturgerechte Gesellschaft könnte den aktuellen Überkonsum an Rohstoffen und verarbeiteten Produkten auf das Nötigste mindern, das Leben auf Kosten anderer Menschen beenden und schließlich ohne schädliches ökonomisches Wachstum auskommen.[20]

Begleitet von unabhängiger Forschung und unter beständiger Nutzung aktueller wissenschaftlich belegter Erkenntnisse könnten die Wege dorthin über achtsames, umsichtiges, vorsichtiges und zugleich weitsichtiges und vorausschauendes Handeln der einzelnen Menschen, der Zivilgesellschaft und der politischen Institutionen führen. Hilfreich, wenn nicht sogar unbedingt erforderlich, wäre trotz aller Widerstände und Fehlschläge eine beharrliche Zuversicht, die hilft, den großen Zauber einer positiven Zukunft für alle Menschen und ihre (Um-)Welt zu erkennen und zu nutzen (die Erweiterung des *American dream* zum *world dream*). Eine zentrale Aufgabe werteorientierter Bildung für alle Gesellschaftsgruppen sollte sein, Zuversicht zu entwickeln und empathisches zivilgesellschaftliches Engagement wirksam zu fördern – von der frühkindlichen Erziehung bis zur Erwachsenenbildung.

Diese Zeilen sind leicht geschrieben. Jedoch werden wir die erforderlichen Maßnahmen und Handlungen nur unter größten, gemeinsamen Anstrengungen umsetzen können, in Deutschland wie in der Europäischen Union.

---

[19] Vgl. Otto (2025): Klimaungerechtigkeit. Was die Klimakatastrophe mit Kapitalismus, Rassismus und Sexismus zu tun hat. 336 S. Berlin (Ullstein).

[20] Vgl. Parrique (2024): Wachstum bremsen oder untergehen.

Eine Voraussetzung für das Beschreiten erfolgreicher Wege in eine nachhaltige und naturgerecht agierende Gesellschaft ist, dass Menschen einander Zuhören[21] und versuchen, einander zu verstehen – trotz der unterschiedlichen Wahrnehmungen, Auffassungen und Bewertungen des heutigen und des anzustrebenden zukünftigen Zustandes von Gesellschaft und Umwelt.

Für die Auswahl von Wegen in die Zukunft ist entscheidend, dass wir neben den Menschen die gesamte Natur in den Fokus nehmen und von dieser beständig lernen.

Die Natur zeigt uns, welche Nutzungen des Landes und der Meere langfristig zukunftsfähig (nachhaltig) sind und welche nicht. Entdecken können wir zukunftsfähige Wege über die Erforschung des aktuellen Zustandes der Natur und der Gesellschaft sowie zugleich über die wissenschaftliche Analyse von Entwicklungen über längere Zeiträume – umwelthistorisch rückblickend und Zukunftsszenarien modellierend. Die Ergebnisse von Modellierungen können uns Daten an die Hand geben, mit denen wir zukünftige Wege gut informiert begehen können.

In einer Demokratie sollten jegliche Maßnahmen ohne vorfestlegende Vorgaben gemeinsam in und von der Zivilgesellschaft und dem Gesetzgeber breit diskutiert werden. Lösungswege sollten aufgrund ihrer Tragweite einvernehmlich und, wo immer möglich, wissensbasiert ausgewählt und unter beständiger Anpassung an sich ändernde Rahmenbedingungen von den zuständigen Institutionen umgesetzt werden. Kenntnisse zu wissenschaftlich und gesellschaftlich begründeten, erfolgreichen Maßnahmenbündeln sind in der Gesellschaft ausreichend vorhanden. Attraktive ideelle und finanzielle Anreize für Verhaltensänderungen könnten einbezogen werden, um die meisten Menschen zu überzeugen.[22]

> Wege zu einer naturgerechten Nutzung der Umwelt und in eine nachhaltige Gesellschaft sind unbequem, lang, steinig und doch auch spannend und vielversprechend. Sie werden Einbußen an kommerziellem Wohlstand nach sich ziehen und zugleich einen bedeutenden immateriellen Wohlstand ermöglichen. Für junge Menschen und kommende Generationen bietet die Zukunft großartige Entfaltungsmöglichkeiten.

Die Wege in die Zukunft besitzen fast unendlich viele Abzweigungen, von denen manche nachhaltig und naturverträglich sind, andere nicht. An jeder Abzweigung muss eine Entscheidung über den weiteren Weg getroffen werden. Entscheidungen, die auf anerkannten wissenschaftlichen Fakten beruhen und von Empathie, Humanität, sozialer und ökonomischer Gerechtigkeit, Transparenz und dem Wohlbefinden aller Menschen

---

[21] Zur Definition und Bedeutung des Zuhörens vgl. Busch (2025): Zuhören: Die unscheinbare Kraft in zwischenmenschlichen Beziehungen.

[22] Zu Umweltwissen und Umweltvisionen vgl. Simonis (2019): „Von A bis Z" – 100 wichtige Umweltbücher. Simonis (2025): „Von A bis Z" – 25 wichtige Umweltbücher. Zu Ökopionieren vgl. Simonis (Hrsg.; 2014): Vordenker und Vorreiter der Ökobewegung.

geleitet sind, helfen, Lebensräume zu erhalten, naturgerecht zu entwickeln und nachhaltig zu nutzen.[23]

Bündel von Maßnahmen[24], die die Menschheit und die Ökosysteme der Erde flächendeckend schützen, könnten die zentralen Probleme binnen einiger Jahrzehnte lösen. Ein beharrliches, erfolgreiches Voranschreiten der Bundesrepublik Deutschland kann weltweit positive Wirkungen nach sich ziehen.

„Man muß nie verzweifeln,
wenn einem etwas verloren geht,
ein Mensch oder eine Freude oder ein Glück;
es kommt alles noch herrlicher wieder.
Was abfallen muß, fällt ab;
was zu uns gehört, bleibt bei uns,
denn es geht alles nach Gesetzen vor sich,
die größer als unsere Einsicht sind
und mit denen wir nur scheinbar im Widerspruch stehen.

Man muß in sich selber leben und an das ganze Leben denken,
an alle seine Millionen Möglichkeiten, Weiten und Zukünfte,
demgegenüber es nichts Vergangenes und Verlorenes gibt.“

Rainer Maria Rilke in einem am 29. April 1904 in Rom verfassten Brief an Friedrich Westhoff

---

[23] Vgl. Parrique (2024): Wachstum bremsen oder untergehen.

[24] Zu umsetzbaren Maßnahmen vgl. Bork (2020): Umweltgeschichte Deutschlands. S. 311–320. Darwin et al. (2025): Das Parlament der Natur.

Literaturempfehlungen zur Vertiefung des Themas

Wetter- und Klimageschichte

Bauch (2023): „Wenn Du mich siehst, dann weine"
Glaser (2008): Klimageschichte Mitteleuropas
Mauelshagen (2023): Geschichte des Klimas
Pfister und Wanner (2021): Klima und Gesellschaft in Europa
Rahmsdorf und Schellnhuber (2019): Der Klimawandel

Naturgeschichte

Darwin et al. (2025): Das Parlament der Natur
Feeser et al. (Hrsg.; 2024): Vegetationsgeschichte der Landschaften in Deutschland
Küster (2019): Der Wald: Natur und Geschichte
Reichholf (2008): Eine kurze Naturgeschichte des letzten Jahrtausends
Succow et al. (2012; Hrsg.): Naturschutz in Deutschland.

Umweltgeschichte

Blackbourn (2007): Die Eroberung der Natur
Bork (2020): Umweltgeschichte Deutschlands
Huff (2005): Natur und Industrie im Sozialismus
Mauch (2014): Mensch und Umwelt
Uekötter (2007): Umweltgeschichte im 19. und 20. Jahrhundert

Allgemein

Humboldt (1845–62): Kosmos. Entwurf einer physischen Weltbeschreibung
Krünitz (1773–1858): Oekonomische Encyklopädie oder allgemeines System der Staats-
Stadt- Haus- und Landwirthschaft
Zedler (1731–54): „Grosses vollständiges Universal Lexicon aller Wissenschaften und
Künste, […]"

© Der/die Autor(en), exklusiv lizenziert an Springer-Verlag GmbH, DE, ein Teil von
Springer Nature 2025
H.-R. Bork, *Denk ich an Deutschland …*, https://doi.org/10.1007/978-3-662-71613-7

Bedeutende deutsche Forschungs- und Informationszentren zu Klima, Wetter, Naturschutz, Umweltschutz, Nachhaltigkeit, Landnutzung und Kultur

Zum Schluss empfehle ich Ihnen, liebe Leserinnen und Leser, die informativen Homepages von Forschungs- und Informationszentren zu den Themenbereichen Wetter, Klima, Umwelt, Natur und Kultur zu besuchen.

Alfred-Wegener-Institut (AWI) – Helmholtz-Zentrum für Polar- und Meeresforschung: https://www.awi.de (letzter Zugriff: 05.07.2025)

Berlin-Brandenburgische Akademie der Wissenschaften: https://www.bbaw.de (letzter Zugriff: 05.07.2025)

Bund für Umwelt und Naturschutz Deutschland (BUND): https://www.bund.net (letzter Zugriff: 05.07.2025)

Bund Ökologische Lebensmittelwirtschaft: https://www.boelw.de (letzter Zugriff: 05.07.2025)

Bundesamt für Naturschutz: https://www.bfn.de (letzter Zugriff: 05.07.2025)

Bundestag, Sitzungsprotokolle: https://dip.bundestag.de (letzter Zugriff: 05.07.2025)

Bundeszentrale für Politische Bildung:

Bereich Umwelt: https://www.bpb.de/themen/umwelt/ (letzter Zugriff: 05.07.2025)

Bereich Geschichte: https://www.bpb.de/themen/geschichte/ (letzter Zugriff: 05.07.2025)

Bereich Klimawandel: https://www.bpb.de/themen/klimawandel/ (letzter Zugriff: 05.07.2025)

Deutsche Bodenkundliche Gesellschaft (DBG): https://www.dbges.de/de (letzter Zugriff: 05.07.2025)

Deutsche Bundesstiftung Umwelt: https://www.dbu.de (letzter Zugriff: 05.07.2025)

Deutscher Bauernverband: https://www.bauernverband.de (letzter Zugriff: 05.07.2025)

Deutscher Wetterdienst: https://www.dwd.de/DE/Home/home_node.html (letzter Zugriff: 05.07.2025)

Deutsches Archäologisches Institut: https://www.dainst.org (letzter Zugriff: 05.07.2025)

Deutsches Auswandererhaus: https://dah-bremerhaven.de (letzter Zugriff: 05.07.2025)

Deutsches Bergbau-Museum Bochum (DBM): https://www.bergbaumuseum.de (letzter Zugriff: 05.07.2025)

Deutsches Chemie-Museum Merseburg: https://www.deutsches-chemie-museum.de (letzter Zugriff: 05.07.2025)

H.-R. Bork, *Denk ich an Deutschland …*, https://doi.org/10.1007/978-3-662-71613-7

Deutsches Erdölmuseum Wietze: https://www.erdoelmuseum.de (letzter Zugriff: 05.07.2025)

Deutsches Meeresmuseum in Stralsund: https://www.deutsches-meeresmuseum.de (letzter Zugriff: 05.07.2025)

Deutsches Museum: https://www.deutsches-museum.de (letzter Zugriff: 05.07.2025)

Deutsches Technikmuseum Berlin: https://technikmuseum.berlin (letzter Zugriff: 05.07.2025)

Deutsches Zentrum für Luft- und Raumfahrt (DLR): https://www.dlr.de/de (letzter Zugriff: 05.07.2025)

Forschungszentrum Jülich (FZJ): https://www.fz-juelich.de/de (letzter Zugriff: 05.07.2025)

GEOMAR – Helmholtz-Zentrum für Ozeanforschung Kiel: https://www.geomar.de (letzter Zugriff: 05.07.2025)

Germanisches Nationalmuseum (GNM): https://www.gnm.de (letzter Zugriff: 05.07.2025)

GFZ – Helmholtz-Zentrum für Geoforschung: https://www.gfz-potsdam.de (letzter Zugriff: 05.07.2025)

Goethe-Nationalmuseum in Weimar: https://www.klassik-stiftung.de/goethe-nationalmuseum/ (letzter Zugriff: 05.07.2025)

Haus der Geschichte der Bundesrepublik Deutschland: https://www.hdg.de (letzter Zugriff: 05.07.2025)

Helmholtz-Zentrum für Infektionsforschung (HZI): https://www.helmholtz-hzi.de (letzter Zugriff: 05.07.2025)

Helmholtz-Zentrum für Umweltforschung (UFZ): https://www.ufz.de/index.php?de=34257 (letzter Zugriff: 05.07.2025)

Helmholtz-Zentrum Hereon: https://www.hereon.de (letzter Zugriff: 05.07.2025)

Historisch-Technisches Museum Peenemünde: https://museum-peenemuende.de (letzter Zugriff: 05.07.2025)

Humboldt Forum: https://www.humboldtforum.org/de/ (letzter Zugriff: 05.07.2025)

Institut für Zeitgeschichte München – Berlin: https://www.ifz-muenchen.de (letzter Zugriff: 05.07.2025)

Karlsruher Institut für Technologie (KIT): https://www.kit.edu (letzter Zugriff: 05.07.2025)

Klimahaus Bremerhaven 8° Ost: https://www.klimahaus-bremerhaven.de (letzter Zugriff: 05.07.2025)

Kunst- und Ausstellungshalle der Bundesrepublik Deutschland: https://www.bundeskunsthalle.de/ueber-uns (letzter Zugriff: 05.07.2025)

Landesmuseum für Vorgeschichte in Halle (Saale): https://www.landesmuseum-vorgeschichte.de (letzter Zugriff: 05.07.2025)

Leibniz-Institut für Archäologie (LEIZA): https://www.leiza.de (letzter Zugriff: 05.07.2025)

Leibniz-Institut für Gewässerökologie und Binnenfischerei (IGB): https://www.igb-berlin.de (letzter Zugriff: 05.07.2025)

Leibniz-Institut für Länderkunde (IfL): https://leibniz-ifl.de (letzter Zugriff: 05.07.2025)

Leibniz-Institut für Ostseeforschung Warnemünde (IOW): https://www.io-warnemuende.de/de_index.html (letzter Zugriff: 05.07.2025)

Leibniz-Zentrum für Agrarlandschaftsforschung (ZALF): https://www.zalf.de/de/Seiten/ZALF.aspx (letzter Zugriff: 05.07.2025)

Leopoldina (Nationale Akademie der Wissenschaften Deutschlands): https://www.leopoldina.org/ (letzter Zugriff: 05.07.2025)

Max-Planck-Institut für Biochemie: https://www.mpg.de/forschung/institute/biochemie (letzter Zugriff: 05.07.2025)

Max-Planck-Institut für Biogeochemie: https://www.mpg.de/152885/biogeochemie (letzter Zugriff: 05.07.2025)

Max-Planck-Institut für Biologie: https://www.mpg.de/151755/biologie-tuebingen (letzter Zugriff: 05.07.2025)

Max-Planck-Institut für biologische Intelligenz: https://www.mpg.de/154587/biologische-intelligenz-seewiesen (letzter Zugriff: 05.07.2025)

Max-Planck-Institut für Chemie: https://www.mpg.de/153015/chemie (letzter Zugriff: 05.07.2025)

Max-Planck-Institut für chemische Ökologie: https://www.mpg.de/155396/chemische-oekologie (letzter Zugriff: 05.07.2025)

Max-Planck-Institut für evolutionäre Anthropologie: https://www.mpg.de/150520/evolutionaere-anthropologie (letzter Zugriff: 05.07.2025)

Max-Planck-Institut für Geoanthropologie: https://www.mpg.de/9347744/geoanthropologie (letzter Zugriff: 05.07.2025)

Max-Planck-Institut für Meteorologie: https://mpimet.mpg.de/startseite (letzter Zugriff: 05.07.2025)

Max-Planck-Institut für Verhaltensbiologie: https://www.mpg.de/987944/verhaltensbiologie (letzter Zugriff: 05.07.2025)

Museum am Rothenbaum – Kulturen und Künste der Welt (MARKK) in Hamburg: https://markk-hamburg.de (letzter Zugriff: 05.07.2025)

Museum für Naturkunde Berlin: https://www.museumfuernaturkunde.berlin/de (letzter Zugriff: 05.07.2025)

Museum Mensch und Natur im Schloss Nymphenburg in München: https://mmn-muenchen.snsb.de (letzter Zugriff: 05.07.2025)

Naturschutzbund Deutschland (NABU): https://www.nabu.de/index.html (letzter Zugriff: 05.07.2025)

Potsdam-Institut für Klimafolgenforschung: https://www.pik-potsdam.de/de/startseite (letzter Zugriff: 05.07.2025)

Rachel Carson Center, Ökologische Erinnerungsorte: http://www.umweltunderinnerung.de/index.php (letzter Zugriff: 05.07.2025)

Senckenberg Gesellschaft für Naturforschung (SGN): https://www.senckenberg.de/de/ (letzter Zugriff: 05.07.2025)

Steinzeithaus und Steinzeitpark Albersdorf: https://steinzeitpark-dithmarschen.de/steinzeithaus/ (letzter Zugriff: 05.07.2025)

Umweltbundesamt: https://www.umweltbundesamt.de (letzter Zugriff: 05.07.2025)

UN University's Institute for Environment and Human Security in Bonn: https://unu.edu/ehs/about-unu-ehs (letzter Zugriff: 05.07.2025)

Wissenschaftszentrum Berlin für Sozialforschung (WZB): https://www.wzb.eu/de (letzter Zugriff: 05.07.2025)

Literaturverzeichnis

Agora Energiewende (2025). Die Energiewende in Deutschland. Stand der Dinge 2024. Rückblick auf die wesentlichen Entwicklungen sowie Ausblick auf 2025. 126 S. Berlin (Agora Energiewende). https://www.agora-energiewende.de/fileadmin/Projekte/2025/2024-18_DE_JAW24/A-EW_351_JAW24_WEB.pdf. Zugegriffen: 5. Juli 2025.

Ahmadi-Abhari, S., Bandosz, P., Shipley, M. J., Lindbohm, J. V., Dehghan, A., Elliott, P., & Kivimaki, M. (2025). Direct and indirect impacts of the COVID-19 pandemic on life expectancy and person-years of life lost with and without disability: a systematic analysis for 18 European countries, S. 2020–2022. *PLoS Med, 22*(3), e1004541. https://doi.org/10.1371/journal.pmed.1004541.

Altner, G. (1987). *Überlebenskrise in der Gegenwart. Ansätze zum Dialog mit der Natur in Naturwissenschaft und Theologie.* Darmstadt: WBG. 202 S

Arbeitsausschuss der Deutschen Kolonial-Ausstellung (1897). Deutschland und seine Kolonien im Jahre 1896. Amtlicher Bericht über die erste Deutsche Kolonial-Ausstellung. 368 S. Berlin (Dietrich Reimer). https://brema.suub.uni-bremen.de/dsdk/content/titleinfo/1913220. Zugegriffen: 5. Juli 2025.

Aretz, B., Doblhammer, G., & Haneka, M. T. (2024). The role of leukocytes in cognitive impairment due to long-term exposure to fine particle matter: A large population-based mediation analysis. *Alzheimer's Dement.* https://doi.org/10.1002/alz.14320.

Arndt, M. (2016). *Auswirkungen der Katastrophe von Tschernobyl auf Deutschland. Dossier Tschernobyl.* Bundeszentrale für politische Bildung. https://www.bpb.de/themen/umwelt/tschernobyl/225086/auswirkungen-der-katastrophe-von-tschernobyl-auf-deutschland/. Zugegriffen: 5. Juli 2025.

Backhaus, G. F., Wulf, A., Kehr, R., & Schröder, T. (2002). Die Rosskastanien-Miniermotte (*Cameraria ohridella*) – Biologie, Verbreitung und Gegenmaßnahmen. *Nachrichtenblatt Deut. Pflanzenschutzd., 54*(3), S. 56–62.

Bauch, M. (2018). The Dantean Anomaly (1309–1321). Rapid climate change in Late Medieval Europe with a global perspective. In *Mittelalter. Interdisziplinäre Forschung und Rezeptionsgeschichte 1* (S. 92–103).

Bauch, M. (2019). Die Magdalenenflut 1342 am Schnittpunkt von Umwelt- und Infrastrukturgeschichte. *N.T.M. Zeitschrift f. Geschichte d. Wissenschaften, Technik u. Medizin, 27*, S. 273–309.

Bauch, M. (2023). „Wenn Du mich siehst, dann weine". Dürren in der Vormoderne – Rekonstruktion, Anpassung, Erinnerung. Hitze, Dürre, Anpassung. Bundeszentrale für politische Bildung.

H.-R. Bork, *Denk ich an Deutschland …*, https://doi.org/10.1007/978-3-662-71613-7

https://www.bpb.de/shop/zeitschriften/apuz/hitze-duerre-anpassung-2023/522830/wenn-du-mich-siehst-dann-weine/. Zugegriffen: 5. Juli 2025.

Behre, K.-E. (2008). *Landschaftsgeschichte Norddeutschlands. Umwelt und Siedlung von der Steinzeit bis zur Gegenwart.* Neumünster: Wachholtz. 308 S.

Behrendt, A., & Schalitz, G. (2018). Landwirtschaftliche Nutzung. In V. Luthardt & J. Zeitz (Hrsg.), *Moore in Berlin und Brandenburg.* 101 S. Rangsdorf. Natur+Text.

Behringer, W. (2007). *Kulturgeschichte des Klimas. Von der Eiszeit bis zur globalen Erwärmung.* München: C. H. Beck. 352 S.

Beleites, M. (1988). Pechblende – Der Uranbergbau in der DDR und seine Folgen. https://www.staatsschauspiel-dresden.de/download/19238/beleites_pechblende.pdf. Zugegriffen: 5. Juli 2025.

Bethge, L. E. (2023). Das Danewerk als nationales Symbol. Schleswig-Holstein. Heft Winter/Frühjahr 23, S. 50–75. Bosau (Wohnungswirtschaft Heute Verlagsgesellschaft). https://schleswig-holstein.sh/blog/2023/01/11/das-danewerk-als-nationales-symbol/. Zugegriffen: 5. Juli 2025.

Bethge, L. E., & Hardt, N. (2022). *Danewerk: Bauwerk der Superlative und Erbe der Welt* (3. Aufl.). Danewerk: Danevirke Museum. 100 S.

Bibelriether, H. (2017). *Natur Natur sein lassen: Die Entstehung des ersten Nationalparks Deutschlands – der Nationalpark Bayerischer Wald.* Freyung: edition Lichtland. 280 S.

Bissolli, P., Göring, L., & Lefebvre, C. (2001). Extreme Wetter- und Witterungsereignisse im 20. Jahrhundert. Klimastatusbericht 2001. S. 20–31. Offenbach (Deutscher Wetterdienst). https://www.dwd.de/DE/leistungen/klimastatusbericht/publikationen/ksb2001_pdf/03_2001.pdf?__blob=publicationFile&v=1. Zugegriffen: 5. Juli 2025.

Bitzer, K. (2019). Hangrutsche in der Fränkischen Schweiz. In: Landschaften in Deutschland Online. https://landschaften-in-deutschland.de/themen/81_b_109-hangrutsche/. Zugegriffen: 5. Juli 2025.

Blackbourn, D. (2007). *Die Eroberung der Natur. Eine Geschichte der deutschen Landschaft.* München: DVA. 592 S.

Blickle, P. (2018). *Der Bauernkrieg: Die Revolution des Gemeinen Mannes* (5. Aufl.). München: Beck. 144 S.

BMG, & BMU (1999). Dokumentation zum Aktionsprogramm Umwelt und Gesundheit. 253 S. Bonn (Bundesministerium für Gesundheit und Bundesministerium für Umwelt, Naturschutz und Reaktorsicherheit). https://www.umweltbundesamt.de/sites/default/files/medien/4031/dokumente/apug_dokumentation_vollversion.pdf. Zugegriffen: 5. Juli 2025.

Bode, V. (1995). Kriegszerstörungen 1939–1945 in Städten der Bundesrepublik Deutschland: Inhalt und Probleme bei der Erstellung einer thematischen Karte. *Europa Regional, 3*(3), S. 9–20. https://www.ssoar.info/ssoar/handle/document/48554 Zugegriffen: 5. Juli 2025.

Bork, H.-R. (2020). *Umweltgeschichte Deutschlands.* Heidelberg: Springer. 408 S.

Bork, H.-R., & Bork, G. (2006). Dauerhafte Erinnerung: der Hagelschlagstag im hessischen Lahn-Dill-Bergland. In H.-R. Bork (Hrsg.), *Landschaften der Erde unter dem Einfluss des Menschen* (S. 138–139). Darmstadt: Wiss. Buchgesellschaft und Primus-Verlag.

Bork, H.-R., Bork, H., Dalchow, C., Faust, B., Piorr, H. P., & Schatz, T. (1996). *Landschaftsentwicklung in Mitteleuropa.* Gotha: Klett. 328 S.

Bork-Hüffer, T., & Strüver, A. (2021). *Digitale Geographien: Einführungen in sozio-materiell-technologische Raumproduktionen. Basistexte – Geographie.* Stuttgart: Franz Steiner Verlag. 272 S.

Bork-Hüffer, T., Füller, H., & Straube, T. (2021). *Handbuch Digitale Geographien. Welt – Wissen – Werkzeuge*. Paderborn: UTB Brill Schöningh. 379 S.

Brenneisen, W. (2014). *Mit Kehrwisch und Kutterschaufel. Die Wahrheit über die schwäbische Kehrwoche*. Biberach: Biberacher Verlagsdruckerei. 149 S.

Bronner, G., & Fickert, T. (2025). Flächenfraß in Deutschland – Der ungezügelte Hunger nach Raum. *Geographische Rundschau*. Band: 11–2025.

Brüggemeier, F.-J. (1996). *Das unendliche Meer der Lüfte. Luftverschmutzung, Industrialisierung, und Risikodebatten im 19. Jahrhundert*. Essen: Klartext.

Budrass, L., & Roelevink, E.-M. (2024). Die Macht der Entwässerung. 406 S. Bielefeld (transcript). https://www.transcript-verlag.de/978-3-8376-7431-6/die-macht-der-entwaesserung/?number=978-3-8394-7431-0&c=313000000. Zugegriffen: 5. Juli 2025.

Bundesgesetzblatt (1990). Teil I, Nr. 67, ausgegeben am 14.12.1990, 2633 S. https://dejure.org/BGBl/1990/BGBl._I_S._2633b. Zugegriffen: 5. Juli 2025.

Busch, M. W. (2025). Zuhören: Die unscheinbare Kraft in zwischenmenschlichen Beziehungen. *UNIVERSITAS, 80*(5), S. 5–26. Mensch, Natur, Universum.

Crutzen, P. J. (2002). Geology of mankind. *Nature, 415*, 23. https://doi.org/10.1038/415023a.

Czysz, W. (1998). *Die ältesten Wassermühlen. Archäologische Entdeckungen im Paartal bei Dasing*. Tierhaupten: Klostermühlen Museum Tierhaupten.

Czysz, W. (2016). *Römische und frühmittelalterliche Wassermühlen im Paartal bei Dasing. Studien zur Landwirtschaft des 1. Jahrtausends*. Materialhefte zur Bayerischen Archäologie, Bd. 103. Kallmünz: Michael Lassleben.

Darwin, S., Vogel, J., & Herrmann, B. (2025) *Das Parlament der Natur*. 240 S. Berlin: Propyläen.

Defoe, D. (1709, in deutscher Sprache 2017[2]): Kurze Geschichte der Pfälzischen Flüchtlinge. 88 S. München (dtv).

Deutsch, M., & Pörtge, K. H. (2002). *Hochwasserereignisse in Thüringen*. Jena: Thüringer Landesanstalt für Umwelt und Geologie.

Deutscher Bundestag (1984). Antwort der Bundesregierung auf die Kleine Anfrage der Abgeordneten Sauermilch, Frau Reetz und der Fraktion Die Grünen zur Uranerzförderung in der Bundesrepublik Deutschland. Deutscher Bundestag, 10. Wahlperiode, Drucksache 10/943 vom 31.01.1984. https://dipbt.bundestag.de/doc/btd/10/009/1000943.pdf. Zugegriffen: 5. Juli 2025.

Deutscher Bundestag (2019). *Alexander von Humboldt und der Liberalismus*. Wissenschaftliche Dienste. WD 1 – 3000 – 001/19. 12 S

Deutscher Jagdverband (2022). Die Nutria breitet sich aus in Deutschland. https://www.jagdverband.de/die-nutria-breitet-sich-aus-deutschland. Zugegriffen: 5. Juli 2025.

Ditt, K. (2001). Zwischen Markt, Agrarpolitik und Umweltschutz: Die deutsche Landwirtschaft und ihre Einflüsse auf Natur und Landschaft im 20. Jahrhundert. In K. Ditt, R. Gudermann & N. Rüße (Hrsg.), *Agrarmodernisierung und ökologische Folgen. Westfalen vom 18. bis zum 20. Jahrhundert*. S. 85–128. Paderborn: Schöningh.

Dörfler, W. (2024). Ziegeleien, Kalkbrennereien, Glashütten und Salinen. In I. Feeser & al (Hrsg.), *Vegetationsgeschichte der Landschaften in Deutschland*. S. 323–325. Berlin: Springer.

Duschinger, O., & von Zech-Kleber, B. (2021). Wiederaufarbeitungsanlage Wackersdorf. In: Historisches Lexikon Bayerns. https://www.historisches-lexikon-bayerns.de/Lexikon/Wiederaufbereitungsanlage_Wackersdorf. Zugegriffen: 5. Juli 2025.

Düwel-Hösselbarth, W. (2015). *Ernteglück und Hungersnot. Klimageschichte in Baden-Württemberg* (2. Aufl.). 192 S. Darmstadt: Theiss.

Ehlers, C. (2022). *Bunt und vielfältig. Schmetterlinge in der Sammlung des Germanischen Nationalmuseums*. KulturGut, Heft 74. S. 7–11. Nürnberg: GNM.

European Environment Agency (2018). Air quality in Europe – 2018 report. EEA report No 12/2018. Luxemburg: Office of the European Union. https://www.eea.europa.eu/publications/air-quality-ineurope-2018.

Fähser, L. (2024). Ein besonderer Geburtstag: Das Lübecker Waldkonzept wird 30 Jahre alt. Lübeckische Blätter 2024/16, S. 288–291. https://www.die-gemeinnuetzige.de/fileadmin/media/luebeckische-blaetter/2024/16_LB189.pdf. Zugegriffen: 5. Juli 2025.

Fassl, P. (2018). *Mühlen in Schwaben*. Bd. 1. Lindenberg: Kunstverlag Josef Fink.

Feeser, I., Dörfler, W., Rösch, M., Jahns, S., Wolters, S., & Bittmann, F. (2024). *Vegetationsgeschichte der Landschaften in Deutschland*. Berlin: Springer.

Feuchter-Schawelka, A. (2012). Die Ökologie der Aufklärung – Carl Schildbachs Holzbibliothek nach selbst gewähltem Plan. Phillipia, 15/3, S. 227–240. https://www.zobodat.at/pdf/Philippia_15_0227-0240.pdf. Zugegriffen: 5. Juli 2025.

Feuerstein, B., & Kühne, T. (2015). *A violent tornado in mid-18th century Germany: the Genzmer Report*. ECSS – European Conference on Severe Storms, Wiener Neustadt. https://doi.org/10.12140/RG.2.1.3733.8085.

Fontane, T. (1873). Wanderungen durch die Mark Brandenburg. Bd. 3. Ost-Havelland. 460 S. Berlin (Verlag Wilhelm Hertz). https://www.literaturport.de/literaturlandschaft/orte-berlinbrandenburg/text/das-havellaendische-luch/. Zugegriffen: 5. Juli 2025.

Fouquet, G. (2022). Die Pest in Lübeck und Schleswig-Holstein während des 14. und 15. Jahrhunderts. In *Die Coronavirus-Pandemie und ihre Folgen*. S. 269–295. Kiel: Universitätsverlag Kiel. https://doi.org/10.38072/978-3-928794-82-4/p12.

Fouquet, G., & Zeilinger, G. (2011). *Katastrophen im Spätmittelalter*. Darmstadt, Mainz: Philipp v. Zabern. 172 S.

Franke, N. (2015). *Der Westwall in der Landschaft. Aktivitäten des Naturschutzes in der Zeit des Nationalsozialismus und seine Akteure*. Mainz: Ministerium für Umwelt, Landwirtschaft, Ernährung, Weinbau und Forsten, Rheinland-Pfalz. 82 S.

Fricke, K. (2025). Die Nutzung natürlicher Ressourcen im Feuerlöschwesen von Halle (Saale). In K. Krüger (Hrsg.), *Stadt – Land – Fluss. Aspekte der hallischen Umweltgeschichte*. S. 23–52. Halle (Saale): Mitteldeutscher Verlag.

Fritz, J., & Janák, J. (2022). Tracing the fate of the Northern Bald Ibis over five millennia: An interdisciplinary approach to the extinction and recovery of an iconic bird species. *Animals*, *12*(12), 1569. https://doi.org/10.3390/ani12121569.

Frohn, H.-W., & Rosebrock, J. (2022). Geschichte der Naturschutzpolitik. Dossier Naturschutzpolitik. Bundeszentrale für politische Bildung. https://www.bpb.de/themen/umwelt/naturschutzpolitik/510381/geschichte-der-naturschutzpolitik/. Zugegriffen: 5. Juli 2025.

Fügner, D. (1995). *Hochwasserkatastrophen in Sachsen*. Leipzig: Tauchaer Verlag. 80 S.

Glaser, R. (2008). *Klimageschichte Mitteleuropas. 1200 Jahre Wetter, Klima, Katastrophen* (2. Aufl.). Darmstadt: Primus. 264 S.

Glaubrecht, M. (2025). *Das stille Leben der Natur: Wie wir die Artenvielfalt und uns selbst retten.* München: Bertelsmann. 224 S.

Gmelin, J. F. (1787). Abhandlung über die Wurmtroknis. 506 S: Leipzig. https://www.digitale-sammlungen.de/de/view/bsb10295489?page=5. Zugegriffen: 5. Juli 2025.

v. Goethe, J. W. (1774). Die Leiden des jungen Werthers. Bd. 1, S. 1–111, Bd. 2, S. 116–224. Leipzig (Weygand). https://www.deutschestextarchiv.de/book/show/goethe_werther01_1774. Zugegriffen: 5. Juli 2025.

v. Goethe, J. W. (1810). *Pandora.* Wien, Triest: Geistinger.

Goy, S. (2007). Chronische Bronchitis bei Landwirten – eine Metaanalyse. Dissertation an der Medizinischen Fakultät der LMU München. 67 S. https://edoc.ub.uni-muenchen.de/7111/1/Goy_Stefanie.pdf. Zugegriffen: 5. Juli 2025.

Grober, U. (2013). *Die Entdeckung der Nachhaltigkeit. Kulturgeschichte eines Begriffs.* München: Kunstmann. 300 S

Grömling, M. (2024). *Wirtschaftliche Auswirkungen der Krisen in Deutschland.* IW-Report 11/2024. Köln: Institut der deutschen Wirtschaft. https://www.iwkoeln.de/fileadmin/user_upload/Studien/Report/PDF/2024/IW-Report_2024-Kosten-der-Krisen.pdf. Zugegriffen: 5. Juli 2025.

Gutser, D., & Kuhn, J. (1998). Die Buckelwiesen bei Mittenwald: Geschichte, Zustand, Erhaltung. *Jahrbuch des Vereins zum Schutz der Bergwelt, 63,* S. 185–214. https://www.zobodat.at/pdf/Jb-Verein-Schutz-Bergwelt_63_1998_0185-0214.pdf. Zugegriffen: 5. Juli 2025.

Haag, R. (2009). *Johann Peter Frank (1745–1821) und seine Bedeutung für die öffentliche Gesundheit.* Homburg: Medizinische Fakultät der Universität des Saarlandes. Dissertation

Haffke, J. (2023a). Von unterschätzten Warnungen bis zur Katastrophe. Eine Chronologie der Flut im Ahrtal. In Landschaft und Geschichte e. V. (Hrsg.), *Spuren der Flut im Ahrtal 2021. Dokumentation – Analyse – Perspektiven* (2. Aufl. S. 11–24). Meckenheim: Warlich Druck.

Haffke, J. (2023b). Hochwasser an der Ahr in der Geschichte. Risikobewusstsein und „Hochwasserdemenz". In Landschaft und Geschichte e. V. (Hrsg.), *Spuren der Flut im Ahrtal 2021. Dokumentation – Analyse – Perspektiven* (2. Aufl. S. 270–285). Meckenheim: Warlich Druck.

Hansen, R. (1999). Niebuhr, Carsten. In: Neue Deutsche Biographie 19, S. 217–219. https://www.deutsche-biographie.de/pnd118734784.html#ndbcontent. Zugegriffen: 5. Juli 2025.

Hartwig, H. (2021). Dokumente zur Ziegeleigeschichte in Brandenburg, Ziegelsammlung und Beschreibungen historischer und lokaler Forschung zur Bau- und Stadtentwicklung Berlins bzw. Ziegeleigeschichte Brandenburgs. http://www.horsthartwig.de/ziegeleien_regionen_brandenburg_opti.pdf. Zugegriffen: 5. Juli 2025.

v. Heilmann, J. (1868). Kriegsgeschichte von Bayern, Franken, Pfalz und Schwaben von 1589 bis 1634. 522. S. München (Cotta'sche Buchhandlung). http://www.thz-historia.de/_downloads/Kriegsgeschichte_von_Bayern_Franken_Pfalz_1598-1634_Bd_II.pdf. Zugegriffen: 5. Juli 2025.

Heinrich-Böll-Stiftung, Bund für Umwelt- und Naturschutz, & Le Monde diplomatique (2014). *Fleischatlas 2013. Daten und Fakten über Tiere als Nahrungsmittel* (8. Aufl.). Berlin: Heinrich-Böll-Stiftung.

Heine, H. (1844). *Neue Gedichte.* Hamburg: Hoffmann und Campe.

Herget, J. (2012). *Am Anfang war die Sintflut. Hochwasserkatastrophen in der Geschichte.* Darmstadt: WBG.

Hermann, B. (2013). *Umweltgeschichte. Eine Einführung in Grundbegriffe.* Berlin, Heidelberg: Springer Spektrum.

Hess, D. (2024). Naturkatastrophen. In S. Thürigen, D. Hess & A. Böhm (Hrsg.), *Hello Nature.* S. 162–191. Nürnberg: Verlag des Germanischen Nationalmuseums.

Heß, R. (1898). Zanthier, Hans Dietrich von. *Allgemeine Deutsche Biographie, 44,* S. 690–693. https://www.deutsche-biographie.de/pnd117592323.html#adbcontent. Zugegriffen: 5. Juli 2025.

Heumann, I., Stoecker, H., Tamborini, M., & Vennen, M. (2018). *Dinosaurierfragmente. Zur Geschichte der Tendaguru-Expedition und ihrer Objekte, 1906–2018.* Göttingen: Wallstein.

Higueras, P., Oyarzun, R., Lillo, J., Sánchez-Hernández, J. C., Molina, J. A., Esbrí, J. M., & Lorenzo, S. (2006). The Almadén district (Spain): Anatomy of one of the world's largest Hg-contaminated sites. *Science of The Total Environment, 356*(1–3), S. 112–124. https://doi.org/10.1016/j.scitotenv.2005.04.042.

Hirsch, E. (1985). Leopold III. Friedrich Franz. *Neue Deutsche Biographie, 14,* 268–270. https://www.deutsche-biographie.de/pnd119093502.html#ndbcontent. Zugegriffen: 5. Juli 2025.

Hirte, M., & Deutsch, A. (2020). *„Hund und Katz – Wolf und Spatz".* Tiere in der Rechtsgeschichte. Kataloge des Mittelalterlichen Kriminalmuseums in Rothenburg ob der Tauber, Bd. 3. Rothenburg o. d. T.: EOS.

Holl, F. (2019). Alexander von Humboldt und der Klimawandel: Mythen und Fakten. In O. Ette & E. Knobloch (Hrsg.), *HiN: Alexander von Humboldt im Netz.* Bd. 37, S. 37–56. Potsdam: Universitätsverlag Potsdam. https://doi.org/10.25932/publishup-43444.

Huff, T. (2005). *Natur und Industrie im Sozialismus. Eine Umweltgeschichte der DDR.* Umwelt und Gesellschaft, Bd. 19. Göttingen: Vandenhoek & Ruprecht.

Humboldt, A. v. (1803/04): Varia: Obs. Astron. de Mexico a Guanaxuato, Torullo, Tiluca, Veracruz, Cuba. Voy. De la Havana à Philadelphia. Geologie de Guanaxato, Volcans de Torullo et de Toluca. Voyage de Veracruz à la Havana et de la Havana à Philadelphia. Torulla. S. 95–106. Staatsbibliothek zu Berlin – Preußischer Kulturbesitz. Nachlass Alexander von Humboldt. Tagebücher der Amerikanischen Reise IX.

v. Humboldt, A. (1826). *Essai politique sur l'île de Cuba.* Paris: Librairie de Gide Fils. 2 Bde.

v. Humboldt, A. (1844). *Central-Asien. Untersuchungen über die Gebirgsketten und die vergleichende Klimatologie.* Bd. 2, T. 3. Berlin: Kleemann. Aus dem Französischen übersetzt und durch Zusätze vermehrt, hrsg. von Wilhelm Mahlmann

v. Humboldt, A. (1862). Kosmos. Entwurf einer physischen Weltbeschreibung. 5 Bde. Tübingen (Cotta). https://www.projekt-gutenberg.org/humbolda/kosmos/Kapitel1.html. Zugegriffen: 5. Juli 2025.

Iwanski, E. (2023). Die Sächsische Flurnamenstelle und Ortsumbenennungen im Nationalsozialismus. Saxorum. https://saxorum.hypotheses.org/9849. Zugegriffen: 5. Juli 2025.

Jakubowski-Tiessen, M. (2007). „Pestilenz macht fromm, Hungersnot macht Buben…". Erfahrung und Deutung von Katastrophen im 16. Jahrhundert. In *„Gott hat noch nicht genug Wittenbergisch Bier getrunken". Alltagsleben zur Zeit Martin Luthers* 2. Aufl. Wittenberger Sonntagsvorlesungen. Evangelisches Predigerseminar 2001. S. 49–67. Wittenberg: Drei-Kastanien-Verlag.

Jolly, A. (1999). Philipp Brandin, ein niederländischer Bildhauer des 16. Jahrhunderts im Dienst der Herzöge von Mecklenburg. *Oud Holland, 113*(1/2), S. 13–34.

Käss, W. (2021). *Das Donau-Aach-System,* Bd. A 165. 270 S. Geol. Jb.

Kaufmann, T. (2024). *Der Bauernkrieg: Ein Medienereignis*. Freiburg i. B.: Herder.

Kern, A. (1913). Das Goldene Buch von Tarnowitz. In *Der Bergbau im Osten des Königreichs Preussen*. Festschrift zum XII. Allgemeinen Deutschen Bergmannstage in Breslau 1913. (Bd. V, S. 1–67). Breslau: Anhang. https://dbc.wroc.pl/Content/2813/PDF/002330.pdf. Zugegriffen: 5. Juli 2025.

Kersten, J. (2025). Governance im Anthropozän. *APuZ – Aus Politik und Zeitgeschichte, 14–15*, S. 14–15. https://www.bpb.de/shop/zeitschriften/apuz/anthropozaen-2025/. Zugegriffen: 5. Juli 2025.

Kießling, R., & Scheffknecht, W. (2012). *Umweltgeschichte in der Region. Forum Suevicum*. Beiträge zur Geschichte Oberschwabens und der benachbarten Regionen. Konstanz: UVK.

Kirchner, A., Zielhofer, C., Werther, L., Schneider, M., Linzen, S., Wilken, D., Wunderlich, T., Rabbel, W., Meyer, C., Schmidt, J., Schneider, B., Berg-Hobohm, S., & Ettel, P. (2018). A multidisciplinary approach in wetland geoarchaeology: survey of the missing southern canal connection of the fossa Carolina (SW Germany). *Quaternary International, 473*, S. 3–20.

von Kobell, F. (1859). Wildanger. Skizzen aus dem Gebiete der Jagd und ihrer Geschichte mit besonderer Rücksicht auf Bayern. 491 S. Stuttgart (Cotta'scher Verlag). https://books.google.de/books?id=1ooKAQAAIAAJ&printsec=frontcover&hl=de&source=gbs_ge_summary_r&cad=0#v=onepage&q&f=false. Zugegriffen: 5. Juli 2025.

Kollbaum-Weber, J. (2007). *Historische Jagd- und Fangmethoden auf der Insel Föhr und in den Uthlanden*. Begleitheft zur naturkundlichen Abteilung des Dr.-Carl-Haeberlin-Friesen-Museums, Bd. 1. Husum: Husum Druck- und Verlagsges.

Krauss, M., Berner, A., Perrochet, F., Frei, R., Niggli, U., & Mäder, P. (2020). Enhanced soil quality with reduced tillage and solid manures in organic farming – a synthesis of 15 years. *Scientific Reports, 10*, 4403. https://www.nature.com/articles/s41598-020-61320-8. Zugegriffen: 5. Juli 2025.

Krünitz, D. J. G. (1858). Oekonomische Encyklopädie oder allgemeines System der Staats= Stadt= Haus= und Landwirthschaft. 242 Bde. https://www.kruenitz1.uni-trier.de/. Zugegriffen: 5. Juli 2025.

Kubitschek, R. B. (2018). *Katastrophen in Preußen*. Taucha: Tauchaer Verlag.

Kunz, H., & Steensen, T. (2013). *Föhr Lexikon*. Neumünster, Hamburg: Wachholtz. Nordfriisk Instituut (Hrsg.)

Küster, H. (2019). *Der Wald: Natur und Geschichte*. München: C. H. Beck.

Küster, H., & Hoppe, A. (2010). *Das Gartenreich Dessau-Wörlitz. Landschaft und Geschichte*. München: C. H. Beck.

Kyas, O. (2022). *Der Nordsee-Kurpark. Ort für Begegnung, Kultur, Gesundheit und Wissenschaft*. Wyk auf Föhr: Nordsee-Kurpark e. V. / Husum Druck- und Verlagsgesellschaft.

Lachmann, L. (2017). Das Große Vogelsterben: Faktum oder Fake? In M. C. M. Müller (Hrsg.), *Viele Vögel sind schon weg. Vogelsterben und Biodiversität – Ursachen und Gegenmaßnahmen*. Loccumer Protokolle, 63. S. 13–36. Rehburg-Loccum: Ev. Akademie Loccum. https://www.nabu.de/imperia/md/content/nabude/vogelschutz/loccumer_protokolle_63-17lachmann.pdf. Zugegriffen: 5. Juli 2025.

Landes, S., & Abjar, M. (2019). Die Abfallmeister. *Kultur und Technik, 1/2019*, S. 42–43. München (Deutsches Museum München).

Lange, J. M., & Kaden, M. (2018). Hungersteine und Untiefen. In: Landeshochwasserzentrum Sachsen (Hrsg.). https://www.senckenberg.de/wp-content/uploads/2019/10/Dokument_Hungersteine_und_Untiefen.pdf. Zugegriffen: 5. Juli 2025.

Leber, C. (2012). Die Laufenburger Stromschnellen. Ökologische Erinnerungsorte. http://www.umweltunderinnerung.de/index.php/kapitelseiten/geschuetzte-natur/55-die-laufenburger-stromschnellen. Zugegriffen: 5. Juli 2025.

Lehrkamp, H., & Zeitz, J. (2018). Landnutzung und Moore in der Region bis Anfang der 1990er Jahre. In V. Luthardt & J. Zeitz (Hrsg.), *Moore in Berlin und Brandenburg* (2. Aufl. S. 93). Rangsdorf: Natur+Text.

Lenk, H. (2019). Naturverantwortung, Humanität und Lebensehrfurcht von Kant bis Schweizer. Kultura i Wartości 28. https://orcid.org/0000-0003-2910-3671. Zugegriffen: 5. Juli 2025.

Leven, B. (2021). *Impfen? Nix Neues! Von historischen Impfprämien, Impfscheinen und Impfkontroversen*. KulturGut, Heft 70. S. 1–6. Nürnberg: GNM.

Loddenkemper, R., Brönneke, M., Castell, S., & Diel, R. (2016). Tuberkulose und Rauchen. *Pneumologie, 70*, S. 17–22. https://www.thieme-connect.com/products/ejournals/pdf/10.1055/s-0041-109601.pdf. Zugegriffen: 5. Juli 2025.

Lungershausen, U., Larsen, A., Bork, H.-R., & Duttmann, R. (2017). Anthropogenic influence on rates of aeolian dune activity within the northern European Sand Belt and socio-economic feedbacks over the last ~2500 years. *The Holocene, 28*(1), S. 84–103.

Luthardt, V. & Zeitz, J. (2018). *Moore in Berlin und Brandenburg* (2. Aufl.). Rangsdorf: Natur+Text.

Mann, T. (1901). *Buddenbrooks: Verfall einer Familie*. Berlin: S. Fischer. 2 Bde. 566 S. und 539 S.

Maron, M. (1991). *Flugasche*. Frankfurt a. M: S. Fischer. 244 S.

Mauch, C. (2014). *Mensch und Umwelt. Nachhaltigkeit aus historischer Perspektive*. München: oekom.

Mauelshagen, F. (2023). *Geschichte des Klimas*. München: C. H. Beck Wissen.

Meier, D. (2005). *Land unter! Die Geschichte der Flutkatastrophen*. Ostfildern: Thorbecke.

Meier, D. (2019). *Schleswig-Holstein. Eine Landschaftsgeschichte*. Heide: Boyens.

Milnik, A. (2007). Sandschollen – zerstörte Lebensräume. *Archiv f. Forstwesen u. Landschaftsökologie, 41*(2), S. 91–96.

Minckwitz, F. (1963). *Nicolaus Lenau und Sophie Löwenthal. Die Geschichte einer tragischen Liebe*. Briefe und Tagebücher, Bd. 470. Weimar: G. Kiepenheuer.

Moeller, K. (2025). Hochwasser: Kein Kapitel für die Stadtgeschichte? In K. Krüger (Hrsg.), *Stadt – Land – Fluss. Aspekte der hallischen Umweltgeschichte*. S. 53–90. Halle (Saale): Mitteldeutscher Verlag.

Mueller, K. (2024). *Bauern, Plaggen, Neue Böden. 1000 Jahre Plaggenwirtschaft in Nordwestdeutschland*. Berlin, Heidelberg: Springer Spektrum. 253 S.

Nationale Expert*innengruppe zum Fischsterben in der Oder unter Leitung des Umweltbundesamtes (2022). Fischsterben in der Oder. August 2022. Statusbericht, Stand 22.09.2022. 34 S. https://www.umweltbundesamt.de/sites/default/files/medien/2546/dokumente/statusbericht_fischsterben_in_der_oder_220930.pdf. Zugegriffen: 5. Juli 2025.

Nelle, O. (2024). Holzkohle und Metallgewinnung. In I. Feeser & al (Hrsg.), *Vegetationsgeschichte der Landschaften in Deutschland*. S. 317–318. Berlin: Springer.

Neutsch, E. (1964). *Spur der Steine*. Halle (Saale): Mitteldeutscher Verlag.

Niemöller, E. (2014). *Storm, Schimmelreiter und Malaria*. Rendsburger Jahrbuch 2014. S. 319–333.

Niester, H. (1975). St. Achatius in Grünsfeldhausen. Bericht über die Instandsetzung. *Denkmalpflege in Baden-Württemberg, 4*(3), S. 94–100.

NLKWN (2024). Nutria- und Biberbauten auf der Spur. https://www.nlwkn.niedersachsen.de/startseite/aktuelles/presse_und_offentlichkeitsarbeit/pressemitteilungen/nutria-und-biberbauten-auf-der-spur-235516.html. Zugegriffen: 5. Juli 2025.

Otto, F. (2025). *Klimaungerechtigkeit. Was die Klimakatastrophe mit Kapitalismus, Rassismus und Sexismus zu tun hat*. Bd. 336. Berlin: Ullstein.

Parrique, T. (2024). *Wachstum bremsen oder untergehen. Wie wir mit Degrowth die Welt retten*. Frankfurt: S. Fischer.

Patel, K. K. (2010). Der Deutsche Bauernverband 1945–1990. Vom Gestus des Unbedingten zur Rettung durch Europa. *Vierteljahreshefte für Zeitgeschichte, 58*(2), S. 161–179. https://www.ifz-muenchen.de/heftarchiv/2010_2_1_patel.pdf. Zugegriffen: 5. Juli 2025.

Pelzing, R. (2008). Erdbeben in Nordrhein-Westfalen. Krefeld (Geologischer Dienst NRW). 44 S. https://www.gd.nrw.de/zip/sv_erdbeben.pdf. Zugegriffen: 5. Juli 2025.

Pfister, C. (1995). *Das 1950er Syndrom. Der Weg in die Konsumgesellschaft*. Bern: Haupt.

Pfister, C., & Wanner, H. (2021). *Klima und Gesellschaft in Europa. Die letzten tausend Jahre*. Bern: Haupt.

Pfleiderer, D. (2002). *Deutschland und der Youngplan. Die Rolle der Reichsregierung, Reichsbank und Wirtschaft bei der Entstehung des Youngplans*. Stuttgart: Fakultät für Geschichts-, Sozial- und Wirtschaftswissenschaften der Universität. Dissertation. https://d-nb.info/964914697/34. Zugegriffen: 5. Juli 2025.

Raabe, W. (1884). *Pfisters Mühle. Ein Sommerferienheft*. Leipzig: Johannes Grunow.

Radkau, J. (2011). *Die Ära der Ökologie: Eine Weltgeschichte*. München: C. H. Beck.

Radkau, J., & Hahn, L. (2013). *Aufstieg und Fall der deutschen Atomwirtschaft*. München: oekom.

Rahmsdorf, S., & Schellnhuber, H. J. (2019). *Der Klimawandel* (9. Aufl.). München: C. H. Beck Wissen.

Reichelt, P. (2006). *Vergessene Landschaft Rieselfelder*. Teltow: Druckerei Grabow.

Reichholf, J. H. (2008). *Eine kurze Naturgeschichte des letzten Jahrtausends*. Frankfurt a. M.: Fischer.

Reil, F. (1845). *Leopold Friedrich Franz, Herzog und Fürst von Anhalt-Dessau, ältestregierender Fürst in Anhalt, nach seinem Wirken und Wesen*. Dessau: Karl Aue.

Rheinheimer, M. (2007). *Der Kojenmann. Mensch und Natur im Wattenmeer 1860–1900*. Nordfriesische Quellen und Studien, Bd. 7. Neumünster: Wachholtz. Ferring-Stiftung (Hrsg.)

Robitaille, J., Meyering, L. E., Gaudzinski-Windheuser, S., Pettitt, P., Jöris, O., & Kentridge, R. (2024). Upper Palaeolithic fishing techniques: Insights from the engraved plaquettes of the Magdalenian site of Gönnersdorf, Germany. *PLoS ONE, 19*(11), e311302. https://journals.plos.org/plosone/article?id=10.1371/journal.pone.0311302. Zugegriffen: 5. Juli 2025.

Rost, K. T., & Deutsch, M. (2006). Die Blitze zuckten fürchterlich: Folgenreiche Unwetter im Obereichsfeld. In H. R. Bork (Hrsg.), *Landschaften der Erde unter dem Einfluss des Menschen* (S. 128–131). Darmstadt: Wiss. Buchgesellschaft Primus-Verlag.

Schäffer, J., & König, L. (2015). Der deutsche Tierschutz – ein Werk des Führers! Zum Umgang mit ideologisch kontaminierten Begriffen der NS-Zeit. *Deutsches Tierärzteblatt, 9/2015*, S. 1244–1256. https://www.bundestieraerztekammer.de/btk/dtbl/archiv/2015/artikel/DTBl_09_2015_Tierschutz-NS-Zeit.pdf. Zugegriffen: 5. Juli 2025.

Schewe, R., & Leven, B. (2021). *Scharf, spitz und durchsichtig. Seltene Impfutensilien, ihre Geschichte(n) und ein unerwartetes Paradoxon.* KulturGUT, Heft 70. S. 7–10. Nürnberg: GNM.

Schieber, M. (2022). *Geschichte Nürnbergs* (2. Aufl.). München: C. H. Beck.

Schietzel, K. (2023). *Spurensuche Haithabu: Archäologische Spurensuche in der frühmittelalterlichen Ansiedlung Haithabu. Dokumentation und Chronik 1963–2013* (5. Aufl.). Kiel: Wachholtz.

Schmincke, H. U. (2024). *Vulkanismus* (5. Aufl.). Darmstadt: WBG.

Schoenberg, W., Holsten, B., & Jensen, K. (2008). *Renaturierung degradierter Uferabschnitte an Seen der Holsteinischen Schweiz. Bericht für das Landesamt für Natur und Umwelt des Landes Schleswig-Holstein.* Hamburg: Biozentrum Klein Flottbek. https://umweltanwendungen.schleswig-holstein.de/Seen/Berichte_Gutachten/Schilf/Massnahmenplanung_GPS_GES_2008.pdf. Zugegriffen: 5. Juli 2025.

Schrems, I., & Fiedler, S. (2020). *Gesellschaftliche Kosten der Atomenergie in Deutschland. Eine Zwischenbilanz der staatlichen Förderungen und gesamtgesellschaftlichen Kosten von Atomenergie seit 1955.* Berlin: Forum Ökologisch-Soziale Marktwirtschaft e. V.. https://foes.de/publikationen/2020/2020-09_FOES_Kosten_Atomenergie.pdf. Zugegriffen: 5. Juli 2025.

Schübel, E., Schübel, R., & Sterner, W. (1973). Feldstudie über die Bleibelastung von Kindern. *Deutsches Ärzteblatt,* (34), S. 2194–2199.

Schubert, F. (2007). Jäger der Vorzeit. 100 Jahre Homo heidelbergensis. Spektrum.de. Nachrichten vom 26.10.2007. https://www.spektrum.de/news/jaeger-der-vorzeit/948825. Zugegriffen: 5. Juli 2025.

Schwenkel, H. (1935). Der Naturschutz im Reichsjagdgesetz vom 3. Juli 1934. *Jahreshefte des Vereins für vaterländische Naturkunde in Württemberg, 91,* S. 73–77. https://www.zobodat.at/pdf/Jh-Ver--vaterl-Naturkunde-Wuerttemberg_91_0073-0077.pdf. Zugegriffen: 5. Juli 2025.

Seifert, A. (1936). Die Versteppung Deutschlands. *Beiträge zur naturkundlichen Forschung in Südwestdeutschland, 1,* S. 197–204. https://www.zobodat.at/pdf/Beitr-natukdl-Forsch-Suedwestdtschl_1_0197-0204.pdf. Zugegriffen: 5. Juli 2025.

Simonis, U. E. (1993). *Lexikon der Ökologieexperten.* Frankfurt: Öko-Test Verlag.

Simonis, U. E. (2003). *Öko-Lexikon.* München: C. H. Beck.

Simonis, U. E. (2007). *Ein Blatt, ein Bild, ein Wort. Vor-Denker der Ökologiebewegung.* Berlin: WZB. https://bibliothek.wzb.eu/pdf/2007/p07-005.pdf. Zugegriffen: 5. Juli 2025.

Simonis, U. E. (2014). *Vordenker und Vorreiter der Ökobewegung.* Stuttgart: Hirzel.

Simonis, U. E. (2019). *„Von A bis Z" – 100 wichtige Umweltbücher / „From A to Z" – 100 Important Environment Books.* WZB Diskussion Paper EME 2019-001. Berlin: WZB. https://bibliothek.wzb.eu/pdf/2019/eme19-001.pdf. Zugegriffen: 5. Juli 2025.

Simonis, U. E. (2025). *„Von A bis Z" – 25 wichtige Umweltbücher / „From A to Z" – 25 Important Environment Books.* WZB Diskussion Paper EME 2025-001. Berlin: WZB. https://bibliothek.wzb.eu/pdf/2019/eme19-004.pdf. Zugegriffen: 5. Juli 2025.

Simonis, U. E., Jänicke, M., & Weigmann, G. (Hrsg.). (2019). *Wissen für die Umwelt* (2. Aufl.). Berlin, New York: De Gruyter.

Sörgel, H. (1932). *Atlantropa*. Zürich München: Fretz & Wasmuth; Piloty & Loehle.

Sperber, G. (2005). Der Bamberger Hain. Deutschlands ältestes Waldschutzgebiet – ein Naturerbe von europäischer Bedeutung. *Jb. d. Vereins zum Schutz der Bergwelt, 70*, S. 177–188. https://www.zobodat.at/pdf/Jb-Verein-Schutz-Bergwelt_70_2005_0177-0188.pdf. Zugegriffen: 5. Juli 2025.

Sporhan-Krempel, L. (1954). Die Gleißmühle zu Nürnberg. Geschichte der ältesten deutschen Papiermühle. *Archivalische Zeitschrift, 49*, S. 89–110. https://doi.org/10.7788/az-1954-jg07.

Stiftung Deutsches Historisches Museum (2024). *Historische Urteilskraft*. Magazin des Deutschen Historischen Museums, Bd. 6. München: C. H. Beck.

Storm, T. (1888). Der Schimmelreiter. Deutsche Rundschau, Bd. 55. S. 1–34. https://archive.org/details/deutscherundscha55stutuoft/deutscherundscha55stutuoft/page/n7/mode/2up?view=theater. Zugegriffen: 5. Juli 2025.

Sturm, P. (2017). Die Pest in Durlach. *Zeitschrift für die Geschichte des Oberrheins, 165*, S. 173–205.

Succow, M., & Jeschke, L. (2023). *Deutschlands Moore. Ihr Schicksal in unserer Kulturlandschaft* (2. Aufl.). Rangsdorf: Natur & Text.

Succow, M., Knapp, H. D., & Jeschke, L. (2012). *Naturschutz in Deutschland. Rückblicke – Einblicke – Ausblicke*. Berlin: C. Links.

Taege, J. (2018). *Die historischen Grabsteine von St. Laurentii*. Süderende/Föhr: Ev.-Luth. Kirchengemeinde.

Teisinger von Tüllenburg, E. J. (2024). Lob und Laster der Trunkenheit. Trinkbilder, Trinkpokale und Trinkgewohnheiten im Nürnberg der ersten Hälfte des 16. Jahrhunderts. 327 S. zuzüglich Abbildungen. Regensburg (Universitätsbibliothek Regensburg). https://epub.uni-regensburg.de/55322/1/Tüllenburg_Lob%20und%20Laster_PubServer.pdf. Zugegriffen: 5. Juli 2025.

Theobald, Z. (1625): Eynfältiges Bedencken, was von dem Bergfall zu halten, welcher sich in unserer Nachbarschafft an dem Berg (die Trudleyden genandt) zwischen Ebermannstatt und Geysoldorff, Bambergischen Gebiets gelegen, anfänglich den 22. Feb. (4. Martij,) zwischen 10. und 11 Uhr, vormittag, dieses 1625. Jahrs, begeben, und ferrners continuiret.16 S. Nürnberg (Simon Halbmeyer).

Thießen, M. (2017). *Immunisierte Gesellschaft. Impfen in Deutschland im 19. und 20. Jahrhundert*. Kritische Studien zur Geschichtswissenschaft, Bd. 225. Göttingen: Vandenhoeck & Ruprecht.

Thürigen, S., & Suchy, V. (2024). I. Beherrschung. In S. Thürigen, D. Hess & A. Böhm (Hrsg.), *Hello Nature* (S. 15–141). Nürnberg: Verlag des Germanischen Nationalmuseums.

Toussaint, B., von Pape, W.-P., Pöschl, W., Vogel, P., & Klupp, W. (2006). *Grundwasserförderung und Umweltprobleme im Hessischen Ried. Nassauischer Verein für Naturkunde*. Exkursionshefte Nr. 43. Wiesbaden: Nassauischer Verein für Naturkunde.

Übel, M. (2022). Die Orkanserie im Jahre 1990 – ein Vergleich mit Februar 2022. Deutscher Wetterdienst. https://www.dwd.de/DE/wetter/thema_des_tages/2022/2/28.html. Zugegriffen: 5. Juli 2025.

Uekötter, F. (2007). *Umweltgeschichte im 19. und 20. Jahrhundert*. München: Oldenbourg.

Umweltatlas Berlin (2024). Ehemalige Rieselfelder 2010. https://www.berlin.de/umweltatlas/boden/rieselfelder/. Zugegriffen: 5. Juli 2025.

Veltmann, C. (2025). „… auf die Flöße biß gen Halle gebracht". Die Bedeutung der Holzflößerei auf der Saale und ihren Nebenflüssen für die Stadt. In K. Krüger (Hrsg.), *Stadt – Land – Fluss. Aspekte der hallischen Umweltgeschichte*. S. 91–107. Halle (Saale): Mitteldeutscher Verlag.

Verhulst, A. E. (1965). Karolingische Agrarpolitik: Das Capitulare de Villis und die Hungersnöte von 792/93 und 805/06. *Zeitschrift f. Agrargeschichte und Agrarsoziologie, 13*, S. 175–189. https://www.mgh-bibliothek.de/dokumente/b/b069521.pdf. Zugegriffen: 5. Juli 2025.

Vetter, R. (2010). *„Die Einwohner sind ziemlich halsstarrig". Alltag, Kultur und Wirtschaft im Odenwald während der Frühen Neuzeit*. Mannheim: Wellhöfer Verlag.

Voigt, W. (2007). *Atlantropa. Weltbauen am Mittelmeer. Ein Architektentraum der Moderne* (2. Aufl.). Hamburg: Dölling und Galitz.

Vorpahl, F., & Kulturstiftung Dessau-Wörlitz (2019). *Georg Forster. Die Südsee in Wörlitz*. Kataloge und Schriften der Kulturstiftung Dessau-Wörlitz. Dessau-Wörlitz: Kulturstiftung Dessau-Wörlitz.

Vorstand der Kulturstiftung Dessau-Wörlitz (2005). *Der Vulkan im Wörlitzer Park*. Berlin: Nicolai. 190 S.

Wacker, G. (1984). Paulinenaue: Eine Ortschronik aus dem Havelland. https://paulinenaue.info/index.php/paulinenaue-eine-ortschronik-aus-dem-havelland/#toc41730839. Zugegriffen: 5. Juli 2025.

Walther, J. F. Die gute Hand Gottes. https://books.google.de/books?id=3lpiAAAAcAAJ&lpg=PA88&ots=uT6YiRQ1en&dq=johann%20friedrich%20walther%20garnisonkirche%20zeichnung&hl=de&pg=PP9#v=onepage&q&f=false. Zugegriffen: 5. Juli 2025.

Watzke, H. (2024). Deutschlands letzte Großtrappen: Hilfe für den Märkischen Strauß. *Der Falke, 11/2024*, 37–43.

WBGU (2011). *Welt im Wandel: Gesellschaftsvertrag für eine große Transformation*. Berlin: WBGU.

Weder, C. M. (2012). *Erstellung einer Statistik über Extremereignisse und Klimaveränderungen in Hessen*. Wiesbaden: Hess. Landesamt für Umwelt und Geologie. https://www.hlnug.de/fileadmin/dokumente/klima/bachelor/extremereignisse.pdf. Zugegriffen: 5. Juli 2025.

Wetter, O., & Pfister, C. (2013). An underestimated record breaking event – why summer 1540 was likely warmer than 2003. *Clim. Past, 9*, S. 41–56.

Winiwarter, V., & Bork, H.-R. (2019). *Geschichte unserer Umwelt. 66 Reisen durch die Zeit*. Darmstadt: Primus.

Winiwarter, V., & Knoll, M. (2007). *Umweltgeschichte. Eine Einführung*. Köln, Weimar, Wien: Böhlau UTB.

Winneke, G. (1985). *Blei in der Umwelt: ökopsychologische und psychotoxikologische Aspekte*. Berlin, Heidelberg: Springer.

Wolf, C. (1985). *Der geteilte Himmel*. München: DTV.

Wolf, C. (1987). *Störfall: Nachrichten eines Tages*. Berlin, Weimar: Aufbau.

Wörner, F. G. (2015). Die Nutria. Notizen zu einem Neubürger am Gewässerrand. 23 S. Niederfischbach (Tierpark Niederfischbach). https://www.tierpark-niederfischbach.de/wp-content/uploads/Woerner-Nutria-20140827.pdf. Zugegriffen: 5. Juli 2025.

v. Zech-Kleber, B. (2021). Rhein-Main-Donau-Kanal. Historisches Lexikon Bayerns. https://www.historisches-lexikon-bayerns.de/Lexikon/Rhein-Main-Donau-Kanal. Zugegriffen: 5. Juli 2025.

Zedler, J. H. (1731–54): „Grosses vollständiges Universal Lexicon aller Wissenschaften und Künste, […]". 64 Bde. Halle (Saale) und Leipzig. https://www.zedler-lexikon.de. Zugegriffen: 5. Juli 2025.

Zeisberger, I. (2018). Der Erfinder des Buchdrucks: Johannes Gutenberg. Eine Lebensskizze. *Perspektive Bibliothek, 7*(1), S. 115–136.

Zeller, T. (2010). Seifert, Alwin. In: Deutsche Biographie 23, S. 189–190. https://www.deutsche-biographie.de/pnd118760661.html#ndbcontent. Zugegriffen: 5. Juli 2025.

Zeppenfeld, B. (2008). Die Angst vor Platzregen, Ratten und Maulwürfen: Die St. Antony-Hütte und das Wasser. In Landschaftsverband Rheinland (Hrsg.), *St. Antony – Die Wiege der Ruhrindustrie*. Münster: Aschendorff.

Zwingelberg, T. (2008). Die Wasserkunst in Wismar. Beispiel einer städtischen Frischwasserversorgung bis ins ausgehende 19. Jahrhundert. In B. Herrmann & C. Dahlke (Hrsg.), *Schauplätze der Umweltgeschichte. Werkstattbericht*. Graduiertenkolleg 1024. S. 195–204. Göttingen: Universitätsverlag Göttingen. https://univerlag.uni-goettingen.de/bitstream/handle/3/isbn-978-3-940344-65-6/schauplaetze2.pdf;jsessionid=F4ACB90D1CE958D7740BF2E2D339482F?sequence=1. Zugegriffen: 5. Juli 2025.

Stichwortverzeichnis